Écrits épistémologiques sur l'Anatomie

du XVIe siècle au XIXe siècle

Acteurs de la Science

Fondée par Richard Moreau,
professeur honoraire à l'Université de Paris XII
Dirigée par Claude Brezinski,
professeur émérite à l'Université de Lille

La collection Acteurs de la Science est consacrée à des études sur les acteurs de l'épopée scientifique moderne ; à des inédits et à des réimpressions de mémoires scientifiques anciens ; à des textes consacrés en leur temps à de grands savants par leurs pairs ; à des évaluations sur les découvertes les plus marquantes et la pratique de la Science.

Dernières parutions

Charles BLONDEL, *La psychanalyse*, 2014.
Philippe LHERMINIER, *La valeur de l'espèce. La biodiversité en questions*, 2014.
Roger TEYSSOU, *Freud, le médecin imaginaire... d'un malade imaginé*, 2014.
Robert LOCQUENEUX, *Sur la nature du feu aux siècles classiques. Réflexions des physiciens & des chimistes*, 2014.
Roger TEYSSOU, *Une histoire de la circulation du sang, Harvey, Riolan et les autres, Des hommes de cœur, presque tous...*, 2014
Karl Landsteiner. L'homme des groupes sanguins, édition revue et augmentée, 2013.
Jean-Pierre Aymard, *Karl Landsteiner. L'homme des groupes sanguins, édition revue et augmentée*, 2013.
Michel Gaudichon, *L'homme quelque part entre deux infinis,* 2013.
Roger Teyssou, *Paul Sollier contre Sigmund Freud. L'hystérie démaquillée,* 2013.
Gérard Braganti, *Histoire singulière d'un chercheur de campagne. L'invention de l'exploration cardiaque moderne par Louis Desliens, vétérinaire*, 2013.
Jean Louis, *Mémoires d'un enfant de Colbert*, 2012.
Elie Volf, *Michel-Eugène Chevreul (1786-1889). Un savant doyen des étudiants de France. Des corps gras et de la chandelle à la perception des couleurs,* 2012.
Roger Teyssou, *Gabriel Andral, pionnier de l'hématologie. La médecine dans le sang*, 2012.
Yvon Michel-Briand, *Aspects de la résistance bactérienne aux antibiotiques*, 2012.

Gilles GROS

Écrits épistémologiques sur l'Anatomie

du XVIe siècle au XIXe siècle

L'Harmattan

Du même auteur

Le clou de girofle en médecine bucco-dentaire
Collection « Médecine à travers les siècles »
Paris, 2013, éditions l'Harmattan,

Histoire et épistémologie de l'art dentaire (pp.51-60)
(Contribution à une œuvre collective)
Santé, Société, Humanité - Manuel de sciences humaines en médecine - PACES, sous la direction de Gilles Freyer, Collection « Sciences humaines en médecine », Paris, Editions Ellipses, 2e édition, 2012.

Histoire des liaisons épistémologiques entre l'art dentaire et la chimie de l'Antiquité à la fin du 20e siècle
Collection « Epistémologie et Philosophie des Sciences »
Paris, 2013, éditions l'Harmattan

5-7, rue de l'École-Polytechnique ; 75005 Paris
www.harmattan.fr
diffusion.harmattan@wanadoo.fr
harmattan1@wanadoo.fr
ISBN : 978-2-343-05094-2
EAN : 9782343050942

A mes parents,

A tous ceux qui me sont chers

PREFACE

L'anatomie fut la source à laquelle s'abreuvèrent, dès la Renaissance, toutes les recherches d'où naquit la médecine moderne. Elle se manifesta dans les ateliers artistiques du quattrocento et du quincento italiens, quand des peintres comme Vinci, Michel Ange ou Raphaël décidèrent de ne plus considérer le corps humain comme la grossière enveloppe de l'âme mais comme un édifice admirable habité par une parcelle de l'esprit divin. Il fallut mettre en conformité la rigueur géométrique et fonctionnelle que l'architecte apportait à l'élaboration de son bâtiment avec les éléments constitutifs du corps. L'acuité rigoureuse du regard du dessinateur, du peintre ou du sculpteur devenait dès lors une exigence pour l'anatomiste. De leur association, celle de Calcar et de Vésale, de cette alliance du ciseau du graveur et du scalpel de l'anatomiste, allait naître, en 1543, le monument fondateur de l'anatomie moderne, le *De humani corporis fabrica* vésalien.

Les matériaux constitutifs du corps humain, revêtement cutané, muscles, os, vaisseaux, viscères, furent, dès lors, un peu considérés comme les éléments de la construction d'une bâtisse. Ce fut ainsi que Vinci représenta par rotation de quatre vues chaque organe, complétant sa description par des coupes transversales et longitudinales des os. Il fallut pour cela disséquer et dessiner, la supériorité du dessin sur les mots étant ici évidente. Cette vision en trois dimensions substituait au schéma plat, en plan frontal, une représentation en relief, avec ses lignes de fuite.

L'ouvrage de Gilles Gros explore les étapes qui, du XVIème au XIX^{ème}siècle, conduisirent les anatomistes de la description macroscopique des organes à l'interprétation de leur fonctionnement, à leur comparaison avec celles d'autres espèces animales, puis à l'analyse des tissus qui, de la classification analogique de Bichat à celle microscopique de Schwann puis de Virchow menèrent à l'inéluctable découverte de la cellule, ultime constituant de la matière vivante, du moins le croyait-on... L'originalité et la nouveauté de ce livre, c'est de confronter les grandes étapes de la connaissance des rouages et des mécanismes de la machine humaine avec ses répercussions sociologiques, morales et politiques. Ainsi, l'anatomie comparée donna à Darwin l'idée de sa théorie de l'évolution et de celle-ci, mal interprétée et dévoyée, résultèrent des évènements historiques qui ébranlèrent le monde.

Néanmoins, l'anatomie portait en elle et transmettait un humanisme qui restituait son corps à l'être humain, le tirait de son exil qui fut l'ignorance pour le rendre à sa patrie qui était la connaissance. Elle restituait leur prééminence aux observateurs concrets et talentueux, aux organiciens intransigeants, qui, dans un monde *plein de bruit et de fureur*, surent s'affranchir des dogmes archaïques, tant pseudo-scientifiques que métaphysiques.

Alors qu'à l'époque de Mondino de Luzzi, de Zerbi, d'Achillini, de Bérenger de Carpi, on ne disséquait que pour donner quitus aux théories de Galien quitte à faire de sérieuses entorses à la réalité, la venue de Vésale et de ses émules italiens discrédita les notions héritées de Galien et de ses zootomies. Eustache, Fallope, Fabrice d'Acquapendente, Varole ou Colombo *finirent de délivrer en quelque sorte la science garrottée dans les liens d'une fausse érudition.*

Les siècles suivants virent se multiplier les découvertes anatomiques. Harvey en fut un sommet inégalé. En dévoilant la véritable nature de la circulation du sang, il démasqua des siècles d'impudente imposture scolastique. Pecquet accomplit le même travail d'assainissement en décrivant le système lymphatique. Tout ceci contribua à ébranler le système humoral sans toutefois le terrasser entièrement et seul Claude Bernard y parviendra trois siècles plus tard !

Des noms surgissent en foule à nos mémoires, émaillées d'éponymes cueillis au hasard des cours magistraux ou au lit des malades. Malpighi et ses épithéliums, Riolan et son bouquet ou son arcade artérielle, Willis et son cercle artériel cérébral, Camper et Daubenton avec leurs angles et leurs lignes anthropométriques, Hunter et son canal artériel, Vicq d'Azyr et le faisceau mamillo-thalamique, Bichat et la boule graisseuse, Serre et les glandes gingivales de l'enfant, Purkinje et les neurones cérébelleux.

Et que dire d'un Etienne Lamarck énonçant en 1809 deux lois qui bouleversaient l'idée qu'on se faisait de l'évolution, bien que Buffon en ait formulé l'ébauche. La première loi stipulait que les êtres vivants, sous l'influence du milieu, modifiaient progressivement leurs caractères pour en acquérir de nouveaux. La seconde, que les caractères acquis pouvaient devenir héréditaires sur une très longue durée. Sans tomber dans les outrances d'un Lyssenko, l'avènement récent de l'épigénétique procure un regain d'intérêt aux hypothèses lamarckiennes. Etienne Geoffroy Saint-Hilaire que son étude comparative des formes organiques fossiles conduisit au concept de parenté généalogique entre les espèces démontra l'existence d'un plan d'organisation identique chez les invertébrés comme chez les vertébrés, ce qui l'autorisa à faire de l'amphioxus un cousin de la grenouille ! De la recherche d'une origine commune à ces différentes espèces allait résulter la découverte d'un plan constitutif comparable, aux connexions inchangées, à l'homologie constante. Ces caractères étaient toujours présents d'une espèce à l'autre, quitte à n'être que des vestiges. L'encéphale des vertébrés en témoignait, les types d'organismes les plus élémentaires ayant également le cerveau le plus archaïque alors que les vertébrés supérieurs étaient pourvus d'un système nerveux central sophistiqué. Saint-Hilaire démontrait bien que le monde vivant reflétait un ordre hiérarchique des organes, du plus élémentaire au plus compliqué.

Vue sous l'angle épistémologique, l'histoire de l'anatomie élargit son champ d'investigation et dynamise ses pôles d'intérêt. Elle ne se contente plus de projeter sur l'écran de nos mémoires quelques images de diapositives figées et vite pâlies. Elle nous permet de visionner les rushs d'un film en perpétuel remaniement dont Gilles Gros est le metteur en scène, le scénariste et le monteur. Souhaitons à son livre un succès mérité et de nombreux lecteurs.

Roger Teyssou

INTRODUCTION

A l'heure où l'anatomie revient sur le devant de la scène épistémologique, il nous a paru judicieux de faire un retour sur les périodes fastes de l'histoire de l'anatomie pour mieux mettre en évidence les vertus de l'anatomie. Nous avons aussi estimé nécessaire cette incursion dans l'histoire et l'épistémologie de l'anatomie pour inciter à la réflexion tous ceux qui s'interrogent sur la place que doit tenir aujourd'hui l'anatomie dans le monde de la connaissance et de l'art, et, d'une façon générale, dans notre culture contemporaine.

Avant d'entreprendre la présentation de nos écrits épistémologiques sur l'anatomie, il nous semble logique, raisonnable, et même nécessaire, d'énumérer les raisons pour lesquelles nous avons choisi l'anatomie comme thème d'étude épistémologique. Ensuite, il nous faudra aussi expliquer pourquoi nous avons retenu, comme cadre historique de ces écrits épistémologiques, la période baroque et la période des 18e et 19e siècles.

Inconsciemment, ce choix de l'anatomie a sans doute été motivé par notre double appartenance au monde de la médecine et à celui de la philosophie. En effet, par notre formation, à la fois scientifique et philosophique, nous avons été naturellement attiré par l'anatomie qui est à la fois médicale et scientifique par ses visées et sa méthode, et philosophique par son discours et par les réflexions qu'elle suscite.

Objectivement, notre choix s'est fixé sur l'anatomie parce qu'elle représente à nos yeux une véritable discipline d'éveil, aux vertus d'ouverture sur les mondes épistémologique, artistique et philosophique. L'anatomie permet ainsi aux différents acteurs médicaux de déboucher sur une introduction à la sémiologie. Elle assure à la médecine des fondations solides sur lesquelles s'édifiera progressivement le corpus de la connaissance médicale. De plus, l'anatomie est un constituant fondamental irremplaçable de la biologie. Nous avons sans doute aussi été influencé dans ce choix parce que nous avons été particulièrement impressionné par le grand élan anatomique qui a animé le monde médical du 16e au 19e siècle ; comme l'écrit Russel Maulitz, cet élan anatomique a consisté à expliquer la maladie anatomiquement et il continue d'ailleurs encore à habiter et stimuler l'esprit des cliniciens d'aujourd'hui. Il va sans dire aussi que l'anatomie procure, d'une certaine manière, une jouissance cognitive qui résulte de la satisfaction d'un désir, celui « qui procède autant de la curiosité que du sens esthétique, de comprendre et de délinéer la géométrie des constituants structurels du corps animal, et plus encore du corps humain. »[1]

---

[1] R. Maulitz, *Anatomie et anatomoclinique*, pp. 47-51, in D. Lecourt (sous la dir. de), *Dictionnaire de la pensée médicale*, Paris, Quadrige / PUF, 2004, pp. 47-48

L'anatomie nous a aussi interpellé car elle a été en mesure de stimuler en nous non seulement notre fibre médicale, mais aussi notre fibre artistique et notre fibre philosophique. Comme l'anatomie n'a pas pour seuls initiés les médecins — elle compte aussi, parmi ceux qui lui ont réservé et lui réservent encore beaucoup d'intérêt, les savants en histoire naturelle, les artistes et les philosophes – elle se fait forte d'inciter tous ces protagonistes à communier entre eux. En outre, la diversité des regards que portent ces différents acteurs sur l'anatomie représente une source intarissable d'impressions, d'intuitions, de réflexion et d'émission de théories, d'où l'anatomie va tirer sa puissance épistémologique. La force de l'anatomie, et tout l'intérêt qu'elle suscite, viennent aussi du fait qu'elle est, et demeure, le point de départ de nombreuses réflexions et thèses philosophiques. L'anatomie se nourrit d'interrogations philosophiques et, en ce sens, elle est une science noble. Elle ne peut, en aucun cas, être réduite à de "simples signes de pauvreté et de simplification". Loin de soutenir le discours de tous ceux qui, par une vision simpliste, ont porté un jugement de valeur péjoratif sur l'anatomie et continuent à la dénigrer, nous nous y opposerons avec véhémence en montrant à quel point l'anatomie est une véritable clé de voûte pour l'édifice de la connaissance médicale. Nous inciterons tous ceux qui se livrent à la dénégation du rôle majeur de l'anatomie dans l'épistémologie médicale à se pencher attentivement sur l'anatomie pour découvrir l'étonnement premier que son étude procure. Sans cet étonnement, la physiologie et la biologie auraient-elles pu voir le jour et se développer ? De même, sans cet étonnement, l'anatomie animata, l'anatomie microscopique, l'anatomie pathologique, l'anatomie comparée, seraient-elles nées ?
Nous avons aussi choisi l'anatomie comme sujet d'étude épistémologique parce que son horizon est aussi la visée de la vérité et, en cela, elle peut prétendre à la scientificité. En effet, comme l'anatomie est une science — en tous les cas, elle le deviendra entre le 16e et le 19e siècle — elle est, et restera, « poursuite incessante de vérité, apaisement de la raison dans la compréhension, c'est-à-dire Theoria ; elle est itinéraire intellectuel parcouru par des savants au cours des siècles. »[2] De plus, l'anatomie ne peut que retenir l'attention des philosophes, des scientifiques, de tous ceux qui sont sensibles aux discours sur la scientificité et pour lesquels la méthodologie présente un intérêt majeur. Mais l'anatomie peut aussi suivre des voies de recherche que la réflexion philosophique a ouvertes. Ainsi, par exemple, la philosophie condillacienne, en cherchant l'origine des connaissances humaines, en traitant des systèmes et des sensations, a tracé le chemin sur lequel l'anatomie s'est engagée pour essayer de mieux

[2] M. Blay, *Pour une philosophie des sciences à l'écoute de l'histoire des sciences*, pp. 98-101, in M. Prigent (dir. de la publication), *A quoi sert la philosophie ?*, Revue trimestrielle, Collège international de philosophie, Rue Descartes, n°41, Editions PUF, p. 99

vicissitudes durant l'Antiquité et le Moyen Âge et nous avons donc pris le parti de situer le commencement proprement dit de notre étude épistémologique de l'anatomie, seulement après ces deux périodes.

Autrement dit, nous avons donc jugé inutile de nous étendre sur cette partie de l'histoire s'étendant d'Aristote à la fin du Moyen Âge parce que nous ne voulions pas égarer le lecteur au milieu de tous les écrits anatomiques de ces deux périodes, pour la plupart peu originaux, présentant tant de redites, de redondances d'inventions anatomiques erronées, de fausses découvertes, d'affirmations non vérifiées, de plagiats de toutes sortes. Nous ne voulions pas, non plus, déconcerter le lecteur en le confrontant à une multiplicité de traductions le plus souvent peu fidèles aux textes anatomiques originels.

Sans vouloir jeter l'opprobre sur l'anatomie de l'Antiquité et du Moyen Âge, nous avons donc préféré épargner au lecteur ces longs errements dans le registre des écrits anatomiques. Nous avons voulu aussi dispenser le lecteur de cette longue litanie de textes et de discours anatomiques non renouvelés, ou si peu, marqués principalement, à quelques exceptions près, par l'œuvre d'Aristote puis par celle de son héritier spirituel, Galien, qui ont, d'une certaine façon, dominé toute l'histoire de l'anatomie de l'Antiquité à la fin du Moyen Âge.

Au cours du 16e siècle, Vésale s'illustre particulièrement en anatomie et c'est avec lui que débute véritablement une nouvelle ère pour elle. Nous inaugurerons donc nos écrits épistémologiques sur l'anatomie, lors de l'entrée en scène de Vésale. Entre le 16e siècle et la fin de la première moitié du 19e siècle, l'anatomie descriptive donnera naissance à des rameaux particulièrement importants et influents pour le développement de la connaissance, puis elle s'épuisera et déclinera quelque peu. C'est ainsi que nos écrits concerneront donc l'histoire de l'anatomie s'étendant approximativement de la fin de la première moitié du 16e siècle à la fin de la première moitié du 19e siècle et permettront de commémorer les moments les plus marquants, épistémologiquement parlant, de cette tranche d'histoire.

En effet, cette tranche de l'histoire nous apparaît comme la plus féconde pour l'anatomie, d'un point de vue épistémologique, pour deux raisons. D'abord parce qu'elle est particulièrement riche en projets et activités de recherche anatomique, ce qui nous offre la possibilité de remarquer l'étendue de la révision des contenus du registre de la connaissance anatomique, par approfondissement et rature. Ensuite, parce que cette période est la plus à même de nous restituer un certain éclairage sur l'origine de l'élaboration des connaissances anatomiques. Face à ceux qui optent pour une origine empirique de cette élaboration et face à ceux qui considèrent au contraire l'origine idéelle de celle-ci, force est de constater que cette idée d'une discrimination possible entre ces deux grands courants (empirisme et rationalisme) est simplificatrice, voire simpliste, et même, pas du tout pertinente. Cette distinction porte d'ailleurs en elle le germe de la querelle philosophique entre partisans des sens et partisans de la réflexion. Nous verrons, lors de l'examen épistémologique de l'anatomie et de ses principaux rameaux, qu'il faut, au contraire, compter sur l'étroite corrélation de l'invention philosophique et des considérations empiriques, expérimentales et conceptuelles qui tendent à composer la démarche anatomique. Nous constaterons aussi combien l'anatomie reste attachée à la sensation, qu'elle soit visuelle ou tactile, et combien son obsession de la découverte de la profondeur — c'est-à-dire de la troisième dimension — est restée d'actualité au cours de ces trois siècles.

De plus, durant ces trois siècles, nous remarquerons combien le développement de l'anatomie est à l'origine d'une véritable montée en puissance de la philosophie analytique qui débordera le cadre médical pour porter son emprise sur la littérature, l'art et même le droit. En outre, durant ces trois siècles, et surtout après l'arrivée sur la scène philosophique de Descartes, ce premier penseur moderne, face à la totalité complexe de l'individu humain, nous noterons combien l'anatomie se révèle un bon moyen de nous faire progresser dans l'étude de cette complexité. L'anatomie nous y aide en initiant le déchiffrement du corps humain, en nous suggérant d'aspirer à connaître son fonctionnement, et en nous invitant à porter sur le corps humain un regard investigateur pour en dévoiler les procédures. En effet, comme l'indique Daniel Parrochia, « la démarche la plus élémentaire et la plus caractéristique de la méthode scientifique, nous le savons bien depuis Descartes, est de rendre le monde compréhensible en en diminuant d'abord la complexité de composition, c'est-à-dire en le découpant en sous-ensembles de faits ou d'objets et en factorisant encore ceux-ci. »[4] D'ailleurs, comme l'explique A. N. Whitehead, « en premier lieu, la compréhension implique toujours la notion de composition. »[5]

Si nous avons choisi d'inaugurer ces trois siècles de l'histoire de l'anatomie avec Vésale et si nous avons estimé plus judicieux de limiter nos écrits épistémologiques à ces trois siècles, c'est aussi parce que le renouveau de l'anatomie est beaucoup plus marqué à la Renaissance et que l'essor épistémologique de l'anatomie et de ses différentes branches est particulièrement impressionnant jusqu'à la fin de la première moitié du 19e siècle. Incontestablement, durant la majeure partie de cette tranche d'histoire s'étendant du 16e au 19e siècle, l'anatomie jouit d'un statut épistémologique de premier ordre. C'est tellement vrai que lorsque la physiologie, qui sera ensuite considérée comme la reine des disciplines pour expliquer les phénomènes, voudra acquérir ses lettres de noblesse, elle se targuera d'avoir des rapports de filiation avec l'anatomie. De plus, du 16e au 19e siècle, l'anatomie figure dans tous les discours, médical, artistique, religieux, juridique, … Elle est donc au

---

[4] D. Parrochia, *Classification et complexité chez François Dagognet*, pp. 271-289, in R. Damien (sous la dir. de), *François Dagognet médecin épistémologue philosophe – une philosophie à l'œuvre*, Le Plessis Robinson, Institut Synthélabo pour le progrès de la connaissance, 1988, p. 273

[5] A. N. Whitehead, *Modes de pensée*, Paris, Librairie philosophique J. Vrin, 2004, p. 66

croisement de différents grands axes culturels et de grands courants de pensée. Elle est aussi à l'origine des discours les plus variés en même temps que de grandes réflexions philosophiques. Enfin, l'anatomie a laissé en héritage, à toutes les disciplines, sa méthode analytique, influençant ainsi les différents modes de pensée. Alors, il n'est pas étonnant que pour parler de cette tranche de l'histoire, tant marquée par l'anatomie, pour souligner son influence, son impact sur la culture et sur la vie de cette époque, l'on puisse évoquer une "civilisation de l'anatomie".
A partir du 16e siècle, l'anatomie devient un véritable dispositif de connaissance et elle parvient à façonner son objet. Sa façon de l'appréhender, reposant sur la découpe anatomique, conduit à l'invention d'un corps segmenté, architectural, mécanique. Cette fragmentation, cette mise en pièces du corps, change le regard des médecins, des autres savants, des artistes, mais aussi des profanes. Ce regard est rendu possible grâce à la pratique de plus en plus courante de la dissection, considérée comme un fondement épistémologique essentiel mais aussi grâce à la diffusion des livres d'anatomie et des planches anatomiques illustrées. Dès le 16e siècle, puis au cours des siècles suivants, ce nouveau regard va influencer bien d'autres domaines que celui de la médecine et l'anatomie marquera donc de son empreinte tout le monde culturel et scientifique des 16e, 17e, 18e siècles, et de la première moitié du 19e siècle, donnant ainsi naissance et corps à cette véritable "civilisation de l'anatomie" qui durera jusqu'à la seconde moitié du 19e siècle.

A tous nos contemporains qui seraient sceptiques quant aux vertus de l'anatomie et qui considéreraient l'anatomie avec un regard condescendant, estimant sans doute que l'anatomie n'a que peu d'intérêt épistémologique, nous conseillons de nous suivre attentivement sur tout le circuit de nos écrits épistémologiques sur l'anatomie. A ces sceptiques, il faut d'abord rappeler que si l'anatomie a été supplantée par la physiologie et la biologie à partir de la seconde moitié du 19e siècle, un regain d'intérêt pour l'anatomie a tout de même été possible au 20e siècle. Il s'est manifesté dans les années quatre-vingt du 20e siècle et a pris encore plus d'ampleur en ce début du 21e siècle, grâce aux techniques de plus en plus performantes de l'imagerie médicale. Ces techniques donnent de nouveau à l'anatomie un éclat particulier, en faisant d'elle un outil de réflexion épistémologique.

Pourtant, malgré cela, bon nombre de médecins, ou même d'épistémologues contemporains, n'auraient pas forcément opté pour un thème d'étude comme l'anatomie. Des thèmes plus porteurs, comme la physiologie ou la biologie, auraient sans doute emporté plus facilement leurs suffrages. Raison de plus pour nous employer à convaincre ces médecins et ces épistémologues que l'anatomie a toujours permis des avancées conceptuelles. Il nous sera d'autant plus facile d'y parvenir que la période baroque et la période correspondant au 18e siècle et

à la première moitié du 19e siècle sont les périodes durant lesquelles l'anatomie a connu un essor épistémologique particulièrement florissant.
Alors, permettons-nous de préciser trois points importants. D'abord, chronologiquement, l'anatomie est la première à avoir permis d'appréhender le réel et, en cela, elle devance donc la physiologie et la biologie. Ensuite, l'anatomie a rendu d'énormes services épistémologiques à la médecine et à la chirurgie. Enfin, l'anatomie descriptive occupe à elle seule un espace épistémologique déjà conséquent dont nous allons bien sûr suivre le développement du 16e au 19e siècle tout en nous gardant de faire un catalogue exhaustif des découvertes anatomiques. Nous ne limiterons pas notre étude à cet espace épistémologique de l'anatomie descriptive puisque nous lui adjoindrons l'évolution épistémologique de tous les rameaux qui seront nés à partir de l'anatomie descriptive durant la période baroque et la période des 18e et 19e siècles. Le suivi et l'étude du bourgeonnement et de la pousse de ces rameaux viendront enrichir considérablement nos écrits épistémologiques au cours de leur développement. Pour mieux rendre compte de l'évolution épistémologique de l'anatomie et de ses différents rameaux, nous emprunterons — nous avons déjà commencé à le faire — la métaphore botanique de l'Encyclopédie de Diderot, c'est-à-dire celle de l'arbre de la connaissance, en l'adaptant afin d'obtenir une image idoine pour symboliser l'arbre de la connaissance en anatomie. Alors, bien sûr, l'arbre de la connaissance en anatomie va d'abord présenter, au 16e siècle, un tronc unique de faible pourtour, mais en pleine croissance. Par la suite, ce tronc ne fera que s'épaissir jusqu'à la fin du 19e siècle tout en donnant divers rameaux à des moments différents de sa croissance.
Avant de récapituler l'évolution de cet arbre de la connaissance anatomique, il nous semble bon de rappeler deux paradoxes qui affectent l'anatomie et en même temps éclairent l'évolution de l'anatomie. Un premier et vrai paradoxe qui caractérise l'anatomie nous est signalé par Rafael Mandressi : l'anatomie a pour but d'accéder à la compréhension du vivant alors qu'elle se pratique sur des corps morts. Un second paradoxe apparaît quand on se rapporte à la comparaison entre le langage de l'anatomie et celui de la physiologie. Traditionnellement, le langage de l'anatomie est défini comme celui de l'espace, du volume, de la topographie, des structures, du statique, alors que celui de la physiologie comme celui des fonctions, de la vie, et donc du mouvement. En fait, ce paradoxe, va quelque peu s'atténuer au fil du temps puisque la ségrégation tranchée, entre anatomie et physiologie, va s'estomper. D'ailleurs, dès le 16e siècle, l'anatomie tente de dépasser sa dimension statique et descriptive puisque les recherches fonctionnelles vont de pair avec l'invention des pièces anatomiques. Mais c'est véritablement au 17e siècle, après les travaux de Galilée sur le mouvement, que l'anatomie sera envisagée sous la forme du mouvement et, de moins en moins, sous une forme exclusivement statique.

Il y aura alors, de façon plus ou moins marquée, la revendication d'une anatomie animata qui ne se limite pas à la structure et à la morphologie, mais investit la fonction.

Le premier rameau qui tirera sa sève du tronc de l'anatomie descriptive sera donc l'anatomie animata ou anatomie fonctionnelle et ceci se produit au 17e siècle. Le bourgeonnement de ce rameau est la conséquence directe de l'un des objectifs que se sont fixé les anatomistes : percer les énigmes du vivant. L'Anatomie est la science de "l'être-là" qu'elle se destine à décrire ou à disséquer. Elle est en même temps une science de l'inventaire puisqu'elle permet de recenser les différentes parties organiques. Puisqu' « il ne suffit pas de définir le vivant : il importe de chercher à savoir comment il fonctionne. »[6] Néanmoins, l'anatomie descriptive se veut toujours première par rapport à la physiologie. D'ailleurs, Henri Meyer nous rappelle qu' « un corps humain s'étudie comme une voûte céleste, il faut en connaître la facture avant d'en comprendre le mouvement. »[7] Autant dire que l'anatomie descriptive est une discipline primordiale et à la base de toute connaissance en médecine.
Mais il faut bien admettre aussi que l'anatomie "dure et pure" a ses limites puisqu'elle étudie un corps mort et acquiert ainsi un caractère statique. Les anatomistes sont donc tentés de ne pas s'en tenir là et de dépasser le caractère statique de cette approche pour parvenir à saisir le caractère vivant d'un corps qui est en perpétuel devenir. Ainsi, ce sera l'Anatomie fonctionnelle qui facilitera plus tard l'émergence d'une nouvelle discipline scientifique : la physiologie.
C'est parce que l'on se pose des questions sur le rôle des structures inventoriées que la physiologie peut se développer. Très vite, les savants s'aperçoivent qu'il faut tenir compte des liens qui existent entre organisations anatomiques et fonctions. Pour la plupart, ces fonctions mobilisent des structures anatomiques particulières qui exercent ainsi des activités dynamiques. On a trop longtemps feint de croire séparés ces deux modes d'appréhension de la connaissance que sont, d'une part, l'anatomie et, d'autre part, la physiologie. D'où le passage obligé de l'anatomie descriptive à l'anatomie animata ou fonctionnelle. Puisque c'est le vivant qui nous intéresse, il fallait bien unir l'anatomique et le fonctionnel, tous deux se situant du même côté, c'est-à-dire de celui de la connaissance objective, et les mettre en relation l'un avec l'autre sous une forme adéquate et opérationnelle. Néanmoins, il faut bien reconnaître un point important : l'apprentissage de la géographie du corps est réalisé grâce à l'anatomie et celle-ci occupe une place cruciale dans toute étude du corps. A juste titre, François Dagognet souligne combien, « dès l'origine, le corps se

---

[6] F. Dagognet, *Le vivant*, Paris, Editions Bordas, 1988, p. 71

[7] P. Meyer, *Leçons sur la vie, la mort et la maladie*, Paris, Editions Hachette Littératures, 1998, p. 77

place au cœur des problèmes philosophiques et les anime. » Il a raison d'ajouter qu' « il ne cessera plus d'occuper cette position centrale »[8] puisque, du 16e au 19e siècle, le corps ne cesse d'être l'objet d'attentions de la part des philosophes. Mais durant cette période de l'histoire, puisque c'est l'anatomie qui se charge de découvrir le corps, c'est l'anatomie toute entière qui va attirer la curiosité des philosophes et représenter une source d'inspiration pour leur pensée. Après et malgré la perte d'attractivité épistémologique pour l'anatomie durant la seconde moitié du 19e siècle, de grands philosophes du 20e et du 21e siècles, comme Georges Canguilhem, Michel Foucault, François Dagognet, Anne Fagot-Largeault, Claude Debru, Jean Gayon, et bien d'autres, alimenteront leur réflexion autour de l'anatomie et des autres composantes épistémologiques de la biologie, preuve s'il en est que l'anatomie a repris sa juste place aujourd'hui dans les discours épistémologiques.
Selon Georges Canguilhem, par exemple, l'anatomie doit être traitée en reliant tout et parties et, quand il affirme qu'il n'y a pas de pathologie atomistique, c'est parce qu'il sous-entend que les parties ne peuvent être isolées du tout. Ceci ne fait que corroborer la thèse selon laquelle une anatomie envisagée uniquement sur le plan des parties, sans aucun lien avec le tout, serait bien sûr affaiblie dans son traitement du réel. Pour traiter de la pathologie comme de l'anatomie, il faut toujours penser à relier tout et parties, et vice-versa. Pour G. Canguilhem, les parties sont « bien ce par quoi le tout peut se prévaloir de sa totalité en cessant par là même d'être un seul bloc. »[9] La naissance et l'existence même du rameau de l'anatomie animata ou fonctionnelle témoigne des limites de l'anatomie descriptive et offre l'avantage d'examiner le corps humain sous un éclairage dynamique en même temps qu'il laisse deviner l'amorce d'une autre approche où tout et parties seront progressivement pris en compte concomitamment.

Au 17e siècle, un autre rameau anatomique important naîtra du tronc de l'anatomie descriptive, ce sera celui de l'anatomie microscopique ou élémentaire dont nous continuerons à suivre le développement aux 18e et 19e siècles. De même, nous poursuivrons la lecture de l'anatomie fonctionnelle aux 18e et 19e siècles mais, à un moment donné, nous la quitterons pour la laisser continuer son chemin en toute autonomie. En effet, aux 18e et 19e siècles, l'anatomie fonctionnelle s'individualisera de plus en plus. Son rameau connaîtra un point d'inflexion et donc une nouvelle orientation. En ce point d'inflexion, ce rameau se rapprochera d'autres sources à partir desquelles il s'alimentera et s'enracinera. Le marcottage, ainsi obtenu, permettra alors à ce rameau, pour la suite de sa croissance et de son développement épistémologique, de devenir un

---

[8] F. Dagognet, *Le corps*, Paris, Editions PUF, 2008, p. 47

[9] F. Dagognet, *Georges Canguilhem, Philosophe de la vie*, Le Plessis Robinson, Editions Institut Synthé labo pour le progrès de la connaissance, 1997, p. 174

arbre totalement individualisé par rapport à l'arbre de la connaissance de l'anatomie. Le rameau de l'anatomie fonctionnelle deviendra ainsi l'arbre de la physiologie. La physiologie sera donc alors une entité à part entière, se développant en toute indépendance, qui ravira ensuite la vedette à l'anatomie descriptive.

Enfin, aux 18e et 19e siècles, deux autre rameaux viendront pomper la sève de l'anatomie descriptive et se développeront à ses dépens, tout en l'alimentant et en l'enrichissant aussi par la suite ; ce seront l'anatomie pathologique et l'anatomie comparée. Bichat, pour l'anatomie pathologique, et Cuvier, pour l'anatomie comparée, vont ouvrir une nouvelle ère et F. Dagognet nous fait remarquer que « la raison en est double : à la fois l'insuffisance des anciennes répartitions (le simple regard sur un monde conçu à l'image d'un jardin aux planches régulières, un dispositif contemplatif) et la reconnaissance révolutionnaire soit d'un malade qui lutte contre la mort (Bichat) soit d'un animal qui se bat pour survivre (Cuvier). »[10]
Quand François Dagognet vante les mérites de l'anatomie du siècle des Lumières, c'est à l'anatomie comparée et à l'anatomie pathologique qu'il pense. Il nous explique combien l'approche anatomique échappe à une pluie de remarques ou d'images de déconsidération et combien « on est frappé par tout ce qu'elle nous donne. »[11] Il suffit, nous dit-il, « d'évoquer les noms et les apports de ses fondateurs, Cuvier et Geoffroy Saint Hilaire, Vicq d'Azyr et Bichat. »[12] F. Dagognet précise que « d'un mot, Cuvier a montré qu'un segment réfléchit un peu le tout de l'organisme dont il dérive : à l'aide d'un os, il reconstitue l'animal. A la limite, l'esquille d'une vertèbre suffira. »[13] De même, quand Geoffroy Saint Hilaire « a développé la thèse d'un remaniement constant des unités, tant et si bien qu'elles changent d'emplacement, entrant dans d'autres genres de vie, mais sans jamais entraver ou compromettre l'"unité du plan" »[14], force est d'admettre que « l'anatomie ne relève déjà plus des disciplines descriptives dans lesquelles on tenait à l'enfermer (pour la diminuer). »[15] F. Dagognet montre ainsi que « les principales lois, les plus anciennes, celle de la coordination des organes (Cuvier) et celle de leur connexion (Geoffroy Saint Hilaire), [...], prouvent à l'évidence la faculté de déduire de la présence de certaines pièces l'existence d'autres, ainsi que leur nécessaire localisation, d'où une vraie combinatoire de base. »[16] F. Dagognet

---

[10] F. Dagognet, *Les outils de la réflexion – [l'épistémologie]*, Le Plessis Robinson, Editions Institut Synthélabo pour le progrès de la connaissance, 1999, pp. 19-20
[11] F. Dagognet, *L'homme, maître de la vie ?*, Paris, Editions Bordas, 2003, p. 75
[12] Ibid.
[13] Ibid.
[14] Ibid.
[15] Ibid.
[16] Ibid., p. 76

termine son éloge de l'anatomie en précisant que « toutes les anatomies — générale, comparée, tissulaire, embryologique — rentrent dans un groupe plus vaste » qu'il appelle « quitte à détourner l'expression de son sens premier fixé par Geoffroy Saint Hilaire, l'"anatomie philosophique". »[17] Quand nous ferons des réflexions générales sur l'anatomie, c'est d'ailleurs à ce groupe plus vaste que nous ferons allusion, parce qu'il faut bien reconnaître que l'anatomie est une science en soi. Cette science n'est pas subordonnée à la médecine et, de ce fait, elle se développe en toute indépendance. Certes, elle fournit à la médecine bon nombre de connaissances par son tronc principal et par ses rameaux, mais elle participe aussi à l'essor d'autres disciplines non médicales. En adoptant la dénomination plus englobante d'anatomie philosophique de François Dagognet, il sera plus facile de voir ce qu'apporte la philosophie anatomique, à partir des différentes formes d'anatomie, à la pensée du monde scientifique, mais aussi aux autres mondes de la connaissance et de l'art. Il sera plus aisé de montrer que c'est grâce à l'anatomie philosophique que se conçoit aisément ce grand mouvement culturel qui se déploie du 16e au 19e siècle et que l'on désigne sous le nom de « civilisation de l'anatomie ». Nous qualifierons d'ailleurs aussi la période ainsi retenue, si riche épistémologiquement et culturellement, d'âge d'or de l'anatomie. Néanmoins, l'émergence de cette civilisation de l'anatomie n'est rendue possible, dès le 16e siècle, que parce que les anatomistes de la Renaissance reçoivent en héritage un corpus anatomique constitué durant la période s'étendant du début de l'Antiquité grecque à la fin du Moyen Âge. Nonobstant la relative inertie du développement et de l'évolution épistémologique de l'anatomie au cours de cette longue période, nous mentionnerons donc tout de même cet héritage laissé aux anatomistes du 16e siècle par les anatomistes de l'Antiquité et du Moyen Âge, mais nous ferons en sorte que ce retour sur l'anatomie antécédente au 16e siècle soit bref.

Ensuite, nous passerons à l'anatomie du 16e siècle qui a assumé ses prétentions de science renouvelée en s'appuyant d'ailleurs sur les processus rénovateurs déjà esquissés au cours de la seconde moitié du Moyen Âge. Nous accorderons donc une large place à l'anatomie du 16e siècle puisqu'elle initie un vaste mouvement de renouvellement de l'anatomie et nous mettrons l'accent sur Vésale car il est incontestablement une figure marquante, et chronologiquement la première, de la période historique que nous avons prise comme référence pour notre exposé anatomique.

Nous aborderons ensuite l'anatomie générale du 17e siècle qui, elle aussi, sera très largement examinée. Nous traiterons à part, Descartes d'un côté, et Harvey de l'autre. En effet, nous attribuerons une place capitale à Descartes au sein de ce siècle de Louis XIV, car sur le plan scientifique et des idées, il en est, en

---

[17] F. Dagognet, *L'homme, maître de la vie ?*, Paris, Editions Bordas, 2003, p. 76

France, le personnage le plus influent. Par sa philosophie, plus que par ses travaux anatomiques, Descartes influencera notablement et durablement le cours de l'épistémologie anatomique. Nous réserverons aussi une place importante à William Harvey car sa découverte anatomique sur la circulation du sang représente, à elle seule, une véritable révolution anatomique qui remet en cause le corpus des Anciens et portera plus tard un coup fatal à la médecine galiénique. Nous envisagerons aussi l'examen des rameaux de la connaissance anatomique qui émergeront à partir du tronc de l'anatomie générale, c'est-à-dire d'une part celui de l'anatomie animata ou fonctionnelle et, d'autre part, celui de l'anatomie microscopique et du microstructuralisme.

Enfin, comme aux 16e et 17e siècles, aux 18e et 19e siècles, nous ne manquerons pas d'étudier l'évolution de l'anatomie descriptive et de faire un état des lieux succinct de sa recherche. Nous poursuivrons donc notre étude de l'anatomie descriptive alors même qu'elle a connu, au cours du 17e siècle, de réelles avancées de son bilan épistémologique, aussi bien au niveau de l'évolution épistémologique de son discours qu'au niveau du volume de l'inventaire de ses découvertes anatomiques. Au 18e siècle, nous aborderons essentiellement les deux pôles d'étude dont l'exploration était restée nettement insuffisante, nous voulons parler des systèmes nerveux central et périphérique. Au 19e siècle, nous évoquerons les recherches concernant l'anatomie du cerveau, tout en rappelant qu'elles sont couplées avec l'étude des maladies cérébrales. Nous signalerons aussi l'impact sur le programme d'étude anatomique du nouvel intérêt pour la spécificité des sexes.
Nous nous évertuerons ensuite à passer en revue les deux grands rameaux à partir desquels s'est principalement constituée l'épistémologie anatomique des 18e et 19e siècles, en même temps que les grands savants qui ont permis leur genèse et leur développement. D'une part, nous considérerons donc les travaux de toutes les grandes personnalités qui ont particulièrement contribué à l'évolution de la médecine en créant et en développant les bases de l'anatomie pathologique et de l'anatomie clinique. D'autre part, nous analyserons tout le travail des savants qui ont œuvré pour l'anatomie comparée et ont favorisé l'émergence de nouvelles disciplines. Nous n'oublierons pas de mentionner la contribution de l'anatomie comparée à l'émergence de la biologie et nous ferons état de la position d'Auguste Comte vis-à-vis de l'anatomie. Nous suivrons bien sûr aussi la croissance du rameau anatomique correspondant à l'anatomie microscopique et donc à l'anatomie élémentaire. Nous enchaînerons ensuite avec l'anatomie fonctionnelle et la physiologie. Nous terminerons alors cette période des 18e et 19e siècles en réservant à Claude Bernard une place particulière pour souligner à quel point la physiologie lui est redevable et combien il a eu une position ambiguë vis-à-vis de l'anatomie. Quand nous aborderons Claude Bernard, nous nous attacherons d'ailleurs à montrer que l'anatomie est loin d'être le fruit d'un seul regard de survol des corps animaux.

Elle est en effet plus profonde qu'une analyse uniquement structurale et morphologique puisqu'elle porte en elle des intentions qui sont celles de lire derrière la forme et la structure, la fonction.

Nous diviserons nos écrits épistémologiques sur l'anatomie en trois chapitres et nous réserverons donc les deux premiers à l'intense activité scientifique de l'anatomie durant la période baroque et la période des 18e et 19e siècles que nous venons de présenter. Le premier chapitre récapitulera toutes les séquences de l'évolution épistémologique de l'anatomie au cours de la période baroque et le second fera de même pour la période des 18e et 19e siècles. Au terme de ces deux périodes de recherche et d'invention en anatomie, après avoir réalisé l'étude détaillée de l'évolution épistémologique de l'anatomie et de ses rameaux, il nous restera à envisager ces deux périodes de façon plus globale, en les réunissant dans un troisième chapitre. Dans ce dernier chapitre, nous fusionnerons ces deux périodes de l'histoire de l'anatomie car elles correspondent en fait à un ensemble temporel unitaire durant lequel l'anatomie a connu un tel essor qu'elle a marqué de tout son poids tous les esprits, engendrant ainsi un mouvement culturel d'une grande ampleur autour d'elle, et déterminant ainsi une véritable "civilisation de l'anatomie". Nous tenterons de suivre la circulation des idées à partir du monde des anatomistes et de dévoiler le bouleversement des représentations du corps provoqué par l'anatomie, ses conséquences sur les différents discours profanes durant ces trois siècles de l'histoire de l'anatomie. Nous verrons ainsi l'anatomie dépasser sa dimension médicale pour atteindre une dimension culturelle. Nous remarquerons aussi l'infiltration du vocabulaire de différents domaines de la connaissance par l'anatomie, la contagion par les mots des corps de différentes disciplines. Ce troisième chapitre viendra illustrer le rôle non négligeable de l'anatomie dans l'élargissement du champ intellectuel du 16e au 19e siècle. Au cours de ce troisième chapitre, nous nous attacherons à faire l'inventaire des territoires épistémologiques et artistiques sur lesquels l'anatomie a laissé son empreinte. En fait, si l'on parle de civilisation de l'anatomie, c'est parce que durant trois siècles environ, l'anatomie a exercé son influence non seulement sur la médecine et les sciences mais aussi sur bien des domaines sans aucun rapport avec les sciences ou la médecine. Nous ferons donc tout pour décrire les rapports qui se sont établis entre l'anatomie et ces domaines hors de la sphère médicale, en particulier les rapports entre l'anatomie et la connaissance de Dieu, les rapports entre l'anatomie et la civilité, les rapports entre l'anatomie et la littérature, les rapports entre l'anatomie et la philosophie, et les rapports entre l'anatomie et l'art.

Pour ce qui est des rapports entre l'anatomie et l'art, nous avons décidé de les traiter à part, pour plusieurs raisons. D'abord, parce que ces rapports peuvent exister aussi bien en dehors de la médecine qu'au sein de la médecine. Ensuite, parce que ces rapports sont si denses, si ténus, si anciens, que la seule façon de les mettre en valeur et de souligner le caractère privilégié de ces liens, est de les isoler des autres rapports entretenus par l'anatomie. Enfin, cette décision a été prise aussi parce que la palette des rapports entre l'anatomie et l'art est très diverse et très étendue. Afin de mieux rendre compte de la diversité de cette palette, nous considérerons donc ces rapports entre l'anatomie et l'art sous différents angles d'approche. Nous passerons ainsi en revue successivement, la représentation du corps humain et sa valorisation, les liens entre anatomie et art, l'illustration anatomique durant la période baroque et la période des 18ᵉ et 19ᵉ siècles, le regard des artistes sur le corps humain, les rapports entre l'anatomie et la céroplastie, d'une part, et les rapports entre l'anatomie et la musicologie, d'autre part. Nous ne manquerons pas, non plus, d'évoquer les débats qui sont nés autour de la place à réserver à l'étude anatomique au sein du discours artistique.

CHAPITRE I

L'ANATOMIE DURANT LA PERIODE BAROQUE (XVIe ET XVIIe SIECLES)

1-1 – L'inventaire des conditions favorables au développement épistémologique de l'anatomie des 16e et 17e siècles

1-1-1 – L'héritage anatomique de l'Antiquité et du Moyen Age

Bien sûr, avant d'aborder cette période baroque de l'anatomie, il est important de rappeler que la recherche anatomique a commencé bien avant la Renaissance. Nous avons donc décidé de ne pas passer sous silence l'héritage anatomique de l'Antiquité et du Moyen Âge. Et ce, même si nous savons aujourd'hui combien, durant ces deux périodes de l'histoire, l'anatomie était mal assurée et la recherche anatomique peu féconde et peu pertinente, bon nombre de ses résultats s'étant avérés erronés, par la suite. En effet, comme « l'homme qui s'engage dans la recherche a toujours un passé de savoir, passé qui lui fournit les moyens mêmes de la recherche »[18], il nous a donc semblé intéressant de considérer les anatomistes de la Renaissance en les situant par rapport à leurs prédécesseurs. Si nous en avons décidé ainsi, c'est parce que nous pensons, comme Gonseth, qu' « il n'y a pas, dans l'établissement de la connaissance humaine, d'instant zéro où rien n'existerait encore et où l'on serait libre de commencer selon des normes inconditionnelles. »[19]

L'ANATOMIE DURANT L'ANTIQUITE

Un examen de l'œuvre anatomique des médecins et naturalistes de l'Antiquité nous aidera à faire le point sur les connaissances anatomiques transmises aux savants du Moyen Âge et à ceux de la Renaissance. Au 4e siècle avant notre ère, dans la médecine d'Hippocrate, le premier grand médecin de l'Antiquité, l'anatomie ne joue pas un rôle de premier plan. Dans certains traités de la Collection hippocratique (*L'anatomie*, *Le cœur*, *Les chairs*, *De la nature de l'homme*, *Du régime*, etc.), le cœur est désigné comme le siège du feu inné, de l'âme et de l'intelligence. Au 19e siècle, Emile Littré dresse un tableau peu

[18] F. Gonseth, *Le problème de la connaissance en philosophie ouverte,* Lausanne, Editions L'Age d'homme, 1990, p. 110
[19] Ibid.

élogieux de l'anatomie d'Hippocrate et de son école : « je dirai qu'on n'avait pas distingué le système nerveux, qui restait confondu dans une appellation commune avec les parties tendineuses et fibreuses ; qu'on prenait le cerveau pour une glande chargée de distribuer l'humeur pituiteuse par tout le corps ; qu'on croyait les artères pleines d'air, et que la distribution des veines était complètement ignorée. Les muscles, aperçus en gros, n'avaient point été séparés et dénommés, de sorte que la théorie des mouvements était tout à fait rudimentaire. »[20] Mais, en connaisseur averti des travaux d'Hippocrate, Littré ne se permet pas de pousser plus loin la critique de la qualité des connaissances anatomiques d'Hippocrate car il sait combien le chemin a été long et périlleux pour en arriver aux connaissances anatomiques du 19e siècle. Il poursuit donc avec indulgence : « Cet échantillon suffit pour montrer comment l'on perçait peu à peu l'écorce qui enveloppait l'organisation, et comment on s'avançait à tâtons dans ce domaine inconnu et si attrayant pour l'intelligence même novice. »[21] Emile Littré reconnaît tout de même qu'à côté de cette anatomie dont il a exposé la pauvreté, il a trouvé dans l'anatomie d'Hippocrate « des notions profondes sur les os, les articulations, leurs usages, notions dont il a tiré le plus heureux parti pour la pathologie chirurgicale dans ses beaux livres *des Fractures* et *des Articulations*. Ces notions profondes sur l'ostéologie ne doivent donc aucunement surprendre, et *a priori*, la loi de l'histoire étant connue, on peut déterminer que par ce point a dû commencer l'anatomie positive. »[22] Pour sa part, dans ses trois grands traités de biologie, *L'Histoire* [c'est-à-dire la description] *des animaux*, *Les parties des animaux* et *La génération* [reproduction] *des animaux*, Aristote (384-322 av. J.-C.) se préoccupe en premier lieu de comprendre comment la vie se déroule chez les êtres animés. Aristote utilise des modèles anatomiques comme, par exemple, celui du soufflet pour les poumons. Il attache beaucoup d'importance aux modèles obtenus par analogie avec le monde visible et il leur accorde un rôle essentiel dans la pensée du corps et dans celle de la médecine. En cela, il ne fait que reprendre un certain nombre de métaphores anatomiques que Platon avait déjà employées. Ainsi en est-il quand il compare le système vasculaire avec les canalisations d'irrigation des jardins, le cœur avec un vase ou encore avec "un poste de gardes" de l'Acropole, le ventre avec une mangeoire. Comme l'indique J. Lombard, « l'abondance de modèles de ce genre est un des traits marquants des études médicales et biologiques d'Aristote, notamment mais pas exclusivement, dans *Problèmes*. Elle met en évidence les deux fonctions de ces modèles. La première est heuristique : fournir un cadre à l'investigation quand elle porte sur les phénomènes qui sont encore mal expliqués. La seconde est

[20] E. Littré, *La science au point de vue philosophique*, Paris, Librairie Arthème Fayard, 1997, pp. 214-215
[21] Ibid., p. 215
[22] Ibid.

pédagogique : permettre une formulation intelligible du savoir en ramenant l'inconnu au connu. L'univers mystérieux du corps est donc peu à peu ramené à l'univers des choses. »[23] Aristote a une méthode, qui consiste, comme l'explique F. Dagognet, en « la compréhension ou la connaissance du corps à travers son seul apparaître »[24] et à ne pas hésiter « à s'appuyer sur un visible qu'il ne dédaigne pas. »[25] Mais Aristote ne s'en tient pas là. Il maîtrise à la fois l'observation et l'induction. Avec Aristote, nous assistons à « [...] la revalorisation de l'observation comme moyen d'accès à l'universel et, par l'induction, à la rationalité. Et en effet l'observation apparaît toujours, chez Aristote, comme un temps fort de la vie de l'esprit, comme un indispensable commencement de tout savoir sur la nature. Les données qu'elle rassemble n'ont pas pour objectif de satisfaire la curiosité mais de se prêter à des approfondissements, des comparaisons, des classifications, des recherches sur les causes, à une activité de la pensée qui tout en s'appuyant sur les faits reste à leur seul service, tant l'observation doit l'emporter sur le raisonnement. »[26] J. Lombard montre ainsi qu'en plaçant l'observation en premier, Aristote pose un principe épistémologique qui sera retenu par les anatomistes de la Renaissance et constituera, pour eux, le principal héritage de l'Antiquité. « Les faits observés ouvrent la voie à la connaissance comme les propriétés permettent d'accéder à la substance. L'observation marque déjà la naissance du savoir, le passage du niveau des impressions à celui de l'intervention de la raison. Elle représente à ce titre un enjeu essentiel dans la construction de la science. » [27] Aristote fait franchir à l'anatomie une série de progrès au niveau des critères qui lui permettent d'améliorer sa méthodologie du point de vue scientifique. Non seulement Aristote met sur pied une méthodologie de l'observation mais, en même temps, il « généralise le recours à l'observation, il analyse les risques d'erreur qu'elle comporte et définit les moyens de les prévenir. »[28] De plus, nous explique J. Lombard, en créant le verbe *têrein* qui signifie observer, et grâce à ce nouveau mot, Aristote met l'observation au premier plan et en « fait l'instrument par lequel adviennent les faits. »[29]

Comme Aristote préfère la démarche empirique à une démarche qui serait fondée uniquement sur le raisonnement et l'argumentation, il n'hésite pas à faire de la dissection des animaux la base de sa méthodologie pour ses recherches. J. Lombard considère « qu'Aristote a intégré de façon systématique la dissection et la vivisection aux recherches sur le vivant. Il a fait d'elles des

---

[23] J. Lombard, *Aristote et la médecine – Le fait et la cause*, op. cit., pp. 91-92

[24] F. Dagognet, *Le corps multiple et un*, Le Plessis Robinson, Editions les empêcheurs de penser en rond, 1992, p. 38

[25] Ibid.

[26] J. Lombard, *Aristote et la médecine – Le fait et la cause*, op. cit., p. 70

[27] Ibid.

[28] Ibid.

[29] Ibid., p. 72

composantes de l'observation au sein d'une méthodologie d'ensemble qui permettait le renforcement des liens entre les sciences du vivant et la médecine, ce regard averti sur les infinies variations de la vie. »[30]
Indéniablement, les avancées épistémologiques de l'aristotélisme sont manifestement considérables. J. Lombard nous signale qu'« il n'est pas contestable qu'elles sont allées de pair avec la construction d'un immense édifice à la fois anatomique et physiologique qui restera, comme chacun sait, incontournable pendant des siècles. »[31] Mais, a contrario, J. Lombard nous montre aussi « comment une telle accumulation de connaissances, un tel progrès accompli dans l'approche des phénomènes et dans leur interprétation, un art aussi fécond d'établir, d'examiner et d'expliquer les faits ont pu aboutir à un savoir qui par certains aspects est devenu un obstacle à son propre développement. » J. Lombard l'illustre en prenant pour exemple le domaine de la médecine qui, « promu par l'anatomie et en même temps privé du pouvoir d'invention sans lequel toute science s'enlise et finalement se nie »[32], n'a pas pu progresser. En examinant différents cas de figure, J. Lombard montre quelles sont les raisons et les circonstances qui ont amené à cet enlisement du savoir. En fait, aujourd'hui, nous dirions que les études d'Aristote présentent souvent des biais, qu'il prend des libertés avec la méthode et qu'il ne s'embarrasse pas trop de procédures de vérification. J. Lombard s'applique à faire un relevé détaillé de tous les vices de forme et fautes présentés par les études d'Aristote. Avec Aristote, la difficulté « apparaît à vrai dire dès l'établissement des faits, c'est-à-dire la mise en œuvre des règles de la méthode. Tantôt les faits observés sont oubliés quand il est question d'étudier ce qu'ils ont pour but d'expliquer. Ou bien ce sont des données banales de l'expérience voire de la perception qui sont rassemblées et non des observations à proprement parler. Ou l'indication "nous voyons" ne renvoie pas à une observation effective. »[33] Il semble donc difficile à Aristote de s'en tenir toujours aux faits observés et sa tentation de spéculer l'emporte parfois. Pour le moins qu'on puisse dire, sa rigueur méthodologique n'est pas toujours au rendez-vous. J. Lombard fait ainsi remarquer un certain nombre de points qui corroborent les constats précédents : « dans d'autres cas, les résultats même de l'observation sont orientés d'avance par une théorie sous-jacente. Ou encore la description des faits implique déjà leur explication par une théorie qui leur préexistait et la théorie elle-même semble parfois reposer, de ce fait, sur une extrapolation à partir d'observations peu assurées. »[34] Aristote ne semble donc pas avare d'arrangements avec les faits pourvu que ses théories triomphent. Mais J. Lombard ne peut se résoudre à être trop dur envers Aristote, aussi affiche-t-il une certaine indulgence à son

---

[30] J. Lombard, *Aristote et la médecine – Le fait et la cause*, op. cit., p. 73
[31] Ibid.
[32] Ibid.
[33] Ibid., pp. 73-74
[34] Ibid., p. 74

égard : « ce sont les erreurs d'observation proprement dites qui attirent le plus l'attention, mais dans un édifice d'une telle importance elles sont inévitables et elles n'enlèvent rien à la gloire de son auteur. »[35] Néanmoins, il faut bien admettre que les erreurs anatomiques d'Aristote ne sont pas rares. J. Lombard nous énumère un certain nombre d'entre elles : « L'existence de trois sutures dans le crâne de l'homme et d'une seule, circulaire, dans celui de la femme, l'attribution à l'homme d'un seul poumon et de huit paires de côtes, l'apparition de dents de sagesse chez certains octogénaires sont d'autant plus surprenantes qu'il aurait été aisé, apparemment, de vérifier ces points et de les rectifier. » [36] J. Lombard nous explique que l'attachement d'Aristote aux théories et son obstination à les faire triompher coûte que coûte ont souvent été à l'origine de l'aveuglement d'Aristote et donc source d'erreurs. « Nombre d'erreurs cependant ont plutôt leur origine dans l'altération de l'observation elle-même par la théorie et par l'esprit de système. Par exemple, la théorie selon laquelle le cœur, siège de la chaleur vitale, ne peut être malade semble confirmée par l'observation. En même temps elle la valide : les cœurs d'animaux sacrifiés sont indemnes de lésions. De même, une fois élaborée une théorie de la reproduction, la découverte d'organes comme les ovaires cesse d'être nécessaire et l'observation n'en met en évidence ni l'existence ni a fortiori le rôle. En outre, certaines erreurs viennent parfois en justifier ou en dissimuler d'autres afin de préserver la théorie admise. Par exemple, le cerveau de l'homme étant plus développé que celui de la femme nécessiterait davantage d'"aération", ce qui explique le plus grand nombre de sutures sur le crâne masculin (PA, 653a). »[37] Finalement, nous sommes bien obligés de constater que l'ensemble épistémologique élaboré par Aristote constitue « un système complexe où se mêlent savoirs résolument issus de l'observation, éléments théoriques dont la relation avec l'expérience est plus ou moins établie, nombreux a priori d'origines diverses. A bien des égards, ce système sera un obstacle au développement de la science, non seulement parce que les doctrines finiront par absorber plus d'énergie que la recherche innovante mais parce qu'il est porteur de conceptions anatomiques et physiologiques qui seront pour la science à venir de véritables handicaps. » [38] Parmi ces conceptions incriminées, J. Lombard en cite plusieurs. Il y a d'abord le « thermocentrisme, qui fait du cœur et non du cerveau, réduit avec les poumons à un rôle subalterne de refroidissement, un véritable centre de commandement du corps, auquel sont reliés les organes sensoriels. »[39] Il y a ensuite « la théorie de la chaleur innée, qui explique les grandes fonctions du corps par les différents stades de la coction des

---

[35] J. Lombard, *Aristote et la médecine – Le fait et la cause*, op. cit., p. 74
[36] Ibid.
[37] Ibid., pp. 74-75
[38] Ibid., p.96
[39] Ibid.

aliments. »[40] Il y a enfin « le rôle éminent accordé au *pneuma*, vapeur cardiaque aux multiples fonctions (transmission de l'impulsion aux muscles, de la perception vers le cœur, de l'âme-forme à l'embryon), devenu peu à peu un concept aristotélicien majeur. »[41] Comme le rappelle J. Lombard, toutes ces conceptions « [...] ne cesseront de poser aux héritiers et aux successeurs d'Aristote des problèmes insolubles, tout en servant de fondement à des théories acceptées par tous les médecins. »[42] Néanmoins, malgré ce tableau péjoratif de l'activité épistémologique d'Aristote, dressé par J. Lombard, reconnaissons tout de même, comme le précise Philippe Meyer qu' « Aristote avait pressenti que l'ignorance anatomique constituait une lacune majeure et il avait essayé de la combler en disséquant des animaux. »[43] Mais reconnaître cette forme de clairvoyance d'Aristote n'empêche pas P. Meyer de dénoncer toutes ses fautes et ses erreurs et surtout de le juger sévèrement : « il avait eu tort de condamner la dissection humaine sous le prétexte que la mort dénature les organes, leur laissant un air de ressemblance mais non de similitude avec ce qu'ils sont à l'état vivant. L'heureuse idée déboucha surtout sur des approximations, des insuffisances et même des erreurs : les circulations veineuse et artérielle sont toutes deux centrifuges, projetant le sang du cœur vers la périphérie ; le cœur est un réservoir dont on ignore tout du remplissage et du renouvellement ; les poumons ne servent qu'au refroidissement des "animaux" sanguins. »[44]
P. Mazliak nous explique que pour Aristote, « c'est l'âme qui est responsable de la vie de chaque être ; le premier traité où il traite de cette question est précisément intitulé : *De l'âme*. Il distingue plusieurs formes de l'âme ou même plusieurs types d'âme : *végétative* (assurant les fonctions de nutrition), *sensitive* (conférant les perceptions sensorielles et la sensibilité nerveuse), *locomotrice* (provoquant le déplacement des animaux) et *rationnelle* enfin, s'épanouissant totalement chez l'homme. » En désignant les trois premiers types d'âme en végétative, sensitive et locomotrice, Aristote définit aussi, en quelque sorte, un plan d'étude anatomique. Et, comme Aristote est d'un naturel curieux, il va chercher à « découvrir les instruments, c'est-à-dire les "organes", utilisés par l'âme pour réaliser ses fonctions dans le corps », il va réaliser de nombreuses dissections de cadavres d'animaux et même des vivisections. « Pour trouver comment l'âme s'exprime dans les organismes, il lui fallait réaliser des "coupes à travers le corps", ce qui est le sens premier, étymologique du mot ana-tomie. » [45] Aristote situe l'âme sous toutes ses formes—végétative, sensible, locomotrice et même rationnelle—, au niveau du cœur. Il en fait l'organe souverain alors qu'il n'accorde au cerveau qu'une place subalterne.

[40] J. Lombard, *Aristote et la médecine – Le fait et la cause*, op. cit., p. 96
[41] Ibid.
[42] Ibid., pp. 96-97
[43] P. Meyer, *Leçons sur la vie, la mort et la maladie*, op. cit., p. 80
[44] Ibid.
[45] P. Mazliak, *Descartes – de la Science universelle à la biologie*, op. cit., p. 97

Au 3e siècle avant notre ère, l'Ecole grecque d'Alexandrie s'illustre grâce à deux grands savants anatomistes Hérophile et Erasistrate qui pratiquent « résolument la dissection des cadavres humains et la vivisection des animaux (peut-être même des hommes) », au cours desquelles ils réalisent d'importantes découvertes, parmi lesquelles celle des nerfs partant du cerveau vers de nombreux organes. Ils distinguent aussi les artères (transportant beaucoup d'air avec le sang) et les veines qui ne transportent pas d'air mais qui distribuent le sang nourricier (la "vitalité") à tous les viscères.[46]

Emile Littré nous dresse un brillant état des lieux de la connaissance anatomique des écoles d'Alexandrie : « [...] Dans les écoles d'Alexandrie, à la connaissance des os, qui était déjà si précise du temps d'Hippocrate, on ajouta celle des muscles, celle des nerfs, qui furent définitivement séparés des tendons, et dont les propriétés motrices et sensitives furent reconnues ; celle des principaux viscères, et en particulier du cerveau, qui cessa d'être considéré comme une glande. En un mot, le scalpel fit son office, et, l'employant régulièrement, on arriva à discerner ce qui se présenta sous son tranchant. »[47]

Emile Littré fait le bilan de ce qui est bien décrit au niveau anatomique et insiste aussi sur le bilan physiologique. Il montre que les deux recherches sont déjà couplées à cette époque.

« Manifestement, on n'est encore qu'à la première entrée des choses ; on a déterminé que ce qu'il y a de plus apparent, et, si je puis parler ainsi, de plus gros, c'est-à-dire qu'on distingue les os, les muscles, les nerfs, les tendons, les aponévroses, les ligaments, les veines, les artères et les viscères. Cette connaissance anatomique est parallèle à une connaissance physiologique de même valeur, et l'on sait qu'un muscle tire telle partie, que tel nerf communique le mouvement, tel autre le sentiment ; que l'estomac digère, que le foie fait la bile. En un mot, on a reconnu les usages tels qu'ils ressortent soit de la considération des parties, soit des cas pathologiques, soit d'expériences diversement instituées. »[48] Emile Littré termine en dressant un tableau sans concession de tout ce qui reste à faire : « toutes les notions supérieures, qui ne peuvent, en effet, résulter que d'une anatomie également supérieure, font défaut. Les propriétés véritablement spéciales à un corps organisé n'ont point encore été rapportées aux éléments anatomiques qui les manifestent ; car ces éléments eux-mêmes sont ignorés. »[49]

Enfin, au 2ème siècle de notre ère, c'est avec Galien (131-201 ap. J.- C) que les connaissances anatomiques de l'Antiquité vont culminer. Galien est le médecin grec qui réalisa les travaux anatomiques les plus importants de l'Antiquité en pratiquant de très nombreuses dissections. Ces dissections intéressaient surtout

---

46 P. Mazliak, *Descartes – de la Science universelle à la biologie*, op. cit., p. 98

47 E. Littré, *La science au point de vue philosophique*, op. cit., p. 220

48 Ibid., pp. 220-221

49 Ibid., p. 221

des singes, des porcs, en somme des animaux proches de l'homme, mais Galien avait aussi pratiqué quelques vivisections sur les chiens. Il n'hésitait pas à faire des démonstrations anatomiques lors de ses dissections publiques sur des animaux. Ses recherches étaient principalement axées sur la respiration, sur le cœur et les artères, sur l'appareil génital et la reproduction, sur le système nerveux, etc. Au cours de ses dissections ou de ses vivisections, Galien cherchait surtout à déterminer d'éventuelles causes anatomiques aux dysfonctionnements à l'origine de douleurs et de maladies. Pour les dissections, Galien préconisait une méthode générale dans laquelle il conseillait de commencer par l'étude du squelette, puisque les os représentent la charpente du corps, de continuer par l'étude des muscles, des nerfs et des tendons. Galien n'envisageait une dissection approfondie que s'il pouvait disposer de plusieurs cadavres. Comme il était persuadé que chaque partie du corps humain a été construite en vue de remplir une fonction, Galien ne voyait que par l' "anatomie fonctionnelle". En effet, il était convaincu que l'on peut découvrir la fonction d'un organe en étudiant son anatomie. Selon Galien, le diaphragme établit une division des organes en deux, ceux situés au-dessus de lui (cœur et poumons) et ceux se trouvant au-dessous de lui, les viscères (intestins, foie, glandes, reins et vessie). Le cœur, doué d'une "force pulsatile", reçoit, selon lui, le sang aéré des poumons par l'intermédiaire des artères qui irriguent aussi les viscères. En différents passages de ses livres, Galien s'efforce d'établir que les nerfs viennent du cerveau, et non du cœur, comme le voulait Aristote. Comme le cerveau est à l'origine des nerfs et représente le "centre du mouvement", Galien le considère, par ordre d'importance, au même niveau que le cœur. Ses dissections d'animaux vont beaucoup contribuer à faire progresser les connaissances des Anciens sur les artères, le cerveau et les nerfs. Néanmoins, il devance quelquefois les faits par le raisonnement et il ne voit plus ainsi que par son esprit, ce qui va l'amener à commettre de graves erreurs anatomiques. Il affirme, par exemple, que l'utérus est bifide. Ne faisant que des dissections sur des animaux, il énonce parfois des contre-vérités et, par exemple, il se trompe sur les rôles respectifs du foie et du cerveau, faisant du premier le centre de la circulation sanguine. Il est persuadé que les veines et les artères ne sont pas reliées entre elles et que le sang passe d'une oreillette à l'autre à travers des micro-pores invisibles, présents dans le cœur. Malgré ces erreurs, les conceptions anatomiques de Galien s'imposeront tout de même jusqu'à la Renaissance et seront encore suivies bien après. Mais, comme Aristote, Galien a le tort de considérer, l'analogie avec le visible comme un véritable mode indirect d'accès au savoir, et ce, malgré la rigueur de son utlisation et son souci de précision dans le choix de l'image. [50] Ceci a, en effet, des conséquences négatives qui nous sont précisées par J. Lombard : « Faute d'une anatomie et d'une physiologie suffisamment pertinentes, le système explicatif va reposer sur

[50] J. Lombard, *Aristote et la médecine – Le fait et la cause*, op.cit, p. 91

le recours à l'analogie, sur la référence permanente à ce qui peut être observé pour rendre compte de ce qui ne peut pas l'être. Dans l'empire des causes ainsi construit se profilent déjà la décadence et la chute de l'empire des faits : la médecine du visible n'aura plus pour fondement qu'une médecine du caché, monde parallèle et supposé à laquelle le rattache le seul lien, fragile et incertain, de l'analogie. »[51]

L'ANATOMIE DURANT LE MOYEN ÂGE

Nous limiterons notre examen de l'anatomie durant le Moyen Âge à la période durant laquelle les savants ont su renouer avec l'observation, c'est-à-dire la période du Moyen Âge tardif. C'est, en effet, durant cette période que seront posés les jalons qui permettront ensuite aux anatomistes de la Renaissance de tracer un nouveau chemin, celui du renouvellement de l'approche anatomique.
Au cours de la dernière période du Moyen Âge, l'exploitation de l'ensemble des textes de la littérature médicale gréco-arabe va représenter une véritable opportunité. Elle va conduire de plus en plus les savants à accorder une attention de plus en plus soutenue aux textes issus de cette littérature, et plus particulièrement sur ceux portant sur l'anatomie. Ainsi, ces savants s'intéresseront entre autres au *Canon* d'Avicenne et au *Colliget* d'Averroès (traduit en 1285). A cette époque, la plupart des auteurs des traités de chirurgie s'inspirent de cette littérature et réservent une place privilégiée à la connaissance anatomique. Dans ces conditions, puisque Averroès et Avicenne prônent l'observation pour assurer un savoir anatomique plus proche des réalités corporelles, à l'évidence les savants de l'époque s'acheminent progressivement vers de nouvelles méthodes. L'observation sera mise d'autant plus en avant que les savants seront sensibles au contenu de *l'Opus majus* de Robert Bacon, édité en 1268. En effet, Bacon y expose les deux voies de la connaissance : la raison et l'expérience. C'est ainsi qu'à Bologne, entre 1266 et 1275, afin d'élucider des morts suspectes, les autorités judiciaires demanderont à des médecins de pratiquer des dissections humaines. Autant dire que l'on s'écarte là des pratiques d'Aristote et de Galien qui s'étaient certes essayés à découvrir l'anatomie humaine en s'obligeant à disséquer, mais malheureusement, dont les dissections intéressaient des animaux. Dans ces conditions, ces dissections d'Aristote et de Galien conduisaient à des approximations et à des erreurs anatomiques dès qu'ils voulaient, à partir d'elles, dresser un tableau de l'anatomie humaine.

Mundinus (1270-1326) figure parmi les premiers professeurs de médecine à pratiquer des démonstrations anatomiques à partir de dissections de cadavres en amphithéâtre. Il construit tout un système d'anatomie fonctionnelle en

[51] J. Lombard, *Aristote et la médecine – Le fait et la cause*, op.cit., pp. 77-78

s'appuyant sur les théories galéniques et divise le corps en trois "ventres" distincts auxquels il assigne, pour chacun d'entre eux, une fonction cruciale.
Ainsi, le ventre supérieur est le siège du cœur et du poumon, dont la fonction est d'"animer le corps". Le "ventre médian"contient le foie, l'estomac et la rate qui assurent la nourriture du corps par la digestion, c'est-à-dire par la transformation des aliments en chyle dans l'estomac, puis du chyle en sang dans le foie. Enfin, le "ventre inférieur" renferme les intestins, les reins et la vessie et il a pour fonction l'évacuation des déchets. L'œuvre de Mundinus préfigure déjà ce que sera le système physiologique de Descartes.
Plus tard, au cours des 14e et 15e siècles, les papes Sixte IV et Clément VII accorderont aux médecins le droit de réaliser des dissections sur les cadavres des criminels, sous réserve qu'elles soient pratiquées sous le contrôle des autorités politiques et religieuses de la ville. La pratique des dissections sera ainsi de moins en moins exceptionnelle et ce, d'autant plus que les anatomistes sont de plus en plus convaincus de la nécessité de suivre les recommandations d'Averroès et d'Avicenne. Les anatomistes sont de plus en plus persuadés que la constitution du savoir anatomique doit être associée à l'expérience. Ils montrent ainsi leur attachement à la *Scientia experimentalis* de Bacon, ce qui signifie, d'une part, « "certification et persuasion à propos des conclusions obtenues par voie démonstrative", ainsi que, d'autre part, une "attention aux capacités d'intervention sur la réalité naturelle, aux habiletés techniques (industria manuum)". »[52] Comme l'indique R. Mandressi, « dans ce cadre, le recours au verdict des sens devient la méthode adéquate pour résoudre les cas d'opinions discordantes des autorités, pour vérifier de *visu* ce qui est dit dans les textes, ou encore, le cas échéant, pour rectifier les autorités et pas seulement pour les départager. »[53] Dès la fin du 15e siècle, l'évolution épistémologique de l'anatomie est dépendante des sens, c'est-à-dire de la vue et du toucher, voies royales et fondements de la connaissance en anatomie pour ouvrir et scruter l'intérieur du corps. Mais, malgré la fièvre universitaire du Moyen Âge, l'ignorance anatomique demeure encore la règle et l'accumulation et la répétition des descriptions anatomiques erronées ne pourront cesser qu'avec l'institutionnalisation de l'anatomie humaine aux XVe et XVIe siècles. L'année 1490 est celle d'un évènement majeur pour le développement épistémologique de l'anatomie : la construction du premier amphithéâtre d'anatomie à Bologne. D'autres amphithéâtres d'anatomie naîtront ensuite à Montpellier en 1551, à Bâle en 1588, et Paris n'aura le sien qu'en 1606. Désormais, l'inventaire anatomique, déjà initié durant l'Antiquité et continué pendant le Moyen Age, va être beaucoup plus méthodique et il va s'appuyer, d'une part, sur l'autopsie et,

[52] R. Mandressi, *Le regard de l'anatomiste – Dissections et invention du corps en Occident*, Paris, Editions du Seuil, 2003, p. 73
[53] R. Mandressi, *Dissections et anatomie,* pp. 311-333, in A. Corbin, J.–J .Courtine, G. Vigarello, *Histoire du corps*, t.1, *De la Renaissance aux Lumières*, Paris, Editions du Seuil, 2005, p. 316

d'autre part, sur la chirurgie. Toutes les conditions idoines pour le renouvellement, le développement et l'épanouissement de l'anatomie de la Renaissance se trouvent ainsi réunies. Alors, la Renaissance pourra arborer de grands noms de l'anatomie humaine comme André Vésale (1514-1564), Gabriel Fallope (1523-1562), Fabrizio d'Acquapendente (1533-1619), Charles Estienne (1505-1564), Amatus Lusitanus (1511-1568), Giovanni Battista Canano (1515-1579) et Salomon Alberti (1540-1600). Tous ces grands anatomistes vont alors œuvrer dans les universités européennes où l'anatomie fera germer des interrogations sur la physiologie et sur la structure tissulaire.

1-1-2 – Le contexte culturel et scientifique de l'anatomie aux 16e et 17e siècles

Il est bon d'abord de rappeler ce qu'entend A. L. Angoulvent par esprit baroque pour mieux comprendre pourquoi nous avons tenu à rassembler les 16e et 17e siècles. Si l'on en croit A. L. Angoulvent, « l'esprit baroque est un moment de l'histoire européenne », celui des 16e et 17e siècles, et il empiète même sur le 18e siècle. Or, cet esprit baroque va être très favorable au développement épistémologique de l'anatomie car il « témoigne d'une volonté toujours en éveil, en recherche, en mouvement de comprendre le monde et l'homme pour tenter d'en donner l'expression métaphysique, scientifique et esthétique la plus conforme au souci d'une nécessaire réalité naissante »[54].

Pour ce qui est du 16e siècle, Steven Shapin nous rappelle que « la Réforme protestante du XVIe siècle avait insisté sur la valeur d'un rapport direct aux Ecritures, précisant que les chrétiens ne devaient pas s'en remettre aux interprétations des prêtres et des papes. »[55] Indéniablement, cette injonction à lire par soi-même la Bible a encouragé aussi les savants et les philosophes de domaines étrangers à la religion à adopter une lecture plus autonome et moins soumise aux autorités institutionnelles. Elle a favorisé ainsi une certaine prise de distance avec les théories philosophiques qui prescrivaient une connaissance restreinte et les textes anciens. De plus, les hommes de la Renaissance donnent libre cours à leur passion d'observer, de voir, d'analyser. Pour eux, il n'y a aucune impiété à la laisser s'exprimer. C'est sous cette forme que la Raison de la Renaissance se manifeste. Autrement dit, désormais, des élans prométhéens sont possibles. C'est dans ce contexte favorable, de confiance manifeste en l'avenir des progrès intellectuels et techniques, que l'anatomie va évoluer. Incontestablement, même « s'il n'est pas de coupure totale et brutale entre la Renaissance et la période médiévale, il faut, néanmoins, reconnaître la validité du concept de Renaissance, ce mouvement de rénovation artistique et

[54] A. L. Angoulvent, *L'esprit baroque,* Paris, Editions PUF, 1994, p. 121
[55] S. Shapin, *La révolution scientifique*, Paris, Editions Flammarion, 1998, p. 101

scientifique. »[56] Les anatomistes n'échappent pas au sentiment très général « de revivre, d'être dans un âge nouveau, [...], sentiment d'ailleurs très répandu parmi les contemporains de cette époque » [57] et l'anatomie se lance à la conquête du corps. Le prestige de l'anatomie est grand et François Rabelais, également médecin, y participe en promouvant l'anatomie à la dignité des "hautes matières et sciences profondes", en faisant appel à elle dans le Quart Livre de Pantagruel, au chapitre XXX : "Comment par Xenomanes est anatomisé et descript Quaresmeprenant". Durant la Renaissance, « création et *mimèsis* constituent un couple fécond, à l'image d'une époque qui s'emploie à respecter un héritage sans pour autant s'interdire un autre regard sur le monde des hommes et des choses. »[58] La Renaissance est « [...] une période d'intense et bouillonnante production où l'homme prend peu à peu la mesure de lui-même. »[59] C'est dans ce contexte philosophique, culturel et scientifique, que se produit, au 16e siècle, la Révolution anatomique vésalienne, mais Vigarello précise que ce n'est pas pour cela « que s'éloignent définitivement les croyances, celles de la médecine populaire, celle des sorciers de campagne, celle des corps ployés par l'impensable »[60], que ce n'est pas pour cela non plus, « que disparaissent, loin s'en faut, les références sacrées. Longtemps la vision banalisée du corps entremêle à son sujet toutes les influences, longtemps son enveloppe a semblé traversée par toutes les forces du monde. Mais un conflit de culture s'avive avec la Renaissance où le corps se singularise, spécifiant des fonctionnements expliqués par son propre "ressort" et par lui seul. »[61] Néanmoins, d'une façon générale, la pensée des savants de la Renaissance connaît un vaste mouvement de changement qui s'exprime particulièrement avec Vésale. Depuis Pierre d'Albano, au 14e siècle, et de façon encore plus soutenue au 16e siècle, en Italie, et notamment à Padoue, véritable centre d'étude anatomique vers lequel convergent de très nombreux étudiants de toute l'Europe, tout est fait pour ne pas séparer la médecine et donc l'anatomie, des autres sciences. Les anatomistes, comme les autres savants, sont tous dotés d'une grande érudition classique. Ils l'ont constituée à partir de l'étude de philosophes arabes, comme Avicenne, Rhazès, Averroès, etc. Les anatomistes de la Renaissance et Vésale plus particulièrement, garderont l'empreinte de la théorie de l'induction d'Albano et ils adopteront la méthode de résolution et de

---

[56] J. Russ, *Panorama des idées philosophiques – De Platon aux contemporains*, Paris, Librairie Armand Colin, 2013, p. 119

[57] Ibid.

[58] A. Baudart, *La Renaissance*, pp. 105-148, in J. Russ (sous la dir. de), *Histoire de la philosophie*, tome 2, *L'invention du monde moderne*, Paris, Editions Armand Colin, 1997, p. 147

[59] Ibid., p. 148

[60] G. Vigarello, *Introduction,* pp. 13-15, in A. Corbin, J.-J. Courtine et G. Vigarello, *Histoire du corps,* tome 1, *De la Renaissance aux Lumières*, op. cit., p. 14

[61] Ibid.

composition, encore appelée régression. Jackie Pigeaud nous en explique les bases : « il faut résoudre le fait complexe en ses parties constituantes ; puis on compose, c'est-à-dire qu'on imagine une hypothèse d'où l'on peut déduire à nouveau les observations ; ces observations suggèrent ensuite une expérience qui vérifie l'hypothèse. »[62] La Nature est une référence pour les hommes de la Renaissance et, d'ailleurs, à l'instar de Galien, Vésale fait l'éloge de la Nature et porte une admiration sans faille « à l'intelligence créatrice du corps. » Un des traits marquants de Vésale et de ses disciples, est leur adhésion au finalisme ; ils sont convaincus que « la Nature se propose toujours un but » et que « les organes sont adaptés à des fonctions. » Ce trait est à la fois commun à Platon, à Aristote et à Galien.

Il est bon aussi de signaler combien Vésale prend ses distances avec la pensée générale de la Renaissance. En effet, celle-ci a un goût prononcé pour le merveilleux et autorise toutes les analogies, entre autres, celles évoquées par G. Canguilhem : « la terre est un vivant, elle a des entrailles, elle sent, elle engendre ; le monde a une âme comme les plantes, comme les animaux, comme l'homme. »[63] Or, comme Vésale ne se fie plus au corps des animaux pour étudier l'anatomie humaine, comme il n'accepte plus de se fier aux analogies entre le corps de l'homme et celui des animaux, il est donc bien en rupture, d'une certaine façon, avec cette pensée générale de la Renaissance et il est, bien sûr, plus proche de la réalité anatomique.

Au 17e siècle, l'expérimentation supplante totalement la spéculation et les savants n'accordent foi qu'à ce qu'ils sont en mesure de vérifier, d'analyser, de palper. Avec l'héritage anatomique de la Renaissance, avec l'avènement de la raison, l'anatomie du 17e siècle trouve un terreau favorable à son développement. Cette progression épistémologique sera d'autant plus grande que d'illustres anatomistes y participeront. Ainsi, Wharton (1610-1673), Marcello Malpighi (1628-1694), Francis Clisson (1597-1677), Niels Stensen (1638-1686) et Gaspare Aselli (1606-1692) enrichiront le registre des découvertes anatomiques. Même si l'Italie fournit encore de grands noms à l'Anatomie, le prestige de ses Universités n'est plus ce qu'il était. Ce sont les Universités de Paris et de Montpellier en France, d'Oxford et de Londres en Angleterre, de Leyden aux Pays Bas, qui prennent le relais. Elles deviennent les nouveaux foyers d'expansion épistémologique pour l'anatomie, où les recherches anatomiques s'intensifient et sont de plus en plus florissantes. De plus, le Hollandais Zacharias Jansen (1588-1628), en mettant au point le

---

62 J. Pigeaud, *Médecine et médecins padouans*, pp. 19-36, in G. Pirolo Bettiol et al., *Les siècles d'or de la médecine – Padoue XVE-XVIIIE siècles*, Milan, Edition Electa, 1989, p. 21

63 G. Canguilhem, *Etudes d'histoire et de philosophie des sciences concernant les vivants et la vie*, Paris, Librairie J. Vrin, 1994, 7e édition, p. 222

microscope en 1604, va permettre aux anatomistes d'étendre leur champ d'étude. Ils vont pouvoir pousser leurs recherches jusqu'aux structures invisibles à l'œil nu et inaugurer ainsi l'anatomie microscopique. De grands noms de la philosophie comme Descartes et Malebranche en France, Newton et Locke en Angleterre, Spinoza et Leibniz en Allemagne, vont largement contribuer au développement de l'esprit humain. « L'expression mathématique des lois expérimentales apparaît constitutive, au début du 17e siècle, d'une véritable révolution scientifique : la nature est écrite en langage mathématique. Tout s'explique par figures et mouvements. »[64] A la fin du 17e siècle, le retour des anatomistes à l'analogie se traduit par l'usage de lois anatomo-mécaniques qui sont émises entre autres par Borelli et Bellini. Baglivi s'empresse ainsi de soutenir la bonne analogie, celle de Borelli et de Bellini, et de dénigrer la mauvaise analogie, « celle dont usent les chimistes ». Et, nous précise G. Canguilhem « s'il en va ainsi, c'est parce que "le corps humain, aussi bien dans sa structure que dans les effets qui en dépendent, procède du nombre, du poids et de la mesure". »[65]

1-2 – L'anatomie au 16e siècle

A la Renaissance, et plus particulièrement au 16e siècle, les études scientifiques et artistiques sur le corps humain reprennent. La levée des interdits religieux au cours des derniers siècles du Moyen Âge a rendu la pratique des dissections plus facile et plus fréquente. Il est désormais plus aisé de remettre en question certaines des descriptions anatomiques de l'Antiquité. Aidés de leurs travaux de dissection sur les cadavres et de vivisections sur les animaux, forts de leurs investigations personnelles, les médecins de la Renaissance vont donner un nouveau souffle à l'anatomie. Néanmoins, l'attachement des anatomistes de la Renaissance aux Anciens demeure fort. Vésale reste assez fidèle à la tradition galénique, Colombo prend comme référence les travaux de l'Ecole d'Alexandrie, et Fabrice d'Acquapendente, le maître de William Harvey, reste très lié à la tradition aristotélicienne. Mais, heureusement, un grand changement s'opère chez les anatomistes de la Renaissance ; désormais, le renouveau des connaissances sera le résultat de l'alliance entre la spéculation intellectuelle et l'investigation directe de visu. Ainsi, au 16e siècle, il se produit un réaménagement du rapport entre la parole écrite des autorités et les constats sensoriels. Au cours des dissections, les anatomistes adopteront un regard de plus en plus attentif au spectacle du corps ouvert. Ce qui primera de plus en

[64] J. Russ, *Panorama des idées philosophiques – De Platon aux contemporains*, op. cit., p. 130

[65] G. Canguilhem, *Etudes d'histoire et de philosophie des sciences concernant les vivants et la vie*, op. cit., p. 223

plus, ce sera le « *quod dissectionibus adparet.* »[66] Philippe Hubinois considère même que lorsque la *scienza nuova* anatomique de la Renaissance appréhende "l'objet corporel scientifique", elle se caractérise par un nouveau paradigme : « ouvrir largement pour voir et toucher ce qui ne pouvait être vu "naturellement", sans artifice. [...] »[67]. Les anatomistes profitent donc des dissections pour "approfondir" leur connaissance du corps humain et établir une carte détaillée de celui-ci, à l'instar des navigateurs qui, à la même époque, s'appliquent à dessiner la nouvelle carte du monde.

LES RECHERCHES ANATOMIQUES EN ITALIE DURANT LA RENAISSANCE

Plusieurs facteurs vont jouer en faveur du développement épistémologique de l'anatomie au 16e siècle. C'est d'abord la prise de position du pape Clément VII (pape de 1523 à 1534) qui autorise formellement l'enseignement de l'anatomie alors que le pape Sixte IV (pape de 1471 à 1484), dans la bulle publiée par ses soins, en 1472, s'était contenté de reconnaître l'anatomie comme une discipline « utile à la pratique médicale et artistique. »[68] C'est ensuite, en 1502, dans l'*Anathomiae corporis humani liber*, l'affirmation par Zerbi de la nécessité « d'observer la nature telle qu'elle se présente à nos yeux » et de ne « pas faire confiance aux textes d'anatomie » si l'on veut connaître l'œuvre de la nature.[69] En fait, Zerbi n'a pas été le premier à avoir diffusé des recommandations pour la contemplation de la nature. Déjà, dans les dernières années du 15e siècle, Benedetti avait lancé ce mot d'ordre en faisant l'éloge des dissections, dans le dernier chapitre intitulé *De laude dissectionis* de son ouvrage *Historia corporis humani sive Anatomice*. Après Zerbi, qui se résout encore difficilement à contester les affirmations de Galien, la tradition galénique commence à être quelque peu secouée dans un certain nombre d'œuvres d'anatomistes. C'est le cas des *Annotationes anatomicae in Mundinum* d'Allessandro Achillini en 1520, des *Commentaria super anatomia Mundini* en 1521 et des *Isagae breves* en 1522 de Jacopo Berengario da Carpi, et du *Liber introductorius anatomiae* en 1536 de Nicola Massa. Enfin, il faut préciser aussi qu'en instituant la *sensata veritas*, c'est-à-dire la vérité des sens, et en relativisant la vérité des livres, Nicolo Massa appelle à une nouvelle approche de la connaissance en anatomie. Giovanni Battista Canano va répondre à cet appel et, par son atlas myologique, prouver son dépassement de Galien et des maîtres médiévaux. En 1546, à l'instar d'Estienne, Battisto

---

[66] « *ce qui est montré par les dissections* »
[67] P. Hubinois, *Petite philosophie de la chirurgie*, Paris, Edition Michalon, 2006, p. 147
[68] Mirko D. Grmek et R. Bernabeo, *La machine du corps,* pp. 7-36, in, Mirko D. Grmek (sous la dir. de), *Histoire de la pensée occidentale* – tome 2, *De la Renaissance aux Lumières*, Paris, Editions le Seuil, 1997, p. 8
[69] Ibid., p. 9

Canano parvient à mettre en évidence les valvules des veines sans comprendre leur fonction. Achillini, professeur à Bologne et à Padoue, fait un certain nombre de découvertes anatomiques. Il remarque l'abouchement du canal biliaire dans le duodénum, il observe le canal appelé aujourd'hui canal de Wharton et il décrit le marteau et l'enclume dans l'oreille moyenne. Il s'intéresse aussi au cerveau.
Nous n'évoquerons pas ici l'œuvre de Léonard de Vinci malgré l'abondance de ses investigations en anatomie. En effet, Léonard de Vinci, au cours des trois périodes de sa vie, a pourtant pratiqué de nombreuses dissections et réalisé de nombreuses découvertes anatomiques, mais la portée de ses travaux anatomiques n'a pas profité aux anatomistes du 16e siècle, ni à ceux du 17e siècle, car ils n'en avaient pas pris connaissance. Dans ces conditions, après sa disparition, les découvertes de Léonard de Vinci n'ont donc pas, ou peu, participé au développement épistémologique de l'anatomie.
Finalement, si la plupart des anatomistes du 16e siècle admettent la nécessité de ne pas se limiter aux témoignages écrits et de bien observer les choses, beaucoup d'entre eux continuent à rester attachés aux vérités des livres. Néanmoins, la généralisation de la dissection va avoir lieu et peu à peu instaurer, en Occident, un nouveau regard chez les anatomistes, fondé sur la fragmentation.

L'ECOLE ANATOMIQUE DE PARIS DURANT LA RENAISSANCE

En France, François Ier, après avoir conçu « le dessein d'attirer dans sa capitale les savans qui florissaient dans des pays étrangers [...] jetta les fondemens du College Royal. »[70] Antoine Portal, médecin et anatomiste, professeur d'anatomie au Jardin du Roi, nous explique « que la médecine ne fut point oubliée dans cette brillante institution : Vidus Vidius, appelé d'Italie dans cette capitale, y vint répandre les connoissances et comme il étoit savant anatomiste, il y inspira bien tôt le goût de cette science : c'est à lui que nous devons rapporter le germe de presque toutes les découvertes faites dans ces derniers tems. Dans l'espace de trois ans, il fournit à l'Europe les plus grands anatomistes. Sylvius fut un de ses disciples et son successeur, Andernach se forma par les conversations qu'il eut avec Vidus Vidius [...]. »[71]
Au cours de la première moitié du 16e siècle, l'enseignement de Jacques Dubois, dit Sylvius, et de Johann Guinther von Andernach, fait de Paris le centre des études anatomiques. Paris se place donc devant Montpellier qui était pourtant le berceau de l'anatomie au cours des deux derniers siècles du Moyen Âge. Bien qu'ardent défenseur du galénisme, Dubois ne méritait pas les

---

[70] A. Portal, *Histoire de l'anatomie et de la chirurgie*, Paris, P. F. Didot le jeune, 1770, Préface, 1er volume, p. xxix
[71] Ibid.

critiques acerbes de Vésale, son ancien élève, qui lui reprochait d'être asservi aux textes anciens. En réalité, contrairement à ce qu'en disait Vésale, Dubois pratiquait, lui aussi, la dissection active de tous les organes et de tous les membres. De plus, Dubois s'est particulièrement investi dans l'édification d'une nomenclature anatomique réussie. En outre, il a réalisé une étude des ventricules cérébraux en pratiquant des coupes sagittales et transversales. Pour ce qui est d'Andrès de Laguna, il fait la première description de la valvule iléo-caecale dans son ouvrage publié à Paris, en 1535. De son côté, Charles Estienne fait état de la présence de trous nourriciers dans les os, de la distinction entre le tronc sympathique et le nerf pneumogastrique et de l'existence du canal de l'épendyme dans la mœlle épinière. Charles Estienne met aussi en évidence le liquide céphalo-rachidien. Il s'ébauche ainsi une réelle réévaluation du savoir anatomique.

A partir de 1554, l'anatomie figurera parmi les disciplines permettant l'étude des êtres vivants et, désormais, l'étude des êtres vivants comprendra : «

1. la morphologie qui est l'étude des formes, des structures, et qui se compose de l'organographie (description générale des organes) et de l'anatomie (description des organes, plus détaillée, nécessitant généralement l'utilisation d'instruments de dissection) ;
2. la physiologie, qui est l'étude du fonctionnement (nutrition, respiration, etc.) des êtres vivants sains ;
3. la pathologie, qui est l'étude des maladies des êtres vivants. »[72]

Quand on examine l'anatomie en France durant la Renaissance, il convient de signaler le cas particulier d'Ambroise Paré (1509-1590) qui a appliqué à la chirurgie les découvertes anatomiques de Vésale. Non seulement A. Paré sera, en 1561, l'auteur d'une *Anatomie universelle*, d'ailleurs inspirée de la *Fabrica* de Vésale, mais il rendra aussi accessible l'enseignement de l'anatomie aux chirurgiens-barbiers.

VESALE ET L'ANATOMIE DU 16^E^ SIECLE

L'anatomie du 16e siècle est dominée par Vésale, nous avons donc décidé de lui réserver une place à part et de nous intéresser principalement à lui. En 1543, la publication de la *Fabrique du corps humain*, ouvrage assorti de plus de trois cents planches anatomiques, marque un moment mémorable dans l'histoire de l'anatomie et de la médecine occidentale. Si cette publication de la *Fabrica* est un évènement très important, c'est parce qu'elle « consacre la naissance du regard médical sur le corps humain. »[73] Georges Canguilhem voit même « dans la *Fabrica* de Vésale bien plus qu'un document capital pour l'histoire de la

[72] J. Baudet, *Penser le vivant – Une histoire de la médecine et de la biologie,* Paris, Editions Vuibert, 2005, p. 77

[73] C. Crignon-De Oliveira, M Gaille-Nikodimov, *A qui appartient le corps humain ?* op. cit., pp. 41-42

médecine, un monument de notre culture. »[74] En effet, avec Vésale, l'approche de l'anatomie est différente de celle de ses prédécesseurs et de ses contemporains et ce, pour plusieurs raisons. D'abord, parce qu'il est « son propre démonstrateur d'anatomie » et élève « sa main à la dignité d'un instrument d'enseignement et même d'un instrument de connaissance. »[75] Ensuite, parce qu'il introduit « dans un traité d'anatomie la description minutieuse des instruments et des techniques de dissection et de vivisection. »[76] Selon Georges Canguilhem, toutes ces raisons constituent la preuve que Vésale conçoit « la connaissance comme une opération et non plus comme une contemplation », qu'il efface « la frontière de dignité qui séparait la théorie de la pratique. »[77] En osant pratiquer la dissection sur des corps humains, en se refusant à fonder son anatomie du corps humain sur la dissection des corps animaux, Vésale se distingue radicalement de Galien. De plus, il impose ainsi à ses contemporains tout un questionnement sur leur propre vision du corps.
L'anatomie, avec Vésale, n'est pas pur découpage. L'analyse qu'il opère par sa dissection, ne précède pas la synthèse ; Vésale les fait s'accompagner. En cela, il adopte le mode de pensée des présocratiques pour lesquels, comme l'écrit Abel Jeannière, « [...] loin d'être deux moments successifs, analyse et synthèse s'équilibrent à chaque instant, et la synthèse guide déjà l'analyse qui la prépare ; l'idée du tout est toujours présente au moment où l'on cherche l'élément. »[78] Vésale prône ainsi un équilibre de la pensée, révélé dans l'Antiquité par Thalès, et si caractéristique de la conscience occidentale.
En outre, Vésale s'applique à mettre en évidence combien le corps humain est « le résultat d'une fabrication et d'une technique stupéfiants. »[79] Ici, donc, la pensée de Vésale diverge peu de celle de Galien puisque, pour lui aussi, « le corps humain résulte d'une fabrication, celle de la Nature. »[80]
Toute l'anatomie de Vésale va bien au-delà d'une simple anatomie descriptive et ne se limite pas à des spéculations médicales. Il ne conçoit l'anatomie que pour mieux appréhender une véritable réflexion sur la vie, et d'ailleurs, la majestueuse planche illustrée du frontispice de sa *Fabrica* nous révèle cette intention. Comme nous le fait remarquer Jackie Pigeaud, sur cette planche, la haste du squelette et les doigts de Vésale désignent les organes d'une femme et plus particulièrement ce qui la différencie de l'homme, c'est-à-dire le lieu de la génération et de la vie. Vésale revendique ici la mise au jour de l'utérus

---

[74] G. Canguilhem, *Etudes d'histoire et de philosophie des sciences concernant les vivants et la vie,* op. cit., p. 35
[75] Ibid., p. 32
[76] Ibid.
[77] Ibid.
[78] A. Jeannière, *Les Présocratiques*, Paris, Editions du seuil, 1996, pp. 68-69
[79] J. Pigeaud, *Médecine et médecins padouans,* pp. 19-36, in G. Pirolo Bettiol et al., *Les siècles d'or de la médecine – Padoue XVe –XVIIIe siècles*, op. cit., p. 29
[80] Ibid.

humain, « le lieu de la vie, du mystère de la propagation de l'espèce et de la victoire de la vie sur la mort. »[81]

Si l'on veut avoir une idée de l'étendue du champ d'investigation anatomique de Vésale, il suffit de reprendre le contenu de chacun des sept livres de son ouvrage *De humani corporis fabrica,* parfaitement résumé par Mirko D. Grmek et R. Bernabeo : « le premier livre présente un tableau détaillé des os et des articulations. Le deuxième propose une conception fonctionnelle de la musculature, mise en évidence par la position dynamique des figures saisissantes de vie et intégrées de façon dramatique dans le paysage. Le troisième livre est consacré au système artériel et veineux, le quatrième à la moelle épinière et au système nerveux périphérique. Le cinquième traite du tube digestif, de l'appareil uro-génital et des organes de la reproduction, et se termine par une description détaillée des modalités à suivre lors d'une dissection. Le sixième livre étudie les organes endothoraciques, tandis que le septième, après une description sans précédent du cerveau et des organes des sens, rappelle les règles à respecter lors de la vivisection animale. »[82] Dans le plan de son livre, Vésale suit l'ordre de la progression recommandée par Galien pour les dissections : 1 – Les os. 2 – les muscles (avec tendons et ligaments). 3 – les artères. 4 – Les veines. 5 – Les nerfs. 6, 7, 8 – Les viscères des "ventres" inférieur, médian et supérieur. Dans son ouvrage, Vésale va bien sûr tenir compte des trois cents erreurs qu'il a relevées dans les descriptions de Galien. Il ne partage pas avec Galien les mêmes impératifs méthodologiques puisqu'il a pour impératif absolu de n'observer la structure humaine que sur l'homme et de bannir toute description anatomique humaine qui aurait été déduite à partir de dissections réalisées sur des corps d'animaux. Si Vésale s'intéresse à l'anatomie du chien ou du singe en même temps qu'à celle de l'homme, ce n'est pas pour mettre en évidence des analogies mais plutôt pour confirmer et souligner la différence de l'homme. Par contre, à la manière de Galien, Vésale établit une liaison étroite entre la structure et la fonction. Il assigne « une tâche nouvelle à la nomenclature et à l'iconographie : rendre sensible la subordination de la construction au mouvement, de la forme à la vie. »[83] Vésale veut mettre la connaissance de l'anatomie au service de l'homme mais il n'est pas question pour lui de se limiter à une simple description anatomique des parties du corps. Vésale expose dans la préface de la *Fabrica* son intention de dévoiler en plus « l'utilité, la fonction et de très nombreuses autres caractéristiques » de ces parties.

---

[81] J. Pigeaud, *Médecine et médecins padouans,* pp. 19-36, in G. Pirolo Bettiol et al., *Les siècles d'or de la médecine – Padoue XVe –XVIIIe siècles*, op. cit., p. 31

[82] Mirko D. Grmek et R. Bernabeo, *La machine du corps,* pp. 7-36, in Mirko D. Grmek (sous la dir. de), *Histoire de la pensée occidentale* – tome 2, *De la Renaissance aux Lumières*, op. cit., pp. 12-13

[83] G. Canguilhem, *Etudes d'histoire et de philosophie des sciences concernant les vivants et la vie*, op. cit., p. 31

Au cours de son étude du cerveau, Vésale parvient à dresser un tableau réaliste de sa morphologie et à mettre en évidence des structures découvertes par ses soins : le corps calleux, le noyau caudé, le plexus choroïde, le septum lucidum, le thalamus. Par contre, comme Galien, il se trompe en ne distinguant que sept paires de nerfs crâniens.

Quand Vésale abandonne sa chaire d'anatomie à Padoue, en 1544, c'est Colombo (1510-1559) qui lui succède. Colombo s'illustre par sa découverte de la "petite circulation" du sang à travers les poumons. Dans son ouvrage *De re anatomica*, publié l'année de sa mort, en 1559, Colombo considère le cerveau comme le "roi des viscères". Colombo n'a pas émis arbitrairement ce jugement de valeur sur le cerveau ; il ne l'a affirmé qu'après avoir réalisé une série de vivisections sur des animaux. Il peut alors en conclure : « sans l'usage du cerveau, l'homme serait comme une statue privée de sens et de mouvement »[84] puisque « ce qui donne la vie à l'homme, ce qui lui donne sensations et mouvements, c'est la distribution des "esprits animaux" par les nerfs, du cerveau vers toutes les parties du corps. »[85]

Gabriel Fallope (1523-1562), ancien élève de Vésale, a donné son nom au canal osseux situé dans le rocher, canal traversé par le nerf facial et appelé, de nos jours, aqueduc de Fallope. Fallope a aussi découvert les trompes utérines qui portent elles aussi son nom aujourd'hui, mais il faut tout de même préciser que des Anciens les avaient déjà observées. Enfin, Fallope s'est évertué à étudier l'appareil de l'audition.

Eustache (1510-1574), médecin anatomiste, et professeur d'anatomie, comme Vésale et Fallope, fait lui aussi partie des anatomistes de génie du 16e siècle. Il réussit à percevoir la structure fine des nerfs et du parenchyme rénal. Il parvient à mettre en évidence la double constitution du parenchyme rénal, une corticale et une médullaire, et à distinguer la présence dans la médullaire de très nombreux petits tubes. En outre, Eustache signale la présence, au pôle supérieur de chaque rein, d'une glande dont il ne précise pas la nature : la surrénale. Il remarque, partant de l'oreille moyenne et s'ouvrant dans le pharynx, un canal qui porte aujourd'hui son nom, la trompe d'Eustache. Il explique l'équilibre de la membrane du tympan, entre deux pressions, par l'existence de cette trompe. Eustache identifie aussi, chez le cheval, le plus gros vaisseau du système lymphatique, *vena alba thoracica*, le conduit thoracique. Professeur d'anatomie à l'Université de la Sapienza de Rome, il publie ses *Tables anatomiques* en 1550 et il fait faire de grands progrès à l'ostéologie et à l'anatomie de la tête. Dans le *Libellus de Dentibus*, la première monographie décrivant la morphologie des dents, les dessins anatomiques d'Eustache révèlent des connaissances anatomiques plus précises et plus étendues que celles de Vésale,

---

[84] P. Mazliak, *Descartes – De la science universelle à la biologie*, op. cit., p. 105
[85] Ibid.

à ce sujet. En particulier, il fait voler en éclats la théorie appendiculaire de Vésale, en démontrant que les germes des dents temporaires sont séparés des dents définitives et non appendus à elles.

1-3 – L'anatomie au 17e siècle

1-3-1 – Considérations générales sur l'anatomie descriptive au 17e siècle

L'ANATOMIE ET L'ESPRIT SCIENTIFIQUE DU 17E SIECLE

Au 17e siècle, une nouvelle ère commence pour la connaissance en général et elle va bien sûr avoir une influence sur le développement de la connaissance en anatomie. A. L. Angoulvent a raison de montrer combien « l'esprit scientifique qui gouverne le 17e siècle a été porté par la lancée de l'esprit humaniste du 16e siècle et des révolutions structurelles qui en ont découlé, telles que l'esprit de libre examen et le rejet de l'argument d'autorité. »[86] Bacon ne manque pas de dénoncer cette autorité : « C'est à juste titre qu'on dit la Vérité fille du Temps et non de l'Autorité. »[87] Dès le début du 17e siècle, une forme de contestation vis-à-vis des Anciens, orchestrée en Angleterre par Bacon et Hobbes, monte en puissance. S. Shapin parle même d'une « rhétorique agressive des modernes dénigrant toute forme traditionnelle de défense envers les doctrines anciennes et les corps de savoir établis par les anciens. »[88] Bacon et Hobbes ne sont pas les derniers à développer cette rhétorique agressive et S. Shapin estime qu'ils « [...] ont tout simplement inversé le schéma historique qui conférait à l'Antiquité son autorité intellectuelle. »[89] Avec Bacon, la proclamation de la supériorité des Modernes sur les Anciens est sans appel : « le seul fait d'être moderne nous garantit une connaissance plus étendue et plus solide que celle des anciens. »[90] Bacon donne ainsi une légitimité historique à l'idée de progrès intellectuel. Dans ces conditions, il n'y a pas de raison pour épargner les Anciens et les critiques fusent à leur égard. S. Shapin précise qu' « il devint possible de critiquer non seulement les disciplines modernes des Grecs, mais encore Aristote lui-même. »[91]
Néanmoins, si Hobbes est particulièrement virulent, « rares sont les modernes qui suivirent Hobbes dans sa condamnation de la philosophie grecque, pleine de

---

[86] A. L. Angoulvent, *L'esprit baroque,* op. cit., p. 77
[87] F. Bacon, *Novum Organum*, trad. Malherbe et Pousseur, Paris, Editions PUF, 1986, pp. 144-145
[88] S. Shapin, *La révolution scientifique*, op. cit., p. 103
[89] Ibid.
[90] Ibid.
[91] Ibid.

"fraudes et de rebuts". »[92] Par contre, à l'égard de cette philosophie grecque, « ils furent nombreux à trouver moyen de proclamer son incompétence au regard des pratiques modernes de raisonnement et du rapport direct à la nature nouvellement instauré. L'expérience directe pouvait servir à réfuter l'autorité textuelle parce que les valeurs imparties à chacune avaient changé. »[93]

Au 17e siècle, siècle à l'origine de la genèse de notre modernité, une vraie révolution culturelle va donc voir le jour. Les conditions d'apparition de cette révolution nous sont exposées par A. L. Angoulvent. « Aux foisonnements d'intuitions géniales que pressent la Renaissance, le siècle baroque apporte la méthode du rationalisme pour faire de ces découvertes des évidences incontestables, obéissant ainsi à une nécessité phénoménologique de réorganiser l'univers afin que l'homme y trouve sa raison d'être et ait conscience des enjeux de son destin. Cette nécessité de trouver la voie de la vérité scientifique est nourrie par nombre de confrontations et polémiques intellectuelles, qu'autorise enfin la diffusion des ouvrages imprimés, où les idées, dont ils rendent compte, deviennent dès lors source et objet de réflexion. »[94] D'abord Galilée dans *Le Saggiatore* (1623) et *le Dialogo* (1632), puis Descartes dans le *Discours de la méthode pour bien conduire sa raison et chercher la vérité dans les sciences* (1637), instituent un nouvel ordre de la pensée. Désormais, en affirmant que la nature est écrite en langage mathématique, Galilée indique la voie à suivre pour les recherches épistémologiques. De même, Descartes veut mettre l'homme en équation.
Finalement, c'est donc un grand souffle d'esprit nouveau qui s'empare du 17e siècle, et Bacon et Descartes en sont les deux principaux insufflateurs. En effet, comme l'écrit Karl Popper, « Bacon et Descartes ont érigé l'observation et la raison en autorité nouvelle présente en chacun de nous. [...] Ils ont institué une instance supérieure, qui fait autorité en matière de vérité – les observations pour Bacon, l'entendement chez Descartes [...].[95] » Comme l'indique Roger Chartier, tout va en découler : « la destruction du monde clos aristotélicien, l'établissement des lois qui règlent l'organisation de l'univers infini, la possible mesure de l'espace et du temps, l'exploration de l'infiniment petit. »[96] Des progrès dans l'ordre de la connaissance de la nature seront enregistrés, il en sera ainsi de « la *Micrographia* de Hooke (1665), la mise au point quasi simultanée du calcul infinitésimal par Newton et Leibniz (1675), [...], des *Philosophiae*

---

[92] S. Shapin, *La révolution scientifique*, op. cit., p. 103
[93] Ibid.
[94] A. L. Angoulvent, *L'esprit baroque,* op. cit., p. 77
[95] K. Popper, *Des sources de la connaissance et de l'ignorance,* Paris, Editions Payot et Rivages, 1998, p. 89
[96] R. Chartier, *Le XVIIe siècle*, pp. 62-65, in C. Bertho-Lavenir (sous la dir. de), *Le livre monde*, Paris, Editions Flammarion/Bibliothèque nationale, 1992, p. 62

naturalis principia mathematica de Newton (1687). »[97] L'effervescence baroque qui touche l'art et les sentiments atteint aussi l'anatomie. En ce 17e siècle, siècle fondateur de la raison, les mathématiques s'imposent « comme un instrument abstrait de la description de l'univers sensible. »[98]
Dans ces conditions, il sera possible alors, à des anatomistes comme Malpighi, d'envisager l'anatomie sous un angle microstructuraliste. Néanmoins, l'on ne peut passer sous silence ce que dénoncent Corbin, Courtine et Vigarello, c'est-à-dire « l'influence persistante des repères religieux : la hiérarchie entre les parties "nobles" du corps et les parties "désavouées", la pudeur orientée selon ce qui plaît à Dieu. »[99] D'ailleurs, la terminologie anatomique en témoigne encore de nos jours puisque le plexus, qui donne un rameau nerveux destiné à l'innervation de la verge ou du clitoris, est toujours désigné sous le nom de plexus honteux.
Néanmoins, avant d'aborder l'anatomie au 17e siècle, il est bon de rappeler combien « le 17e siècle est un siècle de régularisation, de mise en ordre dont la raison est la cheville ouvrière. »[100] Il va sans dire que l'anatomie, au cours du 17e siècle, sera elle-même affectée par cet effort de mise en ordre.

CONSIDERATIONS GENERALES SUR L'ANATOMIE AU DEBUT DU 17E SIECLE

Durant le 16e siècle et la première moitié du 17e siècle, deux types d'anatomie se partagent la scène anatomique : l'anatomie "astrale" et l'anatomie "mécaniciste". A l'instar des Anciens, les hommes de la Renaissance assimilent le corps humain au microcosme. En insistant sur la représentation de l'homme-microcosme, implicitement, ils établissent une corrélation entre le macrocosme et le microcosme, mais pas seulement sous la forme d'une simple métaphore. En adoptant cette représentation de l'homme-microcosme, les médecins et les anatomistes veulent surtout signaler l'existence des relations étroites entre le corps et les astres. C'est d'ailleurs vérifiable dans les traités d'anatomie où Raphaël Mandressi relève « la présence réitérée, [...], du schéma représentant l'Homme zodiacal, où les régions et les fonctions corporelles apparaissent

---

[97] R. Chartier, *Le XVIIe siècle*, pp. 62-65, in C. Bertho-Lavenir (sous la dir. de), *Le livre monde*, Paris, Editions Flammarion/Bibliothèque nationale, 1992, p. 62
[98] C. Bertho-Lavenir (sous la dir. de), *Le livre monde*, Paris, Editions Flammarion/Bibliothèque nationale, 1992, p. 48
[99] A. Corbin, J.-J. Courtine, G. Vigarello, *Préface*, pp. 7-12, in A. Corbin, J.-J. Courtine et G. Vigarello, *Histoire du corps*, tome 1, *De la Renaissance aux Lumières*, Paris, Editions du Seuil, 2005, p. 9
[100] J. Russ, *Panorama des idées philosophiques, De Platon aux contemporains*, op. cit., p. 130

reliées aux planètes qui les gouvernent et aux signes du zodiaque. »[101] Pour étayer ses propos, R. Mandressi nous cite un certain nombre de textes dans lesquels est développée la notion d'homme-microcosme. C'était déjà vrai en 1493 avec le *Fasciculo di Medicina* mais aussi avec Léonard de Vinci, qui envisageait d'écrire une *cosmographie du minor mondo*, se proposant ainsi d'écrire un livre d'anatomie. Ce lien étroit entre le corps et les astres était aussi repris dans le *Theatrum anatomicum* de Gaspard Bauhin (1592) et dans *L'Histoire anatomique* de Du Laurens.

L'affirmation de ce lien demeure encore dans les écrits de William Harvey puisqu'il définit le cœur comme le "soleil du microcosme" : « le cœur des animaux est le principe de la vie, le directeur de toutes les parties, le soleil du microcosme, l'organe d'où dépendent l'existence, la vigueur et la force d'être. Pareillement le roi est le soutien de ses royaumes, le soleil de son microcosme, le cœur de l'Etat. »[102]. A l'évidence, au cours des premières décades du 17e siècle, comme au 16e siècle, l'anatomie astrale, voulant représenter l'intimité des rapports entre l'homme et l'univers, coexiste avec une anatomie qui s'appuie sur la fragmentation. R. Mandressi nous explique comment il faut comprendre cette coexistence : « Au XVIe siècle — un temps de voyages de découverte et d'exploitation, de Nouveaux Mondes à connaître et à maîtriser —, la notion d'homme-microcosme facilite l'assimilation de l'entreprise anatomique à la mise au jour, la désignation et la représentation graphique de contrées méconnues. Elle est un pont jeté entre les modes anciens d'imbrication analogique de l'homme et du monde et l'ambition de marcher vers un corps enfin découvert et cartographié. Des bouts de territoire prennent forme au sein d'une anatomie qui morcelle l'"abrégé de l'univers", le met en cartes et le soumet à une nomenclature aussi minutieuse que foisonnante. »[103] L'exploration anatomique se conçoit sur le modèle de l'exploration du monde et la cartographie du corps ressemble, à s'y méprendre, à la cartographie des terres inconnues, enfin découvertes. « Le fragment travaille l'unité. Sans nécessairement l'éroder, pourtant : jusque dans la première moitié du XVIIe siècle, ces approches du corps — l'une en phase avec le monde, l'autre parcellaire — ont couvert des zones complémentaires de l'imaginaire corporel, se sont partagé la tâche de l'interroger et ont hybridé leurs réponses ; les fragments montrent davantage, mais l'unité explique mieux. »[104] En tous les cas, comme nous l'indique Philippe Comar, « en coupant le corps en morceaux,

---

[101] R. Mandressi, *Dissections et anatomie,* pp. 311-333, in A. Corbin, J. –J .Courtine, G. Vigarello, *Histoire du corps*, t.1, *De la Renaissance aux Lumières*, op. cit., p. 331

[102] W. Harvey, *La circulation du sang – Des mouvements du cœur chez l'homme et chez les animaux*, trad. par Charles Richet, Dédicace au Roi, Paris, Librairie de l'Académie de médecine, 1879, p. 39

[103] R. Mandressi, *Dissections et anatomie,* pp. 311-333, in A. Corbin, J. –J .Courtine, G. Vigarello, *Histoire du corps*, t.1, *De la Renaissance aux Lumières*, op. cit., pp. 331-332

[104] Ibid., p. 332

la dissection met un terme au principe d'unité que sous-tend la notion d'"individu", qui signifie "corps indivisible". »[105] C'est sans doute pour cette raison que jusqu'au 17e siècle et même au début du 17e siècle, les dissections se font sur des cadavres de condamnés à mort et à huis clos. Il n'en sera pas de même à la fin du 17e siècle puisque les dissections deviendront des spectacles organisés dans les amphithéâtres anatomiques.

AU 17E SIECLE, L'ANATOMIE, C'EST DEUX OPERATIONS EN UNE : L'ANATOMIE PRATIQUE ET L'ANATOMIE THEORIQUE

Si l'on considère l'anatomie du 17e siècle, très rapidement se confirme ce qui s'était déjà amorcé au cours de la première moitié du 16e siècle, c'est-à-dire son identification à deux opérations en une : l'anatomie pratique et l'anatomie théorique. En effet, R. Mandressi nous montre combien « l'alliance, voire l'alliage, de la résolution / dissection et de la composition se reflète dans les textes d'anatomie, avec des variations de forme selon les auteurs, dès la première moitié du 16e siècle. » [106] Charles Estienne nous le montre le premier. Avec lui, « la description du corps y combine un ordre narratif calqué sur les étapes de la dissection et un autre de (re)construction, assimilé à celui de la nature et que l'on suit, dit Charles Estienne, "comme si nous avions a composer ung corps. Cest assavoir en commençant par les os comme fondementz du corps et suyvant iusques aux cuyr exterieur"[107]. Des profondeurs jusqu'à l'épiderme, en complément du parcours inverse, qui, à l'instar de la dissection, mène de la surface aux os. » [108] Mais cette alliance de la résolution / dissection et de la composition se retrouvait déjà aussi bien chez André Vésale (en 1543), que chez son maître Jacques Dubois (en 1555), chez Juan Valverde de Amusco (en 1556), chez Realdo Colombo (en 1559).
En fait, c'est seulement au tout début du 17e siècle (1600) que Du Laurens, dans son traité, expliquera clairement le dédoublement de l'anatomie. Ainsi, il écrit : « Au reste la methode d'écrire ou d'enseigner l'Anatomie est double : la premiere est l'analitique ou resolutive, laquelle resoult et departit tout le corps en ses parties : comme quand elle se divise en quatre parts principales, qui sont la teste, la poictrine, le ventre inferieur et les extremités, et departit derechef

---

[105] Ph. Comar, *Les images du corps*, Paris, Editions Gallimard, 1993, p. 79
[106] R. Mandressi, *Anatomie et objectivation du corps,* pp. 85-99, in D. Sicard, G. Vigarello (sous la dir. de), *Aux origines de la médecine*, Paris, Editions Fayard, 2011, p. 93
[107] C. Estienne, *La dissection des parties du corps humain divisée en trois livres faictz par Charles Estienne, docteur en Medecine, avec les figures et déclaration des incisions, composées par Estienne de la Riviere, Chirurgien*, Paris, Simon de Colines, libraire, 1546, p. 7
[108] R. Mandressi, *Anatomie et objectivation du corps,* pp. 85-99, in D. Sicard, G. Vigarello (sous la dir. de), *Aux origines de la médecine*, op. cit., p. 93

chacune d'icelles en d'autres moindres, iusques à ce qu'on soit parvenu aux tres-simples. La seconde est de generation ou de composition, laquelle des parties similaires compose les dissimilaires et des dissimilaires le tout. »[109] Du Laurens précisera, d'une part, l'existence d'une "action qui se faict avec la main" et, d'autre part, "l'habitude de l'esprit, et action la plus parfaicte de l'intellect". En rapportant et en commentant des passages du traité de Laurens, Mandressi nous indique ainsi que ces deux actions, représentant respectivement pour la première, l'anatomie pratique, et pour la seconde, l'anatomie théorique, « s'acquièrent respectivement par expérience et par "raison et discours", l'une recherchant la structure des parties, l'autre les causes de cette structure, les actions des parties et leur usage. Si l'on se réfère à la seconde signification. »[110] Pour ce qui est de l'anatomie théorique, Laurens affirme avec force qu'elle est une science et il s'en explique. « L'Anatomie, se définit, science qui recherche exactement la nature de chaque partie, et les causes d'icelle nature. Je l'appelle Science : car elle a des theoremes et maximes universeles, et des notions communes, desquelles premières, vrayes, immediates et cogneuëes, on faict des demonstrations. »[111] L'anatomie théorique de Laurens représente un programme ambitieux de travail. Laurens en définit l'objet, c'est-à-dire la nature des parties. Mandressi nous rappelle ce que Laurens entend par là, c'est-à-dire : « leur substance, leur complexion, les "qualitez maniables" qui dépendent de celle-ci, comme "la dureté, mollesse, densité, rarité, épaisseur, tenuité, les couleurs saveurs et odeurs, leurs accidents – la grandeur, le nombre, la situation, la figure, les connexions, la situation -, et finalement leurs actions et leur usage". (Laurens, [1600] 1610) »[112] De toute évidence, aucun de ces anatomistes — Laurens, comme ses prédécesseurs — ne souhaite disjoindre anatomie pratique et anatomie théorique. Mais, nous signale R. Mandressi, ils manifestent leur volonté de réaffirmer, en plus du caractère purement opératoire de l'anatomie, sa dignité intellectuelle et ses vertus heuristiques et épistémologiques. R. Mandressi insiste sur le fait « que les deux approches — l'anatomie pratique procédant par la dissection et la manipulation du cadavre, et l'anatomie théorique assise sur une réflexion sur les parties, leur nature et leurs fonctions — ne sont pas coupées l'une de l'autre, mais intrinsèquement liées par le rôle qu'y joue, encore une fois la partie. »[113]

Mandressi montre à quel point la dissection est un acte pensé dans lequel la réflexion est profondément ancrée. Il écrit : « l'acte de dépeçage savant de la chair matérialise un mode de compréhension du corps, faisant de la lame du

[109] T. Gelée, *Les œuvres de Mr. André Du Laurens traduites en français par Mr. Théophile Gelée*, Paris, Raphaël du petit val libraire, 1621, p. 10

[110] R. Mandressi, *Anatomie et objectivation du corps,* pp. 85-99, in D. Sicard, G. Vigarello (sous la dir. de), *Aux origines de la médecine*, op. cit., p. 92

[111] Ibid.

[112] Ibid., pp. 92-93

[113] Ibid., p. 93

dissecteur un outil intellectuel. Penser le corps en termes de parties donne un sens à l'incision et au découpage méthodiques ; ceux-ci, avec les instruments, les espaces, les séquences de manipulation et l'organisation du temps qui leur sont propres, confortent, fixent, agencent même à leur tour l'intelligence du corps fondée sur la segmentation. »[114] Manifestement, Laurens et ses prédécesseurs n'ont fait que prolonger la pensée de Vésale et ce qu'il avait implicitement institué. En effet, Vésale avait fait en sorte que manipulation et réflexion se conjuguent, soient conjoints et concomitants, pour assurer toute invention anatomique. Avec Vésale, déjà, l'outil du dissecteur était un outil de réflexion et c'était pour cette raison qu'il ne voulait pas de transfert de tâche : l'anatomiste devait être le dissecteur.

A CHEVAL SUR DEUX SIECLES (16^E ET 17^E SIECLES), L'ANATOMIE DE FABRICE D'ACQUAPENDENTE (1533-1619)

Fabrice d'Acquapendente (1533-1619) succède à son maître Fallope et occupe la chaire d'anatomie de Padoue de 1565 à 1615. Par cette longue carrière professionnelle, il va exercer une certaine influence sur les anatomistes de la première moitié du 17e siècle et il est donc incontournable si l'on veut étudier l'anatomie de cette période. Il adopte la philosophie d'Aristote puisqu'il accorde à l'âme sous toutes ses formes, une place capitale. L'âme est ainsi censée donner vie et mouvement au corps des animaux et, par conséquent, l'âme ne peut être comprise qu'en effectuant une analyse de la structure et du fonctionnement des différents organes, en étudiant la façon dont elle s'exprime à travers le corps. Comme Aristote, Fabrice d'Acquapendente considère que l'homme est un animal parmi les autres, dont la seule différence est d'être doté d'une âme raisonnable. Fabrice d'Acquapendente affirme ainsi une anatomie qui se veut plus fonctionnelle que statique ; d'ailleurs, il suffit de lire les titres des quatre grandes sections de son *Theatrum totius animalis fabricae*[115] pour s'en convaincre : 1/ Etude des fonctions de l'âme végétative. 2/ Etude des fonctions de l'âme sensitive.3/ Etude des fonctions de l'âme locomotrice. 4/ Etude des fonctions de l'âme rationnelle. Mais Fabrice d'Acquapendente a surtout fait une découverte cruciale, celle de la petite circulation pulmonaire. Il a aussi fait l'invention anatomique des valvules des veines. Ces deux découvertes exerceront une forte impression sur l'esprit de l'un de ses élèves, William Harvey. Or, F. d'Acquapendente ne parvient pas à donner une fonction juste des valvules des veines. Par contre, son ancien élève, W. Harvey, n'aura de cesse de s'intéresser à la fonction de ces valvules et il montrera que les valvules empêchent le sang des veines de retourner en arrière. Puisque les

---

[114] R. Mandressi, *Anatomie et objectivation du corps,* pp. 85-99, in D. Sicard, G. Vigarello (sous la dir. de), *Aux origines de la médecine*, op. cit., p. 93

[115] *Théâtre (démonstration) de la fabrique de l'animal entier*

veines et le cœur sont munis de valvules, W. Harvey émet l'idée selon laquelle le sang ne peut se déplacer que dans une seule direction et le cœur se comporte comme une pompe musculaire, aspirante et refoulante. A partir de cette conclusion et d'autres expérimentations, W. Harvey va donc commencer à évoquer une sorte de "mouvement circulaire du sang". En conséquence, les leçons de Fabrice d'Acquapendente et sa découverte des valvules des veines auront été déterminantes dans le choix du programme de recherche de W. Harvey, ce que nous verrons quand nous aborderons l'œuvre anatomo-physiologique de celui-ci.

GALILEE (1564-1642) : L'ANATOMIE, LA PHYSIOLOGIE ET LES LOIS DE LA MECANIQUE INORGANIQUE

Au 17e siècle, il se produit un renouveau d'intérêt pour la nature, et le contexte est donc favorable au développement épistémologique de l'anatomie. Celui-ci va de pair avec le développement de la méthode analytique sur laquelle il se fonde et se construit. En fait, durant la Renaissance, grâce à l'anatomie, la méthode analytique avait commencé à se généraliser mais, au 17e siècle, l'instauration d'un « processus d'analyse objective des faits » est plus flagrante. Comme l'écrivent Mirko D. Grmek et Raffaele Bernabeo, ce processus est « distinct de toute spéculation philosophique ou téléologique, insistant sur la vérification des modalités réglant les phénomènes, afin d'arriver à formuler des lois physico-mathématiques universelles »[116], lois devant « permettre à la fois de comprendre ces phénomènes et de les reproduire. »[117]. Progressivement, les savants se dégagent des raideurs du formalisme aristotélicien et thomiste, et ils essaient de « traduire concrètement, par l'interprétation rigoureuse des faits "prouvés et confirmés", la question que soulevait la science dans les divers domaines du savoir. »[118] La dynamique du corps humain constitue un centre d'intérêt pour tous ceux qui approchent les lois du mouvement. Les anatomistes ne sont pas les seuls à porter leur attention « sur les modes de fonctionnement du squelette et des forces intervenant dans le repos et dans le mouvement de l'organisme. »[119] Il en est ainsi de Galilée qui « appliqua à plusieurs fonctions vitales, notamment aux mouvements des articulations, à l'action des muscles, à l'équilibre et à la marche, les lois mécaniques du monde inorganique. »[120] Dans ses deux ouvrages, le *Dialogo sopra i due massini sisterni del mondo* (1632) et les *Discorsi e dimostrazioni matematiche intorno a due nuove scienze attinenti*

---

[116] Mirko D. Grmek et Raffaele Bernabeo, *La machine du corps,* pp. 7-36, in Mirko D. Grmek, *Histoire de la pensée occidentale* – tome 2 – *De la Renaissance aux Lumières*, op. cit., p. 23

[117] Ibid.

[118] Ibid.

[119] Ibid.

[120] Ibid.

alla meccanica e ai movimenti locali (1638), Galilée expose les conclusions de ses observations. Il fait d'abord remarquer que « l'étude d'une articulation ne peut se faire sans prendre en compte les relations entre les masses musculaires et les structures du squelette : le mouvement s'effectue selon des modalités différentes qui dépendent des contacts entre les surfaces articulaires. »[121] Mirko D. Grmek et Raffaele Bernabeo font une analyse sans concession, mais édifiante, des conclusions de Galilée. Dans cette analyse, ils passent en revue successivement les considérations de Galilée sur la composition des mouvements secondaires, sa conception de l'activité musculaire et sa critique de la théorie d'Aristote et de Platon. Ils écrivent ainsi à propos de Galilée : « il oppose donc au constat global et immédiat du mouvement d'un animal comme "mouvement varié" la théorie des "mouvements circulaires, partiels et primitifs de chaque flexion et de chaque articulation", dont la succession crée les "mouvements secondaires", à savoir les mouvements immédiatement visibles. Pour l'activité musculaire, Galilée se réfère à la mécanique des poids soutenus par des cordes, en soulignant le rôle de l'appareil tendineux, mais en ignorant le rapport fonctionnel entre le système musculaire et le système nerveux. Dans ces conditions, l'équilibre s'explique par la possibilité de déplacer le centre de gravité, même brièvement, sur le polygone d'appui formé par le segment allant d'un support des deux membres controlatéraux à l'autre. Le corps a en effet tendance à tomber là où se trouve le contrepoids, ce qui se produit dans la progression de l'animal au trot. Cette affirmation est correcte et rectifie une opinion d'Aristote. Galilée critique aussi la théorie d'Aristote et de Platon selon laquelle la longueur des jambes ne change pas lors des mouvements du pas et montre le rôle joué dans la marche par les articulations et les leviers du membre inférieur. »[122] Mirko D. Grmek et R. Bernabeo, après avoir mis en évidence les progrès de Galilée par rapport à Aristote, tiennent à souligner que « les formulations de la biomécanique galiléenne n'étaient qu'approximativement correctes. »[123] Mais nos deux épistémologistes ne manquent pas de préciser à propos de ces formulations de la biomécanique galiléenne : « toutefois, à défaut de vérification expérimentale, elles restèrent à la base des lois élaborées par l'école iatrophysique sur les mécanismes du travail humain. »[124] Sans conteste, en s'intéressant aux mouvements des parties du corps, en s'appuyant, pour leur étude, sur des lois de la mécanique inorganique donc sur des lois physiques, Galilée contribue à donner à l'anatomie une allure plus scientifique. En soumettant l'anatomie aux lois physiques, Galilée l'inscrit dans un cadre plus rationnel et plus universel. Il pose même les bases d'une anatomie animata et

---

[121] Mirko D. Grmek et Raffaele Bernabeo, *La machine du corps,* pp. 7-36, in Mirko D. Grmek, *Histoire de la pensée occidentale* – tome 2 – *De la Renaissance aux Lumières,* op. cit., p. 23
[122] Ibid., pp. 23-24
[123] Ibid., p. 24
[124] Ibid.

préfigure les lois de la biomécanique ; il annonce, d'une certaine façon, les futurs travaux de Borelli. Avec Galilée, l'anatomie prend donc une orientation biologique qui lui fait dépasser son cadre statique.

LES MERITES DE SANTORIO ET LE 17^E SIECLE

Au 17e siècle, les anatomistes sont de plus en plus déterminés à échapper à l'autorité des Anciens. En publiant à Venise, en 1602, sa *Méthode pour éviter les erreurs commises par les médecins*[125], Santorio incite ses confrères à la suivre. Il recommande à chacun d'entre eux de « croire d'abord à ses sens et à l'expérience, ensuite au raisonnement et seulement en troisième lieu à l'autorité d'Hippocrate, de Galien, d'Aristote et d'autres philosophes. »[126] En inventant la biométrie, Santorio officialise le passage d'une anatomie statique à une anatomie animata. Son influence poussera les anatomistes à se contenter de moins en moins de l'observation descriptive et statique et à revendiquer de plus en plus des approches expérimentales pour étudier les phénomènes biologiques. Peu à peu, l'étude de la vie s'impose de plus en plus aux anatomistes. En fait, ami de Fabrice d'Acquapendente, Santorio « applique sa méthode comparative en anatomie, comme le fera plus tard Harvey qui recevra ses leçons d'Acquapendente et de cette célèbre Ecole de Padoue. »[127]

1-3-2 – L'anatomie animata au 17e siècle

CONSIDERATIONS GENERALES SUR L'ANATOMIE ANIMATA

Si les hommes du début du 16e siècle, « en fondant l'anatomie, avaient privilégié — comme l'explique Georges Canguilhem — l'aspect statique, délimité, de la forme vivante »[128], ce n'est plus vrai au 17e siècle. L'anatomie n'est plus l'apanage des chirurgiens et les médecins se passionnent désormais pour la pratique de l'anatomie, dans l'intention de faire évoluer la médecine. Alors, comme l'anatomiste est le plus souvent, en même temps, médecin, il ne va plus considérer l'anatomie de la même façon. Ce médecin-anatomiste du début du 17e siècle, nous dit Sigerist, « ne voit pas le muscle, mais sa contraction et l'effet qu'elle produit »[129]. Puisque l'objet de ses recherches est le mouvement, il fait donc de l'anatomie animata, la nouvelle science qui témoigne de l'implantation de l'idée fonctionnelle en médecine. Selon Sigerist,

---

[125] S. Santorio, *Methodi vitandorum errorum omnium qui in arte medica contingunt*, libri XV, Venise, Brogellius éditeur, 1602

[126] J. Pigeaud, *Médecine et médecins padouans,* pp. 19-36, in G. Pirolo Bettiol et al., *Les siècles d'or de la médecine – Padoue XVe –XVIIIe siècles*, op. cit., p. 25

[127] Ibid., p. 26

[128] G. Canguilhem, *Le normal et le pathologique*, Paris, Editions PUF, 2003, p. 136

[129] Ibid.

cette nouvelle science « ouvre les portes à l'illimité. » et « chaque problème physiologique conduit aux sources de la vie et permet des échappées sur l'infini. »[130] G. Canguilhem nous explique que « l'idée fonctionnelle en médecine rejoint l'art de Michel-Ange et la mécanique dynamique de Galilée.»[131] Cette anatomie animata acquiert un esprit qui la fait s'assimiler à une science des conditions de santé. Cette physiologie naissante s'impose ainsi car les médecins y découvrent un certain intérêt et vont se lancer dans la recherche d'applications médicales de l'anatomie animata. Bien entendu, tout ceci va engendrer une véritable dynamique de développement de l'anatomie animata.

Mais pour étudier l'anatomie animata, il faut passer de l'anatomie sur le cadavre à l'anatomie sur le vivant, ou plus précisément à la vivisection sur des animaux. Ceci sera plus particulièrement possible en Angleterre où le roi, Charles 1er, amateur de sciences, passionné d'anatomie, abandonne à Harvey, son anatomiste, toutes les biches et les daines de ses parcs « afin qu'il soit à sa portée de découvrir le mystère de la génération, [...]. immolant tous les jours au progrès de la physique quelques biches dans le temps où elles reçoivent le mâle, disséquant leurs matrices et examinant tout avec les yeux les plus attentifs, pendant plusieurs années[...]. »[132] Quand William Harvey immole des animaux, il veut observer le corps vivant et en cela dépasser une simple vision anatomique du corps mort. Il veut "saisir sur le vif" les frémissements de la vie, c'est-à-dire compléter les connaissances morphologique et structurale par la connaissance fonctionnelle. En effet, nous rappelle E. de Fontenay, « [...] ce sont les recherches de la physiologie et de la biologie naissantes qui imposent de telles immolations, beaucoup plus que les expériences d'histoire naturelle qui se contentent d'anatomie et de description. »[133]

L'anatomie animata va subir un certain nombre de contraintes et en particulier celle imposée par Descartes, c'est-à-dire « une image intransigeante des organismes vivants présentés comme des systèmes mécaniques »[134], établissant ainsi « un cadre conceptuel contraignant pour les futurs chercheurs en physiologie. »[135] En effet, on ne peut pas nier qu'au cours de la première moitié du 17e siècle, Galilée, Hobbes et surtout Descartes, font triompher le mécanisme. Or, ce mécanisme « entend expliquer toute réalité naturelle par des

---

130 G. Canguilhem, *Le normal et le pathologique*, Paris, Editions PUF, 2003, p. 136
131 Ibid., pp. 136-137
132 P. L. M. de Maupertuis, *Vénus physique* (VP) (1745), suivie de la *Lettre sur le progrès des sciences*, Paris, Edition P. Tort, Aubier, 1980, p. 98
133 E. de Fontenay, *Le silence des bêtes – La philosophie à l'épreuve de l'animalité*, Paris, Editions Fayard, 1998, p. 436
134 F. Capra, *Le temps du changement*, Monaco, Editions du rocher, 1990, p. 93
135 Ibid.

compositions de figures en mouvements. »[136] J. Lagrée nous fait alors remarquer que « le corps n'échappe pas à ce modèle théorique qui prétend rendre compte des fonctionnements organiques sur le modèle de la construction et de la réparation d'une machine telle qu'une horloge, qui dépend de la force, de la situation et de la figure de ses contrepoids et de ses roues. »[137] Le corps se trouve ainsi morcelé. De plus, en optant pour le mécanisme, les anatomistes vont non seulement participer à l'élimination de la théorie des humeurs peccantes, mais ils vont aussi énormément faire progresser l'anatomie et favoriser son passage de l'âge de la forme à celui de la fonction[138], c'est-à-dire de l'anatomie à l'anatomie animata. Nombreux sont ceux qui ont réussi ce passage. C'est le cas de Borelli qui se sert du mécanisme pour expliquer certains aspects fondamentaux de l'action musculaire. C'est vrai aussi avec Harvey qui arrivera à résoudre l'un des problèmes les plus difficiles en physiologie — la circulation sanguine — en adoptant le modèle mécaniste et en l'appliquant à ce phénomène. Avec la circulation sanguine, la physiologie mécaniste acquiert ses titres de gloire.

LE CARTESIANISME OU LE VRAI DEPART DE L'ANATOMIE FONCTIONNELLE (OU MACROPHYSIOLOGIE)

Le cartésianisme repose sur la philosophie naturelle de Descartes. Or, le point fort de cette philosophie est représenté par le mécanisme qui constitue une ontologie de la nature, se caractérisant par l'assimilation des êtres vivants à des machines. En même temps, le mot "mécanisme" signifie « ensemble de pièces agencées pour produire ou transmettre un mouvement. » Dans ces conditions, il apparaît évident que la notion de mouvement n'est pas mise à l'écart du cartésianisme et qu'elle y occupe même une position centrale. De plus, le mécanisme peut être aussi utilisé à des fins épistémologiques ou même mieux comme une véritable épistémologie, à même de fournir aux anatomistes une approche pratique permettant de décrire et d'analyser les propriétés structurales et fonctionnelles des organismes. Alors, il ne peut échapper à personne que l'anatomie envisagée par le cartésianisme ne peut s'arrêter à une vision statique et qu'au contraire, elle ne peut prendre qu'une dimension fonctionnelle.

Si l'on considère les grandes fonctions de l'organisme, l'anatomie fonctionnelle qui en traite pourrait être appelée macrophysiologie par opposition à la microphysiologie qui apparaîtra, pour sa part, seulement au 20e siècle, quand « l'anatomie fonctionnelle dérivera vers le microscopique »[139] pour donner naissance à la microphysiologie. Parmi les principales fonctions qui

---

[136] J. Lagrée, *Le médecin, le malade et le philosophe*, Paris, Editions Bayard, 2002, pp. 128-129

[137] Ibid., p. 129

[138] Ibid.

[139] F. Dagognet, *Le vivant*, op. cit., p. 72

seront découvertes par les macrophysiologistes, il faut citer, au 17e siècle, la circulation du sang de William Harvey, ce que nous avons déjà fait. Il s'agit là de l'un des thèmes de physiologie les plus ardus pour l'époque. Fritjof Capra n'a pas tort d'affirmer que cette découverte de Harvey « représente la réussite suprême de la physiologie mécaniste et, en tant que telle, fut accueillie avec grand enthousiasme par Descartes lui-même. »[140] Manifestement, Harvey a non seulement appliqué le modèle mécaniste aux phénomènes de la circulation sanguine mais il l'a fait en donnant « une description brillante de tout ce qu'on pouvait savoir sur la circulation du sang en termes d'anatomie et d'hydraulique, sans l'aide d'un microscope. »[141]

Ensuite, au 18e siècle, comme l'indique F. Dagognet, il y aura « la digestion (Réaumur, Spallanzani...), la respiration (Priestley, Lavoisier), enfin la psychomotricité ou le nerveux (Haller, Whytt). »[142] Il faut noter, nous fait remarquer F. Dagognet, « qu'on a probablement commencé par le plus mécanique (la circulation et le cœur) pour aller vers le plus inextricable (le neuromusculaire). »[143] F. Dagognet nous explique aussi que « le cartésianisme développe une conception tout à fait originale du vivant qu'il tend à mécaniser (la théorie de l'"animal-machine"). »[144] Cette théorie de l'"animal-machine" constituera un véritable moyen heuristique et « l'histoire de la physiologie consistera seulement à affiner sans relâche le modèle, non pas à s'en dispenser. »[145] La structure des êtres vivants est comparable à celle de machines composées de poulies, de leviers, etc. Ce qui fait l'originalité de cette théorie, c'est que l'agencement de ces machines est descriptible de manière purement physique et qu'il ne nécessite aucune intervention d'ordre divin pour être intelligible. « L'être se définit alors comme un enchaînement de rouages ou les pièces d'un engrenage. Il suffit, pour le comprendre, de les connaître isolément puis, de les ajuster ensuite les unes aux autres (la biomécanique). »[146] Néanmoins, si l'on prend en considération deux textes fondamentaux issus, pour le premier, du *Discours de la méthode* et, pour le second, des *Principes de la philosophie*, Descartes y définit sa conception de l'animal-machine avec de nettes nuances pour ne pas dire des différences. Ainsi, dans le *Discours de la méthode*, Descartes affirme l'impossibilité pour l'homme de créer une machine qui soit supérieure à l'animal créé par Dieu.

« A comparaison de la grande multitude des os, des muscles, des nerfs, des artères, des veines, et de toutes les autres parties qui sont dans le corps de chaque animal [ceux qui savent l'importance de l'industrie des hommes]"

[140] F. Capra, *Le temps du changement*, op. cit., p. 93
[141] Ibid.
[142] F. Dagognet, *Le vivant*, op. cit., p. 72
[143] Ibid.
[144] Ibid., p. 17
[145] Ibid.
[146] Ibid., p. 18

considéreront ce corps comme une machine qui, ayant été faite des mains de Dieu, est incomparablement mieux ordonnée et a en soi des mouvements plus admirables qu'aucune de celles qui peuvent être inventées par les hommes. [147]» Par contre, comme le déclare F. Dagognet, « si, dans le *Discours de la Méthode*, l'identité entre le vivant et la machine n'exclut pas un profond décalage entre eux, *Les Principes de la Philosophie* le minimisent, si même ils ne l'annulent pas purement et simplement ; en outre, ils renoncent apparemment à recourir à Dieu. »[148] En effet, dans *Les Principes de la Philosophie*, Descartes ne reconnaît « aucune différence entre les machines que font les artisans et les divers corps que la nature seule compose, sinon que les effets des machines ne dépendent pas de l'agencement de certains tuyaux ou ressorts ou autres instruments qui sont toujours si grands que leurs figures ou mouvements se peuvent voir, — au lieu que les tuyaux ou ressorts qui causent les effets des corps naturels sont ordinairement trop petits pour être aperçus de nos sens. »[149] Dans cet extrait de ses *Principes de philosophie*, Descartes souligne l'incapacité de nos sens à saisir la constitution microscopique de la machine vivante et, d'une certaine façon, il esquisse de nouvelles voies d'étude anatomique. Ce qui conduira bien sûr le cartésianisme à passer de la description macroscopique des organes à la description microscopique des tissus. L'école hollandaise de micrographie se chargera de cette description microscopique des tissus et il en adviendra la naissance de l'histologie.

LES IATROPHYSICIENS ET LES DECOUVERTES ANATOMO-PHYSIOLOGIQUES DU 17^E^ SIECLE

Il ne s'agit pas pour les iatrophysiciens du 17e siècle de se limiter à une simple étude morphologique en anatomie. Ils optent plutôt pour des études anatomophysiologiques et les destinent aux glandes et au cerveau, à la mécanique musculaire, au système lymphatique et à bien d'autres thèmes anatomiques. Le registre des glandes et du cerveau a été bien alimenté en données nouvelles par le Danois Niels Stensen (Nicolas Sténon) (1638-1686). Ce dernier a découvert le canal excréteur de la parotide en 1660. En suivant avec une sonde le canal excréteur de la parotide d'une brebis, Sténon a senti qu'il aboutissait à une cavité, celle de la glande parotide. En opérant de la même façon, il a fini par identifier, au niveau de la tête, différents canaux (lacrymaux, palatins et sublinguaux). Sténon en a déduit ainsi que les sérosités sont produites par des amas glandulaires à partir du sang. Sténon s'est porté ensuite sur l'étude du cerveau et a publié, en 1669, son *Discours sur l'Anatomie du cerveau* dans lequel il n'a pas peur de s'attaquer aux affirmations de Descartes

---

[147] R. Descartes, Discours de la méthode, Vème partie, AT. VI. 55-56 (29-9)
[148] F. Dagognet, *Le vivant*, op. cit., p. 18
[149] R. Descartes, *Principes de Philosophie*, IVe partie, article 203, 1643

et aux idées, alors répandues, de la structure et des frontières du cerveau. Dans ce traité, Sténon, à partir de coupes effectuées dans les plans sagittal, frontal et transversal, étudie le mésencéphale et met en évidence les rapports entre le corps calleux, les circonvolutions et le toit du troisième ventricule. Il parvient à situer exactement l'épiphyse et à distinguer sa forme mais il se refuse à suivre Descartes quand celui-ci la définit comme le centre des esprits animaux. Sténon met aussi en évidence la connexion entre l'infundibulum et l'hypophyse.

Dans sa *Description géométrique des muscles*, publiée en 1667, Sténon porte son attention sur les fonctions des muscles. Il se rend compte de la composition des muscles en fibres, elles-mêmes formées de fibrilles et il distingue les muscles en "blancs" et "rouges". Sténon identifie les modes d'action des différents groupes musculaires, regroupe les muscles volontaires en "simples" et "composés". Il observe que les fibres motrices sont de structure longitudinale et sont responsables de la contraction des muscles. Sténon démontre enfin, grâce à des figures géométriques, la constance du volume pendant la contraction.

Borelli (1608-1679), quant à lui, étudie plus en détail les relations entre l'activité du complexe ostéo-articulaire et le système nerveux central, et il pousse aussi plus loin l'analyse de la mécanique du travail. Durant plus de trente ans, Borelli s'évertue à approfondir l'étude des mouvements extrinsèques et intrinsèques des corps animaux sur des bases mathématiques et physiques, comme nous l'indiquent Mirko D. Grmek et Raffaele Bernabeo. Ces derniers passent en revue l'ensemble des résultats de ses investigations qu'il a d'ailleurs résumés dans les deux volumes de son *De motu animalium* (1680-1681). Mirko D. Grmek et R. Bernabeo s'attardent d'abord sur le premier volume où Borelli traite des muscles et affirme que « c'est par leur intermédiaire que l'âme met le corps en mouvement. »[150] Ils rapportent ensuite la description de la structure des muscles, faite par Borelli : « la chair des muscles est formée de "faisceaux prismatiques" composés de fibres semblables à de petits cylindres remplis d'une substance poreuse. Les faisceaux sont reliés par des liens transversaux qui donnent aux fibres l'aspect de "vésicules". »[151] Mirko D. Grmek et R. Bernabeo rendent ensuite compte des considérations de Borelli sur le muscle au repos et sur la contraction du muscle. Ils font aussi état de sa Classification des muscles selon la disposition de leurs fibres et selon leur fonction. « Les parois de celles-ci (des vésicules) se rapprochent lorsque le muscle est au repos et s'éloignent lorsqu'il se contracte. La turgescence est due aux particules qui s'introduisent entre les porosités des fibres en provoquant leur dilatation, "tout comme la

---

[150] Mirko D. Grmek et Raffaele Bernabeo, *La machine du corps*, pp. 7-36, in Mirko D. Grmek, *Histoire de la pensée occidentale* – tome 2 – *De la Renaissance aux Lumières*, op. cit., p. 25

[151] Ibid.

corde mouillée se gonfle et se contracte à cause des particules d'eau minuscules qui, semblables à des coins, pénètrent dans ses interstices".
Pour Borelli, la contraction est limitée à la partie charnue des fibres et se produit sous l'influence du système nerveux par un processus chimique. Du cerveau partent les nerfs, fibres creuses qui véhiculent l'"esprit animal". Cette substance arrive par les nerfs du cerveau gauche aux muscles où, au contact du sang et de la lymphe, elle provoque des processus de fermentation et d'effervescence "semblables à ceux qu'on peut observer parfois dans les laboratoires de chimie". Après avoir classé les muscles, selon la disposition des fibres, en orbiculaires, prismatiques, penniformes, radiaux et sphinctériens, Borelli distingue, d'après leur fonction, les "muscles agonistes des muscles antagonistes". Il considère en effet les positions de repos comme des états de tension intermédiaire des muscles agissant dans des directions opposées. »[152] Mirko D. Grmek et R. Bernabeo nous font part aussi des conclusions de Borelli, à partir de ses expériences sur des grenouilles décapitées. « En faisant des expériences sur des grenouilles décapitées, Borelli anticipe l'idée de contraction tétanique (définie en 1840 par Matteucci) : le spasme est la contraction involontaire des muscles provoquée par l'excitation morbide des nerfs [...]. Le spasme n'est pas différent du mouvement volontaire dans son action à proprement parler, mais il l'est dans les causes qui le déterminent [...]. Nous voyons que cette initiation se produit aussi dans les nerfs cruraux des grenouilles vidées de leurs entrailles, chaque fois qu'on les pique avec une aiguille ou qu'on les touche avec des tampons imbibés d'eau salée. »[153]
Dans le second volume, Mirko D. Grmek et R. Bernabeo nous signalent qu' « après avoir signalé que le cœur est un muscle à fibres en forme de spirale et tressées entre elles, Borelli reprend les recherches de Harvey. »[154] Mirko D. Grmek et R. Bernabeo montrent comment Borelli, par une mesure expérimentale géniale, démontre l'inadéquation de l'idée d'Aristote et de Galien à propos de la "chaleur innée" du cœur. « Il attribue la cause des contractions du cœur à l'égouttement rythmé du suc nerveux qui, à la longue, devient pour le myocarde une sorte d'"habitude". Borelli s'oppose, après des investigations thermométriques soignées, à l'idée d'Aristote et de Galien (acceptée par Harvey) selon laquelle le cœur serait le siège de la "chaleur innée". En introduisant un thermomètre dans les ventricules du cœur et dans plusieurs autres cavités internes d'un cerf, Borelli trouve que les températures ainsi mesurées sont partout presque les mêmes. »[155]

[152] Mirko D. Grmek et Raffaele Bernabeo, *La machine du corps,* pp. 7-36, in Mirko D. Grmek, *Histoire de la pensée occidentale* – tome 2 – *De la Renaissance aux Lumières*, op. cit., p. 25
[153] Ibid., pp. 25-26
[154] Ibid., p. 26
[155] Ibid., pp. 25-26

Continuant son étude des muscles, « Borelli a très bien décrit la mécanique respiratoire. Il note que la contraction des muscles intercostaux soulève les côtes en les faisant pivoter, de telle sorte que le thorax s'élargit dans le sens transversal avec l'inspiration correspondante. Cette action terminée, les côtes reprennent leur position, favorisant ainsi l'expiration. »[156] En dehors de sa vaste étude sur les muscles, Borelli s'est intéressé à la digestion gastrique et il a proposé « [...] de remplacer la notion traditionnelle de "coction" par celle de solvant chimique : de la paroi de l'estomac s'écoulerait un suc provoquant la dissolution des aliments comme l'eau-forte provoque celle des métaux. »[157]

Le système lymphatique figure lui aussi parmi les découvertes anatomophysiologiques des anatomistes du 17e siècle. Après les observations de Fallope et d'Eustache au 16e siècle, les vivisections d'animaux au 17e siècle de Gaspard Aselli, professeur d'anatomie chirurgicale à Pavie, mettant en évidence les vaisseaux lymphatiques en 1623, la détection des chylifères chez l'homme par Johann Vesling en 1634, le système lymphatique a livré peu à peu ses secrets. Jean Pecquet (1622-1674) a prouvé que les vaisseaux chylifères alimentent le *receptaculum chyli* et « [...] ne véhiculent pas leur contenu vers le foie, mais directement dans la circulation générale du sang, le foie perdant ainsi brusquement et définitivement son rôle d'organe hématocentrique. »[158] En 1647, Jean Pecquet découvre le canal thoracique et décrit le réceptacle où il prend sa source, réceptacle appelé plus tard citerne de Pecquet.

Mirko D. Grmek et Raffaele Bernabeo nous expliquent qu'une vive polémique est née entre les savants "sur l'interprétation à donner aux structures anatomiques du système lymphatique" et ils nous en livrent tous les détails. « Thomas Bartholin, après avoir confirmé l'existence du conduit thoracique et du réceptacle du chyle d'abord chez un chien (1651), puis chez un patient norvégien mort de phtisie (1652), continuait d'affirmer que les vaisseaux responsables de l'absorption du chyle dans l'intestin se terminaient dans le foie. Il fallait donc bien les distinguer de ces *vasa lymphatica* confluant dans le conduit thoracique. »[159] Un jeune anatomiste suédois, Olof Rudbeck (1630-1702), découvre en 1660 les ganglions lymphatiques et apporte ainsi sa contribution à la compréhension du système lymphatique. Il va, lui aussi, revendiquer la découverte du conduit thoracique. « [...] car il avait remarqué plusieurs fois, à partir de 1650, que le chyle coule du foie vers le réceptacle et que dans l'intestin existe des *vasa serosa*, liés au conduit, mais contenant un liquide incolore et non le chyle. Rudbeck en concluait que les vaisseaux chylifères du foie correspondent aux vaisseaux lymphatiques confluant dans le

---

[156] Mirko D. Grmek et Raffaele Bernabeo, *La machine du corps*, pp. 7-36, in Mirko D. Grmek, *Histoire de la pensée occidentale* – tome 2 – *De la Renaissance aux Lumières*, op. cit., p. 26

[157] Ibid.

[158] Ibid., p. 27

[159] Ibid.

réceptacle à partir des autres régions du corps. Bartholin souscrivit finalement à cette idée et, reconnaissant que les vaisseaux lymphatiques forment un système bien distinct du système hématique tout en confluant vers celui-ci, renonça à attribuer au foie la fonction hématopoïétique. Anton Nuck démontra de manière éclatante, en utilisant des injections de mercure, que l'ensemble des vaisseaux laiteux et des vaisseaux lymphatiques forme un seul appareil destiné à convoyer les exsudats des cavités diverses dans le système veineux. »[160] Le système circulatoire des vaisseaux lymphatiques se trouve ainsi établi.

L'anatomiste Thomas Willis, professeur à Oxford, fournit aux anatomistes du 17e siècle un tableau détaillé de l'anatomie cérébrale humaine et comparée. Le titre de son ouvrage, paru en 1664 à Londres, *De cerebri anatome, cui accessit nervorum descriptio et usus*, nous renseigne d'emblée sur sa volonté de concevoir l'anatomie selon deux modes : descriptif et fonctionnel. Ce livre, *L'Anatomie du cerveau*, est d'un niveau nettement supérieur à celui des ouvrages antérieurs ayant traité de ce sujet, et ce, par la précision de ses observations et de ses dessins. Willis semble être le créateur du terme *neurologia* et réalise la première description d'un ensemble de noyaux situés à la base du cerveau (appelés par ses soins "corps strié"), en même temps qu'une classification très précise des nerfs crâniens. Sa description des nerfs crâniens ne sera remise en cause qu'en 1778, année au cours de laquelle Sömmering procédera à sa révision. Il a eu aussi le mérite de découvrir l'influence du nerf vague sur le cœur et sur les poumons. Non seulement Willis réfute l'existence du *rete mirabile*, mais il s'intéresse aussi à la vascularisation cérébrale en mettant en évidence l'ensemble des interconnexions vasculaires qui assurent l'irrigation du cerveau même quand l'une de ces artères se bloque. Ainsi, « il réussit à identifier [...] le polygone d'où naissent toutes les artères cérébrales et que Haller appellera "cercle de Willis". »[161] En outre, Willis parvient à distinguer deux lobes à l'hypophyse et ce, à partir de leur aspect et de leur fonction. Alors que le lobe antérieur est rougeâtre et nourri par les vaisseaux qui assurent son irrigation, le lobe postérieur est blanc et il reçoit par l'infundibulum les sérosités provenant des ventricules cérébraux.[162] Mais, comme nous l'avons déjà indiqué, Willis ne se contente pas de décrire ; le but de ses descriptions « [...] est avant tout physiologique. » Willis se soucie avant tout de « [...] déterminer la localisation des fonctions nerveuses et les bases anatomiques de leur mise en œuvre. »[163] S. Schmitt nous explique que Willis

---

160 Mirko D. Grmek et Raffaele Bernabeo, *La machine du corps,* pp. 7-36, in Mirko D. Grmek, *Histoire de la pensée occidentale* – tome 2 – *De la Renaissance aux Lumières*, op. cit., p. 27

161 Ibid., pp. 27-28

162 Ibid., p. 28

163 S. Schmitt, *Aux origines de la biologie moderne – L'anatomie comparée d'Aristote à la théorie de l'évolution*, Paris, Editions Belin, 2006, p. 68

élabore « tout un modèle de fonctionnement du cerveau, en liaison très étroite avec les structures décrites » et situe « par exemple, les sensations dans les corps striés, l'imagination dans le corps calleux, etc. »[164] En outre, tout en restant fidèle à la notion d'"esprits animaux", il ne situe plus ces entités dans le fluide remplissant les ventricules mais dans la substance solide du cerveau. D'une certaine façon, il prend ainsi ses distances avec la théorie des humeurs.

La mise à nu du canal pancréatique par Wirsung sur un cadavre humain, lors d'une séance de dissection publique au théâtre anatomique de Padoue, allait remettre en cause la doctrine des sécrétions et la renouveler. Mais Wirsung considérera ce conduit comme un vaisseau chylifère provenant de l'intestin et pénétrant dans le pancréas. Comme l'écrivent Mirko D. Grmek et Raffaele Bernabeo, « c'est Reignier de Graaf qui élaborera la théorie selon laquelle le suc pancréatique (acide), arrivé par ce conduit au contact de la bile (alcaline), provoque une "effervescence" entraînant la séparation entre substances assimilables et déchets. Il en fit la démonstration expérimentale après avoir obtenu par la technique de la "fistule pancréatique" une quantité suffisante de suc pur. »[165] En outre, Reignier de Graaf a fait des études importantes sur les appareils génitaux (féminin et masculin). C'est lui qui a démontré que les œufs des mammifères, après avoir été fécondés, font leur nidation dans la muqueuse de l'utérus. Néanmoins, il a commis quelques erreurs qui l'ont disqualifié vis-à-vis de ses adversaires. Il a confondu le follicule et l'œuf proprement dit ; il a cru que la fécondation était due à une aura ayant pénétré dans la trompe.

Lorenzo Bellini, médecin florentin, s'est employé à rechercher les caractéristiques anatomophysiologiques du rein. Il a constaté ainsi que de la surface externe du rein, des canaux minuscules et enchevêtrés gagnent des petits tubes qui collectent l'urine et se déversent dans le bassinet. Il a mis en évidence la connexion de ces formations avec le système vasculaire.
De plus, Bellini s'est écarté de la théorie humorale en proposant une "interprétation solidiste de la fonction des papilles gustatives". Selon lui, « les particules de sels, séparées des aliments grâce à la mastication et dissoutes par la salive, agiraient différemment suivant leurs formes et leurs mouvements respectifs, sur les papilles. »[166] Parmi les iatrophysiciens, Bellini est sans doute celui qui a le plus mis sur un piédestal l'anatomie. Il s'y emploie dans ses quatorze *Discours d'anatomie*, prononcés à partir de 1696 à l'Académie della Crusca et publiés par Antonio Cocchi entre 1741 et 1744. Selon Bellini, « [...]

---

[164] S. Schmitt, *Aux origines de la biologie moderne – L'anatomie comparée d'Aristote à la théorie de l'évolution*, op. cit., p. 68
[165] Mirko D. Grmek et Raffaele Bernabeo, *La machine du corps,* pp. 7-36, in Mirko D. Grmek, *Histoire de la pensée occidentale* – tome 2 – *De la Renaissance aux Lumières*, op. cit., p. 28
[166] Ibid.

l'anatomie est la seule science en mesure d'apporter la connaissance pleine et entière de la façon dont l'homme et le monde ont été créés. La dissection parcourant en sens inverse le chemin suivi par la Création, l'anatomie apparaît comme la voie conduisant à approcher l'immense sagesse et la puissance de Dieu. »[167]

1-3-3 – Descartes et l'anatomie

Nous tenions à associer le nom de Descartes (1596-1650) à l'anatomie pour deux raisons. D'abord, parce que ses principes philosophiques concernent aussi l'anatomie et n'ont pas laissé indifférents les anatomistes ; nous pouvons même affirmer que la philosophie de Descartes, dans son ensemble, a exercé une réelle influence sur la recherche anatomique. Ensuite, parce que manifestement Descartes a porté beaucoup d'intérêt pour l'anatomie.

L'ARBRE DE LA SCIENCE DE DESCARTES ET L'ANATOMIE

Descartes considère que l'arbre du savoir, la philosophie, comporte un tronc correspondant à la physique duquel partent trois branches : la mécanique, la médecine et la morale. En rapprochant deux de ces trois branches, la Médecine et la mécanique, une homologie conceptuelle entre les machines et le vivant ne pouvait qu'apparaître évidente. En conséquence, la Médecine et la mécanique, « [...] puisant leur sève d'un même tronc, celui de la science physique et du déterminisme qui lui est inhérent »[168], donnèrent ainsi à la physique le statut d'étalon de la scientificité de toute la connaissance. L'anatomie allait ainsi, elle aussi, tomber sous le joug de la physique, tout au moins en s'accaparant ses méthodes puisque celles-ci étaient devenues le critère universel d'objectivité de la connaissance, et la physique était devenue « l'étalon de la scientificité de toute la connaissance. »[169]

Forts de l'instauration par Descartes du cogito comme fondement pour tout édifice scientifique, les anatomistes trouvent ainsi un terrain métaphysique favorable à l'épanouissement épistémologique de leur discipline. En faisant leur la philosophie de Descartes, les anatomistes de la seconde moitié du 17e siècle accélèrent l'émancipation de leur discipline. Descartes leur montre le chemin à suivre : il faut fonder l'anatomie scientifiquement et, pour ce faire, ceci suppose en premier lieu de faire abstraction de tous les préjugés et opinions reçus

[167] Mirko D. Grmek et Raffaele Bernabeo, *La machine du corps,* pp. 7-36, in Mirko D. Grmek, *Histoire de la pensée occidentale* – tome 2 – *De la Renaissance aux Lumières*, op. cit., p. 29

[168] G. N. Amzallag, *La raison malmenée – de l'origine des idées reçues en biologie moderne*, Paris, CNRS Editions, 2002, p. 15

[169] Ibid., p. 16

d'autorité, sans examen préalable. Alors seulement, il sera possible de mettre le pied sur un sol ferme et inébranlable à partir duquel les prétentions scientifiques des anatomistes pourront se justifier et l'accès aux connaissances ultérieures sera envisageable. Au début de la quatrième partie du *Discours de la méthode*, Descartes nous dévoile les grandes lignes qui indiquent la façon d'y parvenir : « Je ne sais si je dois vous entretenir des premières méditations que j'y ai faites ; car elles sont si métaphysiques et si peu communes, qu'elles ne seront peut-être au goût de tout le monde. Et toutefois, afin qu'on puisse juger si les fondements que j'ai pris sont assez fermes, je me trouve en quelque façon contraint d'en parler. J'avais dès longtemps remarqué que, pour les mœurs, il est besoin quelquefois de suivre des opinions qu'on sait incertaines, ainsi qu'il a été dit ci-dessus ; mais, parce que je désirais vaquer seulement à la recherche de la vérité, je pensais qu'il fallait que je fisse tout le contraire, et que je rejetasse comme absolument faux, tout ce en quoi je pourrais imaginer le moindre doute, afin de voir s'il ne resterait point, après cela, quelque chose qui fût entièrement indubitable. »[170] C'est ainsi que Descartes évoque « la gradation progressive par laquelle les certitudes inébranlables du sens commun - celles des sens, du raisonnement, de l'état de veille – s'effondrent sous l'effet du doute hyperbolique. »[171]

Néanmoins, comme le rappelle Charles-Eric de Saint-Germain, « en tant que la pensée nous livre une existence, celle du Je, elle est une *présence* qui s'impose avec tout son poids comme une évidence que l'on ne peut mettre en doute et constitue bien, à ce titre, le *premier principe* de la métaphysique, seul l'être ou l'existence de la pensée étant absolument certaine *par soi.* »[172]

En outre, Descartes introduit, comme le rappelle Charles-Eric de Saint-Germain, « [...] la méthode mathématique au sein de la connaissance philosophique, en tant que les mathématiques possèdent le privilège d'offrir un modèle de raisonnement rigoureux et sans faille, valable *universellement. »*[173] Descartes construit ainsi « [...] l'ordre des vérités métaphysiques sur le modèle hypothético-déductif de l'enchaînement des vérités mathématiques, en tant qu'elles se déduisent les unes des autres, conformément à l'ordre formel des raisons qui doit régler la succession des propositions. »[174] Dans la seconde partie de son *Discours de la méthode,* Descartes nous indique que « ces longues chaînes des raisons, toutes simples et faciles, dont les géomètres ont coutume de se servir, pour parvenir à leurs plus difficiles démonstrations »[175], lui avaient

[170] Descartes, *Discours de la méthode*, quatrième partie, éd. G-F, p. 59

[171] C.-E. de Saint Germain, *Raison et Système chez Hegel – De la phénoménologie de l'Esprit à l'Encyclopédie des Sciences Philosophiques*, Paris, Edition L'Harmattan, 2004, p. 125

[172] Ibid., p. 127

[173] Ibid., p. 417

[174] Ibid.

[175] Descartes, *Discours de la méthode*, deuxième partie, éd. G-F, p. 47

donné l'occasion de s'imaginer « [...] que toutes les choses, qui peuvent tomber sous la connaissance des hommes, s'entresuivent de la même façon et que, pourvu seulement qu'on s'abstienne d'en recevoir aucune pour vraie qui ne le soit, et qu'on garde toujours l'ordre qu'il faut pour les déduire les unes des autres, il n'y en peut avoir de si éloignées auxquelles enfin on ne parvienne, ni de si cachées qu'on ne découvre. »[176] Les règles instituées par Descartes ne peuvent que répondre aux aspirations des anatomistes et leur donner la voie de la réussite dans leurs recherches. Ainsi, « pour distinguer les choses les plus simples de celles qui sont compliquées et mettre de l'ordre dans leur recherche, il faut, dans chaque série de choses où nous avons directement déduit quelques vérités les unes des autres, remarquer ce qui est le plus simple et comment tout le reste en est plus ou moins également éloigné. »[177]

Dans cet arbre de la science, l'étendue de Descartes plaide en faveur de l'anatomie comme fondement de la connaissance du vivant. M. Merleau Ponty montre, en effet, que « la nature extérieure se réduit alors, selon Descartes, à l'étendue. L'étendue possède deux caractères : elle est indéfiniment divisible et, dans la mesure où nous pouvons parler de points de l'étendue, il faut les considérer comme non substituables les uns aux autres, c'est-à-dire ayant chacun leur localité propre. Chaque partie n'est rien d'autre que son altérité par rapport aux autres. » [178] Or, il n'y a pas d'anatomie sans connaissance des parties et celle-ci est un préalable à toute connaissance du vivant. Mais il y a des limites à la décomposition cartésienne et donc à l'approche anatomique. Olivier Perru montre que c'est le cas dès que l'on s'intéresse au vivant. « Lorsque nous voulons appliquer au vivant et d'une manière simpliste, la décomposition cartésienne, telle qu'elle est énoncée dans les *Règles pour la direction de l'esprit*, nous réalisons que c'est impossible. On ne peut pas décomposer, même intentionnellement, le vivant en pièces détachées, stricto sensu, sauf si on étudie le vivant mort, son squelette par exemple. Il est difficile aussi de transposer la méthode que Descartes propose suivant le mode de raisonnement des mathématiques, c'est-à-dire la division des difficultés l'une après l'autre, la recomposition d'une solution, d'un modèle au terme d'une démarche logique, déductive et synthétique. Face au vivant, en particulier dans ses fonctionnalités, la démarche est plus difficile. »[179] Finalement, à propos de Descartes et de la connaissance de l'Homme, on se permettra de conclure en citant ce qu'en dit F. Azouvi : « Descartes lègue ainsi à ses successeurs l'un des problèmes les plus féconds des XVIIe et XVIIIe siècles, en partageant la connaissance de l'homme

[176] Descartes, *Discours de la méthode*, deuxième partie, éd. G-F, p. 47

[177] Descartes, *Règles pour la direction de l'esprit*, éd. Vrin, p. 57

[178] M. Merleau Ponty, *La nature – Notes Cours du Collège de France,* établi et annoté par Dominique Séglard, Paris, Editions du Seuil, 1994, p. 170

[179] O. Perru, *Le vivant – Approches pour aujourd'hui,* Paris, Editions Les éditions du cerf, 2005, p. 72

en disciplines irréductibles entre elles, tout aussi légitimes les unes que les autres et appelées par conséquent à constituer un champ polémique. »[180]

DESCARTES ET LA PRATIQUE DE L'ANATOMIE

Descartes fait office de personnage central parmi les agents du développement épistémologique de l'anatomie, non seulement pour le 17e siècle mais pour l'ensemble de la période qui nous intéresse, c'est-à-dire du 16e à la fin du 19e siècle.

La correspondance de Descartes avec Mersenne nous renseigne sur l'application sérieuse de Descartes à étudier "la chimie et l'anatomie tout ensemble", dès 1630. Puisque les dissections publiques de cadavres sont fréquentes en Hollande, il en profite pour y assister en compagnie du Dr. Plemp. Dans une lettre du 20 février 1639, adressée à Mersenne, Descartes se vante d'avoir souvent pratiqué la dissection de différents animaux. « J'ai considéré non seulement ce que Vesalius et les autres écrivent de l'anatomie, mais aussi plusieurs choses plus particulières que celles qu'ils écrivent, lesquelles j'ai remarquées en faisant moi-même la dissection de divers animaux. C'est un exercice où je me suis souvent occupé depuis onze ans et je crois qu'il n'y a guère de médecin qui y ait regardé de si près que moi. »[181] Mais il n'oublie pas non plus de rendre compte à Mersenne de ses lectures fréquentes de grands ouvrages d'anatomie publiés durant la Renaissance. Ainsi, il évoque les ouvrages d'anatomie de Vésale, de Colombo, de Fabrice d'Acquapendente et surtout le *Theatrum anatomicum* de Caspar Bauhin. Néanmoins, pour Descartes, la pratique de l'anatomie est irremplaçable et il apprend ainsi « tous les jours quelque chose qui ne se trouve pas dans les livres. »[182] Dans un autre courrier adressé à Mersenne le 13 novembre 1639, il lui explique que lorsqu'il résidait à Amsterdam, il allait tous les jours chez un boucher pour y voir tuer les bêtes. Il écrit : « je faisais apporter de là à mon logis les parties que je voulais anatomiser plus à loisir. » [183] Quand il habitait à Amsterdam, il n'hésitait donc pas à pratiquer lui-même des dissections. Cette proximité avec les corps animaux, la pratique de vivisections et de dissections, mais aussi un environnement où des automates sont de plus en plus nombreux, de plus en plus perfectionnés, et réalisent de vrais prodiges, le conduisent à émettre l'idée d'animal-machine. Pour étayer cette théorie assimilant les organismes vivants à des entités mécaniques, Descartes s'applique d'abord à étudier les machines, leur structure, leurs parties et leur fonctionnement. Il peut alors faire le rapprochement entre le corps vivant et la machine, et déclarer que l'ensemble des fonctions, qu'il a attribuées à cette machine fictive, découle naturellement

---

[180] F. Azouvi, *Maine de Biran, La science de l'homme*, Paris, Editions Vrin, 1995, p. 7

[181] R. Descartes, *Lettre de Descartes à Mersenne*, le 20 février 1639

[182] P. Mazliak, *Descartes – De la science universelle à la biologie*, op. cit., p. 111

[183] R. Descartes, *Lettre de Descartes à Mersenne*, le 13 novembre 1639, AT, II, p. 621

« de la seule disposition des organes, ne plus ne moins que font les mouvements d'une horloge, ou autre automate, de celle de ses contrepoids et de ses roues. »[184] Descartes déclare alors : « elles (les bêtes) agissent naturellement et par ressorts, ainsi qu'une horloge. »[185]. La théorie de Descartes n'est pas réservée au corps des bêtes puisqu'il affirme que la même machinerie se trouve en œuvre dans notre physiologie. F. Dagognet nous rappelle donc que, « [...] selon Descartes, nous ne devons pas céder à une administration facile devant les plantes ou les bêtes, pas davantage devant le corps humain : tout dans la nature, est produit mécaniquement et résulte des simples modifications de la figure, de la grandeur et du mouvement. »[186] René Descartes nous explique que ce n'est point la peine de faire appel à des facultés comme l'âme dite végétative, ou la sensitive, ou la motrice. Il faut simplement s'en référer à des moyens matériels et des agencements, largement suffisants pour en rendre compte. Descartes conseille donc la description du corps humain pour atteindre ce but. Parmi les recommandations qu'il préconise, l'une d'entre elles est particulièrement intéressante : « expliquer tellement la machine de notre corps que nous n'aurons plus sujet de penser que c'est notre âme qui exécute en lui les mouvements... que nous en avons de juger qu'il y a une âme dans notre horloge qui fait qu'elle montre les heures. »[187] Néanmoins, Descartes note « entre le corps humain et l'androïde quelques différences de degré : la machine créée par Dieu "est incomparablement mieux ordonnée" ; d'autre part elle use de moyens ou de "pièces" trop " petites pour être aperçue de nos sens" (selon la IV partie des *Principes*, art.203), ce qui lui assure, grâce à cette ultra-miniaturisation, des effets plus fins »[188]. De plus, Descartes tient à rappeler que si une distinction cruciale doit être faite entre les bêtes et l'homme, c'est que ce dernier possède des attributs autres que corporels. Descartes en conclut la nécessité d'étudier l'organisme en termes de mécanique ; alors seulement, puisque le fonctionnement du corps-machine dépend de la disposition des parties, la connaissance de l'anatomie s'avère primordiale et incontournable. Descartes souhaite éclaircir deux points qui lui paraissent essentiels : le mécanisme des battements du cœur et celui de "l'union de l'âme et du corps". Ce dernier mécanisme, il le situe dans la glande pinéale, au niveau du cerveau. Pour Descartes, la connaissance de soi-même passe par la connaissance du fonctionnement de son corps et la connaissance de l'anatomie s'avère donc indispensable.

L'approche du corps humain, dictée par Descartes, ne fait pas l'unanimité et François Dagognet nous en explique les raisons, tout en précisant l'attachement de Descartes à la pensée, et donc le caractère injuste de ses détracteurs. « Le

[184] R. Descartes, *Traité de l'homme*, AT XI, p. 202
[185] R. Descartes, *Lettre au marquis de Newcastle du 23 novembre 1646*
[186] F. Dagognet, *Le corps*, op.cit., p. 48
[187] R. Descartes, *La Description du corps humain*, Editions A. T., t XI, p. 226
[188] F. Dagognet, *Le corps*, op.cit., p. 50

philosophe français est accusé de retomber dans une biophysique rudimentaire et même grossière, proche de celle de l'école d'Epicure. Il fraie alors le chemin aux athées dans la mesure où il attribue la sensorialité, comme toutes les autres opérations humaines, à la seule matérialité. Descartes a vivement répliqué. S'il est bien vrai qu'il enlève à "l'âme sensitive" ce qu'il reporte sur des dispositifs anatomiques, il ne cesse parallèlement de reconnaître "la pensée". »[189] Pour le mouvement volontaire, Descartes précise qu'il est né de l'âme, mais même pour celui-là, la *Description du corps humain* "maintient la conception d'une solide machinerie". Ainsi, il y est écrit : « même les mouvements, qu'on nomme volontaires, procèdent principalement de cette disposition des organes puisqu'ils ne peuvent être excités sans elle, quelque volonté que nous en ayons, bien que ce soit l'âme qui les détermine. »[190]

DESCARTES FAIT L'APOLOGIE DE L'ANATOMIE

Dans le *Traité de l'homme*, Descartes développe son concept d'homme-machine et confère à l'anatomie un esprit qui se maintiendra tout au long des progrès médicaux. Il met en évidence l'importance qu'il accorde à l'anatomie, en appelant à la découverte des parties de cette "machine". La machine et ses parties peuvent servir de modèle d'étude et de comparaison avec le corps humain et ses parties, et même être source d'inspiration pour la plupart des thèmes de recherche anatomique.

Ainsi Descartes écrit : « Et véritablement l'on peut bien comparer les nerfs de la machine que je vous décris aux tuyaux des machines de ces fontaines, ses muscles et ses tendons aux autres divers engins et ressorts qui servent à les mouvoir, ses esprits animaux, à l'eau qui les remue, dont le cœur est la source, et les concavités du cerveau sont les regards. »[191]

Influencé par l'école des anatomistes italiens puis par celle des anatomistes hollandais, Descartes n'a pas été insensible non plus aux travaux d'Harvey. Tous ces maîtres en anatomie l'amènent à nous faire, en 1648, dans *La description du corps humain*, dans un discours plus large sur la connaissance de soi, l'apologie de l'anatomie : « Il n'y a rien à quoi l'on se puisse occuper avec plus de fruit, qu'à tâcher de se connaître soi-même. Et l'utilité qu'on doit espérer de cette connaissance ne regarde pas seulement la Morale, ainsi qu'il semble d'abord à plusieurs, mais particulièrement aussi la Médecine, en laquelle je crois qu'on aurait pu trouver beaucoup de préceptes très assurés, tant pour guérir les maladies que pour les prévenir, et même aussi pour retarder le cours de la vieillesse, si on s'était assez étudié à connaître la nature de notre corps, et qu'on eût point attribué à l'âme les fonctions qui ne dépendent que de

[189] F. Dagognet, *Le corps*, op.cit., p. 55

[190] R. Descartes, *La Description du corps humain*, Editions A.T., p. 225

[191] R. Descartes, *Le Traité de l'Homme*, Paris, chez Charles Angot, libraire juré, 1664, p. 13

lui, et de la disposition de ses organes. Mais parce que nous avons tous éprouvé, dès notre enfance, que plusieurs de ses mouvements obéissaient à sa volonté, qui est une des puissances de l'âme, cela nous a dispensé à croire que l'âme est le principe de tous. A quoi aussi a beaucoup contribué l'ignorance de l'Anatomie et des Mécaniques : car, ne considérant rien que l'extérieur du corps humain, nous n'avons point imaginé qu'il eut en soi assez d'organes, ou de ressorts, pour se mouvoir de soi-même, en autant de diverses façons que nous voyons qu'il se meut. »[192] Avec ces deux traités, le *Traité de l'homme* et *La description du corps humain*, Descartes a l'ambition de développer une philosophie qui dépasse celle d'Aristote. Il atteindra son but en soignant la qualité et le contenu de chacun de ses deux traités et, plus particulièrement, grâce aux idées développées dans le *Traité de l'Homme*. De plus, P. Guenancia montre que si la philosophie de Descartes parvient à dépasser celle d'Aristote, c'est aussi pour une autre raison : « en réalité, cela fait longtemps qu'Aristote n'est plus le maître à penser des philosophes et des savants, mais le système comme tel n'a pas été remplacé par un autre d'égale ampleur. »[193] Sans conteste, les théories de Descartes sur l'Homme vont libérer l'anatomie de considérations métaphysiques. En effet, en considérant que l'Homme est composé de deux substances, l'esprit et le corps, Descartes propose aux anatomistes de ne s'occuper que du corps, donc de restreindre le champ d'étude sur l'homme. En fait, la *Description du corps humain*, contrairement au *Traité de l'homme*, n'a pas été écrite dans la perspective d'un futur avènement de l'âme. Descartes y considère le « corps à part » tout simplement. Descartes offre ainsi à l'anatomie, par cette réduction majeure, la possibilité de trouver un terrain plus propice à son développement épistémologique. Néanmoins, craignant alors que l'âme soit absorbée par les structures corporelles, Descartes s'interroge alors sur la capacité de l'âme à exercer son pouvoir sur elles, donc à entretenir un lien avec elles. En effet, dans le cas contraire, comment les mouvoir et leur commander ? C'est alors que Descartes imagine à la base du cerveau une petite glande, la glande pinéale, qui jouerait le rôle de siège de l'union de l'âme et du corps.

DESCARTES PARTICIPE A LA RUPTURE ENTRE L'ANATOMIE DU 17^E^ SIECLE ET CELLE DE LA RENAISSANCE

Avec Descartes, nous explique Georges Canguilhem, « se légitime la construction d'un modèle mécanique du corps vivant, y compris du corps humain, car déjà, chez lui, le corps humain, sinon l'homme, est une machine. Ce modèle mécanique, Descartes le trouve, comme on l'a déjà dit, dans les

[192] R. Descartes, *La Description du corps humain*, Préface,1648, cité in P.Guenancia, *Descartes – Bien conduire sa raison*, Paris, Editions Gallimard, 1996, p. 39
[193] P. Guenancia, *Descartes – Bien conduire sa raison*, Paris, Editions Gallimard, 1996, p. 40

automates, c'est-à-dire dans les machines mouvantes. »[194] Ce modèle mécanique va marquer les anatomistes du 17e siècle et des siècles suivants. Il sera déterminant dans la vision nouvelle de l'anatomie et il influencera ses nouvelles orientations épistémologiques.

Descartes s'est employé à exposer amplement dans *L'Homme*, la constitution de la "machine du corps" et dans cet exposé, deux points précis méritent d'être retenus car ils marquent une rupture avec la vision de l'anatomie de la Renaissance.

C'est d'abord la circulation du sang, pour laquelle Descartes va, pour l'essentiel, cautionner la découverte faite par William Harvey en 1628. La représentation traditionnelle de cette circulation, due à Galien, va être abandonnée. Alors, il ne sera plus dit que le sang des veines et celui des artères coulent sans se rencontrer, l'un à partir du foie, l'autre à partir du cœur, attirés (sans retour) par les parties du corps qui en ont besoin. Descartes reprend la circulation "perpétuelle" du sang, mais, « alors que Harvey attribue le mouvement du sang à la contraction du cœur, qui est un muscle, Descartes préfère l'attribuer à une chaleur spécifique (un "feu sans lumière", *l'Homme*, AT XI, 123) dont le cœur sera le siège. »[195]

Le second point qui marque une rupture entre la vision de l'anatomie de la Renaissance et celle du 17e siècle, c'est la façon d'envisager la constitution et le fonctionnement du système neuro-cérébral. Selon Descartes, par l'intermédiaire du sang qui se dirige vers le cerveau, après être sorti du cœur par la "grande artère" (l'aorte), les *esprits animaux* vont être transportés dans les "concavités du cerveau" et les baigner. Ces *esprits animaux* se rendent de là, [...] « dans les *nerfs* qui ont leurs terminaisons dans les diverses parties de la "machine", et en particulier dans ceux des muscles. Ces nerfs sont en effet de "petits tuyaux" qui vont du cerveau aux membres et aux organes, et qui contiennent, groupés par faisceaux, de "petits filets de moëlle", assez résistants. Ils remplissent ainsi une double fonction, sensorielle et motrice. »[196]

Descartes attire l'attention sur la réduction de la nature corporelle ou physique aux "natures simples" de l'étendue, de la figure ou du mouvement ; il annule ainsi toute différence *réelle* entre la matière et l'espace.

DANS L'ORGANISATION CORPORELLE, PERTE DU ROLE PREPONDERANT DE L'HUMEUR AU PROFIT DE LA PARTIE SOLIDE

Au 17e siècle, l'anatomie s'intéresse presque exclusivement aux parties solides et écarte les humeurs de son champ d'étude. D'une certaine façon, l'humeur

---

194 G. Canguilhem, *La connaissance de la vie*, Paris, Librairie philosophique J.Vrin, 2003, p. 143

195 J. Russ, *Histoire de la Philosophie*, t. 2, *L'invention du monde moderne*, Paris, Editions Armand Colin/Masson, 1997, p. 176

196 Ibid.

perd son rôle prépondérant dans l'organisation corporelle et laisse la place à la partie solide. A n'en point douter, ces représentations essentiellement solidistes des anatomistes du 17e siècle, nous explique R. Mandressi, étaient déjà annoncées par les modèles du corps qui s'imposaient aux anatomistes au 16e siècle et par le modèle architectural en particulier.[197] Au 17e siècle, en effet, les humeurs sont même considérées comme un obstacle à l'observation des parties solides. A la seule fin d'obtenir des conditions optimales pour l'examen des parties solides, au cours des dissections, les anatomistes manipulent des éponges en asséchant les parties humides afin d'empêcher celles-ci de souiller les parties solides.
Cette représentation essentiellement solidiste se trouve confirmée par les prises de position de Kaspar Bartholin et de Riolan le fils. Kaspar Bartholin déclare en 1611 qu'il faut réserver le terme de parties uniquement à celles qui sont solides. De même, pour Riolan le fils, il n'est pas question d'envisager l'étude anatomique des parties autrement qu'en se limitant à celle des parties solides du corps mort. Riolan le fils exclut ainsi les humeurs dont la spécificité est la dynamique, les mélanges, le flux. Pour les anatomistes du 17e siècle, il n'est pas question d'écarter uniquement les liquides du champ d'étude anatomique, ils en excluent également les astres. Progressivement, la fragmentation des parties solides s'impose donc et c'est dans ce contexte favorable que la mécanique de Descartes va triompher. En élaborant le modèle analogique de la machine et en assimilant l'homme à l'homme-machine, Descartes donne aux anatomistes la possibilité de ne pas s'enfermer dans une description anatomo-fonctionnelle et par contre favorise l'avènement d'une anatomie à dimension fonctionnelle. Par sa réflexion philosophique, Descartes annonce le caractère scientifique vers lequel évoluera la physiologie au 18e siècle.

COMMENTAIRES EPISTEMOLOGIQUES AUTOUR DE DESCARTES ET DE L'ANATOMIE DU 17E SIECLE

Les commentaires de G. Canguilhem que nous avons choisi de sélectionner portent essentiellement sur son analyse de la théorie de l'animal-machine. G. Canguilhem nous rappelle qu'au début du *Traité de l'homme* « il semble que la théorie de l'animal-machine ne prenne un sens que grâce à l'énoncé de deux postulats que l'on néglige, trop souvent, de faire bien ressortir. Le premier c'est qu'il existe un Dieu fabricateur, et le second c'est que le vivant soit donné comme tel, préalablement à la construction de la machine. Autrement dit, il faut, pour comprendre la machine-animal, l'apercevoir comme précédée, au sens logique et chronologique, à la fois par Dieu, comme cause efficiente, et par un vivant préexistant à imiter, comme cause formelle et finale. En somme nous

[197] R. Mandressi, *Dissections et anatomie,* pp. 311-333, in A. Corbin, J. –J .Courtine, G. Vigarello, *Histoire du corps*, t.1, *De la Renaissance aux Lumières*, op. cit., p. 332

proposerions de lire que dans la théorie de l'animal-machine, où l'on voit généralement une rupture avec la conception aristotélicienne de la causalité, tous les types de causalité invoqués par Aristote se retrouvent, mais non pas au même endroit et non pas simultanément. »[198] Descartes prend le parti de traiter le corps à part, ce qui va permettre aux anatomistes de se concentrer sur le corps et de ne pas engager l'anatomie sur les terrains mouvants de l'âme. En effet, Descartes écrit : « Ces hommes, […], seront composés comme nous d'une âme et d'un corps et il faut que je vous décrive, premièrement le corps à part, puis après l'âme, aussi à part, et enfin, que je vous montre comment ces deux natures doivent être jointes et unies pour composer des hommes qui nous ressemblent. Je suppose que le corps n'est autre chose qu'une statue ou machine de terre que Dieu forme tout exprès pour la rendre plus semblable à nous qu'il est possible. En sorte que non seulement il lui donne au-dehors la couleur et la figure de tous nos membres, mais aussi qu'il met au-dedans toutes les pièces qui sont requises pour faire qu'elle marche, qu'elle mange, qu'elle respire et enfin qu'elle imite toutes celles de nos fonctions qui peuvent être imaginées procéder de la matière et ne dépendre que de la disposition des organes. »[199] En faisant en sorte que Dieu occupe le rôle primordial et final, Descartes montre que l'homme-machine n'est rien sans le mouvement qui lui est octroyé par Dieu. Descartes légitime donc la construction d'un modèle mécanique du corps vivant, y compris du corps humain et il va le choisir parmi les machines mouvantes afin qu'elles puissent satisfaire aux conditions de mouvement. « Nous voyons des horloges, des fontaines artificielles, des moulins et autres semblables machines qui, n'étant faites que par des hommes, ne laissent pas d'avoir la forme de se mouvoir d'elles-mêmes en plusieurs diverses façons. »[200] Mais nous dit G. Canguilhem, « Le Dieu cartésien, l'*Artifex Maximus*, travaille à égaler le vivant lui-même. Le modèle du vivant-machine, c'est le vivant lui-même. L'Idée du vivant que l'art divin imite, c'est le vivant. Et, de même qu'un polygone régulier est inscrit dans un cercle et que pour conclure de l'un à l'autre il faut le passage à l'infini, de même l'artifice mécanique est inscrit dans la vie et pour conclure de l'un à l'autre il faut le passage à l'infini, c'est-à-dire Dieu. C'est ce qui semble ressortir de la fin du texte de Descartes. »[201] En effet celui-ci écrit : « Il me semble que je ne saurais imaginer tant de sortes de mouvements en celles-ci que je suppose être faites des mains de Dieu, ni lui attribuer tant d'artifice que vous n'ayez sujet de penser qu'il y en peut avoir encore davantage. »[202]

---

[198] G. Canguilhem, *La connaissance de la vie*, op. cit., p. 144

[199] R. Descartes, *L'Homme*, pp. 333-428, in V. Cousin (responsable de la publication), *Œuvres de Descartes*, tome quatrième, Paris, chez F. G. Levrault, libraire, 1824, p. 335

[200] Ibid., p. 336

[201] G. Canguilhem, *La connaissance de la vie*, op. cit., pp. 144-145

[202] R. Descartes, *L'Homme*, pp. 333-428, in Cousin V. (publiées par), *Œuvres de Descartes*, tome quatrième, op. cit., p. 336

G. Canguilhem nous explique que « la théorie de l'animal-machine serait donc à la vie ce qu'une axiomatique est à la géométrie, c'est-à-dire que ce n'est qu'une reconstruction rationnelle, mais qui n'ignore que par une feinte l'existence de ce qu'elle doit représenter et l'antériorité de la production sur la légitimation rationnelle. » G. Canguilhem rend hommage à Sténon qui a su apercevoir cet aspect de la théorie cartésienne « dans le *Discours sur l'anatomie du cerveau* prononcé à Paris en 1665, c'est-à-dire un an après la parution du *Traité de l'Homme.* »[203] G. Canguilhem nous explique que « [...] les anatomistes n'ont pas toujours été tendres pour l'anatomie professée par Descartes, (ce qui n'a pas été le cas de Sténon), mais Sténon constate que l'homme de Descartes c'est l'homme reconstruit par Descartes sous le couvert de Dieu, mais ce n'est pas l'homme de l'anatomiste. »[204] En reconnaissant la pertinence du discours de Sténon, G. Canguilhem continue ses réflexions sur la théorie de l'animal-machine. « On peut donc dire qu'en substituant le mécanisme à l'organisme, Descartes fait disparaître la téléologie de la vie ; mais il ne la fait disparaître qu'apparemment, parce qu'il la rassemble tout entière au point de départ. Il y a substitution d'une forme anatomique à une formation dynamique, mais comme cette forme est un produit technique, toute la téléologie possible est enfermée dans la technique de production. A la vérité, on ne peut pas, semble-t-il, opposer mécanisme et anthropomorphisme, car si le fonctionnement d'une machine s'*explique* par des relations de pure causalité, la construction d'une machine [205]ne se comprend ni sans finalité, ni sans l'homme. Une machine est faite par l'homme et pour l'homme, en vue de quelques fins à obtenir, sous forme d'effets à produire. »[206] G. Canguilhem nous amène à découvrir tous les aspects positifs de la théorie cartésienne.

« Ce qui est donc positif chez Descartes, dans le projet d'expliquer mécaniquement la vie, c'est l'élimination de la finalité sous son aspect anthropomorphique. Seulement, il semble que dans la réalisation de ce projet un anthropomorphisme se substitue à un autre. Un anthropomorphisme technologique se substitue à un anthropomorphisme politique.

Dans la *Description du Corps humain*, petit traité écrit en 1648, Descartes aborde l'explication du mouvement volontaire chez l'homme et formule, avec une netteté qui a dominé toute la théorie des mouvements automatiques et des mouvements réflexes jusqu'au XIXe siècle, le fait que le corps n'obéit à l'âme qu'à la condition d'y être d'abord mécaniquement disposé. La décision de l'âme n'est pas une condition suffisante pour le mouvement du corps.

L'âme, dit Descartes, ne peut exciter aucun mouvement dans le corps, si ce n'est que tous les organes corporels qui sont requis à ce mouvement soient bien

[203] G. Canguilhem, *La connaissance de la vie*, op. cit., p. 145

[204] Ibid.

[205] Ibid., pp. 145-146

[206] Ibid.

disposés, mais tout au contraire, lorsque le corps a tous ses organes disposés à quelque mouvement, il n'a pas besoin de l'âme pour les produire.
Descartes veut dire que, lorsque l'âme meut le corps, elle ne le fait pas comme un roi ou un général, selon la représentation populaire, qui commande à des sujets ou à des soldats. Mais, par assimilation du corps à un mécanisme d'horlogerie, il veut dire que les mouvements des organes se commandent les uns les autres comme des rouages entraînés. Il y a donc, chez Descartes, substitution à l'image politique du commandement, à un type de causalité magique — causalité par la parole ou par le signe —, de l'image technologique de "commande", d'un type de causalité positive par un dispositif ou par un jeu de liaisons mécaniques. »[207] G. Canguilhem insiste sur le fait que dans la machine de Descartes, la finalité est souveraine et cette machine a peu de marge de manœuvre alors qu'en réalité « l'organisme a plus de latitude d'action qu'une machine. » Ceci semble échapper à Descartes puisqu'il enferme l'organisme dans un schéma d'action fixé d'avance par Dieu. Comment d'ailleurs, pourrait-il en être autrement puisqu'il considère « la machine du corps humain comme ayant été formée de Dieu pour avoir en soi tous les mouvements qui ont coutume d'y être. »[208]
Georges Canguilhem, considère que « selon Descartes, un dispositif mécanique d'exécution remplace un pouvoir de direction et de commandement, mais Dieu a fixé la direction une fois pour toutes ; la direction du mouvement est incluse par le constructeur dans le dispositif mécanique d'exécution. »[209]

Descartes n'écarte pas l'âme de son discours car il a pris acte de la spécificité du corps humain et de l'impossibilité de la réduire à l'étendue matérielle, ce qu'il écrit d'ailleurs dans sa Lettre à Mesland datée du 9 février 1645 : « contrairement à une statue, le corps humain ne se réduit ni à une "partie déterminée de matière" car ses composantes se renouvellent, ni à une "grandeur déterminée", car sa taille et son poids varient selon l'âge et les circonstances. »[210] Néanmoins, Descartes réalise que pour comprendre le corps humain, il faut bien dissocier le corps de l'âme. Finalement, les limites de la vision mécanique nous sont indiquées par Descartes lui-même puisque, en dernier ressort, ce dernier montre la nécessité de l'intervention de Dieu. En fait, « le mécanisme ne peut pas rendre compte de la construction des machines. »[211]

---

[207] G. Canguilhem, *La connaissance de la vie*, op. cit., pp. 146-147
[208] R. Descartes, *Méditations métaphysiques*, VI ème Méditation, in L. Aimé-Martin (chef de publication), *Œuvres philosophiques de Descartes, publiées d'après les textes originaux*, Paris, Auguste Desrez, éditeur, 1838, p. 92
[209] G. Canguilhem, *La connaissance de la vie*, op. cit., p. 147
[210] C. Jacquet, *Le corps*, Paris, Editions PUF "Philosophe", 2001, p. 40
[211] G. Canguilhem, *La connaissance de la vie*, op. cit., p. 147

Sans rejeter l'analyse mécanique de Descartes, certains philosophes, comme Spinoza et Leibniz, en dénoncent les limites. Ces philosophes apportent de nouveaux éléments de réflexion qui vont inciter les anatomistes à envisager une révision de l'anatomie dans son ensemble. Révision qui tiendra compte des rapports anatomiques et conduira à une vision plus physiologique et même, plus tard, à l'émergence de la biologie. Chez Spinoza, Olivier Perru montre que « la composition des parties élémentaires peut évoluer, mais reste déterminée par une unité qui caractérise l'individualité. Ces parties ne sont pas identiques aux pièces d'une machine, elles sont relatives les unes aux autres, dans une individualité qui est fonctionnelle. L'individu vivant implique chez Spinoza une multitude d'interrelations. Dès lors, on s'oriente vers un modèle biologique où la structure d'un organisme (dont on ne sait pas encore s'il appartient à une espèce déterminée) est une certaine combinaison de parties qui se conserve à travers l'exercice des fonctions biologiques. On entrevoit ainsi un premier rapport entre la permanence d'une structure composée et la multiplicité des fonctions biologiques. »[212] Pour sa part, certes, « le mécanisme est présent chez Leibniz, mais le concept d'organisme permet de saisir que les différentes parties ou machines peuvent "produire" de l'organique en interagissant, des opérations correspondant à des fonctions biologiques. »[213] Olivier Perru nous explique que « l'intégration physiologique au sens de Leibniz vient d'un ordre fonctionnel qui émerge et acquiert son autonomie à partir de l'intégration de dispositions et de relations mécaniques. »[214] En révisant de cette manière le modèle mécaniste, Leibniz a pu lui donner une certaine aptitude « à jouer un rôle critique et à influer sur le développement ultérieur des théories physiologiques. »[215]

En France, les critiques de Leibniz et de Spinoza ont une influence positive sur la science, en général, et l'anatomie et ses différents rameaux, en particulier. Si bien qu'à la fin du 17e siècle, ce n'est pas le rationalisme conquérant de Descartes qui triomphe mais plutôt un rationalisme critique et sceptique, dérivant bien davantage de Gassendi, soit directement, soit par l'intermédiaire des savants anglais.

1-3-4 – Harvey et l'anatomie

Après Vésale au 16e siècle, W. Harvey (1578-1657) est certainement celui qui a le plus contribué, au 17e siècle, à l'éveil du monde médical après le « long

[212] O. Perru, *Le vivant – Approches pour aujourd'hui,* op. cit., p. 81

[213] Ibid., p. 85

[214] Ibid.

[215] F. Duchesneau, *Les modèles du vivant de Descartes à Leibniz*, Paris, Librairie philosophique J. Vrin, 1998, p. 370

sommeil où l'avait plongé l'opiat galénique. »[216] Il y est parvenu grâce à sa découverte de la circulation du sang, découverte vraiment révolutionnaire qui l'a fait figurer, sans aucun doute, parmi les plus grands anatomistes du 17e siècle.

Aussi réserverons-nous à W. Harvey une place privilégiée dans notre chapitre de l'anatomie à l'âge baroque. Et ce, d'autant plus que sa découverte va bouleverser la vision de l'anatomie dans son ensemble puisqu'elle va obliger les anatomistes à considérer les parties en tenant compte de leurs relations entre elles et à redéfinir les rapports entre le tout et les parties. La découverte de la grande circulation du sang va contraindre l'anatomie à renouer avec la connexité. Les parties ne pourront plus jamais être considérées comme isolées, mais au contraire comme reliées entre elles. En outre, par sa découverte, W. Harvey inaugure l'anatomie des grands systèmes, dans laquelle la circulation cardio-vasculaire occupera un grand chapitre. Enfin, grâce à Harvey et ses expérimentations, la philosophie anatomique a participé à une philosophie supérieure qui ne sera jamais démentie puisqu'elle instaure la recherche de la vérité que seules, l'observation et l'expérience peuvent enseigner par l'évidence des sens.

AVANT HARVEY, LES PREMIERS PAS VERS LA DECOUVERTE DE LA CIRCULATION DU SANG

Déjà au 13e siècle, dans ses *Commentaires* relatifs au *Canon* d'Avicenne, Ibn al Nafis avait avancé l'idée d'une petite circulation, c'est-à-dire du passage du sang au niveau pulmonaire. Mais la remise en question du vieux système des mouvements du sang et des esprits n'aura vraiment lieu qu'au 16e siècle. En effet, Michel Serveto (Servet) a, le premier, affirmé l'imperméabilité de la cloison interventriculaire dans le cœur normal et dressé un argumentaire menant à la découverte de la circulation sanguine, plus précisément de la petite circulation pulmonaire. « Cette communication (interventriculaire) ne se fait pas à travers la paroi médiane du cœur comme on le pense communément, mais le sang subtil est produit, après un long détour qui débute dans le ventricule droit du cœur, passe par un long chemin à travers les poumons. Il y est épuré, devient plus clair et passe de la veine artérieuse (l'artère pulmonaire) vers l'artère veineuse. Ainsi le ventricule gauche attire tout ce mélange pendant la diastole pour produire l'esprit vital et l'envoyer dans les artères du corps entier [...]. L'air mélangé avec le sang est envoyé des poumons vers le cœur par l'artère veineuse, le mélange ayant donc lieu dans les poumons. La couleur vive est

[216] S. Nuland, *Les héros de la médecine*, trad. D. Authier, J. Lahana, Paris, Presses de la Renaissance, 1989, p. 135

conférée à l'esprit sanguin par les poumons et non par le cœur. »[217] Mais, en 1553, la fin tragique, sur le bûcher, de Michel Servet, empêchera la diffusion de sa découverte de la petite circulation. Aussi, tout naturellement, quand Realdo Colombo fera la démonstration du système circulatoire cardio-pulmonaire, la primauté de celle-ci lui sera-t-elle attribuée. Ensuite, en 1571, Andrea Cesalpino (1519-1603), élève de Realdo Colombo, émettra l'hypothèse de la continuité des vaisseaux artério-veineux et du retour continuel du même sang dans une partie déterminée du corps. Il développera cette hypothèse dans ses *Quaestionum peripateticarum libri quinque* en précisant « que les artères et les veines finissent en *capillamenta*, qui communiquent entre eux "par des bouches minuscules" dans tout le corps, ce qui fait que, "par ces anastomoses, le sang passe continuellement des artères où il est contenu à haute pression, dans les veines, pour rejoindre finalement le cœur". »[218] En outre, Cesalpino découvrira que les valves du cœur permettent au sang de sortir de celui-ci, en l'empêchant d'emprunter le sens inverse. De plus, dans *Quaestionum medicarum libri duo* (1593), Mirko D.Grmek et R. Bernabeo relèvent sa remarque la plus intéressante : « les veines gonflent en dessous du lacet, ce qui montre bien que le parcours du sang s'effectue de la périphérie au centre et non, comme l'affirment les galénistes, du centre à la périphérie. »[219] Cesalpino commet une grossière erreur dans sa démonstration de la circulation du sang quand il affirme qu'à l'état de veille chez l'animal, « il y a un certain reflux du sang de l'aorte vers le cœur. »[220] Mais, comme le font remarquer Mirko D. Grmek et R. Bernabeo, il est indéniable que Cesalpino a contribué pour une large part « à la connaissance du passage continu des artères aux veines, avec la reconnaissance définitive d'un centre unique, le cœur. »[221] Ne passons pas sous silence non plus l'importance de la découverte, en 1574, des valvules veineuses par Fabrizi d'Acquapendente qui en rend compte ainsi : « J'ai appelé petites portes (ostioles), ou valvules des veines, certaines membranules très ténues, situées dans la cavité interne des veines et particulièrement dans la cavité de celles qui se distribuent aux membres. Elles sont disposées par intervalles, tantôt isolées tantôt jumelées. Leur orifice est tourné vers l'orifice des veines... »[222] Harvey retiendra ce détail de l'anatomie interne des veines exposé par son maître et il

[217] M. Servet, *Christianismi Restitutio*, Vienne, (texte originel en latin), 1553, pp. 169-171

[218] Mirko D. Grmek et R. Bernabeo, *La machine du corps,* pp. 7-36, in Mirko D. Grmek (sous la dir. de), Histoire de la pensée occidentale – tome 2, De la Renaissance aux Lumières, op. cit., p. 20

[219] Ibid.

[220] Ibid., p. 21

[221] Ibid.

[222] P. Berche, *La découverte du corps humain*, pp. 17-114, in A. Kahn, J.-C. Ameisen, P. Berche et Y. Brohard, *Une histoire de la médecine ou le souffle d'Hippocrate*, Paris, Editions La Martinière, 2011, p. 102

réfléchira au rôle des valvules veineuses. Il comprendra alors que « le sens de l'ouverture des valvules détermine le retour du sang veineux de la périphérie vers le cœur. »[223]

LA PHILOSOPHIE ANATOMIQUE DE WILLIAM HARVEY, LES CONDITIONS CONTEXTUELLES ET LES CONSEQUENCES DE SA DECOUVERTE DE LA CIRCULATION DU SANG

Sans conteste, l'exploration du corps humain au 17e siècle est dominée par l'œuvre maîtresse de Harvey, l'*Exercitatio anatomica de motu cordis et sanguinis in animalibus* (Anatomie du mouvement du cœur et du sang chez les animaux), publiée à Francfort en 1628. Une véritable rupture épistémologique se produit quand W. Harvey fait la découverte de la circulation du sang puisqu'il n'est plus question de croire ce que la tradition galénique avait établi. On pensait auparavant que le sang produit par le foie était envoyé vers les poumons et les tissus de l'organisme où il était consommé. On croyait aussi qu'il traversait la cloison médiane poreuse du cœur, du ventricule droit au ventricule gauche, pour se mélanger au pneuma. Si la découverte de la circulation du sang par Harvey a été rendue possible, c'est en partie grâce aux travaux de ses prédécesseurs mais aussi parce que les recherches de W. Harvey se sont inscrites dans un certain contexte philosophique. L'influence de la philosophie sur la médecine, et vice-versa, est encore très marquée au 17e siècle. William Harvey n'est pas insensible à « la spéculation aristotélicienne selon laquelle tous les phénomènes de la vie sont soumis à un mouvement circulaire perpétuel "semblable à celui des sphères célestes" »[224] Aussi va-t-il ébaucher ses premières idées sur le mouvement circulatoire du sang en concevant ce dernier « comme le paradigme de l'analogie entre macrocosme et microcosme. »[225]

W. Harvey est certes un empiriste par nature, comme bon nombre de ses compatriotes, mais il est loin de dédaigner le monde des idées et il expose d'ailleurs très clairement sa position vis-à-vis de la science et de la connaissance en général. « Il n'ya pas de science qui ne dérive d'une idée a priori, et il n'y a pas de connaissance solide et sûre qui ne tire son origine des sens. »[226] Ce qui fait véritablement de W. Harvey un homme de science, c'est qu'il ne se fie qu'à l'expérience, ne croit qu'au phénomène visible

[223] P. Berche, *La découverte du corps humain*, op. cit., p. 102

[224] Mirko D. Grmek et R. Bernabeo, *La machine du corps,* pp. 7-36, in Mirko D. Grmek (sous la dir. de)*, Histoire de la pensée occidentale* – tome 2, *De la Renaissance aux Lumières*, op. cit., p. 21

[225] Ibid.

[226] W. Harvey, *La circulation du sang – Des mouvements du cœur chez l'homme et chez les animaux*, trad. par Charles Richet, op. cit., p. 181

expérimental. Il fait partie de ceux qui ont rompu définitivement avec les théories oiseuses, les dissertations théologiques, métaphysiques, scolastiques. Dans une lettre adressée au Président et aux membres du Collège royal des médecins, figurant dans la préface de son ouvrage sur la circulation du sang, W. Harvey définit clairement sa façon d'appréhender et d'enseigner l'anatomie. Il écrit en effet : « J'avoue que je n'apprends ni n'enseigne l'anatomie à l'aide des livres, mais à l'aide des dissections, non d'après les opinions des philosophes, mais d'après le plan de la nature. (…) »[227]

William Harvey revendique haut et fort son attachement à l'anatomie en qualifiant son traité sur la circulation du sang d'*Exercitatio anatomica.* D'ailleurs Riolan le lui reproche en estimant qu'il pense en anatomiste et qu'il n'est pas un médecin mais un physicien. Ce qui est vrai, c'est que W. Harvey est avant tout avide de connaissances et passionné d'anatomie. Son arme suprême pour répondre à son questionnement demeure bien le bistouri et donc la dissection. D'ailleurs, le point de vue d'Harvey, sur l'intérêt épistémologique des dissections, est clair : « l'anatomie doit être étudiée et enseignée à l'aide, non des lèvres, mais des dissections, non dans les théories des philosophes, mais dans l'examen de la nature. »[228] Mais, indéniablement, l'anatomie "statique" ne constitue que le fondement de son approche anatomique et ne lui est pas suffisante. Aussi, se livre-t-il à de très nombreuses vivisections d'animaux car ce qui l'inspire le plus, c'est l'anatomie animata, à laquelle il vouera d'ailleurs sa vie.

Si Harvey conçoit l'anatomie comme une anatomie animata, c'est parce qu'il s'intéresse principalement à la vie. Ainsi, M. D. Grmek et R. Bernabeo nous expliquent qu'Harvey se concentre « sur deux problèmes liés entre eux : la génération et le maintien de la vie en relation avec le cœur et le sang. »[229] Harvey pousse ainsi loin ses investigations et il a l'idée d'observer ce qui se passe au niveau embryonnaire, ce qui donne une dimension temporelle à son anatomie animata. M. D. Grmek et R. Bernabeo précisent que, « constatant qu'au quatrième jour du développement de l'embryon, apparaît un "point pulsatoire" rempli de sang autour duquel se développent le cœur, les gros vaisseaux, le foie, puis le reste du corps, Harvey soutient, s'opposant ainsi à la doctrine hépatocentrique, que le tissu embryonnaire primaire est le sang, siège de l'âme. »[230] Ainsi, Harvey peut-il en conclure que « l'intégrité du corps

[227] W. Harvey, *La circulation du sang – Des mouvements du cœur chez l'homme et chez les animaux*, trad. par Charles Richet, op. cit., Préface.
[228] Ibid., Dédicace, p. 43
[229] Mirko D. Grmek et R. Bernabeo, *La machine du corps,* pp. 7-36, in Mirko D. Grmek (sous la dir. de)*, Histoire de la pensée occidentale* – tome 2, *De la Renaissance aux Lumières*, op. cit., p. 21
[230] Ibid.

achevé est assurée par le mouvement cardio-circulatoire. »[231] Harvey démontre ainsi que la circulation du sang est au premier plan dans la vision anatomique et fonctionnelle du corps humain.

Avant d'aborder la découverte de Harvey, il est bon de rappeler dans quel contexte propice au développement épistémologique de l'anatomie, Harvey a étudié et évolué. Ainsi, en 1594, William Harvey entre à l'école de médecine de Cambridge, où John Caïus, médecin qui a connu Vésale à Padoue, instaure la pratique de dissections de cadavres de condamnés exécutés. D'emblée donc, Harvey reçoit une formation anatomique théorique et pratique de qualité qui excite sa curiosité. Décidé à parfaire ses connaissances anatomiques, Harvey se rend en 1599 à Padoue où il suit les cours de son maître, le professeur Fabrizi d'Acquapendente (1537-1619). Ce dernier a découvert la petite circulation pulmonaire et Harvey, pour sa part, va étudier les mouvements du cœur et du sang et publier les résultats de son étude à Francfort en 1628 dans un ouvrage intitulé *Etude anatomique du mouvement du cœur et du sang chez les animaux.*

DESCRIPTION PROPREMENT DITE DES DIFFERENTES PHASES DE LA DECOUVERTE DE LA CIRCULATION DU SANG PAR HARVEY

Paul Mazliak nous indique qu' « à la "petite circulation" pulmonaire découverte par son maître Fabrice d'Acquapendente, Harvey va ajouter "une grande circulation générale" du sang, dans tous les organes du corps. Pour parvenir à ses conclusions sur la "grande circulation générale" du sang, Harvey va au préalable commencer son programme personnel de recherche sur le cœur en prenant soin de disséquer soigneusement cet organe. Au cours de cette dissection, il débute par la description du péricarde et continue son étude par celle des structures internes. »[232] Harvey n'oublie pas qu'il a été l'élève du philosophe aristotélicien Cesare Cremonini et quand il réalise des dissections, il ne manque pas de se poser « les questions que lui dictait la philosophie d'Aristote : Quelle forme prenait telle partie de l'organe, pour exprimer quelle fonction, pour servir à quel usage ? »[233] Comme Harvey ne veut pas se limiter à une vision statique de l'anatomie, il complète celle-ci par une vision dynamique qui ne peut être obtenue qu'à partir de vivisections d'animaux. Paul Mazliak nous précise qu'en faisant des vivisections (sur des porcs, sur des chiens), Harvey parvenait parfois à répondre à ces questions et il observait surtout au cours de ses expériences que le cœur n'avait pas un battement régulier comme l'avaient suggéré Aristote et Galien. Ainsi, Harvey « observait une série de

[231] Mirko D. Grmek et R. Bernabeo, *La machine du corps,* pp. 7-36, in Mirko D. Grmek (sous la dir. de)*, Histoire de la pensée occidentale* – tome 2, *De la Renaissance aux Lumières*, op. cit., p. 21
[232] P. Mazliak, *Descartes – De la science universelle à la biologie*, op. cit., p. 108
[233] Ibid.

profondes déformations de l'organe, consistant d'abord en un énergique mouvement d'élévation, qui projetait la pointe du cœur en l'air, frappant la cage thoracique, puis venait secondairement une relaxation totale de l'organe amenant un changement de sa forme sans modification notable de son volume. »[234] Harvey est conscient de la nécessité de remettre en cause les conclusions de ses propres observations, raisonnements, expérimentations, "inventions". En cela, il fait montre d'un véritable esprit scientifique.

Paul Mazliak nous explique qu'afin d'éprouver ses propositions et les conclusions de ses observations et expérimentations, Harvey les soumettait à ses étudiants en les invitant à vérifier la validité de ses hypothèses. Harvey en était donc arrivé à inverser « [...] les termes utilisés par Galien ou Colombo pour désigner les phases du battement cardiaque : là où ses prédécesseurs voyaient une dilatation active (ou diastole), il observait une phase passive de relaxation ; le "relâchement progressif" du cœur de Galien devenait au contraire, pour Harvey, une phase de contraction active (ou systole) »[235], au cours de laquelle "le cœur expulsait le sang qu'il contenait vers les artères". Harvey constate ainsi que pendant la systole, le cœur se vide en se contractant et devient pâle, alors que durant la diastole, les cavités cardiaques se remplissent de sang et le cœur reprend sa coloration.

Harvey formule deux hypothèses ; dans la première, il affirme la circularité du mouvement du sang, après avoir démontré l'inexistence des pores interventriculaires supposés par Galien. Il faut dire qu'il a été aidé en cela par la lecture de la *Fabrica* dans laquelle Vésale explique que « le septum interventriculaire est épais et compact, imperméable au passage du sang du ventricule droit au ventricule gauche, contrairement à l'affirmation de Galien. »[236] Convaincu de la justesse des observations de Vésale, il va être plus facile pour Harvey de se lancer dans les expériences qui lui permettront de démontrer sa première hypothèse. Il pourra alors expliquer : « j'ai reconnu que le sang sortant du cœur est lancé par la contraction du ventricule gauche du cœur dans les artères et dans toutes les parties du corps, comme par la contraction du ventricule droit dans l'artère pulmonaire et dans les poumons. De même, passant par les veines, il revient dans la veine cave et jusque dans l'oreillette droite, et, passant par les veines pulmonaires, il revient dans l'oreillette gauche. »[237] Le cœur se trouve être ainsi le centre de la vie.

Dans sa seconde hypothèse, Harvey complète sa démonstration sur le mouvement du sang et peut ainsi préciser que « le sang pénètre par les artères

---

[234] P. Mazliak, *Descartes – De la science universelle à la biologie*, op. cit., p. 108
[235] Ibid., pp. 108-109
[236] P. Berche, *La découverte du corps humain*, op. cit., p. 100
[237] W. Harvey, *La circulation du sang – Des mouvements du cœur chez l'homme et chez les animaux*, trad. par Charles Richet, op. cit., p. 108

dans toutes les parties du corps et revient par les veines ; les artères partent du cœur pour amener le sang dans le corps ; les veines sont la voie de retour du sang dans le cœur lui-même. Ainsi, aux extrémités du corps le sang passe des artères dans les veines, soit par des anastomoses, soit en s'infiltrant dans les porosités des tissus, comme nous l'avons vu, dans le thorax passer des artères dans les veines. »[238] Harvey est donc bien parvenu à rendre évident que le sang accomplit un circuit par lequel il va du centre à la périphérie et de la périphérie au centre. En 1661, Marcello Malpighi identifiera au microscope ces anastomoses qui forment un réseau de minuscules capillaires dans les poumons, reliant ainsi les artérioles aux veinules. Finalement, cette découverte de Harvey de la circulation du sang à travers le corps représente un évènement marquant puisqu'il préfigure, d'une certaine manière, le concept de l'homme-machine. Il n'est plus question d'admettre l'idée d'un esprit vital poussant le sang dans les vaisseaux. Le cœur est réduit à une simple pompe. Cette étude de la circulation du sang, Harvey n'a pu la mener à bien qu'à la suite d'une longue série d'expérimentations aussi bien sur les animaux que sur l'homme. Patrick Berche nous en révèle les principales conclusions : « Harvey observe que les animaux "inférieurs" dépourvus de poumons, les poissons par exemple, n'ont qu'un seul ventricule qui reçoit le sang provenant des veines pour l'envoyer aux artères. Se tournant vers les fœtus dont les poumons ne fonctionnent pas avant la naissance, il relève que le cœur se comporte comme un unique ventricule, le sang passant continuellement par des communications entre les ventricules, par un trou de la cloison des oreillettes ("trou de Botal") et par le canal artériel qui fait communiquer l'artère pulmonaire et l'aorte. Ces orifices sont obstrués à la naissance, dès que nouveau-né commence à respirer. »[239] Harvey ne peut exposer ses conclusions qu'après avoir jalonné son discours sur l'anatomie fonctionnelle de mesures de temps, de volumes sanguins et donc de débits mais aussi d'expériences décisives. Ses expériences représentent les prémisses de la méthode expérimentale et, en ce sens, elles font vraiment entrer l'anatomie fonctionnelle dans le monde moderne.

Quand Harvey se pose la question « Mais où passe le sang chassé du cœur vers les tissus ? », l'observation directe n'est plus suffisante pour y répondre. Il lui faut maintenant passer aux calculs. P. Berche nous indique les subtils calculs que va entreprendre Harvey et comment, à partir d'eux, il tire des conclusions sur la circulation du sang. « Il estime à deux ou trois onces (une once égale 30 grammes) la quantité de sang contenu dans les ventricules de l'homme. Le cœur se contractant en moyenne 72 fois par minute, il envoie en une heure environ 8640 onces de sang vers les tissus, soit 250 kilos au minimum de sang dans

---

[238] W. Harvey, *La circulation du sang – Des mouvements du cœur chez l'homme et chez les animaux*, trad. par Charles Richet, op. cit., p. 123
[239] P. Berche, *La decouverte du corps humain*, op. cit., p. 102

l'aorte, c'est-à-dire plus que trois fois le poids d'un être humain. En l'absence de circulation, les veines seraient vidées et les artères engorgées jusqu'à la rupture du fait de l'énorme afflux sanguin. C'est impossible. »[240] Indéniablement, sans la mesure et sans le calcul, W. Harvey n'aurait pas pu avoir la confirmation de son hypothèse du retour du sang des tissus, par les veines. Cette première conclusion doit être étayée par un constat objectif. Harvey se doit de démontrer ce retour veineux. Pour y parvenir, il va monter une expérience : « il ligature la veine cave de certains animaux comme des serpents ; le cœur continue à se contracter et se vide complètement en quelques instants. Chez l'homme, il constate en garrottant les membres que le pouls est aboli lorsque le lien est fortement serré ; les veines se gonflent en aval du garrot, si on ne le serre pas trop. Le sang va bien des artères aux veines et non l'inverse. »[241] Par les vivisections sur des animaux et le calcul des quantités de sang, Harvey est parvenu à valider ses deux hypothèses et, par la pose de son garrot sur le bras, il a pu confirmer sa troisième hypothèse, celle qui suppose le retour du sang vers le cœur : « les veines ramènent constamment le sang de chaque membre dans le cœur. » Cette dernière expérimentation associée aux différents mesures et calculs effectués par Harvey, vont lui permettre de clore magistralement son important travail sur la circulation du sang et de rendre incontestables ses résultats.

NOTES FINALES SUR WILLIAM HARVEY

Après avoir passé tant de temps à rendre irréfutables ses hypothèses sur la circulation du sang, W. Harvey devra encore consacrer énormément de temps pour défendre sa découverte, face à ses détracteurs. Il ne pourra donc pas épuiser tous les dossiers d'étude d'anatomie animata ouverts par ses soins. Nous avons d'ailleurs pris le parti d'aborder uniquement la circulation du sang et de délaisser ces autres dossiers d'étude. Nous avions d'ailleurs prévenu les lecteurs au début de cet ouvrage qu'il n'était pas question pour nous d'envisager l'étude de tous les sujets traités en anatomie du 16e siècle au 19e siècle mais que nous préférions nous limiter aux sujets les plus marquants du point de vue de leur intérêt épistémologique et les plus susceptibles d'illustrer les grandes étapes épistémologiques de l'Anatomie durant cette période.

Nous terminerons en rendant un hommage appuyé à William Harvey, cette figure hors du commun, digne représentant des anatomistes-physiologistes du 17e siècle. En effet, W. Harvey était doté à la fois d'une grande curiosité intellectuelle et d'un esprit critique aigu, conscient de l'immensité des territoires de la connaissance encore inexplorés. De plus, il était d'une grande humilité qui nous est révélée dans la dédicace de son ouvrage sur la circulation du

[240] P. Berche, *La decouverte du corps humain*, op. cit., p. 104
[241] Ibid.

sang : « presque tous les philosophes reconnaissent que ce que nous savons est une petite part de ce que nous ignorons. »[242]

1-3-5 – L'anatomie microscopique et l'avènement du microstructuralisme au 17e siècle

LES CONDITIONS DE L'AVENEMENT DE L'ANATOMIE MICROSCOPIQUE ET DU MICROSTRUCTURALISME

Au cours de la seconde moitié du 17e siècle, parmi les conditions qui favorisent la naissance de l'anatomie microscopique et l'avènement du microstructuralisme, il y a l'avancement et l'amélioration de la qualité de la connaissance macroscopique du corps humain. En effet, les phases ultimes de description et de classification touchent presque à leur fin et le regard des anatomistes est donc plus disponible pour se tourner vers l'anatomie microscopique. De plus, les progrès techniques représentent des conditions favorables pour les recherches microscopiques. Ainsi, comme la mise en évidence de la composition de la matière vivante passe par des procédés de séparation physique — dissection, ébullition, dessication, déchirement, macération — les anatomistes vont chercher à se familiariser avec ces techniques et, par conséquent, ils vont aiguiser leur pouvoir discriminant au niveau des structures. Bien sûr, les techniques utilisées ne sont pas toujours efficaces pour mettre en évidence certaines structures anatomiques. Néanmoins, après bien des essais ou grâce à de nouvelles techniques, les anatomistes finiront par y parvenir. Par exemple, pour la mise en évidence du réseau endovasculaire, des essais d'amélioration de la méthode d'injection d'encre ou de mercure, à l'intérieur de ce réseau, seront menés, mais ils s'avèreront infructueux.

Il faudra attendre 1667 pour que Jan Swammerdam réussisse à rendre visible l'arbre vasculaire de l'appareil génital féminin à l'aide de la cire blanche. Par ce procédé, il est désormais possible d'obtenir, à partir des préparations, une analyse immédiate et d'assurer des démonstrations didactiques ultérieures. Frederijk Ruysch va exceller dans cet art ; à partir de cire conditionnée de cinabre, de colophane et de suif, il dilue cette mixture à l'aide d'alcool et de térébenthine avant de l'injecter. L'injection de ce type de mixture dans le réseau vasculaire lui permettra de faire plusieurs découvertes. Ruysch découvre les valvules des vaisseaux lymphatiques, il montre que ce ne sont pas les artères pulmonaires, mais les artères bronchiques qui assurent la nutrition des poumons. Il met en évidence le corpuscule rénal qu'il assimile à une pelote de vaisseaux minuscules. De nouvelles techniques de dissection et de teinture vont

---

[242] W. Harvey, *La circulation du sang – Des mouvements du cœur chez l'homme et chez les animaux*, trad. par Charles Richet, op. cit., *Dédicace*, p. 42

faciliter des expérimentations sur les microstructures. Les anatomistes s'intéressent donc de plus en plus au microstructuralisme.
Ils vont aussi se tourner de plus en plus vers l'anatomie microscopique. Parmi les conditions de l'avènement de l'anatomie microscopique et du microstructuralisme figure aussi le fait que les anatomistes ne sont pas insensibles à la façon de voir de Descartes et de Malebranche. En effet, pour ces deux philosophes, « voir, c'était percevoir (et jusque sous les espèces les plus concrètes de l'expérience : pratique de l'anatomie chez Descartes, observations microscopiques chez Malebranche) »[243] Alors, tout naturellement, les anatomistes vont considérer le microscope comme un instrument indispensable à leurs observations, autorisant l'approfondissement des concepts anatomiques et ce sera la naissance de l'anatomie microscopique. D'ailleurs, dès la première moitié du 17e siècle, Galilée, dans une lettre adressée à Federico Cesi le 23 septembre 1624, vantait cet instrument révolutionnaire permettant « de voir de près les plus petites choses. » En réalité, c'est dès le début du 17e siècle, en 1604, que le Hollandais Zacharias Jansen a mis au point un microscope, ouvrant ainsi aux anatomistes un nouveau champ d'exploration. Ensuite, dans les années 1660, naît un véritable souffle d'enthousiasme et de passion pour la micrographie qui entraîne avec lui de nombreux anatomistes. De nombreuses publications en apportent la preuve : le *De pulmonibus* (1661) de Malpighi, l'*Exercitatio anatomica de structura et usu renum* (1662) de Bellini, le *De musculis et glandulis specimen* (1664) de Sténon, le *De cerebri anatome* (1664) de Willis, le *De structura viscerum* (1667) de Malpighi.[244] En 1656, Pierre Borel, naturaliste-micrographe, annonce d'ailleurs la possibilité, grâce au microscope, de voir que « le cœur, les reins, les testicules, le foie, les poumons et les autres parenchymes du corps sont des amas d'organules et de fibres ». Indéniablement aussi, de nouveaux programmes de recherche vont voir le jour sous l'influence de la philosophie mécanique. Après avoir imaginé la présence dans le corps de "machines minuscules et invisibles" toujours en mouvement, les iatrophysiciens vont s'évertuer à étudier cette micro-machinerie. Finalement, un même élan anime les iatrophysiciens et les anatomistes-microscopistes. En fait, M. D. Grmek et R. Bernabeo le montrent, il existe un « lien historique étroit entre le développement de la doctrine iatromécanique et le début des recherches biostructurales microscopiques. »[245] Ces auteurs nous en expliquent la raison : « l'idée fondamentale de l'iatrophysique est en effet la réduction des fonctions vitales des organes à un assemblage complexe et bien réglé de machines minuscules. L'homogénéité de certains organes parenchymateux, de

[243] M. Foucault, *Naissance de la clinique,* Paris, Editions PUF, 2003, préface, p. XIII
[244] M. D. Grmek, *La notion de fibre vivante chez les médecins de l'école iatrophysique*, Clio Medica, 5 (1970), p. 304
[245] M. D. Grmek et R. Bernabeo, *La machine du corps,* pp. 7-36, in M. D. Grmek (sous la dir. de), *Histoire de la pensée médicale en Occident*, tome 2, *De la Renaissance aux Lumières*, op. cit., p. 29

la chair elle-même, n'est qu'apparente. Or, la même idée a guidé les premières recherches d'anatomie microscopique. Si les iatrophysiciens cherchent intellectuellement à décomposer la machine corporelle, les microscopistes s'efforcent de rendre visible sa composition. »[246] Malpighi aura à cœur de systématiser à la fois l'approche microscopique et la démarche iatrophysique. Il les mettra toutes les deux au service de ses recherches anatomiques.
En outre, l'avènement de l'anatomie microscopique et du microstructuralisme est aussi facilité par l'adoption par bon nombre d'anatomistes, entre autres Malpighi et Borelli, de la "libre philosophie de Démocrite". La promotion de l'atomisme classique est active et nous en voulons pour preuve l'intitulé de l'ouvrage de Marco Aurelio Severino (1580-1656) *Zootomia Democritea idest Anatome generalis totius animatium opificii*, (ouvrage édité en 1645). M. D. Grmek et R. Bernabeo nous expliquent que Severino « propose de remplacer la *dissectio*, procédé grossier, par la *resolutio ad minutum*, décomposition du corps en ses éléments véritables, procédé délicat semblable au démontage d'une horloge. »[247] Le but recherché est de parvenir, lors de cette analyse, en l'affinant de plus en plus, à des indivisibles ou éléments. François Duchesneau a ainsi raison d'écrire : « l'horloge vivante doit ainsi, par la réitération extrême de l'analyse, dévoiler ses rouages intimes et permettre d'interpréter les processus s'y déroulant suivant des modèles analogues à ceux qui rendent compte des phénomènes mécaniques et physiques *more geometrico.* »[248] Quand F. Ducchesneau s'exprime au sujet de la modélisation micromécaniciste de Malpighi, il fait remarquer que « d'emblée, la tradition qui se forme sera anti-aristotélicienne et anti-galéniste, même lorsqu'elle annexera des découvertes et des doctrines comme celle de Harvey. »[249] M. D. Grmek et R. Bernabeo remarquent aussi combien « dans son vaste programme de recherche sur la nature vivante, Malpighi combine heureusement l'"anatomie artificielle et subtile", c'est-à-dire la division des tissus obtenue par de nombreux artifices techniques, avec l'observation microscopique. »[250]

---

[246] M. D. Grmek et R. Bernabeo, *La machine du corps,* pp. 7-36, in M. D. Grmek (sous la dir. de), *Histoire de la pensée médicale en Occident*, tome 2, *De la Renaissance aux Lumières*, op. cit., p. 29

[247] Ibid.

[248] F. Duchesneau, *Les modèles du vivant de Descartes à Leibniz*, op. cit., p. 197

[249] Ibid.

[250] M. D. Grmek et R. Bernabeo, *La machine du corps,* pp. 7-36, in M. D. Grmek (sous la dir. de), *Histoire de la pensée médicale en Occident*, tome 2, *De la Renaissance aux Lumières*, op. cit., p. 29

LE MICROSTRUCTURALISME ET SES PRINCIPAUX PROTAGONISTES

Parmi les principaux protagonistes du microstructuralisme qui adhèrent au mécanisme dominant figurent les Italiens Giovanni Alfonso Borelli (1608-1679), Marcello Malpighi (1628-1694), Lorenzo Bellini (1643-1704), Giovanni Domenico Guglielmini (1655-1710) et le Danois Nicolas Sténon (1638-1686). Il faut ajouter à ce groupe de savants le principal physiologiste du début du 18e siècle, Hermann Boerhaave (1668-1738), professeur à Leyde. Néanmoins, comme l'écrit François Duchesneau, « le microstructuralisme ne saurait toutefois être réduit à une doctrine rigidement mécaniste. »[251] F. Duchesneau s'applique à répertorier un certain nombre de grands anatomistes tout en soulignant leurs angles d'approche différents du microstructuralisme et en saisissant toutes les nuances de leurs inspirations. Il passe d'abord en revue les chercheurs qu'il loge à la même enseigne, c'est-à-dire ceux « dont les modèles théoriques englobent des notions irréductibles à la stricte intelligibilité des concepts géométrico-mécanistes. »[252] F. Duchesneau pense fortement à l'Ecole anglaise et il précise d'ailleurs que « cela s'applique particulièrement aux principes physiologiques anglais, qui ou bien s'inscrivent dans la tradition inaugurée par l'aristotélicien Harvey, ou bien se laissent inspirer par des conceptions chimiques et helmontiennes, ou bien développent des concepts originaux à connotation "vitaliste" : Francis Glisson (1597-1677), William Croone (1633-1684) et Thomas Willis (1612-1675) offrent à maints égards des théories stylistiquement composites et difficiles à interpréter, alors même qu'ils adhèrent au programme de recherche microstructuraliste. »[253] F. Duchesneau n'oublie pas le Français Claude Perrault (1608-1680), auquel il reconnaît « une adhésion méthodologique au microstructuralisme, alors même qu'il professe une théorie du principe vital qui préfigure l'animisme. »[254] F. Duchesneau ne néglige pas non plus l'iatromécaniste Giorgio Baglivi (1669-1706) qui se situe à la fin du 17e siècle, auquel il réserve une place à part, et « dont la théorie fibrillaire intègre des schèmes dynamistes qui impliquent le dépassement de tout mécanisme géométrique strictement compris. »[255] Finalement, l'examen de tous ces modèles théoriques fait dire à F. Duchesneau que « le virage qui s'amorce alors dans le programme microstructuraliste, ouvre à l'analyse le champ des propriétés vitales inhérentes aux structures élémentaires. »[256]

---

[251] F. Duchesneau, *Les modèles du vivant de Descartes à Leibniz*, op. cit., p. 184
[252] Ibid.
[253] Ibid., pp. 184-185
[254] Ibid., p. 185
[255] Ibid.
[256] Ibid.

D'une certaine façon, l'œuvre de Glisson (1597-1671) va avoir un impact considérable sur l'expansion de l'anatomie subtile. Glisson parviendra à mettre en valeur l'anatomie subtile en étudiant non seulement les propriétés dynamiques des organes mais aussi celles des fibres. Au niveau épistémologique, le modèle glissonien précède la révolution microscopique. Puisque, dans « le *Tractatus de ventriculo et intestinis* (1677), Glisson attribue à la fibre, structure élémentaire de l'organisme, des facultés naturelles de perception, d'appétit et de motilité qui la rendent apte à éprouver des processus d'irritation et de réactivité vitale »[257], Glisson prend ici ses distances avec la philosophie "mécaniste", tout en gardant le sens de la fragmentation de celle-ci. En effet, comme nous l'indique F. Duchesneau, « ces déterminations non mécaniques s'accompliraient toutefois suivant l'économie des microparties intégrées. Ainsi s'expliquerait le fait que par paliers successifs d'intégration, l'irritabilité fibrillaire se composerait en systèmes organiques de plus en plus complexes jusqu'à produire, par combinatoire de microprocessus, les activités physiologiques de niveau supérieur, y compris celles que l'on associe aux fonctions sensitivo-motrices. »[258] Glisson va continuer ses recherches sur les facultés naturelles de la fibre en s'intéressant aux organes de la digestion. C'est alors seulement qu'il « va étendre à toutes les fibres une capacité élémentaire de perception, d'appétit et de mouvement, constituant l'irritabilité naturelle, premier stade dans la complexification hiérarchique de cette fonction primordiale du vivant. »[259] C'est ainsi que, « déployant de plus en plus les ressources de l'observation microscopique, l'anatomie subtile construit la représentation de structures élémentaires, substrats des propriétés vitales dont l'intégration combinatoire constituerait l'organisme et ses fonctions intégratives. »[260] Ce qui est remarquable, c'est ce que nous précise F. Duchesneau : « le modèle glissonien précède épistémologiquement, sinon chronologiquement, la révolution du microscope, mais son impact s'exercera dans la phase même d'expansion de l'anatomie subtile. »[261] Toute l'originalité de Glisson réside aussi dans son net penchant à combiner, comme l'indique F. Duchesneau, "la spéculation théorique" aux "méthodologies d'observation anatomique et physiologique". C'est ainsi, nous explique F. Duchesneau, que « dans la synthèse qu'il propose, il recourt volontiers à des schèmes et à des concepts empruntés à l'aristotélisme, à l'hylozoïsme matérialiste, voire à la tradition spéculative issue de Paracelse et de Van Helmont. Dans *l'Anatomia hepatis* (1654), le premier des trois traités marquant le développement de ses

[257] F. Duchesneau, *Les modèles du vivant de Descartes à Leibniz*, op. cit., p. 379
[258] Ibid.
[259] Ibid., p. 188
[260] Ibid., p. 379
[261] Ibid.

vues microfonctionnalistes, Glisson amorce une démarche décentralisatrice, conforme à l'esprit du microstructuralisme. »[262] Glisson base tout son système fonctionnel en se référant à une unité anatomique élémentaire, la fibre. Il lui apparaît alors logique de considérer la fibre comme la structure de base de la plus grande partie du corps et d'en déduire que la force et l'activité du tout en dépendent. Comme nous l'explique F. Duchesneau, Glisson présente « la théorie de l'irritabilité proprement dite [...] comme la seule hypothèse susceptible de satisfaire à la condition particulière des mouvements vitaux. Les variétés et les intermittences rythmiques affectant les actions qui se déroulent dans l'organisme, ne sauraient s'expliquer si l'on ne présumait d'une perception et d'un appétit s'exerçant dans et sur la fibre pour y produire le mouvement. La perception commande d'ailleurs l'admission de l'appétit et du mouvement comme propriétés organiques. Mais l'articulation centrale de la thèse tient à la distinction des trois formes de la perception en tant que celle-ci définit l'essence de l'activité fibrillaire. La perception peut être : ① simplement naturelle, ou ② sensitive (par conjonction avec le sensus), ou encore ③ régie par l'appétit animal. »[263] Glisson assume son approche complexe de la perception en nous livrant ses différentes variantes qui constituent une typologie particulière, « reflétant la complication progressive des conditions structurales et fonctionnelles. »[264] F. Duchesneau nous expose les différents types de perception désignés par Glisson : « dans le premier cas, la fibre perçoit directement l'altération qu'elle subit et, suivant l'agrément ou le désagrément qu'elle en éprouve, elle est affectée de propension positive ou négative, d'où l'incitation à un mouvement adapté. Dans le deuxième cas, la perception remarque l'altération subie par l'organe externe du sens, elle se porte à un objet et détermine un mouvement en conformité de cette impression. Dans le troisième cas, le processus implique une transmission de détermination motrice à partir du cerveau suivant les fins d'une volition interne. »[265] L'anatomie subtile de Glisson n'est pas uniquement d'inspiration anatomique et structurale, elle revêt aussi une vraie dimension fonctionnelle. Aussi, F. Duchesneau peut-il écrire : « A l'appui de cette activité générale de perception, s'exerçant suivant des modalités diverses et de complication graduée, Glisson fait intervenir une argumentation fondée sur "la structure, les actions et la fonction des fibres."[266]»[267] Glisson prend le soin de montrer l'existence de lois qui affectent certains phénomènes. C'est le cas, par exemple, de la loi d'alternance dont parle

---

[262] F. Duchesneau, *Les modèles du vivant de Descartes à Leibniz*, op. cit., pp. 185-186
[263] cf. Glisson, *Tractatus*, VII, § 1, 169, cité dans F. Duchesneau, *Les modèles du vivant de Descartes à Leibniz*, op. cit., p. 190
[264] F. Duchesneau, *Les modèles du vivant de Descartes à Leibniz*, op.cit., p. 190
[265] Ibid., pp. 190-191
[266] Glisson, *Tractatus*, VII, § 2, 169, cité dans F. Duchesneau, *Les modèles du vivant de Descartes à Leibniz*, op. cit., p. 191
[267] F. Duchesneau, *Les modèles du vivant de Descartes à Leibniz*, op.cit., p. 191

F. Duchesneau : « Il (Glisson) souligne les alternances de tension et de relaxation qui affectent les fibres dans la veille et le sommeil, voire dans les mouvements "perpétuels" des organes de la circulation et de la respiration. La même loi d'alternance s'applique aux fibres des muscles antagonistes. Au niveau fibrillaire, un tel type d'action n'est possible que moyennant une perception de quelque cause irritante qui incite au mouvement fonctionnel. Sans une telle perception, la situation serait comparable à l'effort dépensé en pure perte dans le discours adressé au sourd ou dans la tentative de ressusciter un mort. Les fibres sont donc des microparties dotées de perception, sorte de sensibilité sans conscience. »[268] Glisson est un remarquable théoricien mais quand il émet sa théorie de l'irritabilité, il ne rechigne pas à faire des expériences, par exemple de décérébration, pour étudier l'irritabilité à partir de différents phénomènes. Dans son anatomie subtile, Glisson exploite jusqu'à l'extrême la notion anatomique des parties mais ceci ne l'empêche pas d'intégrer ces parties dans un tout et d'aborder ainsi l'anatomie sous l'angle de la complexité. Il met en place un système d'intégration à partir d'une propriété fonctionnelle simple, l'irritabilité. Chez Glisson, l'irritabilité occupe une place centrale dans l'explication des phénomènes. F. Duchesneau nous dévoile les points principaux exposés par Glisson qui permettent de l'affirmer et de suivre son raisonnement. « L'irritation relève d'une telle perception s'accomplissant dans la fibre même ; à un palier supérieur d'intégration, cette perception est relayée par l'intermédiaire d'un réseau nerveux et cérébral sous-tendant l'exercice de l'appétit animal et elle implique l'impression sensible proprement dite (sensatio). Mais, selon le point de vue glissonien, le niveau de base est celui où se détermine l'essence du phénomène. En témoigne le passage remarquable où l'irritabilité fibrillaire est identifiée à partir de phénomènes typiques : pulsation cardiaque, mouvements musculaires d'animaux décérébrés, contraction du cœur et des intestins excisés. Dans le même passage, l'irritabilité se trouve rattachée à une perception naturelle inférieure à la sensation consciente. La propriété fonctionnelle d'irritabilité, fondée sur la perception naturelle, l'appétit et le mouvement corrélatif, se manifeste de façon caractéristique dans les fibres musculaires considérées à l'état décentralisé, lorsque leur connexion aux organes supérieurs de sensibilité et de détermination motrice est absente ou rompue. »[269] F. Duchesneau nous explique combien, avec Glisson, la caractérisation phénoménale des propriétés fibrillaires annonce déjà le concept d'irritabilité de Haller. Mais, F. Duchesneau ajoute néanmoins une nuance de taille : « la particularité glissonienne tient toutefois à la postulation de raisons explicatives liant la contraction vitale fibrillaire à une causalité de type psychique se manifestant à l'intérieur même de la matière

[268] Glisson, *Tractatus*, VII, § 2, 170, cité dans F. Duchesneau, *Les modèles du vivant de Descartes à Leibniz*, op. cit., p. 191

[269] F. Duchesneau, *Les modèles du vivant de Descartes à Leibniz*, op.cit., p. 191

organisée et de ses dispositifs structuraux élémentaires. »[270] Manifestement, Glisson reste d'une certaine façon fidèle au mécanisme de Descartes tout en suivant une démarche aristotélicienne. Et la conjonction de ces deux influences confère à sa vision théorique de l'anatomo-physiologie une forme particulière. Glisson parvient à concilier une vision réductionniste des phénomènes avec une vision intégrative de ceux-ci. Et, en ce sens, en définissant des niveaux d'organisation, il instaure une hiérarchie de plusieurs niveaux d'organisation dont les deux plus simples sont le niveau d'intégration des parties et celui du tout. En passant d'un niveau à un autre, Glisson nous montre à quel point il attache de l'importance à l'intégration et édifie ainsi, d'une certaine manière, une "architecture de complexité". F. Duchesneau parvient à faire une analyse magistrale de la façon dont « Glisson s'intéresse particulièrement à la transformation de la perception naturelle des éléments en perception sensible impliquant par intégration successive les sens externes, le sens interne et la phantaisie (*sensus communis*). A cette occasion, il utilise divers schèmes aristotéliciens auxquels il prête une signification néo-mécaniste. Cet aspect de la théorie est révélateur de la façon dont Glisson conçoit l'intégration des fonctions complexes à partir des propriétés physiologiques de la fibre irritable. »[271]

Si l'on se réfère à la physiologie des glandes expliquée par Glisson, il est aisé de se rendre compte combien là aussi le questionnement de Glisson tourne autour de la structure fibrillaire et combien elle joue un rôle central, elle est le support de ses explications fonctionnelles. Glisson «[...] s'intéresse particulièrement à la physiologie des glandes : il repère que l'action de ces organes sécrétoires semble résulter d'une forme d'irritation provoquée par la résistance au flux normal des liquides dans les réseaux tant vasculaires que lymphatiques et nerveux, ces deux derniers réseaux étant intimement liés. »[272] Sans l'ordonnancement de son anatomie subtile, Glisson n'aurait pas pu émettre ses idées sur les différents courants fluides auxquels il attribue des propriétés. F. Duchesneau nous dévoile l'essentiel de ses idées : « Dans l'organisme développé, Glisson fait jouer un rôle déterminant au suc nourricier contenu dans les nerfs et produit à partir de la lymphe, qui assurerait la nutrition des parties. De la périphérie au centre cérébral et de celui-ci à la périphérie, se produisent divers flux d'esprits animaux et de suc nourricier : cette coexistence de plusieurs courants fluides est rendue possible par la structure fibrillaire composée de conduits nerveux. Par ailleurs, l'analyse postule un certain tonus attribué aux nerfs : ce tonus s'actualiserait dans des rapports d'action et de réaction sous l'effet des esprits animaux et déclencherait les phénomènes de la

[270] F. Duchesneau, *Les modèles du vivant de Descartes à Leibniz*, op.cit., p. 192
[271] Ibid.
[272] Ibid., p. 186

sensibilité et de la motricité. »[273] F. Duchesneau montre bien que pour Glisson « le micro-dispositif physiologique par excellence est celui de l'irritation qui s'exerce dans toutes les structures vasculo-fibrillaires. »[274] Glisson considère que cette irritation, « caractérisée par un effet de contraction analogue à la systole cardiaque, et provoquant une expulsion de fluide, se produit de trois manières : par la plénitude des conduits, par l'âcreté des particules, ou par la "vigoration" des nerfs eux-mêmes, c'est-à-dire par une réactivité constitutive que manifeste le "tonus" des fibres. »[275] Pour Glisson, ce sont les conditions mécaniques ou chimiques qui déclenchent les effets vitaux de la vigoration. Mais, comme nous le fait remarquer F. Duchesneau, « ces conditions matérielles sollicitent une activité vitale qui s'actualise suivant une triple causalité immanente, définie : ① comme perception ou sensation, ② comme appétit et ③ comme mouvement musculaire. »[276] F. Duchesneau nous indique enfin qu'aux chapitres 44 et 45 de l'*Anatomia,* il est mentionné clairement « que toute irritation suppose cette triple causalité et corrélativement la structure d'un réseau nerveux fait de canaux, de fibrilles et d'esprits animaux. »[277] Glisson part des fibres et des autres parties élémentaires pour remonter aux niveaux plus élevés et en arriver, au sommet, à l'activité sensitivo-motrice associée à l'intellect et à la volition, cette activité représentant le degré d'intégration le plus élevé. Ce qui est remarquable dans la théorie de Glisson, c'est que, « même si l'organisme apparaît comme la résultante de ses microparties intégrées », en aucun cas, « l'action des fibres les unes sur les autres par voie d'irritation ne saurait obéir à des déterminations mécaniques. »[278] Les mouvements spécifiques au système fibrillaire entrent dans un dessein fonctionnel plus ample propre aux niveaux supérieurs de la sensibilité et s'inscrivent donc dans un cadre fonctionnel plus complexe.

ALFONSO BORELLI (1608-1679), LA TRADITION IATROMECANISTE ET LES FONDEMENTS DU MICROSTRUCTURALISME

Borelli est un représentant reconnu de la tradition iatromécaniste et son traité *De motu animalium* dont la publication (1680-1681) aura lieu à Rome, après sa mort, en reflète le caractère paradigmatique. En même temps, il lance les bases du microstructuralisme et ceci ressort de l'examen de son premier ouvrage biomédical publié en 1649, *Delle cagioni delle febbri maligne della sicilia negli anni 1647 e 1648.* Quand il examine le fonctionnement de la machine corporelle, Borelli s'appuie sur les lois de la physique et postule la présence

[273] F. Duchesneau, *Les modèles du vivant de Descartes à Leibniz*, op.cit., p. 186
[274] Ibid.
[275] Ibid.
[276] Ibid., pp. 186-187
[277] Ibid., p. 187
[278] Ibid., p. 208

dans les muscles d'un "élément contractile" mais il considère néanmoins que la contraction est déclenchée par des processus semblables à la fermentation chimique. Borelli, digne représentant de l'esprit baroque, s'intéresse bien sûr au mouvement, et plus particulièrement au mouvement organique. Il conçoit l'empire de ce mouvement « bien au-delà des limites de la circulation sanguine mise en évidence par Harvey. »[279] Selon Borelli, « l'impulsion transmise au sang par la systole cardiaque et qui détermine les pulsations des artères, aboutirait à la sécrétion par les pores des extrémités artérielles d'innombrables particules contenues dans le sang : celles-ci s'insinueraient dans les parties organiques de façon à y remplacer les particules éliminées entre autres par la transpiration. »[280] Reprenant et traduisant les commentaires de Malpighi sur Borelli, F. Duchesneau nous explique que de telles particules « en viennent par un artifice merveilleux à conserver ce flux et reflux de parties, autrement dit ce mouvement, en quoi consistent la conservation et la vie de l'animal. »[281] Borelli distingue alors l'état de santé, de l'état de maladie et F. Duchesneau nous rappelle comment Borelli caractérise chacun de ces états : « dans l'état de santé, "doivent se conserver la corrélation spatiale habituelle, la structure de la composition de toutes les parties concernées, telles qu'ordonnées par la nature"[282] ; dans l'état de maladie, cette organisation ne peut se produire. »[283] Avec Borelli, la pathologie est un processus qui aboutit à la dégradation des structures et F. Duchesneau nous rappelle que « contre la pathologie humorale d'inspiration galénique, Borelli fait valoir que toutes les affections sont réductibles à des altérations particulières des mouvements organiques et des dispositifs structuraux où ils s'exercent. »[284] Borelli s'applique donc à mettre en place un programme microstructuraliste qu'il justifie par « les opérations naturelles, telles que sont la concoction, la maturation, la nutrition et la séparation des matières excrémentielles, s'exerçant dans l'animal au moyen de mouvement des esprits, des humeurs et des parties solides réduites en parcelles très petites ».[285] Borelli est le porteur d'une nouvelle méthode dont il est fier. Les grandes lignes de cette méthode, ainsi que son objectif, nous sont exposés par F. Duchesneau : « elle consiste dans l'analyse micromécaniste des processus physiologiques en termes de dispositifs matériels adéquats à la production des effets qu'il s'agit d'expliquer. Il faut donc mettre au jour de telles petites machines qui puissent servir de supports aux mouvements organiques auxquels

---

279 F. Duchesneau, *Les modèles du vivant de Descartes à Leibniz*, op.cit., p. 198
280 Ibid.
281 M. Malpighi, *Opere scelte*, 18, cité dans F. Duchesneau, *Les modèles du vivant de Descartes à Leibniz*, op.cit., p. 198
282 Ibid.
283 F. Duchesneau, *Les modèles du vivant de Descartes à Leibniz*, op.cit., p. 198
284 Ibid.
285 M. Malpighi, *Opere scelte*, 19, cité dans F. Duchesneau, *Les modèles du vivant de Descartes à Leibniz*, op.cit., p. 198

il convient de réduire les fonctions physiologiques même les plus complexes. Tel est l'objectif principal que Borelli fixe à ses disciples, les futurs chefs de file du mouvement iatromécaniste. »[286]
Borelli est parvenu à concilier la tradition iatromécaniste avec son programme microstructuraliste.

MARCELLO MALPIGHI (1628-1694), L'ANATOMIE VUE SOUS L'ANGLE MICROSTRUCTURALISTE

A l'évidence, Marcello Malpighi est à la fois un iatrophysicien et un microstructuraliste. D'une part, c'est un iatrophysicien dans l'âme puisqu'il défend avec fougue le modèle du vivant des philosophes "mécanistes". Ce soutien inconditionnel aux théories mécanistes est facilement décelable, comme l'indique F. Duchesneau, quand on analyse ce qu' écrit Malpighi au sujet des machines de notre corps dans un passage de la *Riposta del Dottor Marcello Malpighi alla lettera intitolata De recentiorum medicorum studio dissertatio epistolaris ad amicum* : « [...] celles-ci sont composées de fils, de filaments, de solives, de leviers, de toiles, de fluides stagnants, de citernes, de canaux, de filtres, de cribles et d'autres machines semblables. »[287] En associant l'anatomie, la physique et la mécanique pour examiner les parties, Malpighi crée de nouveaux modèles de recherche et approfondit la connaissance de la structure et de la fonction de chaque partie. Par là même, ces modèles « lui permettent de rendre visible la causalité de tels effets et d'en rendre raison a priori. Sur la base de cette séquence, en se servant des moyens du raisonnement, et en concevant la façon d'opérer de la nature, il fonde la physiologie et la pathologie, et par suite l'art de la médecine. »[288] D'autre part, Malpighi est un adepte de l'observation microscopique et du microstructuralisme. La *mentalita micrologico-strutturistica* de Malpighi « est responsable d'une conception en quelque sorte décentralisée de l'organisme vivant : l'organisme serait composé de petites machines dotées de structures et de propriétés spécifiques ; et seule la combinaison intégrée de ces éléments, que l'analyse anatomique et physiologique est appelée à déployer, permettrait d'expliquer le vivant complexe dans l'exercice de ses fonctions globales. »[289] Malpighi s'affaire donc à faire des travaux sur des petites structures et à étudier ainsi la structure du foie, de la peau, des poumons, de la rate, des glandes et du cerveau. Il réalise ses expérimentations sur les microstructures en adoptant de nouvelles techniques de dissection et de teinture. Malpighi ne se borne pas à tirer partie de la microscopie pour effectuer ses analyses, il se sert aussi de l'anatomie comparée. En associant deux moyens, Malpighi peut ainsi comparer de façon analogique

[286] F. Duchesneau, *Les modèles du vivant de Descartes à Leibniz*, op.cit., p. 199
[287] Ibid., p. 202
[288] Ibid.
[289] Ibid., p. 183

les classes d'organisations vivantes. Membre de la Royal Society, ses observations y furent publiées dans les *Philosophical Transactions*. Comme l'explique F. Duchesneau, la méthodologie mise en œuvre par Malpighi dans ses recherches a des implications épistémologiques. Alors que Descartes rend compte des fonctions globales en s'appuyant sur des modèles analogiques et en partant d'une méthodologie mécaniste, la méthodologie de Malpighi, nous dit F. Duchesneau, « [...] est analytique et se définit comme restreinte à la corrélation des données observables. » F. Duchesneau en énonce les principales caractéristiques : « ① le recours au microscope suivant diverses conditions d'éclairage et d'agrandissement ; ② l'usage des techniques de préparation susceptibles de servir l'objectif d'une dissection ultrafine ; et ③ la promotion du "microscope de la nature" : entendons par là l'observation de microstructures que l'on peut réaliser en choisissant pour leurs caractéristiques d'agrandissement naturel des organes spécifiques appartenant à des espèces végétales ou animales particulières et en en poursuivant l'analyse dans des conditions normales ou pathologiques ; par la suite, à partir de cet ectype paradigmatique, l'inférence peut se développer en direction des structures et processus analogues considérés à des échelles différentes, voire dans des contextes de plus grande complexité et par suite de moindre évidence. »[290]

Avec Malpighi, la notion de "microscope de la nature" va prendre un essor considérable et les textes de ses contemporains attestent de son développement. Malpighi a le mérite d'avoir offert à la communauté des anatomistes de son époque un nouveau regard sur le corps, en leur ayant fait découvrir un nouvel univers, l'univers de l'anatomie microscopique. Il a, en outre, permis l'ouverture d'un impressionnant catalogue d'observations microscopiques et c'est d'ailleurs avec son ouvrage paru en 1659, *De viscerum structura*, que l'anatomie microscopique a véritablement vu le jour.

1-4 – Réflexions finales sur l'anatomie durant la période baroque

L'OUVERTURE DE L'ANATOMIE A D'AUTRES FOYERS DE RECHERCHE EPISTEMOLOGIQUE

Durant la période des 16e et 17e siècles, l'anatomie s'est détachée de la vision médiévale du monde. Elle n'a voulu s'aliéner ni à la philosophie aristotélicienne, ni à la théologie chrétienne.
D'une manière générale, la curiosité a caractérisé les hommes de la Renaissance et ils l'ont même considérée comme une qualité. Nous en avons pour preuve la fréquence de l'emploi du terme "curieux" dans divers discours sur des thèmes

[290] F. Duchesneau, *Les modèles du vivant de Descartes à Leibniz*, op.cit., p. 200

de nature totalement différente et le fait que, comme l'écrit Jean Céard, « la curiosité tend à cesser de n'être que le fait du curieux, pour devenir le nom générique des objets qui suscitent la curiosité, si bien que le mot s'emploie volontiers au pluriel. »[291] Pour preuve aussi la constitution par Giambattista della Porta (1535-1615), avec ses amis, de l'*Accademia curiosorum hominum*[292]. Au 17e siècle ce grand mouvement de curiosité ne s'essouffle pas, bien au contraire, et la curiosité devient une vertu. C'est ce qui apparaît par exemple, quand Gaspar Schott, auteur d'une *Physica curiosa, sive Mirabilia Naturae et Artis*, écrit : « qu'y a-t-il de plus admirable, de plus digne de la curiosité humaine, c'est-à-dire d'une investigation soigneuse et attentive [...]. »[293]

A l'instar du grand mouvement de curiosité qui touche tous les grands secteurs de la connaissance, l'anatomie a inauguré au 16e siècle une ère d'une grande curiosité vis-à-vis du corps humain et du vivant en général. Au cours de la seconde moitié du 16e siècle, le monde animal n'échappe pas à cette curiosité et l'anatomie animale devient un sujet d'étude spécifique qui donne lieu à des publications du genre de celle de *l'Anatomie du cheval* [294]de Carlo Ruini (1530-1598). Cet abord de l'anatomie animale conduira bien sûr les naturalistes à une approche comparative. Au fil des siècles, l'élan heuristique qui a résulté du grand mouvement de curiosité, commencé au 16e siècle, parviendra à faire tomber, les unes après les autres, les barrières religieuses, morales et philosophiques auxquelles il a été confronté.

Au 17e siècle, l'édit du 6 janvier 1626, fixant la création d'un jardin des plantes médicinales dans la capitale, est un évènement majeur qui favorisera l'évolution épistémologique de l'anatomie puisqu'il offrira aux anatomistes progressistes la possibilité de ne pas être sous la férule de la Faculté de Paris. Marin Cureau de la Chambre, le premier d'une longue suite de chirurgiens et d'anatomistes qui se sont succédés au Jardin du Roi, y est nommé en 1635 pour enseigner l'anatomie. Malgré l'édit du Parlement de Paris qui interdit « sous peine de vie, d'enseigner aucunes maximes contre les auteurs anciens », malgré l'hostilité de Jean Riolan le fils et de la Faculté, mais grâce à la protection royale, Cureau de la Chambre est parvenu à garder son poste et a pu insuffler durant trente-quatre ans un esprit à la fois antigaléniste et antiaristotélicien. Cureau de la Chambre a déclaré d'ailleurs que l'on ne peut « estre blasmé si on cherche de nouvelles routes, si l'on prend d'autres guides et si on laisse hardiment Aristote et Galien, comme ils l'ont fait de ceux qui les ont précédés. »[295] A la mort de Cureau de la Chambre, la domination de la Faculté s'impose quelque temps en repoussant

---

291 J. Céard, *De la curiosité aux curiosités*, Camenae n° 15, Mai 2013, p. 1

292 *L'Académie des hommes curieux*

293 J. Céard, *De la curiosité aux curiosités*, op. cit., p. 5

294 C. Ruini, *Dell'Anatomia, et dell'infirmita del cavallo*, Bologne, G. Rossi, 1598, 111 p.

295 M. Sakka, *Histoire de l'anatomie humaine*, Paris, PUF, 1997, p. 92

catégoriquement les théories qui sont à l'encontre de ses idées, comme par exemple celle de la circulation du sang. Mais, dès le 20 janvier 1673, l'acte d'autorité royale de Louis XIV autorise l'enseignement de la circulation sanguine au Jardin du Roi, et les anatomistes retrouvent ainsi une fois pour toutes une réelle indépendance vis-à-vis de la Faculté et « [...] la reconnaissance officielle des découvertes de Harvey et des activités chirurgicales et anatomiques novatrices. »[296] La création du Jardin du Roi aura donc eu, avec l'arbitrage du Roi, des effets très positifs sur l'évolution épistémologique de l'anatomie.

Au 17e siècle, un certain nombre d'influences vont aussi déterminer le cours de l'évolution épistémologique de l'anatomie. Parmi les influences qui vont s'exercer sur l'anatomie, il faut considérer en priorité celle qui les domine toutes, c'est-à-dire celle de la métaphore du monde-machine. Cette métaphore du monde-machine constitue l'emblème du monde moderne puisque l'idée princeps de ce monde est qu'il ressemble à une machine. Incontestablement, l'anatomie a fait de grands progrès au 17e siècle grâce aux anatomistes des 15e et 16e siècles et au choix exclusif de l'anatomie humaine par Vésale. L'anatomie humaine, en se développant aux 16e et 17e siècles, a aussi pris une place nouvelle et cruciale en médecine et Philippe Meyer a raison de considérer « l'intrusion de l'anatomie en médecine comme [...] un véritable tournant conceptuel, une stratégie de progrès telle qu'on n'en avait pas connu depuis les temps hippocratiques. »[297] Ainsi, un certain nombre de points anatomiques, apparemment mineurs à première vue, se sont avérés très utiles pour traiter du chapitre circulatoire. En effet, ils ont conduit à la conception d'une théorie fonctionnelle et au passage sans embûche de l'anatomie statique à l'anatomie animata et fonctionnelle. La naissance et le développement de l'anatomie fonctionnelle ont été rendus possibles grâce aux dissections, aux vivisections mais aussi grâce à la comparaison, d'une part, entre les animaux, et, d'autre part, entre les animaux et l'homme. Dans leurs recherches d'anatomie fonctionnelle, W. Harvey et T. Willis ont procédé ainsi. Pour sa part, Thomas Willis, dans ses recherches sur l'anatomie du cerveau, comme le précise Stéphane Schmitt, exprime « [...] sa conviction que la détermination de la fonction des différentes parties est rendue plus aisée et plus précise par la comparaison anatomique, compte tenu de l'"analogie universelle de tous les animaux". »[298] C'est donc à une anatomie fonctionnelle comparée que se livre Willis et il annonce ainsi l'émergence un siècle plus tard d'une nouvelle discipline beaucoup plus globale et structurée : l'anatomie comparée. En fait, Willis se fonde sur l'anatomie du cerveau pour tenter d'expliquer son

[296] M. Sakka, *Histoire de l'anatomie humaine*, op. cit., p. 92
[297] P. Meyer, *Leçons sur la vie, la mort et la maladie*, op. cit., p. 83
[298] S. Schmitt, *Aux origines de la biologie moderne – L'anatomie comparée d'Aristote à la théorie de l'évolution*, op. cit., p. 69

fonctionnement et, pour ce faire, comme nous l'avons vu précédemment, il se base aussi sur la comparaison des cerveaux de différents animaux. S. Schmitt fait remarquer que « la relative originalité de Willis, dans le domaine de l'approche comparative, tient à l'omniprésence de la recherche du lien entre structure et fonction, jusque dans les détails les plus subtils de l'organisation nerveuse. »[299]

De plus, au 17e siècle, indéniablement, la médecine doit énormément à ses grands anatomistes du 16e siècle, c'est-à-dire Vésale, Fallope, d'Acquapendente, Estienne, Lusitanus, Canano et bien d'autres... Tous ont œuvré dans des Universités délivrées de la tutelle cléricale, ce qui explique leur liberté de recherche anatomique et le foisonnement des découvertes. Philippe Meyer nous fait remarquer combien « La connaissance de la forme, du volume et de la situation des viscères ainsi que celle des connexions vasculaires et nerveuses qui les unissent, a permis de rapporter des manifestations pathologiques à un site organique probable. »[300] Même s'il n'est pas encore question d'une « stricte comparaison de symptômes et de lésions tissulaires comme le prônera la médecine anatomoclinique [...], la clinique a désormais trouvé une table d'orientation, le bornage, qui permet, en localisant l'origine des symptômes de faire un tri entre ceux qui sont significatifs et ceux qui entrent dans la composition d'un bruit de fond changeant que l'on qualifiera plus tard de fonctionnel. »[301] Par conséquent, certains philosophes contemporains, comme P. Meyer par exemple, font "naître la clinique" non pas au cours des années qui suivirent la Révolution, mais près d'un siècle plus tôt avec Thomas Sydenham (1624-1689), en Angleterre, ou Hermann Boerhaave (1668-1738), aux Pays Bas. P. Meyer nous explique que si l'anatomie humaine eut des conséquences positives sur l'apparition de la clinique dès la seconde partie du 17e siècle, elle eut aussi « deux conséquences tout aussi grandes : une interrogation sur la fonction des viscères individualisés, prémices d'une physiologie, et une interrogation sur la structure tissulaire, balbutiement de l'histologie, voire de l'anatomie pathologique. »[302] Ainsi, si la clinique représente déjà un axe de recherche anatomique au 17e siècle, l'orientation des recherches s'est faite sur certains territoires anatomiques. Il en a été ainsi, par exemple, du système nerveux central et périphérique dont le champ d'investigation a été considéré comme crucial par Francis Glisson (1597-1677) qui s'est employé à l'exploiter. Il est utile de rappeler à quel point le système de circulation artérielle a occupé les savants anatomistes durant plus de deux siècles et, plus particulièrement au 17e siècle. Pour "boucler" la compréhension

299 S. Schmitt, *Aux origines de la biologie moderne – L'anatomie comparée d'Aristote à la théorie de l'évolution*, op. cit., p. 69
300 P. Meyer, *Leçons sur la vie, la mort et la maladie*, op. cit., p. 84
301 Ibid.
302 Ibid., p. 85

anatomo-physiologique de la circulation sanguine, il restait à comprendre le passage du sang des artères dans les veines. C'est Marcello Malpighi qui y est parvenu en découvrant dans le tissu pulmonaire, en 1661, les vaisseaux capillaires — ainsi dénommés du fait de leur extrême finesse comparable aux cheveux — assurant la communication des artérioles avec les veinules. Le passage du sang artériel vers les veines, pour retourner au cœur droit, a ainsi été prouvé.

Finalement, au 17e siècle, c'est tout le système circulatoire du sang et de la lymphe qui est connu. La victoire des "circulateurs" est enfin acquise et un vrai coup de semonce est ainsi administré au monde galéniste et à ses théories humorales. Au 18e siècle, le galénisme sera de plus en plus moribond, mais en attendant, en cette fin de 17e siècle, les galénistes s'acharnent contre les circulateurs et Malpighi est victime d'une telle animosité qu'il est obligé de quitter Bologne.

De même, un nouveau grand axe de recherche anatomique, très prometteur, a vu le jour avec Marcello Malpighi (1628-1694) et Robert Hooke (1635-1703) puisque, avec eux, l'anatomie va changer d'échelle et devenir microscopique. Malpighi et Hooke se sont intéressés à la structure des tissus anatomiques et ils ont déjà supposé « que les tissus organiques sont des assemblages de cellules, structures morphologiques de base et sans doute unités fonctionnelles. »[303] Ils se sont appliqués à observer et à décrire de très nombreux viscères.

Enfin, retenons que si l'approche épistémologique de l'anatomie du 17e siècle est très marquée par la philosophie mécaniste de Descartes, celle-ci continuera à exercer son influence sur l'anatomie des siècles suivants. Ce qui nous semble essentiel dans la philosophie mécaniste du 17e siècle, c'est qu'en présentant le corps humain comme n'étant « tout au plus qu'un chapitre particulier de la mécanique générale du monde »[304] et, en même temps, comme « une mécanique discernable des autres par la seule singularité de ses rouages »[305], elle incite quelque part les anatomistes à le démontrer et donc à réaliser de très nombreuses investigations. De plus, influencée par la pensée de Descartes, l'anatomie, d'une certaine manière, introduit l'ère technicienne de la médecine moderne qui s'attachera à « réparer ou à transfigurer cette machine malheureuse. »

[303] P. Meyer, *Leçons sur la vie, la mort et la maladie*, op. cit., p. 86
[304] D. Le Breton, *L'Adieu au corps*, Paris, Editions Métailié, 1999, p. 12
[305] Ibid.

CHAPITRE II

L'ANATOMIE DURANT LES XVIIIe ET XIXe SIECLES

2-1 – Considérations générales autour de l'anatomie descriptive des 18e et 19e siècles

2-1-1 –L'anatomie descriptive au 18e siècle

Au début du 18e siècle, entre 1701 et 1706, Morgagni a une intense activité de recherche en anatomie et son livre *Adversia anatomica prima*, publié en 1706, en apporte un parfait témoignage. Malheureusement, Morgagni sera obligé de quitter Bologne pour avoir pris position en faveur de l'idéologie malpighienne et contre les "empiriques". Heureusement, il pourra reprendre ses activités en les orientant sur la médecine, puisque le sénat de Padoue lui offre en 1771 la chaire de médecine théorique. Morgagni couplera ensuite ses travaux cliniques avec ses travaux d'anatomie puisqu'il accepte, en 1715, la première chaire d'anatomie qui lui est également proposée à Padoue.
Au cours de la première moitié du 18e siècle, le domaine anatomique est le seul domaine dans lequel l'esprit expérimental demeure actif. Les médecins se sont détournés de l'expérimentation car ils sont las des reproches qui leur sont adressés à propos de leur manque, voire de leur absence d'efficacité thérapeutique. Ils vont ainsi se mettre à négliger l'observation microscopique et l'expérimentation sur les animaux. Au début de la seconde moitié du 18e siècle, grâce à Albrecht von Haller, cette tendance va s'inverser mais, en même temps que le recours à l'observation microscopique et à l'expérimentation sur les animaux, les médecins vont éprouver le besoin d'avoir recours à la théorie pour comprendre la pratique et la rendre plus efficace. Ainsi, à la fin du 18e siècle, la conception de la nature de l'homme aura totalement changé. L'homme est désormais « conceptualisé comme un organisme qui réagit à l'environnement physique, partie intégrante d'une nature structurée de façon autonome en formes organisées toujours plus complexes et pourvues de propriétés spécifiques telles que l'élasticité, l'irritabilité et l'excitabilité. Le but de la physiologie nouvelle est précisément l'étude de ces formes et de leurs propriétés spécifiques. »[306]
L'intérêt de Haller pour les fibres ne l'écarte pas de l'anatomie descriptive macroscopique, bien au contraire, et il s'appliquera à démontrer les propriétés

306 Renato G. Mazzolini, *Les lumières de la raison : des systèmes médicaux à l'organologie naturaliste*, pp. 93-115 in Mirko D. Grmek (sous la direction de), *Histoire de la pensée médicale en Occident*, tome 2 – *De la Renaissance aux lumières*, Paris, Editions du Seuil, 1997, p. 108

élastiques des vaisseaux sanguins et la contractilité des capillaires. Sa curiosité pour le sang et la circulation sanguine montre à quel point les esprits des savants du 18e siècle ont été marqués par la découverte de Harvey. Elle ne fait que répondre à l'importance accordée aux recherches sur le sang et la circulation sanguine dans les études physiologiques qui se succèdent depuis le début du 18e siècle. Cette importance tient, comme le rappelle Renato G. Mazzolini, « [...] d'une part à la démonstration anatomique de l'omniprésence du réseau vasculaire dans le corps, d'autre part au fait que la plupart des écoles médicales expliquaient la pathogenèse de la plupart des maladies par des changements intervenus dans le sang et dans la circulation. »[307] L'anatomie descriptive s'avère donc cruciale pour les recherches physiologiques sur le sang et la circulation sanguine. De même, si Haller qualifie les mouvements pulmonaires de passifs, il voit dans les muscles intercostaux les premiers moteurs de la respiration. Au cours de la seconde moitié du 18e siècle, Haller profite donc des nouvelles perspectives épistémologiques suggérées par l'anatomie et il participera à l'émergence d'une science moins simplement descriptive. Cette science ne se limite pas à l'observation mais s'applique à mettre en évidence les potentialités cachées dans les fibres et les tissus. Il s'agit de la physiologie que l'on peut encore appeler anatomie fonctionnelle.
Malgré tout, à la fin du 18e siècle, l'intérêt pour l'anatomie descriptive est toujours aussi grand, il est même amplifié par les succès de la chirurgie qui manifeste de plus en plus de hardiesse et fait montre de rationalité.

Dès le 17e siècle, Malebranche (1638-1715), disciple de Descartes s'était employé "à sortir le cartésianisme de sa radicalité" et il « [...] empêchait le cartésianisme de donner dans un mécanisme négateur et sans frein : il reconnaissait à tout corps vivant l'attribut de l'infinité tissulaire qui le rend capable d'une détention illimitée. Il le sauvait d'une spatialité uniforme et plate (l'enroulement et l'implication). »[308]
Au 18e siècle, la correction du cartésianisme n'est même pas entrevue et un souffle de renouveau inspire plutôt sa démolition, comme nous le fait remarquer F. Dagognet. Ce dernier précise qu'il en sera ainsi du sensori-moteur, du digestif, du respiratoire, du mouvement du cœur, etc.[309] Parmi ceux qui participent à cette "démolition", F. Dagognet cite Willis et de Whytt pour le sensori-moteur — et même Pourfour du Petit qui, dès 1710, préconise dans ses *Lettres d'un médecin des hôpitaux du Roy à un autre médecin de ses amis* un "nouveau système du cerveau" — , Réaumur pour la digestion, et Richard

---

[307] Renato G. Mazzolini, *Les lumières de la raison : des systèmes médicaux à l'organologie naturaliste*, pp. 93-115 in Mirko D. Grmek (sous la direction de), *Histoire de la pensée médicale en Occident*, tome 2 – *De la Renaissance aux lumières*, op. cit., p. 110
[308] F. Dagognet, *Le corps*, op. cit., p. 63
[309] Ibid.

Lower pour le système cardio-pulmonaire. A l'évidence, le 18e siècle se caractérise par l'émergence d'une biophilosophie baroque et par la collecte de bien des données positives au niveau de la connaissance anatomique et d'autres domaines épistémologiques de la médecine. Par leurs observations, leurs déductions, les anatomistes et les médecins s'éloignent d'une réduction du corps humain à la biophysique et prennent conscience de la complexité du corps humain.

Au 18e siècle, les dissections sont pratiquées avec une virtuosité de plus en plus grande. Les anatomistes, préoccupés par la conservation du corps, réalisent ces dissections en respectant un ordre donné, compatible avec celle-là. Ainsi, au lieu d'aller de la tête aux pieds, comme le voulait l'ordre d'étude anatomique, Duverney, dans son traité de myotomologie, préconise de commencer par la tête puisque ses muscles se dessèchent rapidement, puis de s'intéresser aux muscles du bas ventre afin de ne pas être arrêté par leur décomposition. En outre, Duverney précise, dans la préface de son ouvrage, *L'art de disséquer méthodiquement les muscles du corps humain,* qu' « il ne suffit pas toujours de mettre un muscle à découvert, pour en examiner la structure et les attaches ; il faut de plus en considérer les connexions, et rapports avec les muscles voisins. »[310]

L'anatomie de Duverney va au-delà de la simple observation. Il ne la limite pas à l'examen de la structure et il la veut porteuse d'un projet pédagogique. Quand Duverney étudie le muscle, il ne le voit pas isolé mais il considère aussi ses connexions et ses rapports, exposant ainsi clairement sa vision dynamique de l'anatomie. Duverney étudie ainsi le type de mouvement de chaque muscle « [...] comme flexion, extension, adduction, abduction, rotation, etc. »[311]

Au début de la seconde moitié du 18e siècle, à l'article *Anatomie* de la première édition de l'Encyclopédie, Diderot fixe le but de l'anatomie : « [...] c'est la connaissance des parties solides qui entrent dans la composition des corps animaux. »[312] Mais il n'oublie pas de mentionner aussi, parmi les *Avantages de l'anatomie,* l'importance de l'*Anatomie* pour l'exercice de la Médecine : « celui qui entendra le mieux le corps humain, sera le plus en état d'en écarter les maladies ; et que le meilleur Anatomiste sera certainement le meilleur Médecin. »[313]

---

310 M. Duverney, *L'art de disséquer méthodiquement les muscles du corps humain,* Paris, chez P. Alex. Le Prieur imprimeur du Roi et de l'Académie royale de chirurgie, 1769, p. 1

311 M. Duverney, *L'art de disséquer méthodiquement les muscles du corps humain,* table des muscles, op. cit., p. i

312 D. Diderot, J. d'Alembert, *L'Encyclopédie,* (article "*Anatomie*", pp. 409-437), tome 1, Paris, Editeurs Diderot et d'Alembert, 1751, p. 409

313 Ibid.

Au 18e siècle, les dissections sont publiques et attirent de nombreux experts en anatomie mais aussi des aristocrates cultivés. L'anatomie devient un phénomène de mode et les gens du 18e siècle se mettent à collectionner des écorchés humains ou des reproductions de dissections en cire colorée sur le modèle des cires anatomiques italiennes. L'anatomie demeure encore primordiale et même si les recherches en anatomie et en physiologie vont de pair, quand Condorcet prononce l'éloge de Haller, en 1780, devant les membres de l'Académie royale des Sciences, il rappelle que selon Haller, les médecins ne peuvent s'appuyer sur la physiologie pour leur exercice que si ses fondements sont établis "sur l'anatomie exacte de l'homme". En 1790, Félix Vicq d'Azyr pense de même quand il déclare : « l'enseignement de l'anatomie peut être séparé de la physiologie, comme, en physique, on peut examiner les différentes parties d'une machine, sans rechercher quels en sont les usages. Mais enseigner la physiologie sans l'anatomie, ce seroit s'éloigner des connoissances qui peuvent seules être les bases d'une saine théorie. Ce seroit ouvrir de toutes parts un champ libre à l'erreur »[314] Des anatomistes, comme Daubenton et Cuvier, mettent l'accent sur les rapports entre structure et fonction. Selon eux, l'anatomie comparée doit être au service de la physiologie. De plus, les anatomistes prennent conscience de ne pas avoir épuisé tous les sujets d'étude et ils souhaitent entamer de nouveaux champs de recherche anatomique. Vicq d'Azyr fait partie de ces anatomistes puisque, lorsqu'il parle de l'anatomie comparée, il la juge trop lacunaire. Il estime indispensable de s'intéresser à des pôles d'étude qui n'ont pas encore été assez investis, comme les systèmes nerveux central et périphérique. Vicq d'Azyr nous en fait part, en écrivant : « Mes premiers cahiers contiendront la description du cerveau, des moelles allongée et épinière et de l'origine des nerfs, et les différentes parties de cet ouvrage seront distribuées de manière à présenter, pour divisions principales, les fonctions propres aux corps vivans [...]. »[315] Pour lui, la compréhension du fonctionnement du cerveau humain n'est possible que si l'on a, au préalable, fait l'effort d'une description approfondie du cerveau humain, mais aussi du cerveau de nombreuses espèces animales.

En fait, Vicq d'Azyr, dans l'ensemble de son travail intellectuel, réserve non seulement une place de premier choix à l'anatomie, mais il la considère comme le fondement de la physiologie. Puisqu'il ne manque jamais d'associer l'anatomie à la physiologie, il parle d'anatomie physiologique. En tant que médecin, il recommande donc, dans les facultés de médecine, de ne pas séparer l'enseignement de l'anatomie de celui de la physiologie.

---

[314] J. L. Moreau (de la Sarthe), *Œuvres de Vicq d'Azyr – Sciences physiologiques et médicales*, Paris, L. Duprat-Duverger libraire, 1805, tome IV, p. 35

[315] F. Vicq d'Azyr, *Discours sur l'anatomie comparée*, Paris, chez Duprat-Duverger, 1786, p. 66

Diderot, quant à lui, est bien pris, lui aussi, par la "frénésie anatomique" ambiante, à tel point qu'il fait des propositions d'anatomie sur le vivant, sur des prisonniers (!...). Ainsi, Diderot estime qu'il ne faut pas simplement cantonner l'anatomie à l'autopsie de l'homme, il faut aussi pratiquer des vivisections. C'est Diderot qui rédige la partie morale et politique de l'article "Anatomie" de l'*Encyclopédie* dans lequel il plaide « [...] pour qu'on tente des expériences de leur vivant sur les condamnés à mort. » [316] Diderot se lance ainsi dans le détail des actes qui pourraient être réalisés : « injection de liqueur dans le sang, transfusion de ce fluide, amputation de la cuisse à l'articulation, extirpation de la rate, ablation de quelque portion du cerveau, ligature des artères mammaires et épigastriques, extraction de deux ou trois côtes, incision ou inversion des parties de l'intestin, ouverture de l'œsophage, ligature des vaisseaux spermatiques "sans y comprendre le nerf" ou "autre opération sur quelque viscère". »[317] Mais, nous explique E. de Fontenay, si « la proposition d'expérimenter sur le vivant humain tente les "philosophes" », c'est parce qu'elle leur apparaît « [...] comme la plus rationnelle et la plus économique. »[318]

A l'instar de grands médecins, comme Boissier de Sauvages (1706-1767) et Pinel (1746-1826), les médecins de la fin du 18e siècle assimilent la médecine à une science conjecturale. Médecins et philosophes estiment nécessaire l'insertion de la médecine dans un cadre scientifique déjà en place, celui de l'histoire naturelle. L'anatomie humaine va suivre le même mouvement et s'inscrire elle aussi dans un champ plus étendu, celui de l'anatomie des êtres vivants. Ce sera l'occasion, pour l'anatomie humaine, de s'enrichir de la pensée des savants en histoire naturelle et de prendre en considération les développements féconds de l'anatomie comparée.

En Italie, Giovanni Battista Morgagni fait l'éloge de l'anatomie et rappelle que seuls, ceux qui connaissent à fond le corps sain au niveau anatomique, sont en mesure de saisir les différences entre le corps malade et le corps sain. Grâce à l'Ecole de Padoue et à Giovanni Batista Morgagni (1682-1771) en particulier, et à John Hunter (1728-1793) en Angleterre, une forme nouvelle d'anatomie va connaître un certain essor ; il s'agit de l'anatomie pathologique qui va permettre d'établir un pont de relations entre les lésions des organes et les pathologies. Au cours de la seconde moitié du 18e siècle, la recherche anatomique sera conditionnée par le modèle du corps sensible.

---

[316] E. de Fontenay, *Le silence des bêtes – La philosophie à l'épreuve de l'animalité*, Paris, Editions Fayard, 1998, p. 440
[317] Ibid., p. 441
[318] Ibid.

2-1-2 – L'anatomie descriptive au 19e siècle

L'anatomie, malgré ses détracteurs, occupe toujours une place de choix dans le monde savant du 19e siècle. Pour ceux qui en doutent, il leur suffit de consulter le *Dictionnaire de médecine, de chirurgie, de pharmacie, de l'art vétérinaire et des sciences qui s'y rapportent*, édité chez Baillère et fils en 1873, pour s'en convaincre. A l'article "anatomie", ils découvriront la déclinaison de différents types d'anatomie. Ainsi, si l'on distingue les parties internes des parties externes du corps, l'étude des parties externes sera nommée *anatomie externe*, ou morphologique ou des formes. Il est réservé à l'étude des parties internes, donc des appareils et de leur subdivision en organes, le nom d'*anatomie descriptive*. Si l'on veut envisager l'étude des organes, qui se regroupent en systèmes, composés de tissus, et en humeurs, on parle d'*anatomie générale*. Il est possible aussi de considérer l'anatomie suivant les règnes du monde vivant et nous aurons alors affaire à l'*anatomie végétale* pour l'étude des végétaux, à l'*anatomie animale* pour l'anatomie du règne animal, à l'*androtomie* ou *anthropotomie* pour l'anatomie de l'homme, à la *zootomie* pour l'anatomie des autres espèces du règne animal et enfin à l'*anatomie vétérinaire* pour l'anatomie des animaux domestiques. Cet article sur l'anatomie réserve encore des rubriques pour l'*anatomie artificielle*, *l'anatomie chirurgicale et médicale*, l'*anatomie clastique*, *l'anatomie comparative*, l'*anatomie homologique*, l'*anatomie microscopique*, l'*anatomie pathologique*, l'*anatomie topographique*.

Enfin, cet article sur l'anatomie accorde aussi une place à « l'anatomie qui dépasse les notions expérimentales, qui est opposée à l'immanence, qui au sens positif est une anatomie transcendante, celle qui, de l'observation et de la comparaison des dispositions anatomiques concrètes, s'élève à la conception abstraite des lois de l'organisation envisagées dans ses divers degrés. »[319] Les auteurs définissent ici ce qu'ils appellent l'*anatomie philosophique* ou l'*anatomie transcendante*.

Au 19e siècle, l'anatomie emprunte un autre chemin, celui d'une esthésiologie, qui conduit l'anatomiste à considérer le corps comme animal de perceptions. L'anatomie sera ainsi, avec la physiologie, aux fondements du discours anthropologique sur les sens. De plus, il se produira une certaine concentration des recherches autour du système cérébro-spinal. Même C. Bernard qui est parfois injuste vis-à-vis de l'anatomie, lui concède pourtant une certaine importance puisqu'il sera co-auteur du *Traité complet de l'anatomie de l'homme*, édité en 1866-1867 par son ami Jean-Baptiste Marc Bourgery,

[319] E. Littré, Ch. Robin, *Dictionnaire de médecine, de chirurgie, de pharmacie, de l'art vétérinaire et des sciences qui s'y rapportent*, Paris, Editions J.-B. Baillère et fils, 1873, pp. 64-65

anatomiste de renom. C. Bernard sera particulièrement attentif au système nerveux puisque, pour lui, il « est la pierre angulaire du système qu'est le vivant. C'est lui qui préside aux régulations et aux constances du milieu intérieur. »[320]

Les recherches anatomiques, au niveau cérébral, s'expliquent par l'exploration, jusque là très nettement insuffisante, de ce secteur anatomique. Au 19e siècle, étant donné l'asssimilation fréquente des maladies mentales aux maladies du cerveau, les médecins vont étudier, parallèlement et en même temps, l'anatomie du cerveau et les maladies cérébrales. Deux grands cliniciens, Théodore Meynert (1833-1892) et Carl Wernicke (1848-1905) seront à l'origine d'un système global de psychiatrie organiciste et mécaniciste. De même, en 1895, Diérine continuera sur cette lancée, en publiant un livre intitulé *Anatomie des centres nerveux.* A partir de coupes du système nerveux, il se développe donc une anatomie particulière qui se singularise très rapidement par rapport à l'anatomie générale et prend le nom de *neuroanatomie.* Selon Odile Plaisant, « Si les raisons historiques ne manquent pas pour souligner l'intérêt de la connaissance anatomique du cerveau et ses relations avec les structures mentales, elles reflètent souvent un passage obligé plus organiciste avant une orientation plus axée sur l'esprit. »[321]

Au 19e siècle, il faut signaler aussi le nouvel intérêt pour la spécificité des sexes et son impact sur le programme d'étude anatomique. En effet jusqu'au 18e siècle, le modèle prédominant était celui du sexe unique et l'apparition du modèle des deux sexes opposés sur les atlas d'anatomie ne date que du 18e siècle, mais les deux modèles coexistent encore. Jusque-là, « l'anatomie des femmes était considérée comme un analogue "rentré" de l'anatomie masculine avec notamment un jeu de correspondances entre ovaires et testicules, vagin et pénis »[322] et ces différences ne constituaient pas un système bipolaire. Cette "fabrique du sexe"[323], nous explique J. P. Gaudillière, « est celle d'une vision biologique initiée avec l'anatomie et poursuivie avec les théories hormonales de la fin du 19e siècle. »[324] D'ailleurs, l'obstétrique, au 19e siècle, participera aussi à l'évolution des connaissances anatomiques de ce secteur, en acquérant le

---

[320] S. Janicki, *La mécanique du remède. Pour une épistémologie de la pharmacologie du 17e siècle à nos jours,* Paris, Editions L'Harmattan, p. 159

[321] O. Plaisant, *Anatomie et Psychiatrie, ces deux disciplines sont-elles antinomiques ?, pp. 151-168,* in G. Chazal et Ch. Salomon, *François Dagognet, Médecin et Philosophe*, Paris, Editions L'Harmattan, 2005, p. 153.

[322] J. P. Gaudillière, *La médecine et les sciences, XIXe- XXe siècles,* Paris, Editions La Découverte, 2006, p. 21.

[323] T. Laqueur, *La fabrique du sexe, Essai sur le corps et le genre en Occident*, (trad. de l'anglais par Michel Gautier), Paris, Editions Gallimard, 1992, 348 p.

[324] J. P. Gaudillière, *La médecine et les sciences, XIXe- XXe siècles,* op. cit., p. 21.

statut de spécialité. En fait, d'autres spécialités, comme l'ophtalmologie, la pédiatrie, l'orthopédie, la dermatologie, les maladies vénériennes, apparaîtront au fil du 19e siècle et grâce à leur accumulation de cas différents, à leur collecte de séries, et à leur élaboration de comparaisons systématiques, avec ces spécialités-là aussi la production de connaissances anatomiques s'amplifiera.

L'anatomie, en plein essor depuis la Renaissance, est encore, au 19e siècle, la première discipline enseignée aux étudiants. Pour ce qui est de l'anatomie comparée, elle atteint son apogée dans les années 1830 et elle représente un passage obligé, déterminant, pour la formation des naturalistes et des médecins.

2-2 – L'anatomie élémentaire et l'anatomie microscopique aux 18e et 19e siècles

CONSIDERATIONS GENERALES SUR LA LA FRAGMENTATION DES PARTIES ET L'ANATOMIE MICROSCOPIQUE AUX 18E ET 19E SIECLES

Au 17e siècle, nous avons noté combien l'anatomie microscopique avait déjà connu un certain développement et les anatomistes avaient déjà procédé à la fragmentation des parties. Tous les micromécanistes de la seconde moitié du 17e siècle avaient posé un postulat de base ; celui-ci établissait que l'entendement humain parviendrait à pénétrer les causes réelles des phénomènes à condition de s'appuyer à la fois sur l'observation microscopique et l'adoption de modèles mécanistes pour rendre compte des microstructures. Il était alors apparu, à ces micromécanistes, que l'unité première de la composition était la fibre.
Ainsi, en 1700, dans son ouvrage *Specimen quatuor librorum de fibra motrice et morbosa*, Giorgo Baglivi affirmera que le corps humain ne se compose que de faisceaux de fibres, elles-mêmes étant les constituants de la machine animée du corps. Dans ce livre, nous explique Renato G. Mazzolini, Baglivi « [...] annonce son programme de physiologie solidiste et [...] pense qu'on peut expliquer presque tous les phénomènes physiologiques et pathologiques par la structure et par les mouvements des parties solides du corps humain, parties dont la fibre constitue l'unité élémentaire. »[325] Au 18e siècle, de nombreux penseurs feront comme Baglivi et mettront la fibre au centre de leur discours scientifique et philosophique. Ce sera le cas pour Boerhaave, Bordeu, Albrecht von Haller, Bernouilli, et bien d'autres savants.
Au 19e siècle, les vitalistes prendront le relais et seront d'ardents défenseurs de la théorie des fibres, de la même façon que les mécano-matérialistes l'étaient au

[325] Renato G. Mazzolini, *Les lumières de la raison : des systèmes médicaux à l'organologie naturaliste*, pp. 93-115 in Mirko D. Grmek (sous la direction de), *Histoire de la pensée médicale en Occident*, tome 2 – *De la Renaissance aux lumières*, op. cit., p. 98

18e siècle. Au 19e siècle, il faut bien le dire, cet attachement à la théorie des fibres entraînera un certain retard pour que la cellule devienne l'unité élémentaire du vivant.
En anatomie comparée et en anatomie pathologique, la foison de découvertes est si impressionnante que les anatomistes se détournent de l'anatomie microscopique. Celle-ci se développe peu au cours de la seconde moitié du 18e siècle et de la première moitié du 19e siècle. Il faut dire aussi que Bichat ne fait pas appel à la microscopie en anatomie pathologique et l'anatomie microscopique devra attendre presque la seconde moitié du 19e siècle pour connaître un certain essor. Et pourtant, se désole F. Dagognet, « la micrographie révèle plus que le ciron ou les animalcules qui circulent dans les eaux douces, tous visibles à l'œil nu : elle permet de descendre jusqu'aux atomes vitaux et aux cellules. »[326] Malebranche, au cours de la seconde moitié du 17e siècle, s'était pourtant déjà rendu compte combien « une petite partie de la matière, qui se cache sous nos yeux, est capable de contenir un monde dans lequel ils se trouverait autant de choses, quoique plus petites à proportion que dans ce grand monde dans lequel nous vivons. »[327] Mais F. Dagognet montre à quel point Malebranche semble désappointé vis-à-vis des perspectives ouvertes par la fragmentation et l'étendue des travaux qui l'accompagnent : « Les bêtes elles-mêmes, les plus microscopiques, enferment des bêtes plus imperceptibles encore et ainsi de suite. Le corps vivant, végétal ou animal – ressemble à une enveloppe qui fédère des éléments innombrables mais qui, à leur tour, et surtout à l'infini, en contiennent d'autres, d'où un corps qu'on ne pourra jamais dérouler : la moindre parcelle de lui-même enserre une immensité. »[328] L'homme du 17e siècle se sent encore étranger au monde microscopique et assez réticent vis-à-vis de la microscopie.

BAGLIVI (1668-1706), LES FIBRES, ET UNE NOUVELLE CONCEPTION DE LA CONSTITUTION DE L'HOMME AU DEBUT DU 18E SIECLE

En dévoilant sa doctrine physiopathologique de la fibre vivante, Baglivi abandonne les liens étroits qui unissaient ses prédécesseurs aux théoriciens de l'Antiquité. Renato G. Mazzolini nous explique qu' « en renonçant aux vertus galéniques immatérielles, à la doctrine des quatre humeurs, à la notion d'esprits animaux, à l'existence d'une âme pourvue de fonctions végétatives et sensitives, et en réduisant les propriétés vitales de l'organisme à celles des fibres, à leur texture matérielle intime et à leurs oscillations, en attribuant enfin à la variation de leur état la diversité des tempéraments humains, Baglivi

[326] F. Dagognet, *Le corps*, op. cit., p. 61
[327] N. Malebranche, *Recherche de la vérité*, I, V, § 1 (des erreurs de la vue à l'égard de l'étendue de soi)
[328] F. Dagognet, *Le corps*, op. cit., p. 62

propose une conception toute matérielle de la constitution humaine »[329] qui est en totale rupture avec son ancienne conception.
Renato G. Mazzolini nous décrit non seulement les deux types de fibres distinguées par Baglivi, c'est-à-dire les fibres musculaires striées squelettiques et les fibres musculaires lisses des viscères, mais il nous fait part aussi des commentaires de Baglivi autour des fonctions de ces deux systèmes de fibres.
« Les premières sont motrices, c'est-à-dire contractiles ; elles composent la masse musculaire. Les secondes forment les vaisseaux, les viscères et les tendons ; elles transmettent, par leur mouvement oscillatoire, la sensibilité. Les deux systèmes de fibres sont dirigés, selon Baglivi, par deux organes propulseurs distincts : les fibres carnées par le cœur et le flux sanguin, les fibres membraneuses par la dure-mère qui, par un mouvement de systole et de diastole analogue à celui du cœur, anime toutes les parties solides qui dépendent d'elle. Baglivi attribue ainsi la plupart des actions vitales aux fibres et considère la vie et ses manifestations morbides comme le résultat d'états d'équilibre et de déséquilibre entre les fluides et les solides. Il attribue les maladies aiguës à un excès de tonus des fibres et les maladies chroniques à leur relâchement. »[330]
Avec Baglivi, la fibre devient la structure anatomique élémentaire et à partir d'elle s'expliquent presque tous les phénomènes physiologiques et pathologiques. Dans son *Histoire de l'anatomie et de la chirurgie*, A. Portal (1742-1832) nous rapporte que Baglivi suppose la fibre motrice creuse, recevant « ses vaisseaux et ses nerfs » et « susceptible d'irritation et de mouvement. »[331]
Baglivi établit deux moteurs dans la machine animale, le cœur et la dure-mère et il « soupçonne que le cœur reçoit son mouvement de la dure-mère. »[332] De plus, après avoir décrit l'état naturel de la fibre, Baglivi passe en revue les maladies qui l'attaquent.

Parler de fibre, à la fin du 17e siècle et au début du 18e siècle, c'est souvent une façon d'aborder le sujet de la matière vivante car la fibre apparaît aux savants de cette époque comme la condition sine qua non de toute forme de vie.

[329] Renato G. Mazzolini, *Les lumières de la raison : des systèmes médicaux à l'organologie naturaliste*, pp. 93-115 in Mirko D. Grmek (sous la direction de), *Histoire de la pensée médicale en Occident*, tome 2 – *De la Renaissance aux lumières*, op. cit., p. 99
[330] Ibid.
[331] A. Portal, *Histoire de l'anatomie et de la chirurgie*, Paris, P. Fr. Didot le jeune, 1752, t. IV, p. 249
[332] Ibid.

AVEC LE 18^E SIECLE, LA DIVISION DU CORPS EN PARTIES DEVIENT MANIFESTE ET AVEC HALLER, LA FIBRE EN DEVIENT LA BRIQUE ELEMENTAIRE

Au 18e siècle, la division du corps en parties est moins effrayante et induit beaucoup moins de confusion qu'au 17e siècle. Mais l'anatomie microscopique va peu se développer au 18e siècle. L'anatomie "élémentaire" connaît un réel succès et d'une certaine manière prépare et annonce des jours meilleurs pour l'anatomie microscopique.
Les concepts d'"irritabilité" et de "sensibilité", introduits par Glisson au 17e siècle, vont être particulièrement développés par Albrecht Haller. Ce dernier, après avoir rigoureusement éprouvé expérimentalement ces concepts, finit par distinguer, lui aussi, les parties irritables et les parties sensibles du corps humain. Il désigne ainsi les muscles (y compris le muscle cardiaque) comme étant les parties irritables et il assimile les parties sensibles aux fibres nerveuses. Haller revendiquera une anatomie animata en exposant les bases d'un système physiologique dans différents ouvrages : *De partibus corporis humani sensibilibus et irritabilibus* (1753), *Elementa physiologioe* (huit volumes publiés entre 1757 et 1766), *Primoe lineoe physiologioe* (1747). Néanmoins, il apparaît clairement que Haller ne renie pas l'anatomie et pour s'en rendre compte il suffit de relire les considérations générales qui introduisent le premier chapitre, relatif à la fibre, de ses *Elementa physiologioe.* En citant Haller, Mandressi précise qu'il n'y a aucune difficulté à y reconnaître la longue filiation anatomique : « les parties les plus simples du corps humain sont fluides ou solides. Les fluides, étant de nature différente, nous en parlerons lorsque l'occasion s'en présentera. Les solides, qui sont les plus simples, et le véritable fondement du corps, précéderont l'histoire des autres parties » (Haller, 1749)
Haller ne se contente pas d'analyser le fonctionnement des muscles et des nerfs, il analyse aussi leur texture et il en déduit qu'un être « est composé en partie de fibrilles et en partie d'un nombre infini de petites lames, qui par leurs directions différentes entrecoupent de petits espaces, forment de petites aires, unissent toutes les parties du corps. »[333] Avec Haller, la fibre devient l'architectone élémentaire à partir duquel sont bâtis les corps organisés. Pour lui, le point ultime auquel conduit l'analyse anatomique est la fibre mais la « fibre la plus petite, ou fibre simple, telle que la raison, plutôt que les sens nous fait percevoir. »[334]
Durant la seconde moitié du 18e siècle, Haller n'est pas le seul à inscrire dans son discours la notion de composition élémentaire des êtres vivants puisque Charles Bonnet expose lui aussi cette notion dans ses écrits. « La plus petite

---

[333] A. von Haller, *Eléments de physiologie*, 1ère partie, chapitre I, X, trad. française, Amsterdam, 1769, p. 3
[334] Ibid., p. 2

fibre, la moindre fibrille peuvent être envisagées elles-mêmes comme des Machines infiniment petites qui ont leur fonction propre. La Machine entière, la grande Machine résulte ainsi de l'ensemble d'un nombre prodigieux de machinules, dont toutes les actions sont conspirantes ou convergent vers un but commun. »[335]

SECONDE MOITIE DU 18^{E} SIECLE, L'ANATOMIE ELEMENTAIRE, DIDEROT ET L'ANALYSE DE LA STRUCTURE

Les savants de la période des Lumières ne sont pas indifférents à la théorie fibrillaire de Haller ; en assurant sa promotion, ils font de la fibre l'unité anatomique minimale et en même temps la première unité du mouvement. Il faut reconnaître aussi que la structure fibrillaire leur a été suggérée par l'œil des premiers microscopes. Cette représentation fibrillaire entraîne bien sûr de nouvelles représentations et il se dessine ainsi une nouvelle architecture intime du corps. De nouveaux modèles vont ainsi être avancés.

Au cours de la seconde moitié du 18e siècle, Diderot fonde son analyse de la structure en s'appuyant sur la métaphore du métier à tisser. Il propose, dans *Le Rêve de d'Alembert* (1769) et les *Eléments de physiologie* (1781), « [...] une métaphore nouvelle tirée du monde des arts et métiers dont il avait été le héraut : le métier à tisser des bas. »[336] Au lieu d'utiliser le modèle de la machine hydraulique, la fontaine, comme le faisait Descartes « pour rendre compte des phénomènes de génération et de transmission du mouvement et de l'énergie dans le corps humain »[337], Diderot lui préfère le modèle mécaniste du métier à tisser des bas. Dans le second chapitre de la seconde partie des *Eléments de physiologie*, intitulée *Eléments et parties du corps humain*, Diderot traite longuement de la fibre. Il extrait l'essentiel de cet article "*Fibre*" après avoir traduit et copié les *Elementa physiologiae corporis humanis* de Haller, ouvrage comprenant huit volumes qui ont été publiés à Lausanne entre 1757 et 1766. Néanmoins, M. Groult précise que Diderot « [...] ajoute un parallèle significatif, absent chez Haller, à propos de la constitution de la fibre par des fibrilles plus petites, suivant un processus épigénétique. L'épigénèse est conçue par Diderot comme un processus de tissage, de superposition très rapide et invisible de filets de matière sensible. »[338] Il y a « division sans fin de la fibre en fibrilles de là sa force en long », écrit Diderot dans le Discours préliminaire (DPV, t XVII, p. 339) et, nous indique M. Groult, « le mécanisme de production

[335] C. Bonnet, *Palingénésie philosophique*, IX, 1 ; Œuvres, t. XV, Genève, chez Jean-Marie Bruyset libraire, 1770, p. 350

[336] M. Groult, *l'Encyclopédie ou la création des disciplines*, Paris, CNRS édition, 2003, p. 182

[337] Ibid.

[338] Ibid., p. 183

de la chaîne d'un tissu de soie sert à Diderot, ici aussi, pour modéliser le processus de constitution de la fibre organique. »[339]

Telle un architectone, la fibre est donc devenue l'élément architectural du corps. Au 18e siècle, elle est l'unité anatomique minimale du corps. Elle a non seulement "ses impulsions et ses ressources propres", mais "elle est aussi la première unité de mouvement". En 1765, Diderot dira d'elle : « *Fibra enim physiologo id est quod linea geometrae* »[340] (la fibre est à la physiologie ce qu'est la ligne à la géométrie). Quand, en 1769, Diderot s'intéresse aux constituants intimes de la matière organique, il ne s'attarde pas sur les humeurs mais sur tous ces constituants solides correspondant à des "écheveaux", des "brins", des "lacis", des "faisceaux", tous ces filaments vibratiles censés orchestrer un "système purement sensible". Cette représentation réticulaire du corps, correspondant à un ensemble de fibres sensitives et actives, inspire les philosophes dans leur réflexion sur les thérapeutiques préventives à dispenser. Si dans la pratique thérapeutique, avec la théorie des humeurs, l'utilisation de la chaleur était recommandée pour évacuer les humeurs et épurer les corps, le froid désormais est censé s'y substituer car il durcit. Mais ce « destin de la fibre ne saurait se limiter à celui de la biologie » [341]et, au milieu du 18e siècle, Tronchin, par exemple, fait correspondre au projet du renforcement des fibres celui d'un endurcissement moral. François Dagognet nous fait remarquer combien Haller aura un impact considérable sur son siècle et sur la philosophie du corps et à quel point, « il a réussi et imposé une découverte analytique sans précédent. »[342]

En fait, le modèle du corps n'est plus le même, il est maintenant un objet devenu doué d'irritabilité et de sensibilité. La vie, quant à elle, nous dit Vigarello « n'est plus ce qui "coule" ou ce qui "fonctionne", elle est ce qui, en toute priorité, entretient l'alerte et la stimulation. »[343] Non seulement la recherche anatomique sera conditionnée par ce nouveau modèle du corps sensible mais celui-ci aura aussi un retentissement sur l'explication du mal. Si l'origine des maux se trouve ainsi modifiée, il en est aussi ainsi de la défense à leur encontre. Tous les excès sont alors permis. Bordeu, en 1775, a la certitude que « nous sommes malades quand nos fonctions sont troublées, ou quand

[339] M. Groult, *l'Encyclopédie ou la création des disciplines*, op. cit., p. 184
[340] D. Diderot, DPV, XVII, 338
[341] Porter R. et G. Vigarello, *Corps, santé et maladies,* pp. 335-372, in A. Corbin, J.-J. Courtine, G.Vigarello, *Histoire du corps*, Paris, Editions du Seuil, 2005, p. 365
[342] F. Dagognet, Le corps, op. cit., p. 69
[343] G. Vigarello, *Les modèles du corps : imaginaire et médecine"ancienne",* pp. 90-91, in D. Sicard, G. Vigarello (sous la dir. de), *Aux origines de la médecine*, Paris, Editions Fayard, 2011, p. 91

l'énergie de nos parties, leur ton est détruit. »[344] Pire encore, Roche, en 1778, considère que « toutes les maladies ne sont à proprement parler que des maladies nerveuses. »

ANATOMIE ELEMENTAIRE, HISTOLOGIE, ET ANATOMIE MICROSCOPIQUE A LA FIN DU 18^E SIECLE

A la fin de la première moitié du 18e siècle, l'anatomie élémentaire se développe sans le secours de l'anatomie microscopique. Une nouvelle discipline se déploie, l'histologie, qui sera définie plus tard par Owen, en 1844, comme « la discipline fondée sur la notion du "plus petit élément commun à tous les systèmes organisés". »[345] En fait, Albrecht von Haller (1708-1777) avait déjà posé les bases de l'histologie en établissant une partition entre « les fibres très fines différenciées par leurs propriétés considérées [...] comme les constituants élémentaires du corps, les membranes comme les agrégats de fibres, et les tissus comme composés de membranes et de cellules. »[346] Avec Haller, le constituant élémentaire des corps vivants, c'est la fibre, et il n'existe qu'une sorte de fibre entrant dans la composition de tous les organes. Ce constituant élémentaire représente le terme ultime de l'analyse anatomique quand on s'applique à dissocier les muscles, les tendons ou les nerfs. Le microscope sera à nouveau sollicité par Andreas Bonn et c'est ainsi que progressivement, grâce aux études anatomiques microscopiques, Bonn exposera dans sa thèse la description détaillée de différents types de membranes les distinguant en cutanées, fibreuses, muqueuses et séreuses. La naissance de l'histologie a ainsi lieu. Cette histologie va ensuite, avec Bichat, acquérir ses lettres de noblesse, à la fin du 18e siècle et au début du 19e siècle, mais sans le secours du microscope. En effet, si « Bichat avait banni le microscope de ses salles de dissections », c'était parce que l'on ne pouvait pas, à l'époque, réussir à supprimer systématiquement aberrations et artefacts et « confirmer que les structures que l'on observait existaient vraiment dans l'échantillon. »[347]. Bichat , contrairement à Haller, déclare : « La moindre réflexion suffit pour concevoir

---

[344] T. de Bordeu, F. de Bordeu, A. de Bordeu, *Recherches sur les maladies chroniques, leurs rapports avec les maladies aigües, leurs périodes, leur nature, et sur la manière dont on les traite aux Eaux minérales de Bareges et des autres sources de l'Aquitaine* (tome 1er, contenant la Théorie générale des Maladies, et l'Analyse du sang), Paris, Librairie Ruault, 1775, p. 88

[345] M. D. Grmek et R. Bernabeo, *La machine du corps,* pp. 7-36, in M. D. Grmek (sous la dir. de), *Histoire de la pensée médicale en Occident*, tome 2, *De la Renaissance aux Lumières*, op. cit., p. 34

[346] Ibid.

[347] I. Hacking, *Est-ce qu'on voit à travers un microscope ?*, pp. 238-274, in S. Laugier et P. Wagner (sous la dir. de), *Philosophie des sciences – Naturalismes et réalismes*, Paris, Librairie philosophique J. Vrin, 2004, pp. 273-274

que ces organes doivent différer, non seulement par la manière dont est arrangée, entrecroisée la fibre qui les forme, mais encore par la nature de cette fibre elle-même ; qu'il y a entre eux différence de composition comme de tissu. »[348] Néanmoins, Bichat va parvenir à pousser ses investigations plus loin que Bonn ; les tissus sont, selon lui, le siège de processus vitaux qui peuvent être physiologiques ou morbides. En 1799, dans les *Mémoires de la Société médicale d'émulation*, Bichat fait apparaître deux notes – « l'une sur la synoviale et l'autre sur les membranes tissulaires en général et sur leurs rapports – et il affirme que les tissus jouent en fait le rôle qui jusque-là a été attribué aux organes. »[349] Bichat développe l'histologie, d'un point de vue macroscopique, sans s'aider du microscope et il parvient tout de même à décrire « l'organisation particulière et l'activité fonctionnelle des différents tissus du corps répartis en simples et composés »[350], en dénombrant jusqu'à vingt et un tissus organiques. François Jacob précise qu'« avec Bichat apparaît donc un niveau supplémentaire d'organisation, un intermédiaire entre l'organe et la molécule. Le tissu constitue le terme ultime de l'analyse pour l'anatomiste, ce en quoi peut se résoudre un corps vivant à l'aide du scalpel et des ciseaux. [...]Les tissus forment les matières premières destinées chacune à l'exécution d'une fonction particulière. Il y a des tissus pour cartilages ou pour glandes comme il y a des étoffes pour chemises ou pour manteaux. Le terme même de tissu indique la continuité de la structure. [...] La complexité des systèmes fonctionnels se résout par la simplicité de la combinatoire anatomique. »[351] Considérant que chaque tissu a une "qualité vitale", Bichat les distingue en tissus de la vie animale (ceux des muscles volontaires, ceux des organes des sens et ceux des connexions nerveuses) et en tissus de la vie organique (ceux des poumons, ceux de l'appareil circulatoire, ceux de l'appareil digestif, ceux des organes de l'excrétion). Bichat accorde ainsi une importance capitale aux tissus et, pour lui, chaque organe, étant composé de tissus de nature différente, est une machine particulière. Le fonctionnement de cette machine particulière ne peut être compris que si le fonctionnement de chacun des tissus la composant est connu. La maladie n'apparaît donc, selon Bichat, que si les tissus présentent des lésions. Tout tissu de même nature, affecté des mêmes lésions, mais situé dans des organes, présentera les mêmes symptômes.

---

[348] X. Bichat, *Traité des membranes en général, et de diverses membranes en particulier*, Paris, Mequignon-Marvis éditeur, 3e éd., 1816, p. 29

[349] M. D. Grmek et R. Bernabeo, *La machine du corps,* pp. 7-36, in M. D. Grmek (sous la dir. de), *Histoire de la pensée médicale en Occident*, tome 2, *De la Renaissance aux Lumières*, op. cit., p. 35

[350] Ibid.

[351] F. Jacob, *La logique du vivant*, op. cit., p. 129

L'INFLUENCE DE BICHAT S'AVERE NEFASTE POUR LE DEVELOPPEMENT DE L'ANATOMIE MICROSCOPIQUE EN FRANCE

Durant les premières décades du 19e siècle, le développement de l'anatomie microscopique est poussif en France et l'influence de Bichat se fait toujours sentir. L'étude de la structure fine des tissus est ainsi ralentie. Pourtant, au 19e siècle, la microscopie bénéficie de réelles améliorations avec une réduction des limites de résolution et une diminution du nombre des images aberrantes. Les progrès obtenus en microscopie font que le microscope représente un outil technologique pour l'anatomie. Il « taille le buisson de la connaissance en fonction de ses propres critères, ceux imposés par la contrainte d'exploitation du réel. »[352] En effet, le microscope, tel un tamis, permet de retenir les éléments anatomiques qui étaient imperceptibles au niveau macroscopique et de dresser ainsi, grâce à des observations de plus en plus nombreuses, un inventaire des structures microscopiques. Ces recherches microscopiques sont rendues possibles grâce à la suppression des aberrations optiques et à l'utilisation de lentilles achromatiques. Le microscope autorise donc le démontage des structures complexes de l'organisme et la mise en évidence d'une architecture emboîtée quasiment à l'infini. François Duchesneau nous rappelle ainsi qu' « au début du 19e siècle, la doctrine dominante, d'inspiration vitaliste, soutient que l'organisme vivant animal possède une unité de détermination indécomposable : on ne pourrait expliquer ses fonctions par le seul mécanisme des parties et le jeu des forces physico-chimiques. »[353] Selon cette doctrine, « un principe vital d'organisation, une sorte de tendance architectonique (le Bildungstrieb de Johannes Friedrich Blumenbach), dessinerait dès l'origine de l'organisme le plan d'intégration structurale et fonctionnelle caractéristique du vivant complexe. »[354] C'est ainsi qu' « au tournant du 19e siècle, Xavier Bichat conçoit les dispositifs tissulaires comme des éléments complexes permettant, par le jeu des propriétés vitales qui s'y manifestent, une intégration fonctionnelle de l'organisme : il fonde par le fait même l'histologie comme discipline analytique. »[355] Mais Bichat n'accorde aucun crédit aux structures vues au microscope et il est même l'auteur de cet aphorisme célèbre : « quand on regarde dans l'obscurité, chacun voit à sa manière. »[356] En effet, il ne reconnaît qu'un "seul type de visibilité", « [...] celui qui est défini par le regard

---

[352] G. N. Amzallag, *La raison malmenée – de l'origine des idées reçues en biologie moderne*, op. cit., p. 29

[353] F. Duchesneau, *La structure normale et pathologique du vivant*, pp. 29-57, in M. D. Grmek (sous la dir. de), *Histoire de la pensée médicale en Occident*, tome 3, *Du romantisme à la science moderne*, Paris, Editions du Seuil, 1999, p. 29

[354] Ibid., p. 30

[355] Ibid., p. 29

[356] X. Bichat, *Anatomie générale, appliquée à la physiologie et à la médecine*, Paris, J. A. Brosson et J.-S. Chaudé, libraires, 1821, p. 27

quotidien : une visibilité de droit qui enveloppe dans une indivisibilité provisoire une opaque transparence, et non pas (comme dans l'investigation microscopique) une invisibilité de nature que force, pour un temps, une technique du regard artificiellement multipliée. »[357] Ce n'est pas avec ce dernier type de regard que Bichat va faire son analyse. Son regard, à lui, obéit à la méthode anatomique, et il est le résultat d'une perception individuelle obtenue « [...] au terme d'un quadrillage spatial dont elle constitue la structure la plus fine, la plus différenciée, et paradoxalement, la plus ouverte à l'accidentel tout en étant la plus explicative. »[358] Son principe de visibilité va de pair avec une "lecture différentielle des cas". Bichat ignore donc la microscopie et renonce à une analyse qui irait dans « le sens d'un approfondissement indéfini vers les configurations les plus fines et intimes. »[359] Mais ceci ne l'empêchera pas de parvenir à « la superposition exacte du corps de la maladie et du corps de l'homme malade. »

En France, avec et après Bichat, durant les premières années puis les premières décades du 19e siècle, l'anatomie microscopique n'a pas vraiment le vent en poupe car ce qui ne tombe pas sous l'emprise du regard est considéré comme hors du savoir possible. Un certain nombre de techniques et le microscope en particulier, sont victimes d'un certain dénigrement. Dès le début même de la seconde moitié du 19e siècle, l'anatomie pathologique et les autopsies pâtiront d'un certain discrédit dont les causes seront mutiples. Parmi ces causes, il y a la révolution chirurgicale, l'émergence puis l'essor de la physiologie et de la bactériologie, le rejet méprisant des spécialités en médecine, du laboratoire et des examens complémentaires. De plus, une forme de xénophobie, principalement orientée contre l'Allemagne, allait entraîner aussi un certain front français du refus contre la théorie cellulaire, conçue et développée par des savants allemands. En France, toutes ces causes ont contribué, isolément ou non, au rejet, au refus du microscope, de la théorie cellulaire et, en même temps de la pathologie cellulaire, des examens complémentaires de laboratoire.

Alors, si l'on veut suivre un certain essor objectif de l'anatomie microscopique, il vaut donc mieux se tourner vers l'Allemagne.

L'ECOLE ALLEMANDE D'ANATOMIE MICROSCOPIQUE

Dès les années 1830, l'Ecole allemande d'anatomie microscopique s'engage dans l'étude systématique de la structure fine des tissus animaux. Avant de se lancer dans cette aventure, Jan Purkynje, à Breslau, introduit des méthodes pour faciliter les examens microscopiques (compression des tissus, durcissement de

[357] M. Foucault, *Naissance de la clinique*, op. cit., p. 171
[358] Ibid., p. 172
[359] Ibid.

ces tissus, taille de ces tissus en fines lamelles grâce au microtome). Purkynje met ainsi en évidence la structure fibreuse des dents, dévoile la présence de minuscules glandes dans la muqueuse de l'estomac, dans le pancréas et dans d'autres organes. Il fait la description des fibres nerveuses et note la présence de formations ganglionnaires, pourvues de noyaux, dans le tissu cérébral. En 1834, Johannes Müller, à Berlin, commencera à son tour des investigations microscopiques sur tous ces tissus. Ces deux écoles, celle de Breslau et celle de Berlin, s'appliqueront à étudier au niveau microscopique des questions primitivement déjà envisagées au niveau macroscopique. Ce sera particulièrement le cas pour le système nerveux. Ainsi, quand Magendie découvrira la séparation des fonctions motrice et sensitive dans les racines des nerfs spinaux, il faudra être en mesure de différencier la fonction de chaque nerf. Seule, une analyse fine, microscopique, permettra d'être sûr des caractéristiques fonctionnelles du système nerveux. Johannes Müller se fera remarquer dans l'élucidation des problèmes posés à ce sujet, en 1834. Son assistant, Théodore Schwann, s'illustrera avec sa théorie cellulaire. En 1839, il « [...] fait paraître son ouvrage "*Mikroskopische Untersuchungen über die Ûbereinstimmung in der Struktur und dem Wachstum der Thierre und Pflanzen*" qui constitue la première présentation synthétique de la théorie cellulaire. C'est cette théorie cellulaire qui sera la véritable clé de voûte de la science biologique et de la médecine scientifique par la suite. »[360]

Indéniablement, la première présentation synthétique de la théorie cellulaire par Schwann fait date dans l'histoire de l'anatomie microscopique et comme le souligne François Duchesneau, elle saura induire bien d'autres extensions épistémologiques. « Avant Schwann, il pouvait paraître légitime de douter que tous les organismes vivants, végétaux et animaux, répondissent à un même type de structure élémentaire. La notion d'une structure élémentaire vivante susceptible d'expliquer la formation et l'intégration des architectures organiques les plus complexes et les plus diverses pouvait faire figure de spéculation gratuite sans fondement adéquat dans les phénomènes observables. Après Schwann, on se servira de la notion de cellule comme d'un postulat de base pour interpréter les faits d'observation et surtout pour les unifier et pour en tirer un schéma d'intégration des données anatomiques, physiologiques et pathologiques. »[361] Pourtant, la théorie cellulaire de Schwann rencontre encore des rejets et parmi eux, celui d'Auguste Comte qui déclare : « L'abus de recherches microscopiques et le crédit exagéré qu'on accorde souvent à un

[360] F. Duchesneau, *La structure normale et pathologique du vivant*, pp. 29-57, in M. D. Grmek (sous la dir. de), *Histoire de la pensée médicale en Occident*, tome 3, *Du romantisme à la science moderne*, op. cit., p. 30

[361] Ibid.

moyen d'exploration aussi équivoque contribuent à donner une certaine spéciosité à cette fantastique théorie. »[362]

AVEC VIRCHOW, LA CELLULE EST RECONNUE COMME LA STRUCTURE ELEMENTAIRE DU VIVANT ET LA CYTOLOGIE DEVIENT UNE DISCIPLINE BIOMEDICALE FONDAMENTALE

L'axiome de Virchow (1821-1902) — « *omnis cellula e cellula* », c'est-à-dire toute cellule provient d'une autre cellule — énoncé en 1855, provoque « un fort infléchissement du programme de recherche sur les structures élémentaires du vivant ». Comme l'explique François Duchesneau, « la notion de cellule chez Virchow condense en elle plusieurs éléments de signification. Il s'agit d'abord d'une catégorie morphologique et morphogénétique assurant l'intégration d'activités physiologiques. En particulier, la cellule apparaît comme la figure d'intégration qui seule permet le processus de nutrition vitale. Lieu des échanges moléculaires de l'organisme, la cellule est la structure à laquelle s'applique le principe de la totalité ; l'organisme n'est qu'un tout dérivé, résultant d'une association de cellules structuralement et fonctionnellement diversifiées. Le noyau assume le rôle architectonique principal dans le maintien et la reproduction de la cellule puisque c'est à partir de lui que s'opère la division des cellules originelles. A l'expérimentation et à l'analyse, Virchow ouvre le vaste champ des dispositifs métaboliques en lesquels peut sans doute s'analyser l'activité fonctionnelle de la cellule. Mais surtout la micromorphologie fonctionnelle des unités vivantes sert de pivot à la construction théorique. »[363] Il n'est donc pas étonnant qu'avec Virchow, et à partir de lui, la cytologie fasse figure de discipline biomédicale fondamentale. L'œuvre de Virchow va ainsi s'inscrire dans la lignée de Mathias Jacob Schleiden et de Théodore Schwann, le premier ayant montré que les plantes sont composées de cellules, le second qu'il en est de même pour les animaux. Mais à la différence de Schwann, la théorie cellulaire de Virchow, comme ceci est précisé par Georges Canguilhem, « [...] n'est pas l'affirmation que l'être se compose de cellules, mais d'abord que la cellule est le *seul* composant de *tous* les êtres vivants, et ensuite que toute cellule provient d'une cellule préexistante. » [364] Par conséquent, avec la théorie cellulaire de Virchow, la cellule prend la place de la fibre comme unité élémentaire à partir desquels sont bâtis les corps organisés. En effet, la cellule est, selon Georges Canguilhem, « une notion à la fois anatomique et fonctionnelle, la notion d'un matériau

[362] A. Comte, *Cours de philosophie positive – La philosophie chimique et la philosophie biologique*, Paris, Bachelier Imprimeur-Libraire, 1838, tome III, p. 53

[363] F. Duchesneau, *La structure normale et pathologique du vivant*, pp. 29-57, in M. D. Grmek (sous la dir. de), *Histoire de la pensée médicale en Occident*, tome 3, *Du romantisme à la science moderne*, op. cit., p. 35.

[364] G. Canguilhem, *La connaissance de la vie, la théorie cellulaire*, op. cit., p. 59.

élémentaire et d'un travail individuel, partiel et subordonné. »[365] Mais, en même temps, Virchow parle d'une *Zellrepublik* ; cette notion de *"république cellulaire"* virchowienne est évoquée dans un énoncé de Reil qui indique que « le corps de l'animal est, en quelque sorte, une grande république formée de diverses parties, lesquelles subsistent dans un certain rapport mutuel et collaborent à la préservation de la totalité. »[366] François Duchesneau, pour sa part, montre que Virchow fait passer la vie végétative de la cellule (du fait des fonctions nutritives qui la caractérisent) au premier plan comme fondement de l'intégration organique complexe. Et, « en second lieu, le milieu ambiant organique, à la fois engendré par les cellules individuelles et réglant l'interaction de leurs "irritabilités" respectives, émerge comme objet privilégié d'analyse. »[367] Dans ces conditions, comme le fait remarquer François Duchesneau, « faut-il s'étonner que Claude Bernard ait rattaché son concept de *milieu intérieur* à une théorie cellulaire de type virchowien ? La complexité des organismes, agrégats de cellules autonomes, s'exprime par la différenciation des activités nutritives des diverses unités associées, suivant un processus de division du travail. Le milieu intérieur apparaît comme le régulateur permettant la conservation active de cet ensemble fonctionnel. Mais, point capital : le "rôle" fondamental des cellules serait de produire un milieu intérieur de plus en plus différencié, de plus en plus autonome par rapport aux déterminations externes affectant l'organisme global. De ce fait, le cadre morphologique de la cellule, qui est le point de référence obligé, est voué au dépassement, car il faut prendre en compte les interactions complexes que les cellules engendrent et subissent par interposition du milieu intérieur. »[368]

AVEC VIRCHOW, L'ANATOMIE PATHOLOGIQUE EST ENVISAGEE AUSSI SUR LE PLAN MICROSCOPIQUE, AU NIVEAU CELLULAIRE

Autrement dit, au fur et à mesure que Virchow développe ses vues, l'étendue de son programme se dévoile et son intention de fonder une physiologie pathologique à l'échelle cellulaire prend forme.

A l'aide du microscope, Virchow se met à reprendre systématiquement l'étude des liaisons anatomopathologiques qui ont été mises en évidence par ses cliniciens contemporains, en particulier par les grands cliniciens parisiens. En 1847, il expose clairement son attachement à l'anatomie et à l'anatomie

---

[365] G. Canguilhem, *La connaissance de la vie, la théorie cellulaire*, op. cit., p. 49

[366] J.-Ch. Reil [1796] (1910), 59, cité dans E. Marquiola et L. Montieil, *La médecine en révolution, Sciences et philosophie de la nature au tournant du XVIII*e *et du XIX*e *siècle*, Paris, Editions Hermann, 2012, p. 151

[367] F. Duchesneau, *La structure normale et pathologique du vivant*, pp. 29-57, in M. D. Grmek (sous la dir. de), *Histoire de la pensée médicale en Occident*, tome 3, *Du romantisme à la science moderne*, op. cit., p. 36.

[368] Ibid.

pathologique : « L'anatomie pathologique et la clinique, encore que nous reconnaissions parfaitement leur justification et leur indépendance, seront surtout pour nous les sources de nouvelles questions dont les réponses incomberont à la physiologie pathologique. Mais comme, pour leur majeure partie, ces questions ne pourront être formulées qu'après une étude détaillée des symptômes chez les vivants et de l'état des cadavres, nous tenons le développement des connaissances anatomiques et cliniques précises pour la première et la plus importante exigence de l'époque. »[369] Virchow pense, en ce milieu du 19e siècle, qu'un impératif est crucial en médecine : il faut fragmenter l'immense domaine de la pathologie en entités distinctes. Tandis que Claude Bernard espère édifier une pathologie objective et scientifique en la fondant sur la perturbation des relations fonctionnelles, Virchow s'évertue à la faire reposer sur la morphologie cellulaire, suivant en cela l'approche empiriste et les descriptions des anatomistes. Virchow se trouve ainsi être le fondateur de l'Ecole anatomique allemande qui s'illustrera dans l'identification de nombreuses maladies à partir d'anomalies microscopiques caractéristiques. Virchow se distingue encore par son fort attachement à l'anatomie et ceci est perceptible dans cet écrit de 1895 : « dans mon idée l'essence de la maladie est une partie modifiée de l'organisme ou bien une cellule modifiée ou un agrégat modifié de cellules (soit tissu, soit organe).[370]» Virchow appréhende la physiopathologie cellulaire de cette façon et continue à considérer structure et fonction comme intimement liées. Il s'impliquera particulièrement dans l'anatomopathologie microscopique et les médecins le suivront, dès la seconde moitié du 19e siècle, en intégrant la morphologie cellulaire dans leur champ de réflexion. La théorie cellulaire de Virchow aura donc eu un impact important sur la pensée médicale du 19e siècle et par-delà, « par son pouvoir de représentation théorique, par sa capacité d'engendrer des modèles analytiques, la théorie cellulaire constituera de fait la clé de voûte des développements contemporains sur les microstructures normales et pathologiques du vivant, sans lesquelles le fonctionnement de l'organisme intégré ne saurait se concevoir. »[371] La réussite de la théorie cellulaire se confirmera au 20e siècle au cours duquel la cellule sera bien considérée comme « une notion à la fois anatomique et fonctionnelle, la notion d'un matériau élémentaire et d'un travail individuel, partiel et subordonné. »[372]

---

[369] R. Virchow, cité dans M. Tubiana, *Histoire de la pensée médicale,* Paris, Editions Flammarion, 1995, p. 202.

[370] Ibid., p. 204.

[371] F. Duchesneau, *La structure normale et pathologique du vivant*, pp. 29-57, in M. D. Grmek (sous la dir. de), *Histoire de la pensée médicale en Occident*, tome 3, *Du romantisme à la science moderne*, op. cit., p. 56.

[372] G. Canguilhem, *La connaissance de la vie*, op. cit., p. 61.

2-3 – L'anatomie pathologique aux 18e et 19e siècles

Il est habituel d'attribuer la naissance de l'anatomie pathologique à Morgagni, mais nous devons reconnaître que les premières descriptions des modifications pathologiques ont déjà été réalisées au 16e siècle. Ensuite, au 17e siècle, les premières démarches anatomopathologiques proprement dites s'esquisseront et leur gestation aboutira à la naissance de l'anatomie pathologique dont Morgagni se fera le promoteur, au 18e siècle.

Il nous semble donc capital, avant d'aborder l'anatomie pathologique proprement dite des 18e et 19e siècles, de relater quelque peu les prémices des fondements de l'anatomie pathologique et de faire ainsi une incursion dans les 16e et 17e siècles.

LES PREMIERES DESCRIPTIONS DES MODIFICATIONS PATHOLOGIQUES DES ORGANES AU 16^{E} SIECLE

Déjà Alessandro Benedetti (1450-1512) en étudiant la syphilis et ses ravages sur les troupes françaises, avait remarqué les altérations du périoste et du parodonte. Mais c'est véritablement le florentin Antonio Benivieni qui sera l'un des premiers à tenter de faire une "synthèse entre l'anatomie et la clinique".

G. B. Risse nous explique comment Benivieni va s'y prendre pour satisfaire son aspiration à établir des corrélations entre les observations effectuées au chevet du patient et celles réalisées, après leur mort, sur la table de dissection. « Dans son ouvrage *De abditis nonnullis ac mirandis morborum et sanationum causis*, publié en 1507, cinq ans après sa mort, Benivieni tente de démontrer l'utilité de cette approche en étudiant vingt-deux de ses patients du point de vue clinique et pathologique. A cet effet, il obtint des familles de ces patients la permission d'effectuer personnellement l'autopsie. Ces examens nécroscopiques se limitaient à la simple ouverture du cadavre, sans dissection scrupuleuse des différents organes »[373]. Malheureusement, comme le fait remarquer G. B. Risse, vu l'insuffisance des données anatomiques et le caractère fragmentaire des connaissances cliniques rassemblées par Benivieni, ce dernier n'a pas réussi à établir des corrélations vraiment significatives.

Ensuite, les plus célèbres des anatomistes du 16e siècle, Vésale, Colombo, Fallope et Eustache, n'ont pas manqué d'observer puis de décrire des modifications pathologiques des organes mais la plupart d'entre elles étaient effectuées de façon fortuite. Ainsi en a-t-il été, avec Vésale, de la description des anévrismes de l'aorte. Citons aussi Fernel, enseignant la médecine à Paris à partir de 1543 ; en effet, dans son ouvrage en trois parties, *Universa*

---

[373] G. B. Risse, *La synthèse entre l'anatomie et la clinique*, pp. 177-197, in Mirko D. Grmek (sous la dir de), *Histoire de la pensée médicale en Occident*, tome 2, *De la Renaissance aux lumières*, Paris, Editions du Seuil, 1997, p. 179

medicina[374], il réserve la seconde partie à la *Pathologia* dans laquelle il réalise la première étude systématique des modifications anatomiques des principaux organes internes observés lors d'autopsies après différents types de maladies.
Enfin, à la fin du 16e siècle, Johannes Schenck von Grafenberg, étudiant à l'université de Tübingen, aura l'idée de collecter toutes les observations pathologiques issues de ses lectures des ouvrages de Sylvius, de Vésale et de Colombo. Il adjoindra à ces observations les siennes propres et celles de ses amis, et il les rassemblera dans son ouvrage *Observationum medicarum, rararum, novarum*, comprenant sept volumes publiés entre 1584 et 1597. De même, à la fin du 16e siècle, dans son ouvrage *De gangraena et sphacelo*, Wilhem Fabry von Hilden (1593), décrira des lésions locales comme causes de certains symptômes.

LES PREMIERES DEMARCHES ANATOMO-PATHOLOGIQUES AU 17E SIECLE

Influencé par l'Ecole anatomique de Padoue, William Harvey enregistre et rédige les *histoires anatomiques* de plusieurs cas cliniques de sa patientèle privée. Il insiste ainsi sur les services rendus par l'anatomie pathologique : « j'oserais dire que la dissection d'un sujet pathologique, l'examen d'un corps pourri par une vieille maladie, sont choses plus utiles à la médecine que la dissection de dix cadavres de pendus. »[375] De même, son compatriote, le médecin Thomas Willis, développera les grandes lignes d'une médecine rationnelle fondée sur l'étude des corrélations entre la clinique et l'autopsie, donc sur l'étude de l'anatomie humaine normale et pathologique. D'autres médecins et physiologistes anglais défendront les mêmes convictions sur l'importance de l'anatomie pathologique. En admettant la localisation des pathologies, Willis et ses confrères anglais se heurtent à la pensée clinique de leur époque, basée sur une vision holistique dont Sydenham est le représentant. L'approche de ce dernier se fonde sur l'implication de toutes les parties du corps, celles-ci étant intimement liées.
L'Ecole italienne du 17e siècle, fortement influencée par la recherche microscopique de Malpighi dans l'anatomie normale et pathologique, ne sera pas en reste par rapport aux Anglais. Ainsi, en 1632, Marco Aurelio Severino, professeur d'anatomie à l'université de Naples, écrira un ouvrage, *De recondita abscessuum natura*, dans lequel il s'applique à décrire et classer de nombreuses tumeurs en précisant leur malignité ou leur bénignité. De son côté, Giovanni Guglielmo Riva, chirurgien du pape Clément IX, créera dans un hôpital de Rome un musée de pièces anatomopathologiques.

---

374 J. Fernel, *Universa medicina,* Paris, Andreas Wechel, 1554, 576 p.
375 W. Harvey, *La circulation du sang – Des mouvements du cœur chez l'homme et chez les animaux,* trad. par Charles Richet, op. cit., p. 182

L'Ecole hollandaise est représentée par Frederik Ruysch et Nicolas Tulp. Frederik Ruysch, célèbre pour ses recherches sur le système lymphatique, publie un atlas dans lequel figurent les images de foies cirrhotiques, de calculs rénaux, d'un gros anévrisme de l'aorte et de tumeurs du rectum et de l'estomac. Pour sa part, Nicolas Tulp, professeur d'anatomie à Amsterdam, expose dans son ouvrage illustré, intitulé *Observationes medicae* (publié en 1641), ses observations sur les polypes et les cancers.
En France, Vieussens décrira à Montpellier quelques états pathologiques du cœur non encore répertoriés.
Le médecin suisse de Schafhouse, Johann Jakob Wepfer, dans son ouvrage *Observationes anatomicae, ex cadaveris quos sustulit apoplexia*, publié en 1658, s'intéresse aux modifications anatomiques liées à des atteintes pathologiques du réseau vasculaire du cerveau.
Enfin, l'anatomiste danois, Thomas Bartolin, a rassemblé, dans son *Acta medica et philosophica*, les comptes rendus de ses examens microscopiques réalisés par ses soins à Padoue et à Leyde, ainsi que ceux des observations anatomopathologiques effectuées par les savants ayant opéré dans son théâtre anatomique de Copenhague.
Mais, c'est le médecin genevois, Théophile Bonet (1620-1689), qui marquera le plus Morgagni. En effet, T. Bonet publie en 1679 un ouvrage dont le titre *"Sepulchretum ou encore anatomie pratique, à partir de cadavres de gens morts par maladie proposant les histoires et les observations de presque toutes les affections du corps humain et mettant au jour les causes cachées"* récapitule son ambitieux programme qui ne laisse pas Morgagni indifférent. Bonet a la prétention d'établir une corrélation entre les altérations anatomiques observées lors des autopsies et les symptômes cliniques présentés par le patient de son vivant. Parmi tous les anatomistes qui l'ont précédé, Bonet est le plus proche des visées de Morgagni dans ses recherches anatomopathologiques. Néanmoins, la question est de savoir si Bonet va atteindre ses objectifs. Pour y répondre, il suffit d'analyser minutieusement le *Sépulchretum*. Bonet se contente d'y rapporter les observations d'autres médecins sans les analyser et sans les critiquer. Il présente chacune de ces observations, l'une après l'autre, sans en tirer de conclusions générales. Bonet n'a donc, en aucune manière, rempli ses objectifs.

AVEC MORGAGNI, AU 18^E SIECLE, NAÎT UNE VERITABLE CONCEPTION ANATOMIQUE DE LA MALADIE

Nous avons passé en revue la longue liste des médecins et anatomistes qui, aux 16e et 17e siècles, ont préparé le terrain pour la consécration de l'anatomie pathologique au moment de la publication du *De sedibus* de Morgagni. Pour être complet, nous nous devons d'évoquer le nom de Giovanni Maria Lancisi, dont les deux ouvrages, *De subitancis mortibus* (1707) et *De motu cordis et aneurysmatibus* (1728), offrent une base nouvelle à l'étude de la pathologie cardiaque au 18e siècle. Avant d'aborder l'anatomie pathologique développée par Morgagni, nous nous devons d'évoquer le nom de Joseph Lieutaud (1703-1780). Il figure parmi les anatomistes les plus habiles du 18e siècle. Ses *Essais anatomiques contenant l'histoire exacte de toutes les parties qui composent le corps de l'homme, avec la manière de disséquer*[376] montrent à quel point sa renommée est justifiée. Il y rectifie de nombreuses erreurs de description et il veut donner à son ouvrage l'allure d'un livre pratique pour la chirurgie. D'ailleurs, Lieutaud y réussit puisqu'il est considéré comme l'un des fondateurs de l'anatomie chirurgicale. Médecin de Louis XV, puis de Louis XVI, il est aussi un pionnier de l'anatomie pathologique et un précurseur de l'anatomie clinique, ce qui nous est révélé par son ouvrage *Historia anatomica*[377], dont Portal s'inspirera d'ailleurs au début du 19e siècle. Nous nous devons aussi de mentionner l'existence, au 18e siècle, de deux noms ayant apporté d'autres développements dans la théorie des maladies. Il s'agit de Boissier de Sauvages et de William Cullen. Inspirés par l'histoire naturelle et l'œuvre de Linné, ils vont essayer de classer les maladies nosologiquement en les répartissant en classes, espèces et variétés, à l'instar des classifications établies en botanique et en zoologie. Le but de cette taxinomie des maladies, construite sur le modèle d'une histoire naturelle des maladies, était de montrer que les maladies sont des entités réelles gouvernées par des lois naturelles. C'est ce qu'essaiera d'établir Boissier de Sauvages dans sa *Nosologie méthodique*[378], publiée en 1771. Il y adopte une classification des maladies dont la méthode est largement inspirée des classifications botaniques (les maladies y sont ordonnées en classes, ordres, genres et espèces) ; en effet, Boissier de Sauvages est à la fois un médecin et un grand botaniste, ami de Linné. Il fait partie de ceux qui « clament que les lésions observées sur le cadavre ne peuvent pas "désigner l'essence de la maladie" ».[379] Il ne partage donc pas les idées de Morgagni qui a « pour seul guide la localisation des lésions » (*Maurice Tubiana nous rappelle en effet que pour Morgagni « asthme et hémoptysie appartiennent à la même famille parce qu'ils sont localisés dans le thorax ».*[380]) car « la région atteinte ne peut suffire à décrire une maladie. »[381] Boissier de Sauvages affiche son scepticisme vis-à-vis de l'idée même d'un fondement anatomique de la maladie. Néanmoins, le travail nosologique de Boissier de Sauvages, comme celui de Pinel, aideront peu à peu les médecins à

---

[376] J. Lieutaud, *Essais anatomiquess contenant l'histoire exacte de toutes les parties qui composent le corps de l'homme, avec la manière de disséquer*, Paris, chez Pierre-Michel Huart, 1742, 724 p.
[377] J. Lieutaud, *Historia anatomica*, Paris, chez Vincent, 1767
[378] F. Boissier de Sauvages de Lacroix, *Nosologie méthodique*, Paris, Hérissant le fils, 1771, 10 volumes
[379] M. Tubiana, *Histoire de la pensée médicale*, op. cit., p. 183
[380] Ibid.
[381] Ibid.

lier, par des rapports de causalité, les signes morbides décelés au cours de l'examen clinique du malade et les dégâts anatomiques.

Quand Morgagni se met à écrire son *De sedibus*, il conçoit d'abord ce travail comme une tentative de mise à jour et de correction de l'œuvre de Bonet, en apportant au *Sepulchretum* un certain nombre d'éléments tirés de sa propre expérience et de celle de Vasalva. Mais, très vite, Morgagni se rend compte des nombreuses inexactitudes, de lacunes dans les index des maladies et aussi de l'insuffisance des liens entre les observations anatomiques et les observations cliniques, présentes dans le *Sepulchretum* de Bonet. Ceci va inciter Morgagni à être prudent et pour pallier les défaillances des index des maladies du *Sepulchretum*, Morgagni déploie tout son art anatomique et son sens clinique pour tenter d'obéir à l'impératif catégorique des anciens Cnidiens : « localiser le mal ». Le savoir encyclopédique de Morgagni, la puissance de son esprit critique et la qualité de ses observations, vont lui permettre de réaliser un travail très méticuleux et beaucoup plus instructif que celui de Bonet.

Il faut dire que Morgagni s'est particulièrement impliqué dans ce travail d'envergure en rapportant une masse inouïe d'informations, issues, pour la plupart, des résultats des dissections effectuées par lui-même sur sept cents cadavres.

De plus, Morgagni a bénéficié, pour le lancement d'une véritable anatomie pathologique, d'un contexte historique très favorable, réunissant des facteurs biologiques et sociaux. Ces facteurs ont facilité l'exploration plus méticuleuse des corrélations entre la clinique et la pathologie. A vrai dire, depuis la Renaissance, l'éventail des maladies observées en milieu urbain s'ouvre de plus en plus. On découvre de plus en plus de maladies inconnues, maladies infectieuses, maladies dégénératives vasculaires et rhumatismales. En outre, puisque l'usage des armes à feu est de plus en plus fréquent, les connaissances anatomiques sont de plus en plus indispensables tant pour extraire les projectiles que pour soigner les blessures.

Enfin, dans les hôpitaux, les autorités hospitalières autorisent de plus en plus souvent les professionnels à pratiquer des autopsies des dépouilles des personnes sans famille, décédées dans leurs salles.

Morgagni est le digne héritier d'une longue tradition du milieu intellectuel et institutionnel de Bologne et de Padoue qui a toujours accordé une place cruciale à l'anatomie, tradition qui se perpétue depuis plus de deux siècles. Sous l'influence d'Antonio-Maria Vasalva (1666-1723), Morgagni va se fixer un certain programme d'étude anatomique, comprenant l'étude du tube digestif, celle des voies biliaires, du larynx et de l'utérus. Il lui est possible alors, en s'appuyant sur sa solide formation anatomique, d'envisager l'interprétation de toutes les observations qu'il a rassemblées sur les altérations des structures anatomiques des organes, dues aux différentes maladies.

Ainsi, S. B. Nuland nous rappelle que les symptômes sont, selon Morgagni, « le cri des organes souffrants »[382], et qu'il faut donc être à même de situer ce cri pour répondre à la question de base : *Ubi est morbus* ? Où est le mal ? Le message de Morgagni se retrouve d'ailleurs bien résumé dans le titre de son ouvrage : *Recherches anatomiques sur le siège et les causes des maladies* (*De sedibus et causis morborum per anatomen indigatis*). L'œuvre de Morgagni s'inspire des études post-mortem de deux de ses prédécesseurs, Johann Wepfer et Théophile Bonet. Mais Morgagni veut éviter à tout prix le caractère buissonnant du *Sepulchretum* de Bonet, en tenant un langage clair et précis. Il souhaite en effet être accessible à tous, "être utile aux jeunes étudiants", "secourir l'humanité avec l'aide des étudiants" et, comme l'écrit Jackie Pigeaud, être « susceptible d'être lu par les érudits, et capable de répondre à la question "*quid juris ?*" que pose la science. »[383]

Morgagni s'est assigné une mission : « montrer que les maladies résidaient dans des organes spécifiques, que les symptômes des maladies correspondaient à des lésions anatomiques, et que c'étaient les changements organiques pathologiques qui étaient responsables des manifestations des maladies. »[384]

Morgagni pose ainsi les bases de la pathologie organique. Il est le premier à parvenir à identifier, entre autres, les tumeurs syphilitiques du cerveau et la tuberculose du rein, mais aussi à individualiser l'ulcère d'estomac et l'angine de poitrine. Morgagni initialise ainsi un vaste mouvement de rationalisation et de scientifisation de la médecine et ce, grâce à l'anatomie. Fort de ses découvertes, Morgagni affirme avec force la nécessité d'"ouvrir" des cadavres humains. Ainsi, en 1712, il écrit : « Nous affirmons que la nature d'aucune maladie ni ses causes ne peuvent être avancées sans les dissections des cadavres qui les garantissent… »[385]

Néanmoins, Morgagni est conscient des risques encourus lors de ces dissections de cadavres, risques de se tromper en identifiant des lésions qui ne sont pas la cause de la maladie. Alors, il recommande un certain nombre de règles à respecter pour l'éviter : « d'abord, la pratique systématique des ouvertures, le nombre des autopsies ; ensuite l'attention scrupuleuse portée aux circonstances antécédentes de l'affection, à la suite et à l'ordre des symptômes. »[386]

Morgagni conseille en même temps de continuer à ouvrir des corps sains pour mieux les comparer avec des corps de malades. Jackie Pigeaud nous rappelle

[382] S. B. Nuland, *Les héros de la médecine,* trad. D. Authier et J. Lahana, op. cit., p. 145

[383] J. Pigeaud, *Médecine et médecins padouans,* pp. 19-36, in G. Pirolo Bettiol et al., *Les siècles d'or de la médecine – Padoue XVe –XVIIIe siècles*, op. cit., p. 32

[384] Porter R. et Vigarello G., *Corps, santé et maladies,* pp. 335-372, in Corbin A., Courtine J.-J., Vigarello G., *Histoire du* corps, op. cit., p. 371

[385] « Negabimus, ullius morbi naturam, et causas sine respondentibus cadaverim dissectionibus esse proponendam. »

[386] J. Pigeaud, *Médecine et médecins padouans,* pp. 19-36, in G. Pirolo Bettiol et al., *Les siècles d'or de la médecine – Padoue XVe –XVIIIe siècles*, op. cit., p. 32

que « Morgagni tient absolument à l'*histoire*, au sens ancien du terme, c'est-à-dire à la description ordonnée et systématique. Il faut décrire ce qui a rapport aux causes antécédentes de la maladie, à ses symptômes, ou aux lésions des parties observées sur le cadavre. »[387] Jackie Pigeaud précise ainsi que selon Morgagni, « l'anatomie des corps malades est la description de toutes les modifications que l'on peut attribuer à une cause morbide, à travers ce qui apparaît à la vue du praticien. Elle ne se conçoit donc que par rapport à une norme. Aberrations de forme, transformations, déplacements, altérations constituent une sorte de sémiologie *post mortem* qui confirme ou infirme la sémiologie du vivant. »[388] Morgagni est le premier à reconnaître ce que dira Daremberg à la fin du 19e siècle : « sans anatomie normale point d'anatomie pathologique ; sans l'une et l'autre anatomies, point de diagnostic certain et rationnel, soit du siège, soit de la nature de l'affection ».[389] Par conséquent, nous ne devons pas seulement à Morgagni la naissance de l'anatomie pathologique, nous lui devons aussi celle de la science moderne du diagnostic. Une chose est sûre : les corrélations établies par Morgagni ont démontré le caractère crucial des observations sur le malade vivant et elles ont donc activé la recherche des signes cliniques spécifiques correspondant aux lésions anatomiques. D'ailleurs, Morgagni lui-même a approfondi sa recherche des signes cliniques pour mieux éclairer ensuite les circonstances de la mort. Dans le développement de son *De sedibus*, il mentionne, en plusieurs endroits, la pratique sur ses patients de la palpation et de l'auscultation pour découvrir les formations pathologiques cachées à l'intérieur de leur corps. De plus, Morgagni est à l'origine d'une véritable rupture épistémologique puisque la publication de *De sedibus et causis morborum* va sonner le glas de la théorie humorale, en lui substituant une grille d'étude et de lecture des maladies, totalement différente. Comme l'écrit S. B. Nuland, le corps humain sera désormais considéré « comme composé d'un ensemble de structures physico-mécaniques fonctionnant de manière coordonnée et sans à-coups — ces structures étant les organes et les groupes d'organes que nous appelons systèmes. Et l'on vit dans toute maladie l'effet sensible de l'arrêt ou du dérèglement d'une partie ou d'une autre de cette machinerie. »[390]

Néanmoins, les anamnèses de Morgagni sont souvent confuses et incomplètes, et ses observations sur les cadavres n'ont qu'une valeur réduite, faute de données biographiques et d'informations sur les évènements ayant précédé la mort. De plus, alors qu'il tente parfois de confirmer ses conclusions par des expériences sur les animaux, ses interprétations physiopathologiques sont le

---

[387] J. Pigeaud, *Médecine et médecins padouans,* pp. 19-36, in G. Pirolo Bettiol et al., *Les siècles d'or de la médecine – Padoue XVe –XVIIIe siècles*, op. cit., p. 32

[388] Ibid., p. 33

[389] C. Daremberg, *La médecine, histoire et doctrines*, Paris, Didier et Cie, libraires – éditeurs, et chez J.-B. Baillière et fils, 1865, p. 299

[390] S. B. Nuland, *Les héros de la médecine,* trad. D. Authier et J. Lahana, op. cit., p. 157

plus souvent nettement spéculatives. Finalement, le message le plus marquant, laissé à la postérité par Morgagni, est le suivant : l'anatomie est l'instrument disponible le plus pertinent et le plus efficace pour comprendre la maladie et donc pour améliorer les capacités diagnostiques du médecin. Ce "prince des anatomo-pathologistes" s'affirme ainsi comme le maître d'œuvre de la sortie de la médecine de longs siècles d'obscurantisme.
Cependant, l'œuvre de Morgagni demeure une "histoire naturelle des maladies" et l'anatomie pathologique ne pourra atteindre son plein développement que lorsque Bichat aura effectué ses travaux sur l'anatomie des tissus, Auenbrugger aura découvert la percussion et Laënnec son stéthoscope. Certes, Morgagni n'a guère dépassé le stade de l'organisation des matériaux et des observations, mais les résultats de ses travaux et leur impact sur la pensée médicale ont constitué un réel progrès. Indéniablement, Morgagni a fait montre de sagacité en sachant saisir de très nombreux détails de la complexité de la "machine humaine". D'une certaine façon, grâce à Morgagni et à l'anatomo-pathologie, la médecine de l'Europe moderne a su négocier le passage d'une réflexion sur l'individu à une réflexion sur le collectif. Morgagni a eu aussi le mérite de créer un vaste mouvement de promotion de l'anatomie pathologique porté d'abord par ses contemporains et ensuite par ses successeurs.
Parmi eux, Edouard Sandifort, de Leyde, élève et successeur d'Albinus, a publié un ouvrage illustré en quatre volumes, *Observationes anatomico-pathologicae* (1777-1781), regroupant un certain nombre de descriptions des anomalies congénitales et plus particulièrement la malformation cardiaque, connue plus tard sous le nom de "tétralogie de Fallot".
Mathew Baillie, neveu de John Hunter, figure lui aussi parmi ces anatomo-pathologistes. Il est conscient des progrès encore à réaliser en anatomie pathologique et ce, d'autant plus que selon lui, « les actions morbides se produisent dans les parties les plus minuscules du corps animal, cachées à l'observation ». Il sait combien il y a de chemin à parcourir pour relier la structure pathologique à la dysfonction organique ; néanmoins, il pense que l'étude des structures anormales est le seul moyen de mieux comprendre les altérations fonctionnelles. De plus, Baillie est partisan d'une approche dynamique en pathologie. Il revendique la primauté de l'anatomie pathologique sur la médecine clinique, mais ses observations, sur la table de dissection, se limitent à des descriptions qui ne sont pas à l'image de ses prétentions. Il ne les fait suivre ni d'analyses, ni de corrélations entre les structures anormales et les pathologies détectées, ni de propositions de théories explicatives. Il faut reconnaître aussi que Baillie évolue dans un milieu anglais où l'autopsie n'est pas une pratique courante car les médecins et les chirurgiens anglais ne voient pas en quoi l'autopsie peut être importante pour la pratique médicale. De plus, la majorité des médecins anglais considèrent les modifications anatomiques, découvertes post-mortem, comme des effets s'ajoutant à la maladie elle-même et apparaissant dans sa phase terminale.

En Allemagne, l'élan d'adhésion pour l'anatomie pathologique est beaucoup plus prononcé. G. B. Risse nous indique qu' « en 1779, dans son *System einer vollständigen medicinischen Polizey*, Johann Peter Franck propose de construire des bâtiments spécialement destinés à la dissection des cadavres humains, où les praticiens pourraient découvrir les défauts cachés du corps et corriger les erreurs commises, pour mieux traiter les maladies et les vaincre. »[391] Franck estime nécessaires, la connaissance des lésions anatomiques pour faire progresser le savoir médical, et la systématisation des autopsies afin de mieux former les étudiants en médecine.

A Vienne, Anton de Haen pratique lui-même les autopsies et son successeur, Maximilian Stoll, institue l'autopsie de tous les patients décédés dans les hôpitaux de la ville. Mais, malgré la mise en relation des lésions anatomiques avec les observations cliniques, la tenue de recueils où sont relevées les données anatomo-pathologiques collectées par de Haen et Stoll, ces données sont peu prises en considération pour le diagnostic et le traitement.

Ala fin du 18e siècle, de plus en plus de médecins sont partisans de l'anatomo-pathologie car elle leur semble être un bon moyen d'obtenir des informations complémentaires, utiles à la fois à la clinique et à la meilleure connaissance de la maladie. Néanmoins, l'anamnèse étant de plus en plus souvent délaissée, l'écoute du patient se fait plus rare, au profit d'un discours médical abstrait et technique. G. B. Risse explique que « cette dépersonnalisation se traduit aussi par la création de musées de pièces d'anatomie pathologique où sont exposées uniquement les parties malades du corps humain, ordonnées d'après le classement des organes ou des tissus. »[392] Finalement, le développement de l'anatomie pathologique a pour conséquence l'émergence de classifications topographiques (anatomiques) des maladies. Une autre conséquence du développement de l'anatomie pathologique est l'amorce d'un véritable tournant conceptuel qui est marqué, nous dit G. B. Risse, « par la définition de la maladie non plus sur la base des évènements cliniques, mais d'après des caractéristiques anatomopathologiques. Les structures anatomiques anormales ne sont plus le siège de la maladie, mais deviennent son essence. »[393]

A LA FIN DU 18E SIECLE, UN CONTEXTE FAVORABLE A LA MONTEE EN PUISSANCE DE L'ANATOMIE PATHOLOGIQUE EN FRANCE

En France, durant la période révolutionnaire, les médecins vont faire de l'anatomie et de la dissection « le pivot de l'acquisition des savoirs ». En 1794, le gouvernement de Salut public décide de réformer l'éducation médicale, de

---

[391] G. B. Risse, *La synthèse entre l'anatomie et la clinique*, pp. 177-197, in Mirko D. Grmek (sous la dir de), *Histoire de la pensée médicale en Occident*, tome 2, *De la Renaissance aux lumières*, op. cit., p. 189

[392] Ibid., p. 190

[393] Ibid.

dissoudre les Académies et les Facultés et de créer une Ecole de santé dont le programme devra mettre l'accent sur la pratique et la connaissance de l'anatomie. En outre, le Comité de Salut public ordonne la réunification de la médecine et de la chirurgie et organise l'institution d'une visite pédagogique de l'hôpital.[394]

C'est dans ce cadre de la refonte institutionnelle que Michel Foucault situe la "naissance de la clinique". La naissance de la clinique est un évènement majeur qui va changer le regard du médecin sur le corps humain et contribuer à l'élargissement de la vision générale de l'anatomie. La spécificité de la clinique, sa technologie et le nouveau regard qu'elle porte sur le corps malade, sont des facteurs qui vont être favorables au développement de l'anatomie pathologique. Dans son livre, *Naissance de la clinique*, M. Foucault fait une analyse très éclairante de ces facteurs et J.-P. Gaudillière nous en rapporte succinctement le contenu : « Pour Foucault, la spécificité de la clinique tient à la recherche du "signe", c'est-à-dire de quelque chose qui est un caractère distinctif de l'espèce de maladie observée, quelque chose qui "signe" la maladie dans l'espace anatomique et donne la logique de sa progression. Le signe n'est pas un symptôme mais le révélateur d'une lésion localisée. Il n'accompagne pas la maladie, mais est la maladie. Le signe suppose une autre sorte de tableau que le récit biographique de l'enchaînement des symptômes, il implique une "analyse" qui va chercher dans l'intimité des corps le changement organique caractéristique pour le monde visible et énonçable. Le regard clinique est une nouvelle façon de voir le corps malade qui n'appartient pas au pur royaume des idées mais s'appuie sur une pratique, une "technologie" de la clinique. »[395] Cette technologie de la clinique fait appel au corps du médecin qui devient lui-même instrument. Le médecin sollicite ses sens et plus tard concevra des instruments qui augmenteront ses capacités sensorielles afin de mieux appréhender l'anatomie sur le vivant. Les activités respectives en anatomie pathologique et en clinique se concentrent désormais, pour les premières, dans l'amphithéâtre d'anatomie et, pour les secondes, dans les salles de clinique hospitalière. Au sein de ces deux pôles d'activité, les corps malades représentent dorénavant de vrais objets de connaissance. Une vraie réflexion s'engage au niveau anatomique et la confrontation des anatomies (sur les morts, sur les cadavres et sur le vivant) va faire progresser aussi bien l'anatomie en général, que l'anatomie pathologique en particulier. Il s'ensuivra même une remise en question de la terminologie anatomique de façon à améliorer l'enseignement de l'anatomie, de l'anatomie pathologique, et de la clinique naissante. De nombreuses discussions auront lieu sur la terminologie anatomique et, parmi ceux qui participeront à la bataille sémantique, figure le Dr. Dumas. Ce dernier a la ferme intention de modifier la terminologie afin de faciliter l'apprentissage

---

394 J. P. Gaudillière, *La médecine et les sciences, XIXe- XXe siècles,* op. cit., p. 10

395 Ibid.

de l'anatomie aux étudiants en médecine et surtout de rendre plus rationnel le vocabulaire anatomique. Comme Dumas dénonce violemment l'illogisme du vocabulaire "corporel", il s'applique à composer des mots nouveaux, principalement ceux relatifs à l'ostéologie, à la splanchnologie et à la myologie et rassemble tout ce travail dans un volumineux traité. F. Dagognet nous dresse un résumé significatif des pages les plus virulentes du traité de Dumas dans lesquelles sont dénoncées les représentations absurdes du vocabulaire anatomique et bon nombre de ses tares.

« Pourquoi ce terme de carotide, sinon parce que, lorsqu'on presse l'artère, l'animal s'engourdit et dort (de caros, léthargie et assoupissement, donc, l'artère du sommeil) ? Pourquoi encore la veine céphalique du pouce ? Quand la tête se congestionne, on l'ouvre éventuellement. Le "cardia" désigne malencontreusement l'orifice supérieur de l'estomac pour la seule raison qu'on vomit dans le "mal de cœur". Le vocabulaire charrie "l'à-peu-près", l'archaïque et le fantaisiste. C'est bien pourquoi, dès le XIXe siècle, on recensera fiévreusement les erreurs enfermées dans la terminologie usuelle. Nettoyons les dictionnaires et balayons tous ces mots qui enracinent et colportent les médecines périmées.

Pis encore, rien d'organisé dans ce vocabulaire, attendu que chaque dénomination implique un mode de formation qui ne vaut plus pour les autres. Végétation touffue, qui nous cache la réalité organique et ses linéations. Tantôt, en effet, on s'inspire de la forme de l'appareil (par exemple, le deltoïde, le pyramidal, le trapèze...), tantôt de la direction (le grand droit, l'oblique...), tantôt de la fonction supposée (l'abducteur, le pronateur, le releveur, l'obturateur, ou le suspenseur (cremaster, du mot grec kremân, suspendu), diaphragme (du mot grec diaphratto, clore transversalement). Et Dumas ajoute : "Cette manière de dénommer les muscles est très arbitraire, très défectueuse et très propre à entretenir l'erreur, car elle varie selon la diversité des opinions, elle change à mesure que les observations nouvelles démontrent dans les mêmes muscles des usages qui ne leur étaient pas attribués"[396] ; tantôt encore le volume fonde le vocable (grand, cave, grêle...), tantôt l'analogie (trompe[397], queue[398], aile, corne...), parfois les attaches (par exemple : l'occipito-frontal, le sterno-hyoïdien, le coraco-brachial...), parfois des sentiments ou des attitudes (honteux, sublime, profond) ; souvent aussi le nom évoque celui qui l'a illustré ou découvert (tendon d'Achille, ligament de Poupart, trompe d'Eustache, aqueduc de Fallope). Incroyable pêle-mêle. Il faut, d'urgence simplifier et ordonner, préciser et abréger. "A la vue de cette nombreuse et dégoûtante synonymie, à la vue des principes différents et contradictoires qui enfantèrent cette exubérance nominale..."[399] note Dumas, on est dans l'obligation de tout biffer et, bien entendu, de se tourner vers "les botanistes qui se servent des phrases courtes et concises, afin de rassembler sous un petit nombre de mots, tous les caractères d'une plante".[400] Dumas se réclame encore de l'algèbre et de la géométrie.

Il forge aussitôt de nombreuses tables de correspondance entre les vieux mots usés, trompeurs et les polynomes modernes, destinés à les remplacer : non seulement il établit des règles pour les désinences et les compositions elliptiques, mais il défend le principe d'une nomenclature strictement topographique. Le muscle-vecteur se caractérise uniquement par son point d'origine et son point d'arrivée. Puis Dumas étend cette méthode à la "névrologie", à l'"ostéologie", à la "splanchnologie", à l'"angéologie". Partout le vocable anatomique ou viscéral doit sortir de la seule anatomie (une stricte géométrie de position). Par là, il nous protégera de l'imprécis (pourquoi appeler tel ou tel muscle pectoral alors que ce mot convient à tous ceux qui se disposent là ?, et aussi d'un descriptif trop chargé. Des expressions brèves et non équivoques. »[401]

---

396 C. L. Dumas, *Système méthodique de nomenclature et de classification des muscles du corps humain avec des tableaux descriptifs propres à rappeler leurs noms anciens, leurs noms nouveaux*, Imprimerie de Bonnariq, Avignon et Migueyron, 1797, pp. 48-49 (cf. tableaux XV et XVI)

397 F. Dagognet, *Le catalogue de la vie*, Paris, Editions PUF, 1970, p. 219

398 Ibid., p. 220

399 C. L. Dumas, *Système méthodique de nomenclature et de classification des muscles du corps humain avec des tableaux descriptifs propres à rappeler leurs noms anciens, leurs noms nouveaux*, op. cit., p. 54

400 Ibid.

401 F. Dagognet, *Le catalogue de la vie*, op. cit., p. 220

Mais, comme le montre si bien F. Dagognet, tout ce travail de Dumas et des "nomenclatureurs" est fortement critiqué par Cabanis qui était pourtant « le Robespierre de la médecine, [...], théoricien du langage et brillant réformateur. »[402] Tout en accusant les anciennes nomenclatures des pires maux, Cabanis s'en prend également aux glossologies et à ceux qui retouchent les dictionnaires. Bien qu'il reconnaisse les côtés positifs des nouvelles nomenclatures, il ne se prive pas de remarques acerbes vis-à-vis de ces nouveaux nomenclatureurs dont fait partie Dumas. « Il faut rendre justice aux nouveaux nomenclatureurs : toute cette bigarrure a disparu dans leur système. Leurs dénominations sont formées sur un plan unique. Le nom de chaque muscle indique les points et ses attaches. Mais il est possible, et même il est convenable, de considérer les muscles sous plusieurs autres rapports, pour en bien connaître la structure et d'ailleurs, comme ils ont souvent des attaches plus ou moins multipliées, il faut alors nécessairement, de deux choses l'une, ou que le nom les exprime incomplètement, ou qu'il soit composé de plusieurs mots, mis l'un à la suite de l'autre. Or, dans le dernier cas, il devient souvent pédantesque, quelquefois ridicule, presque toujours difficile à fixer dans la mémoire, et d'un usage incommode. »[403]
En procédant ainsi, F. Dagognet nous fait remarquer que « Cabanis retarde donc et dévie le mouvement de ces réformateurs qui avaient voulu substituer à une nomenclature anatomique illogique et rétrograde une nomenclature strictement topographique, débarrassée de toute surcharge et de l'imprécision. »[404]

L'ANATOMIE PATHOLOGIQUE ET LA PATHOLOGIE TISSULAIRE DE BICHAT (1771-1802)

Après Morgagni, le flambeau de l'anatomie pathologique sera repris par l'Ecole française de Paris dont Xavier Bichat sera le premier et l'un des plus prestigieux représentants. Au cours du passage du siècle des Lumières au XIXe siècle, Bichat, par ses travaux en anatomie pathologique, sera l'acteur principal de la mutation du regard médical et le promoteur de la médecine moderne. La médecine passera ainsi « de la médecine conjecturale à la médecine d'observation. »[405]
Bichat a bénéficié d'une double formation, de médecine et de chirurgie. Il a reçu de nombreuses leçons de dissection anatomique des chirurgiens à l'Hôtel-Dieu où étaient autopsiés, depuis le 17e siècle, les patients relevant de la chirurgie. En médecine, son enseignement lui a été dispensé par Théophile

[402] F. Dagognet, *Le catalogue de la vie*, op. cit., p. 221
[403] P. J. G. Cabanis, *Œuvres complètes de Cabanis*, Paris, Librairie Bossange frères, 1723, t. I, pp. 192-193
[404] F. Dagognet, *Le catalogue de la vie*, op. cit., p. 222
[405] E. Arquiola et L. Montiel, *La médecine en révolution – Sciences et philosophie de la nature au tournant duXVIII^e^ et du XIXe siècle*, Paris, Editions Hermann, 2012, p. 23

Bordeu, enseignement au cours duquel étaient largement développées la notion de force vitale ainsi que les interventions de la force vitale dans les processus physiologiques et pathologiques. Bordeu place les membranes du tissu muqueux et conjonctif (la plèvre, le péritoine, etc.) au centre de ses explications physiologiques et pathologiques. Mais il ne manque pas de faire remarquer combien le fonctionnement correct de ces membranes dépend de celui de toutes les structures organiques. En fait, nous explique G. B. Risse, « [...] pour Bordeu, tous les tissus sont liés par des rapports de sympathie et forment un réseau organisé à travers lequel circulent les fluides. Le déséquilibre solide-fluide dans les membranes déclenche l'inflammation, l'enflure et la suppuration. »[406] L'Ecole française n'a pas le monopole de l'étude de la pathologie des tissus et, même chez les britanniques (Cullen, Smyth, Hunter et Johnstone), cette étude prend le pas sur l'étude de la pathologie des organes internes. Néanmoins, la Révolution française, en prononçant l'abolition de la distinction sociale entre médecins et chirurgiens, va faciliter, malgré l'opposition encore marquée des deux partis et bien des polémiques entre eux, la fusion des connaissances médicales et chirurgicales. La représentation des affections internes, en termes de localisation anatomique, apparaîtra ainsi beaucoup plus évidente.

Sans conteste, Bichat nous prouve l'importance qu'il accorde à l'anatomie, puisque grâce à elle, il s'emploie à "une approche strictement configurationnelle" qui lui permet de découvrir "les enchaînements territoriaux". Alors, avec lui, comme le fait remarquer F. Dagognet « la physiologie comme la pathologie viennent seulement souligner les indications quasi topographiques. »[407] La méthode de Bichat, consistant en « l'examen du corps objectif, vu extérieurement (son apparaître) »[408] n'est pas nouvelle puisqu'elle a connu un essor particulier au Moyen Âge et qu'elle n'était pas étrangère à Platon et à Aristote. Mais Bichat a su lui donner un nouveau souffle. Il a aussi souligné « la vieille coupure entre le végétatif et le sensori-moteur »[409].

C'est dans ce contexte nouveau de réflexion et de formation que Bichat évolue et, nous rappelle G. B. Risse, en 1799, il « publie ses mémoires sur la pathologie osseuse et sur les articulations, en unifiant l'approche médicale et l'approche chirurgicale. »[410] Bichat met l'accent sur la réactivité des humeurs

---

[406] G. B. Risse, *La synthèse entre l'anatomie et la clinique*, pp. 177-197, in Mirko D. Grmek (sous la dir de), *Histoire de la pensée médicale en Occident*, tome 2, *De la Renaissance aux lumières*, op. cit., p. 191

[407] F. Dagognet, *Le corps*, op. cit., p. 88

[408] Ibid.

[409] Ibid.

[410] G. B. Risse, *La synthèse entre l'anatomie et la clinique*, pp. 177-197, in Mirko D. Grmek (sous la dir de), *Histoire de la pensée médicale en Occident*, tome 2, *De la Renaissance aux lumières*, op. cit., p. 192

articulaires en comparant leurs propriétés à celles des fluides dont la fonction est de lubrifier les parois d'autres membranes du corps (plèvre, péricarde et péritoine). Bichat en profite pour montrer la complexité des entités organiques dont les tissus appartiennent à des catégories anatomiques différentes (cellulaire, artérielle, veineuse, musculaire, muqueuse, séreuse, synoviale et glandulaire). De cette façon, Bichat ne se limite pas à l'approche statique des chirurgiens ; son discours prend une dimension physiologique puisqu'il cherche à établir une relation probante entre les altérations des tissus et celles des fonctions. Il est ainsi amené à considérer que l'apparition des symptômes est déterminée par les lésions des tissus.

Ce faisant, Bichat modifie radicalement les places respectives de l'anatomie pathologique et de la clinique en accordant à la première la primauté. Bichat rompt donc avec la conception traditionnelle, soutenue par Pinel, qui considérait la pathologie comme une discipline auxiliaire à la clinique. Avec Bichat, rien de tel, la clinique est "tout entière ordonnée à l'anatomie pathologique". Afin de soutenir son point de vue fonctionnaliste, il s'appuie sur les *Œuvres chirurgicales* (publiées en 1799) de Desault, son maître en chirurgie. Il explore plus particulièrement un des chapitres de cet ouvrage, celui qui est réservé aux maladies de poitrine et rassemble un certain nombre d'observations sur les symptômes et les signes de l'épanchement péricardique. Bichat utilise l'exemple spectaculaire de l'épanchement péricardique « pour montrer comment la connaissance du siège anatomique de la maladie et de sa pathogenèse peut, dans ce cas par la paracentèse, sauver la vie du patient. »[411]

Bichat, médecin à l'Hôtel-dieu de Paris, profite du contexte favorable institué par la réforme hospitalière. En effet, celle-ci s'est traduite par une spécialisation des salles par pathologie et par l'instrumentalisation, par les médecins, des cadavres non réclamés par les familles. La pratique des autopsies devient courante et Bichat est un opérateur qui fréquente assidûment les salles de dissection. Comme d'autres, il dicte des rapports relatant ses observations au cours des dissections. A partir de tous ces rapports, il rassemble une somme impressionnante de données qui alimenteront la matière de son nouveau traité publié en 1800, le *Traité des membranes en général et des diverses membranes en particulier.* L'idée de ce traité lui est venue d'une observation de Philippe Pinel qui l'a fortement impressionné. Ce dernier avait constaté, en effet, que la maladie ne s'attaque pas aux différents tissus de la même façon. A partir de cette remarque essentielle, Bichat va développer largement cette notion et

[411] G. B. Risse, *La synthèse entre l'anatomie et la clinique*, pp. 177-197, in Mirko D. Grmek (sous la dir de), *Histoire de la pensée médicale en Occident*, tome 2, *De la Renaissance aux lumières*, op. cit., p. 193

s'appliquer à décrire les lésions spécifiques des tissus en les corrélant avec la clinique. Les premiers balbutiements de l'anatomo-clinique sont ainsi perceptibles. En vérité, comme l'indique Michel Foucault, « l'œil de Bichat est un œil de clinicien parce qu'il donne un privilège absolu au regard de surface. »[412] Dans ce traité, Bichat se détache de la conception de la pathologie de Morgagni. Ce dernier, en effet, estimait que la pathologie était concentrée sur les organes alors que Bichat se focalise sur les changements histologiques produits par la maladie et oriente donc son étude de la pathologie au niveau des tissus. Il déclare d'ailleurs : « je crois que plus on observera des maladies et de cadavres ouverts, plus on sera convaincu de la nécessité de considérer les maladies locales non point sous le rapport des organes composés, qu'elles ne frappent presque jamais en totalité, mais sous celui de leurs tissus divers qu'elles attaquent presque toujours isolément[413]. » En observant les différents organes du corps, Bichat s'est rendu compte qu'ils contenaient des tissus qu'il a dénommé "les membranes". Finalement, il en distinguera vingt et un, parmi lesquels figurent le tissu conjonctif, le tissu musculaire et le tissu nerveux. Bichat combat la théorie des humeurs et localise les sièges de la maladie dans chacun des vingt et un tissus solides qu'il a individualisés. Le localisme de Bichat est flagrant et il le conduit « au solidisme, théorie selon laquelle les phénomènes morbides ont leur siège principal dans les solides tandis que les fluides demeurent « jusqu'à un certain point étrangers. »[414] Néanmoins, son option pour le solidisme n'est pas absolue. En effet, Bichat signale aussi que les fluides peuvent souvent être le « principe des maladies » et le « véhicule de la matière morbifique. »[415] Finalement, en pathologie, Bichat ne se prononce ni pour un solidisme exclusif, ni pour un humoralisme exclusif, puisque « si les solides sont le siège de la maladie, celle-ci peut avoir sa cause aussi bien dans les solides que dans les fluides. »[416]. Et puisque, depuis 1710, les chirurgiens reçoivent fréquemment des leçons de dissection au sein des hôpitaux de Paris, Bichat a pu profiter de ces leçons et pratiquer lui-même des dissections de cadavres quotidiennement. Il a ainsi persévéré dans l'analyse des tissus qu'il a prélevés sur les cadavres ; il les a décrits consciencieusement. Pour ce faire, il les a observés dans des conditions différentes : soit à l'état naturel, soit en les

---

[412] M. Foucault, *Naissance de la clinique*, op. cit., p. 130

[413] X. Bichat, *Traité d'anatomie générale*, Paris, Adolphe Delahays, Libraire, 1855, p. 27

[414] [[F. –M. –X. Bichat (1801), *I*, LXIII]] cité dans E. Arquiola et L. Montiel, *La médecine en révolution – Sciences et philosophie de la nature au tournant du 18e et du 19e siècle,* op. cit, p.216

[415] [[P. Lain (1946), 78. F. –M. –X. Bichat (1801), *I*, 66, 67]] cité dans E. Arquiola et L. Montiel., *La médecine en révolution – Sciences et philosophie de la nature au tournant du 18e et du 19e siècle,* op. cit, p.217.

[416] E. Arquiola et L. Montiel, *La médecine en révolution – Sciences et philosophie de la nature au tournant du 18e et du 19e siècle,* op. cit., p. 217

désséchant, soit en les laissant se putréfier, soit en les soumettant à l'action de différents produits chimiques. Bichat va ainsi s'appliquer à dessiner une nouvelle science anatomique et pathologique en faisant appel à son sens aigu de l'observation, à son incomparable virtuosité technique et à sa remarquable capacité de conceptualisation. Pour y parvenir, il fonde cette nouvelle science sur un classement qui porte sur la distinction des différents revêtements du corps, sur leur distribution dans les organes et sur leurs susceptibilités physiopathologiques. Chacune des unités élémentaires de l'analyse organique réalisée par Bichat, c'est-à-dire chacun des vingt et un tissus identifiés par ses soins, représente à ses yeux « [...] les sites des fonctions physiologiques des corps et les véritables cibles de l'altération pathologique. »[417] Bichat répartit les membranes en trois grandes catégories : muqueuses, séreuses et fibreuses, et constate pour chacune d'entre elles des propriétés particulières, mais aussi des altérations particulières. Ainsi, par exemple, pour Bichat, le cœur, organe musculaire non homogène, est tapissé sur sa face externe d'une membrane, le péricarde, et, sur la face interne d'une autre membrane l'endocarde. Non seulement Bichat distingue les différents tissus de l'organe cardiaque, mais il substitue à l'inflammation unique du cœur trois types d'inflammation possible selon le tissu concerné : la péricardite, l'endocardite, ou la myocardite. Il fait correspondre à l'altération de chacun de ces tissus, un processus pathologique différent. En fait, avec son *Traité des membranes*, Bichat lance un pont entre l'anatomie morbide de Morgagni et la pathologie cellulaire de Virchow. De plus, avec ce traité, Bichat a su mettre à profit le sens de l'analyse si cher à certains savants du siècle des Lumières. Nous pensons en particulier à Lavoisier, en chimie, et à Condillac qui écrit dans son *Essai sur l'origine des connaissances humaines* que l'analyse est une opération qui « ne consiste qu'à composer et décomposer nos idées pour en faire différentes comparaisons et pour découvrir par ce moyen les relations qu'elles ont entre elles et les nouvelles idées qu'elles peuvent produire. »[418] Bichat développe si bien la démarche analytique qu'il réussit l'analyse objective du normal et du pathologique et met en valeur la décomposition élémentaire anatomique. Cette dernière « donne enfin une base solide au concept de maladie et un soubassement à la classification dont on rêvait depuis un siècle et demi. »[419]

Un autre ouvrage de Bichat compte beaucoup dans l'évolution de la pensée médicale ; il s'agit des *Recherches physiologiques sur la vie et la mort*, publié en 1800. Dans ce livre, nous explique F. Dagognet, Bichat nous apprend « à mieux lire le corps dans son mouvement de différenciation, même s'il emprunte

---

[417] J. P. Gaudillière, *La médecine et les sciences, XIXe- XXe siècles,* op. cit., p. 12

[418] E. Condillac, *Essai sur l'origine des connaissances humaines*, Paris, chez Gratiot, Houel, Guillaume et Gide libraires, 1798, p. 109

[419] M. Tubiana, *Histoire de la pensée médicale, Les chemins d'Esculape*, op. cit, p. 185

à ses devanciers. »[420] Malgré ces réserves, F. Dagognet fait un éloge vibrant à Bichat, éloge qui est d'ailleurs bien mérité. Il le félicite d'avoir « [...] su découper des régions à la fois distinctes et unies. »[421] Il reconnaît sa sagacité puisque « sa physiologie s'est employée à établir des dénivellations, plus exactement à révéler, dans le corps de l'homme morphologiquement original, plusieurs ensembles emboîtés les uns dans les autres, la vie végétative absorbée ou surmontée par l'animale et celle-ci, à son tour, par l'humaine proprement dite. »[422]Mais ici, « il s'agit moins d'un retour à Aristote que d'un tout nouveau repérage. »[423] F. Dagognet précise que « Bichat joue deux opérations : l'une, générale, d'enveloppement, l'autre, plus particulière, de "complémentarité" qui implique l'obligation préalable d'un "dédoublement". »[424] F. Dagognet montre comment « Bichat a insisté sur cette constante et nécessaire division, qui caractérise la seconde vie (l'animale) alors que la première (la végétative) échappe à cette dualité. »[425] F. Dagognet nous rappelle que c'est « ainsi que nous savons comment séparer, distinguer les deux territoires bien qu'ils s'enferment l'un dans l'autre. »[426] En maîtrisant aussi bien l'anatomie végétale que l'anatomie animale et l'anatomie humaine, Bichat peut aisément définir l'homme à partir d'une partition du système nerveux. Ainsi, il écrit : « l'homme n'est d'un côté guère plus que ce qu'est le végétal, tandis que, de l'autre côté, il conserve tous les droits à l'animalité, par le sentiment et le mouvement qui lui restent. »[427]

Avant Bichat, des auteurs comme Francis Glisson, Albrecht von Haller et Robert Whytt supposaient l'existence de propriétés vitales des tissus ; cette idée va être reprise par Bichat qui considère que les maladies sont des manifestations vitales en rapport avec des propriétés innées des tissus. L'aphorisme de Bichat, désormais célèbre — « la vie est l'ensemble des fonctions qui résistent à la mort » — traduit un nouveau regard vis-à-vis de la physiologie, de la pathologie, de la vie et de la mort.

Parce que la maladie s'insère dans le processus même de la vie, elle devient comme l'indique Nélia Dias « une donnée régulière, susceptible à tout moment de faire irruption, mettant en question l'équilibre fragile de l'existence humaine. »[428] Michel Foucault précise d'ailleurs dans *La Naissance de la*

---

[420] F. Dagognet, *Le corps,* op. cit., p. 83
[421] Ibid.
[422] Ibid.
[423] Ibid.
[424] Ibid.
[425] Ibid.
[426] Ibid.
[427] F. X. Bichat, *Recherches physiologiques sur la vie et la mort,* Paris, 3e éd., Brosson libraire, 1805, p. 13
[428] N. Dias, *Le corps en vitrine. Eléments d'une recherche sur les collections médicales,* Terrain, n° 18, 1992, pp. 72-79

clinique que la maladie va désormais « entrer dans la dimension intérieure, constante et mobile du rapport de la vie à la mort. »[429] Puisque le phénomène pathologique s'inscrit désormais dans le processus physiologique, « la maladie cesse d'être perçue comme un accident pour devenir l'un des éléments de la chaîne VIE-MALADIE-MORT. »[430] Il n'est plus question pour la médecine de réduire son champ d'étude à celui du corps sain puisque la maladie n'est plus du ressort de l'imprévu. C'est ainsi que l'anatomie pathologique va s'imposer à tous. Comme l'explique Michel Foucault « la vie, la maladie et la mort constituent maintenant une trinité technique et conceptuelle. La vieille continuité des hantises millénaires qui plaçaient dans la vie la menace de la maladie, et dans la maladie la présence approchée de la mort est rompu : à sa place, une figure triangulaire s'articule, dont le sommet supérieur est défini par la mort. C'est du haut de la mort qu'on peut voir et analyser les dépendances organiques et les séquences pathologiques. Au lieu d'être ce qu'elle avait été si longtemps, cette nuit où la vie s'efface, où la maladie même se brouille, elle est douée désormais de ce grand pouvoir d'éclairement qui domine et met à jour à la fois l'espace de l'organisme et le temps de la maladie. »[431] Mais parmi les trois composantes de cette figure triangulaire, M. Foucault montre bien que Bichat réserve à la mort la meilleure place et lui voue un respect particulier puisqu'elle lui permet de rétablir l'ordre implacable de l'analyse. « Le privilège de son intemporalité, qui est aussi vieux sans doute que la conscience de son imminence, est pour la première fois retourné en instrument technique qui donne prise sur la vérité de la vie et la nature de son mal. La mort, c'est la grande analyste, qui montre les connexions en les dépliant, et fait éclater les merveilles de la genèse dans la rigueur de la décomposition : et il faut laisser le mot de *décomposition* trébucher dans la lourdeur de son sens. »[432] Le regard clinique ne peut se passer de l'expérience de la mort et la pensée du tissu est la pensée de la nouvelle clinique du 19e siècle.[433] Frédéric Gros souligne que « seule l'ouverture du cadavre et l'examen direct des tissus ainsi mis à jour permettront de rendre visible la vérité du mal. »[434] Le travail d'analyse effectué par Bichat est si remarquable que M. Foucault en rappelle la philosophie : « L'analyse, philosophie des éléments et de leurs lois, trouve dans

[429] M. Foucault, *La naissance de la clinique*, cité par Nélia Dias, *Le corps en vitrine*, Terrain, n°18, *Le corps en morceaux* (mars 1992), [en ligne], mis en ligne le 21/07/2005.URL :http : //terrain.revues.org/document 3033.html, p.5

[430] Nélia Dias, *Le corps en vitrine*, Terrain, n°18, *Le corps en morceaux* (mars 1992), [en ligne], mis en ligne le 21/07/2005.URL :http : //terrain.revues.org/document 3033.html, p.5

[431] M. Foucault, *Naissance de la clinique*, op. cit., p. 146

[432] Ibid., pp. 146-147

[433] F. Gros, *Michel Foucault*, Paris, PUF Collection Que sais-je ?, seconde édition, 1998, p. 29

[434] Ibid.

la mort de ce qu'en vain elle avait cherché dans les mathématiques, dans la chimie, dans le langage même : un indépassable modèle, et prescrit par la nature ; sur ce grand exemple, le regard médical va désormais s'appuyer. »[435]
Ce regard, nous dit M. Foucault, « n'est plus celui d'un œil vivant ; mais le regard d'un œil qui a vu la mort. Grand œil blanc qui dénoue la vie. »[436]
Finalement, Bichat montre que son expérience d'anatomo-pathologiste est « une expérience dans laquelle la mort était la seule possibilité de donner à la vie une vérité positive. »[437]
Il apparaît ainsi clairement, selon Bichat, que la santé n'est qu'un résultat, celui de l'équilibre et de la vitalité pleine des tissus, et que la maladie et la mort, à l'inverse, sont dues à la défaillance des principes vitaux.
En fait, si nous voulons récapituler les préceptes méthodologiques de Bichat, ils sont au nombre de trois : disséquer en anatomie, expérimenter en physiologie, suivre le cours de la maladie et faire des autopsies en médecine. De plus, Bichat dépasse à la fois l'approche chirurgicale et l'approche anatomique. Par sa théorie des actions pathologiques à distance, il est conduit, tout en restant fidèle à ses repères anatomiques, à s'en dégager quelque peu. Il recourt, en effet, à l'irritabilité et à la sensibilité, propriétés vitales. Au niveau des tissus, de par leur irritabilité et leur sensibilité, des agressions externes ou internes peuvent déclencher, selon Bichat, des réactions pathologiques typiques et diverses : enflures, exsudats inflammatoires, formations d'adhérences. En décrivant les lésions des tissus qui peuvent en découler, Bichat souligne leur signification fonctionnelle.
Les théories fonctionnelles ne feront pas l'unanimité chez les savants du 19e siècle et Dupuytren, en particulier, s'y opposera fermement. En fait, Dupuytren, le maître de Laënnec, partisan de la pathologie "externe" ne partage ni la conception de la pathologie "interne" traditionnelle héritée de Morgagni et de Baillie et soutenue par Pinel, ni la nouvelle physiopathologie de Bichat. Quand Bichat décèdera en 1802, Dupuytren poursuivra son opposition à Bichat, de façon indirecte, en déclenchant les hostilités vis-à-vis de son ancien élève, Laënnec, le successeur de Bichat. Par contre, Jean Nicolas Corvisart sera à la fois un ardent défenseur de la méthode anatomoclinique et de la méthode anatomo-pathologique.
D'une part, Corvisart fait la promotion, pour l'examen clinique, de la méthode de percussion de Léopold Auenbrugger, dans son *Essai sur les maladies organiques et les lésions du cœur et des gros vaisseaux*[438], publié en 1806. Corvisart publiera d'ailleurs la traduction de l'*Inventum novum* de Léopold Auenbrugger. Dans son ouvrage, Corvisart étudie les maladies en rapport avec

435 M. Foucault, *Naissance de la clinique*, op. cit., p. 147
436 Ibid.
437 Ibid.
438 J.-N. Corvisart, *Essai sur les maladies organiques et les lésions du cœur et des gros vaisseaux*, Paris, chez H. Nicolle, libraire, 1811, 478 p.

les "lésions organiques" du cœur et des gros vaisseaux. Il n'identifie pas les premières aux secondes et sa position consiste à maintenir séparées clinique et anatomie pathologique. Son intérêt premier se fixe sur la quête de signes non équivoques et sur l'établissement du diagnostic des cas cliniques. Il l'exprime ainsi : « Le but désirable cependant, l'unique but même de la médecine pratique, doit être, non pas de rechercher, par une stérile curiosité, ce que les cadavres peuvent offrir de singulier, mais de s'efforcer à reconnaître ces maladies à des signes certains, à des symptômes constants. »[439]
D'autre part, Corvisart appliquera minutieusement la méthode de Bichat tout en ayant de la peine à dépasser le concept purement clinique de maladie. Il opterait plutôt pour une anatomie pathologique élaborée directement sur le vivant. Il prend en quelque sorte ses distances avec le recours aveugle à l'autopsie qui ne constitue en elle-même qu'un objet secondaire de sa curiosité. Il amorce lui aussi le "tournant copernicien" de la pensée pathologique en transférant à la lésion le rôle jusque-là attribué au symptôme.
Finalement, avec Cabanis et Corvisart, Bichat sera parvenu à poser avec force les exigences de la nouvelle médecine. Celles-ci commencent d'abord par l'observation externe et interne, se poursuivent par l'établissement d'un lien de causalité entre signes et lésions, puis se terminent par l'élaboration d'un classement calqué sur celui des naturalistes de l'époque. Malheureusement les investigations de Bichat seront interrompues par sa mort prématurée en 1802.
Sa théorie des tissus sera reprise et développée par Gabriel Andral, Gaspard Laurent Bayle, René Théophile Laënnec, Jean Curveilhier et Pierre Piorry. En fait, avec Bichat, cette première génération de médecins du XIXe siècle a élaboré « une ontologie des structures tissulaires » et l'a développée « au point d'en faire une science à part entière. »[440] De plus, « au terme non d'une spéculation philosophique mais des autopsies de Bichat, le fait anatomique devient pour plus d'un siècle le pivot de la médecine clinique. »[441]

L'anatomie pathologique, avec la création en 1836 de la chaire de Cruveilhier, prendra rang de discipline sans acquérir le statut de spécialité individualisée puisque, jusqu'à la fin du 19e siècle, les seules distinctions reconnues dans l'exercice de la médecine sont la médecine, la chirurgie et l'obstétrique.

---

439 [[J. - N. Corvisart (1806), 4]] cité dans E. Arquiola et L. Montiel, *La médecine en révolution – Sciences et philosophie de la nature au tournant du 18e et du 19e siècle,* op. cit, p.195

440 R. Maulitz, *Anatomie et anatomoclinique*, pp. 47-51, in D. Lecourt (sous la dir. de), *Dictionnaire de la pensée médicale*, op. cit., p. 49

441 M. Tubiana, *Histoire de la pensée médicale*, op. cit., p. 184

GASPARD LAURENT BAYLE (1744-1816) : LE JUSTE MILIEU

Au début du 19e siècle, les médecins, confrontés à de très nombreux états pathologiques, peuvent faire appel, pour les étudier, au concept clinique de Sydenham ou au concept anatomopathologique de Morgagni. En partant de ces deux concepts et en les unifiant, Bayle et surtout Laënnec vont non seulement les dépasser mais aussi donner naissance à un concept totalement nouveau, le concept anatomoclinique. La naissance de ce concept est aussi rendue possible par la situation satisfaisante des connaissances en anatomie descriptive à la fin du 18e siècle ; en effet, l'essentiel des connaissances a été mis à plat. En fait, c'est la thèse de Bayle (1802) qui constitue l'acte de naissance de ce nouveau concept, alors que « le traité de Laënnec représente la première mise en forme systématique d'une partie capitale de la nosographie anatomoclinique. »[442] Bayle estime que la lésion est le point fixe autour duquel s'articulent les données de l'observation clinique et à partir duquel se définit la maladie. D'où la conviction de Bayle de la nécessité de réserver une place de choix à l'examen nécrotique et à l'autopsie. Il se rend compte néanmoins qu'en certaines circonstances « les lésions — qu'il compare aux phases successives de la métamorphose d'un insecte — "ne doivent être regardées que comme des modifications différentes de la même maladie" »[443] En assimilant la lésion à un processus, à un phénomène dynamique, Bayle aide « le médecin à établir des liens entre les diverses phases lésionnelles et le tableau clinique, lui-même changeant. »[444]

Par rapport aux partisans de l'anatomie pathologique et aux défenseurs inconditionnels de l'anatomo-clinique, Bayle apparaît comme un modérateur. Il propose en effet un procédé de « rectification réciproque ». Il suggère une voie médiane entre les positions tranchées de certains cliniciens et celles des anatomo-pathologistes. Il se prononce donc pour le juste milieu par rapport à ces deux types de position. Selon Bayle, il n'est pas question de faire plus confiance à l'autopsie du cadavre qu'à l'examen physique du patient vivant, car l'une et l'autre de ces deux démarches peuvent s'avérer trompeuses. Si dans certains cas, la lésion permet parfois de remonter à l'origine de la maladie, ce n'est pas toujours le cas. De même, il peut n'y avoir aucune manifestation clinique du vivant du malade alors que des lésions sont constatées lors de l'autopsie. Un autre point sur lequel Bayle reste réservé, c'est qu' « au moment

---

[442] M. D. Grmek, *Le concept de maladie*, pp. 147-167, in M. D. Grmek (sous la dir.de) *Histoire de la pensée occidentale*, t. 3, *Du Romantisme à la science moderne*, Paris, Editions du Seuil, 1999, p. 150

[443] E. Arquiola et L. Montiel, *La médecine en révolution – Sciences et philosophie de la nature au tournant du 18e et du 19e siècle,* op. cit, p. 218

[444] Ibid.

de l'autopsie, les causes premières restent en général inconnues, et même les causes immédiates ne sont pas toujours évidentes. »[445]

Bayle divise les symptômes, « phénomènes apparents des maladies », en « symptômes vitaux » (le pouls, la respiration, les fonctions intellectuelles) et en « symptômes physiques »[446] (encore observables après la mort). Si les seconds sont constants, Bayle les préfère aux symptômes vitaux car ils permettent de connaître l'état anatomique des organes. En effet, ces symptômes physiques (de nature acoustique) sont des indicateurs diagnostiques précieux pour désigner la lésion sur le patient vivant. Néanmoins, ce sera l'autopsie qui fournira le « point fixe », invariable, seul susceptible de permettre de relever les similitudes de cas pathologiques. Les partisans de la méthode anatomoclinique considéreront la méthodologie de Bayle comme une référence.

LAËNNEC (1781-1826) ET LA METHODE ANATOMO-CLINIQUE

Comme Laënnec s'appuie sur l'anatomie pour émettre et soutenir des conceptions physiopathologiques hypothétiques, et comme il ne renie pas la nouvelle physiopathologie de Bichat, Dupuytren ne partage pas ses idées et il le fait savoir. En contestant les idées de Laënnec, Dupuytren entraîne avec lui un certain nombre de ses collègues. Les discussions qui s'ensuivent sont à l'origine d'un vaste débat sur la nature et le but de l'anatomie pathologique. Pour sa part, Laënnec s'évertue à établir un lien ténu entre l'observation des symptômes du malade et l'anatomie pathologique, dessinant ainsi les contours d'une véritable médecine anatomo-clinique. Mais, si Laënnec attache beaucoup d'importance au corps vivant en tentant « de rendre visible l'intérieur du corps humain, de faire une sorte d'autopsie sans dissection »[447], il ne néglige pas pour autant le corps mort. L'autopsie, juste après la mort du patient, permet de vérifier les observations cliniques réalisées *ante mortem* et de les confronter avec les observations *post-mortem*, donc de mieux distinguer les entités nosologiques et de mieux comprendre la maladie. C'est, nous explique Michel Foucault, « lorsque la mort s'est intégrée épistémologiquement à l'expérience médicale que la maladie a pu se détacher de la contre-nature et *prendre corps* dans le

---

[445] G. B. Risse, *La synthèse entre l'anatomie et la clinique*, pp. 177-197, in Mirko D. Grmek (sous la dir. de), *Histoire de la pensée médicale en Occident*, tome 2, *De la Renaissance aux lumières*, op. cit., p. 196

[446] E. Arquiola et L. Montiel, *La médecine en révolution – Sciences et philosophie de la nature au tournant du 18e et du 19e siècle,* op. cit, p. 196

[447] A. Segal, *Les moyens d'exploration du corps*, in Mirko D. Grmek (sous la dir. de), Histoire de la pensée médicale en Occident, op. cit., t. III, pp. 187-196, cité dans O. Faure, *Le regard des médecins,* pp. 15-50, in A. Corbin, J.-J. Courtine et G. Vigarello, *Histoire du corps,* tome 2, *De la Révolution à la grande guerre,* op. cit., p. 22

corps vivant des individus. »[448] Et Michel Foucault ajoute : « [...] De la mise en place de la mort dans la pensée médicale est née une médecine qui se donne comme science de l'individu. »[449]
En fait, pour Laënnec, l'anatomie pathologique ne doit pas se limiter à un constat des lésions pathologiques *post-mortem*, elle doit être utilisée pour comprendre les évènements cliniques. Laënnec tente non seulement « [...] de construire une nosologie holistique fondée sur l'anatomie mais il veut aussi essayer d'offrir aux médecins une nouvelle carte des manifestations cliniques. »[450] D'une certaine façon, Laënnec adopte, grosso modo, la nosologie de Bichat établissant une partition entre, d'une part, les maladies organiques, reconnaissables aux changements morphologiques indéniables des tissus organiques et, d'autre part, les maladies nerveuses sans changements organiques observables à l'autopsie. A la nuance près que Laënnec pense que pour les maladies nerveuses, « la lésion est à la limite du visible et concerne des nerfs ou des humeurs qui assurent l'intégration des fonctions vitales. »[451]
En 1804, quand Laënnec présente son programme de recherche en anatomie pathologique à la société de l'école de médecine, il a la prétention d'aller bien au-delà de ce qu'avaient fait les successeurs de Morgagni. Il veut réussir ce qu'ils n'avaient pas obtenu : établir des liens systématiques entre les données cliniques et les données anatomopathologiques. Laënnec, convaincu que l'anatomie pathologique a permis de donner de la consistance au diagnostic médical et l'a fait évoluer favorablement, estime nécessaire d'abandonner la sémiologie et la nosologie purement cliniques de Pinel. Il va abandonner l'ordre préconisé par les anatomistes et classer les lésions organiques selon leur nature et selon leur siège. Il envisage une réorganisation complète du savoir nosologique. Selon Laënnec, la médecine et la chirurgie doivent évoluer ; il faut que la première devienne plus "anatomique" et la seconde, plus "médicale". Nommé médecin à l'hôpital Necker en 1816, il est résolu à améliorer notablement le diagnostic. Il va y parvenir en utilisant un instrument inventé par ses soins, le stéthoscope (appelé à l'époque "cylindre"). Ce cylindre creux rend un inestimable service à Laënnec, en lui permettant de réaliser des auscultations performantes de ses patients. Grâce à cet instrument, il peut écouter les battements du cœur et les bruits de la respiration mais surtout en détecter les modifications durant les différents états pathologiques. Les sons perçus par Laënnec deviennent des signes physiques incontestables quand ils sont reconnus

[448] M. Foucault, *Naissance de la clinique,* op. cit., p. 200
[449] Ibid., p. 201
[450] G. B. Risse, *La synthèse entre l'anatomie et la clinique*, pp. 177-197, in Mirko D. Grmek (sous la dir. de), *Histoire de la pensée médicale en Occident*, tome 2, *De la Renaissance aux lumières*, op. cit., p. 195
[451] M. D. Grmek, *Le concept de maladie*, pp. 147-167, in M. D. Grmek (sous la dir. de) *Histoire de la pensée occidentale*, t. 3, *Du Romantisme à la science moderne*, op. cit., p. 151

comme l'expression non équivoque de la lésion anatomopathologique. Maintenant, Laënnec est en mesure de recenser et de décrire un certain nombre de "signes physiques" lui permettant de fonder une médecine scientifique. Désormais, il est possible de diagnostiquer les lésions organiques provoquées par les maladies, par l'examen sur le vivant, et non plus seulement par l'autopsie, sur le cadavre. Laënnec va ainsi réussir l'individualisation de différentes maladies pulmonaires (pneumonie, gangrène pulmonaire, dilatation des bronches, cancer du poumon, pneumothorax, pleurésie). Il démontrera qu'elles sont des entités anatomiques distinctes et reconnaîtra l'unicité de la tuberculose. Pour chaque maladie, comme la péritonite, la pleurésie, la péricardite, ..., Laënnec s'appliquera à confronter ses observations recueillies lors de ses auscultations à celles obtenues lors de l'autopsie. Il défendra avec force le principe de spécificité des lésions, s'opposant à ceux qui voient dans la maladie un principe morbide unique, se déclinant selon des manifestations différentes en fonction des individus (constitution, âge, sexe) ou en fonction du climat ou de la saison. Le contexte dans lequel Laënnec évolue est favorable à une réforme de la pensée médicale. En effet, l'environnement intellectuel, politique et institutionnel de la France post-révolutionnaire a eu pour conséquence la mise en place d'un vaste réseau hospitalier à Paris. Or, puisque le taux de mortalité y était élevé, les médecins et Laënnec, en particulier, ont eu à leur disposition, dans un premier temps, de nombreux patients disponibles pour des examens cliniques approfondis de leur vivant, et dans un deuxième temps, après leur mort, pour leur autopsie. C'est de cette manière que Laënnec réussira la synthèse entre l'anatomie et la clinique. Il exposera clairement cette synthèse dans son traité *De l'auscultation médiate,* en 1819. Si Bayle est désigné comme le père du concept anatomoclinique, Laënnec est, pour sa part, considéré comme le fondateur de la médecine anatomoclinique. Cette médecine anatomoclinique résulte de la confrontation de deux inventaires. Le premier est un inventaire clinique ; c'est l'inventaire des symptômes et des syndromes. Le second est l'inventaire anatomique, il est obtenu par l'autopsie et la pratique chirurgicale. Laënnec ne délaissera pas pour autant ce qui lui tient à cœur, c'est-à-dire l'anatomie pathologique, et, même s'il lui accorde un statut épistémologique important, il n'est pas, pourtant, sans se poser des questions à propos de son aptitude à déterminer les causes réelles d'une maladie. En cela, il ne suit pas certains médecins du 19e siècle qui en viennent à assimiler la cause de la maladie et la lésion elle-même. D'une certaine façon, Laënnec a pris conscience des limitations intrinsèques de l'approche anatomique et il va s'évertuer à trouver des critères permettant aux médecins de mettre sur le même plan les lésions, les fonctions et les causes. Dans son *Traité de l'auscultation médiate des maladies du cœur et des poumons,* il leur propose sa méthode anatomoclinique. « Le but que je me suis constamment proposé dans mes études et recherches a été la solution des trois problèmes suivants :

1° distinguer sur le cadavre un cas pathologique, aux caractères physiques que présente l'altération des organes ;
2° le reconnaître sur le vivant par des signes certains, et autant que possible physiques et indépendants des symptômes, c'est-à-dire du trouble variable des actions vitales qui l'accompagnent ;
3° combattre la maladie par les moyens que l'expérience a montré être les plus efficaces ; en un mot, j'ai tâché de mettre, sous le rapport du diagnostic, les lésions organiques internes sur la même ligne que les maladies chirurgicales. »[452] Avec Bichat d'abord, et après lui, Laënnec fait entrer la médecine occidentale dans une nouvelle ère. « Si bien que la grande coupure dans l'histoire de la médecine occidentale date précisément du moment où l'expérience clinique est devenue le regard anatomoclinique. »[453] Comme l'écrit Maurice Tubiana, « l'approche anatomoclinique constitue une révolution culturelle puisque, dans la réflexion du médecin elle substitue la maladie, entité abstraite, au malade. »[454] De plus, nous indique Philippe Meyer, « la méthode anatomoclinique va procurer à la médecine une puissance d'analyse jamais égalée auparavant. »[455] Enfin, la méthode anatomoclinique fondée sur l'utilisation adéquate de la méthode analytique, démontre aux différentes branches de la médecine la puissance de la méthode analytique, héritage de l'anatomie. C'est ainsi que la médecine donnera naissance à la physiologie analytique.

BROUSSAIS (1772-1838) : UNE VISION PHYSIOLOGIQUE DE L'ANATOMIE PATHOLOGIQUE

Broussais, élève de Bichat, est fidèle aux conceptions anatomo-pathologiques de son maître et il fait de l'inflammation des tissus la cause exclusive des maladies. Broussais voit en l'irritation l'explication universelle de la production de la lésion de l'organe. En voulant chercher la cause des lésions, il s'écarte des défenseurs de la méthode anatomoclinique puisque ces derniers se refusent à fournir l'explication causale des lésions découvertes dans un organe. Il met ainsi en place sa théorie médicale, la médecine physiologique, car il estime que la maladie est le résultat d'une dysfonction initiale. Broussais est persuadé de l'importance de la connaissance de la physiologie pour étudier aussi bien l'homme sain que l'homme malade. Sa physiologie est proche de celle de Bordeu et des vitalistes et il tient à se démarquer de la physiologie mécaniste. Selon Broussais, l'inflammation, responsable des lésions des tissus, est causée

[452] R.–T.–J. Laennec, *Traité de l'auscultation médiate des maladies du cœur et des poumons*, Paris, J.–A. Brossonet et J.–S. Chaudé libraires, seconde édition, tome 1er, 1826, préface.
[453] M. Foucault, Naissance de la clinique, op. cit., p. 149
[454] M. Tubiana, *Histoire de la pensée médicale*, op. cit., p. 192
[455] P. Meyer, *Leçons sur la vie, la mort et la maladie*, op. cit, p. 86

par l'action des agents extérieurs ou stimulants sur l'organisme. Broussais définit ainsi la maladie comme une dysfonction, un changement de fonction, et la lésion anatomo-pathologique comme l'effet de ce changement. Il se fait donc le défenseur de l'approche physiologique, mais, par contre, il est très critique vis-à-vis de la médecine anatomoclinique. Ainsi, il écrit : « aujourd'hui que toutes les études commencent par l'anatomie [...] et que l'on fait toute sorte d'efforts pour soumettre le groupe de symptômes aux altérations matérielles telles qu'on les retrouve dans le cadavre, c'est-à-dire pour trouver l'explication des symptômes dans les lésions matérielles des organes, de là résulte un profond mépris pour les phénomènes de la vitalité considérés en eux-mêmes, et pour la physiologie pathologique, et le défaut de notions exactes sur la manière dont l'altération de ces phénomènes arrive définitivement à des productions d'altération organique... » Alors que Laënnec lui reprochait d'avoir des opinions trop générales, trop exclusives, Broussais lui répond en dénonçant le pragmatisme un peu court de sa méthode anatomoclinique, peu propre aux avancées théoriques.

REFLEXIONS FINALES SUR L'ANATOMIE PATHOLOGIQUE ET L'ANATOMO-CLINIQUE DE LA PREMIERE MOITIE DU 19^E SIECLE

Finalement, nous pouvons affirmer la totale indistinction entre clinique et anatomie pathologique, entre clinicien et anatomo-pathologiste. L'anatomie pathologique, pratiquée par des médecins et des chirurgiens des hôpitaux, comme Pinel, Corvisart, Bichat, Laennec, Broussais, Dupuytren et Trousseau, n'était alors que le prolongement, après la mort du malade, de l'examen clinique effectué de son vivant. Ainsi, l'autopsie était un acte clinique, pratiqué à la morgue de l'hôpital, par les cliniciens.

François Dagognet rend un hommage appuyé à Bichat qui fait en sorte de rapprocher ce qui était dispersé (les séreuses) et de disjoindre « ce qui semblait indistinct (les affections globales de la poitrine, de l'estomac, du cœur). »[456] Autrement dit, note F. Dagognet, deux nouveaux chapitres de pathologies se trouvent ainsi ouverts par Bichat. D'une part, celui « des maladies dites explicitement de système (avec des lois propres, ainsi la fréquence de l'attaque tuberculeuse des séreuses, les risques consécutifs d'"adhérences" selon Bichat lui-même...) »[457] D'autre part, le chapitre « des affections pathologiques bien arrêtées : la péricardite, la pleurésie, la péritonite, la méningite... »[458] Bichat a ainsi eu le mérite de privilégier les maladies "locales" au détriment des maladies générales (essentielles) et de « substituer irrévocablement à une symptomatologie pure la méthode lésionnelle »[459], opérant ainsi « une scission

---

[456] F. Dagognet, *Le catalogue de la vie*, op. cit., p. 207
[457] Ibid.
[458] Ibid.
[459] Ibid.

[…] entre le "manifeste" (le visible ou le ressenti) et le latent ou l'organique. »[460] Comme l'indique Michel Foucault, la médecine des symptômes entre peu à peu en régression « pour se dissiper devant celle des organes, du foyer, et des causes, devant une clinique tout entière ordonnée à l'anatomie pathologique. C'est l'âge de Bichat. »[461] Mais si F. Dagognet reconnaît les mérites de l'anatomie pathologique, il relativise son efficience et blâme « les champions de l'autopsie ou de l'anatomie qui ne reconnaissent pas assez l'insuffisance, parfois la vanité, de leur méthode. »[462] En effet, « les modifications viscérales ou cadavériques ne permettent pas toujours de situer ou de définir » et « […] le dehors et le dedans doivent se recroiser, se redécouvrir ensemble, parvenir à s'annoncer. »[463] F. Dagognet reproche aussi à l'autopsie son "faux réalisme" et de ne pas offrir toujours la possibilité « de lire la maladie dans le texte défiguré ou remanié de la mort ».[464]
Mais malgré tout, au bout du compte, indéniablement l'anatomie pathologique a rendu un certain nombre de services aux médecins. Ainsi, comme l'indique Michel Foucault, « la maladie a une terre » et, « à partir du cadavre, on la perçoit paradoxalement vivre. »[465]D'ailleurs, nous dit Michel Foucault, « la mort, qui, dans le regard anatomique dit rétroactivement la vérité de la maladie, rend possible par anticipation sa forme réelle. »[466] En ce début de 19e siècle, l'anatomie garde donc toujours une place privilégiée dans l'approche de la connaissance en médecine et, plus particulièrement, dans l'appréhension des phénomènes physiopathologiques. L'étude de l'anatomie demeure indiquée puisqu 'elle permet de suivre et de définir les cinq principes qui, comme le fait remarquer Michel Foucault, « définissent les règles du cursus pathologique et décrivent par avance les chemins possibles qu'il doit suivre. Ils fixent le réseau de son espace et de son développement, faisant apparaître en transparence les nervures de la maladie. Celle-ci prend la figure d'une grande végétation organique, qui a ses formes de poussée, son enracinement et ses régions privilégiées de croissance. Spatialisés dans l'organisme selon des lignes et des plages qui leur sont propres, les phénomènes pathologiques prennent l'allure de processus vivants. »[467] C'est ainsi que les processus correspondant aux phénomènes pathologiques peuvent répondre à ces cinq principes différents : « le principe de la communication tissulaire », « le principe de l'imperméabilité tissulaire », « le principe de la pénétration en vrille », « le principe de la spécificité du mode d'attaque des tissus » et « le principe de l'altération de

[460] F. Dagognet, *Le catalogue de la vie*, op. cit., p. 207
[461] M. Foucault, *Naissance de la clinique*, op. cit., p. 123
[462] F. Dagognet, *Le catalogue de la vie*, op. cit., p. 228
[463] Ibid.
[464] Ibid.
[465] M. Foucault, *Naissance de la clinique*, op. cit., p. 151
[466] Ibid., p. 162
[467] Ibid., p. 155

l'altération ».[468] En fait, selon Bichat, la maladie est branchée sur la vie elle-même, se nourrit d'elle, et participe à ce « commerce réciproque d'action où tout se succède, s'enchaîne et se lie ».[469] Michel Foucault nous précise qu'« elle n'est plus un évènement ou une nature importée de l'extérieur ; elle est la vie se modifiant dans un fonctionnement infléchi. »[470] Bichat précise lui-même sa pensée : « tout phénomène physiologique se rapporte en dernière analyse aux propriétés des corps vivants considérés dans leur état naturel ; tout phénomène pathologique dérive de leur augmentation, de leur diminution et de leur altération. »[471] Il est aisé, ici aussi, de voir à quel point le suivi de tout phénomène pathologique s'appuie sur le suivi de la forme, du volume ou de la structure des corps vivants, donc sur l'anatomie. Finalement, à travers l'anatomie pathologique, Bichat rend un bel hommage à l'anatomie et accroît ses capacités. De plus, Bichat a su dessiner l'ébauche de l'intégration de l'anatomie parmi les disciplines qui participeront à l'étude du vivant et de la vie.

En outre, comme l'indique Michel Foucault, Bichat a su donner à la vie, et à la vie pathologique, un statut fondamental.[472] Ainsi, si « au XVIIIe siècle, la maladie était à la fois de la nature et de la contre-nature, puisqu'elle avait une essence ordonnée mais qu'il était de son essence de compromettre la vie naturelle. A partir de Bichat, la maladie va jouer le même rôle de mixte, mais entre la vie et la mort. »[473] De plus, Michel Foucault fait remarquer que si « le signe clinique renvoyait à la maladie elle-même ; le signe anatomoclinique à la lésion ; et si certaines des altérations des tissus sont communes à plusieurs maladies, le signe qui les aura mises en évidence ne pourra rien dire sur la nature du trouble : on peut constater une hépatisation du poumon, mais le signe qui l'indique ne dira pas à quelle maladie elle est due. »[474]

M. Foucault en conclut que « le signe ne peut donc que renvoyer à une actualité lésionnelle, et jamais à une essence pathologique. »[475]

Indiscutablement, la méthode anatomique a eu un fort impact sur la pensée médicale et, ici encore, elle le prouve en s'avérant déterminante pour le changement de la perception significative. M. Foucault insiste dans ses écrits sur ce changement et les conséquences qu'il implique sur la pratique médicale : « la perception significative est donc épistémologiquement différente dans le monde de la clinique telle qu'elle a existé sous sa première forme, et

---

468 M. Foucault, *Naissance de la clinique*, op. cit., pp. 152-154
469 X. Bichat, *Anatomie générale*, t. IV, p. 591
470 M. Foucault, *Naissance de la clinique*, op. cit., p. 155
471 X. Bichat, *Anatomie générale*, t. IV, I, avant-propos, p. VII
472 M. Foucault, *Naissance de la clinique*, op. cit., p. 157
473 Ibid., p. 158
474 A.- F. Chomel, *Eléments de pathologie générale*, Paris, édité chez Crochard, 1817, pp. 522-523, cité dans M. Foucault, *Naissance de la clinique*, op. cit., p. 164
475 M. Foucault, *Naissance de la clinique*, op. cit., p. 164

telle qu'elle a été modifiée par la méthode anatomique. Cette différence est sensible jusque dans la manière dont on a pris le pouls avant et après Bichat. Corvisart [...] prenant le pouls de son malade, ce n'est pas le symptôme d'une affection qu'il interroge, mais le signe d'une lésion. »[476] M. Foucault fait l'effort de recenser avec force détails les différentes perceptions signalétiques du pouls en fonction de chaque type lésionnel, afin de mettre en évidence la puissance résolutive de l'expérience anatomoclinique. « [...] L'expérience anatomoclinique a permis d'établir le tableau des correspondances biunivoques entre l'allure des pulsations et chaque type lésionnel : le pouls est fort, dur, vibrant, fréquent dans les anévrismes actifs sans complication ; mou, lent, régulier, facile à étouffer dans les anévrismes passifs simples ; irrégulier, inégal, ondulant dans les rétrécissements momentanés ; faible et à peine sensible dans les endurcissements, les ossifications, le ramollissement ; rapide, fréquent, déréglé et comme convulsif en cas de rupture d'un ou plusieurs faisceaux charnus (2).[477] Il ne s'agit pas là d'une science analogue à celle de l'Etre Suprême, et conforme aux lois des mouvements naturels, mais de la formulation d'un certain nombre de perceptions signalétiques. »[478] M. Foucault montre comment l'anatomie pathologique met la clinique à son service et lui demande de détecter, de récolter et de rassembler à la surface du corps vivant tous les signes de la pathologie émanant de la profondeur. « A partir du moment où l'anatomie pathologique prescrit à la clinique d'interroger le corps dans son épaisseur organique, et de faire affleurer à la surface ce qui n'était donné qu'en couches profondes, l'idée d'un artifice technique capable de surprendre la lésion redevient une idée scientifiquement fondée. Le retour à Auenbrugger s'explique dans la même réorganisation des structures que le retour à Morgagni. La percussion ne se justifie pas si la maladie n'est faite que d'une trame de symptômes ; elle devient nécessaire si le malade n'est guère autre chose qu'un cadavre injecté, tonneau à moitié plein. »[479]

M. Foucault explique comment l'anatomie pathologique, par ses consignes, transforme « le regard » du clinicien en lui intimant l'ordre de repérer un volume. Nous aurons alors affaire à un anatomoclinicien qui a acquis ainsi un regard absolu et peut alors être en mesure de saisir des données tridimensionnelles par des techniques qui deviennent de vrais outils de réflexion pour la médecine. M. Foucault nous fait vivre la mutation du clinicien en anatomoclinicien ; pour ce faire, il nous décrit simplement le regard de chacun d'entre eux et s'évertue à bien les définir, afin de mieux en apprécier les caractères distinctifs et de les discriminer plus aisément. « Etablir ces signes, artificiels ou naturels, c'est jeter sur le corps vivant tout un réseau de repérages

---

[476] M. Foucault, *Naissance de la clinique*, op. cit., p. 165

[477] J.-N. Corvisart, *Essai sur les maladies et les lésions organiques du cœur et des gros vaisseaux*, Paris, chez H. Nicolle, 1811, pp. 397-398

[478] M. Foucault, *Naissance de la clinique,* op. cit., p. 165

[479] Ibid., p. 166

anatomo-pathologiques : dessiner en pointillé l'autopsie future. Le problème est donc de faire affleurer en surface ce qui s'étage en profondeur ; la séméiologie ne sera plus une *lecture*, mais cet ensemble de techniques qui permet de constituer une *anatomie pathologique projective*. Le regard du clinicien se portait sur une suite et sur une plage d'évènements pathologiques ; il devait être synchronique et diachronique à la fois, mais de toute façon il était placé dans une obédience temporelle ; il *analysait une série*. Le regard de l'anatomo-clinicien devra *repérer un volume* ; il aura affaire à la complexité de données spatiales qui pour la première fois en médecine sont tridimensionnelles. »[480]
Bien sûr, le regard de l'anatomo-clinicien a changé par rapport à celui du clinicien. En fait, c'est le regard médical, dans son ensemble, qui s'est transformé. Désormais, ce regard médical est doté, comme le note Michel Foucault, « d'une structure plurisensorielle. Regard qui touche, entend et, de surcroît, non par essence ou nécessité, voit. »[481] Avec l'adjonction de moyens sensoriels — le toucher et l'audition — à la vue, il est maintenant possible d'effectuer des observations plus performantes *ante mortem*. Laënnec démontre que cette triangulation sensorielle est nécessaire pour obtenir une perception anatomoclinique satisfaisante. Mais, même si Laënnec réserve au toucher et à l'audition une place importante, il ne néglige pas pour autant la vue et pour cette raison, il laisse encore une bonne place à l'autopsie. En cela, il adhère au système de pensée de Bichat qui a mis en place la mort dans la pensée médicale. En effet, comme l'indique Michel Foucault, « l'oreille et la main ne sont que des organes provisoires de remplacement en attendant que la mort rende à la vérité la présence lumineuse du visible ; il s'agit d'un repérage dans la *vie*, c'est-à-dire dans la *nuit*, pour indiquer ce que seraient les choses dans la clarté blanche de la mort. Et surtout, les altérations découvertes par l'anatomie concernent "la forme, la grandeur, la position et la direction" des organes ou de leurs tissus (1)[482] : c'est-à-dire des données spatiales qui relèvent par droit d'origine du regard. »[483] M. Foucault souligne la puissance du regard de Laënnec qui est avant tout anatomique, de par sa force d'analyse. « Quand Laënnec parle des altérations de structure, il ne s'agit jamais de ce qui est au-delà du visible, ni même de ce qui serait sensible à un toucher délié, mais de solutions de continuité, d'accumulations de liquides, d'accroissements anormaux, ou d'inflammations signalées par le gonflement du tissu et leur rougeur (2)[484]. De toute façon, la limite absolue, le fond de l'exploration perceptive sont dessinés toujours par le plan clair d'une visibilité au moins

---

[480] M. Foucault, *Naissance de la clinique,* op. cit., p. 166
[481] Ibid., p. 168
[482] X. Bichat, *Essai sur Desault*, in *Œuvres chirurgicales de Desault* (1798), I, pp. 10 et 11, cité dans M. Foucault, *Naissance de la clinique,* op. cit., p. 169
[483] M. Foucault, *Naissance de la clinique,* op. cit., p. 169
[484] R. T. H. Laënnec, *Dictionnaire des sciences médicales*, t. II, article « *Anatomie pathologique* », p. 52, cité dans M. Foucault, *Naissance de la clinique,* op. cit., p. 169

virtuelle. »[485] Bichat était fortement conscient de ce type de visibilité puisqu'en parlant des anatomistes, il écrivait : « C'est une image qu'ils se peignent, plutôt que des choses qu'ils apprennent. Ils doivent plus voir que méditer »[486]
Finalement, pour Corvisart, comme pour Laënnec, c'est le regard qui a le dernier mot. Mais ce regard n'est pas un regard simple, de première intention. C'est un regard complexe dont M. Foucault nous livre une description précise et très subtile. « Lorsque Corvisart entend un cœur qui fonctionne mal, Laënnec une voix aiguë qui tremble, c'est une hypertrophie, c'est un épanchement qu'ils voient, de ce regard qui hante secrètement leur audition et au-delà d'elle l'anime.

Ainsi le regard médical, depuis la découverte de l'anatomie pathologique, se trouve dédoublé : il y a un regard local et circonscrit, le regard limitrophe du toucher et de l'audition, qui ne recouvre que l'un des champs sensoriels, et n'effleure guère que les surfaces visibles. Mais il y a un regard absolu, absolument intégrant, qui domine et fonde toutes les expériences perceptives. C'est lui qui structure en une unité souveraine ce qui relève à un plus bas niveau de l'œil, de l'oreille et du tact. Quand le médecin observe, tous ses sens ouverts, un autre œil est posé sur la fondamentale visibilité des choses et, à travers la donnée transparente de la vie avec laquelle les sens particuliers sont contraints de biaiser, il s'adresse sans ruse ni détour à la claire solidité de la mort. »[487]
Selon Michel Foucault, « la structure à la fois perceptive et épistémologique qui commande l'anatomie clinique et toute la médecine dérivant d'elle, c'est celle de l'*invisible visibilité.* »[488]
Au début, face à une pathologie, nous explique F. Dagognet, on tablait « sur "le symptôme", sur l'extérieur » ; mais, comme ensuite on s'est aperçu que l'apparence leurrait, alors on a fait appel à l'anatomie qui nous a sauvé. En effet, l'anatomie nous a fourni « le critère basal, interne, détenteur du reste. »[489]
Par conséquent, continue F. Dagognet, « tous, peu à peu – parmi eux, Bayle, Corvisart s'en avisent – opposeront les "caractères essentiels", c'est-à-dire les lésions spécifiques et différentielles aux troubles aléatoires, ressentis et vagues. »[490]
Donc, s'il faut être en mesure de chasser le périphérique, il faut aussi être en mesure « de le récupérer, d'apercevoir sous lui mais avec lui, l'autre (c'est-à-dire le fondamental). »[491] A en croire François Dagognet, il faut mettre à part Laënnec, « l'authentique Desfontaines de la médecine », parce qu'il sait, lui

[485] M. Foucault, *Naissance de la clinique,* op. cit., p. 169
[486] X. Bichat, *Essai sur Desault*, in *Œuvres chirurgicales de Desault*, I, p. 11, cité dans M. Foucault, *Naissance de la clinique,* op. cit., p. 169
[487] M. Foucault, *Naissance de la clinique,* op. cit., p. 169
[488] Ibid.
[489] F. Dagognet, *Le catalogue de la vie*, op. cit., p. 209
[490] Ibid.
[491] Ibid., p. 210

aussi, à partir de quelques renseignements vite ramassés, « définir le reste et le situer. » En fait, selon F. Dagognet, Laënnec « continue moins l'œuvre de ses prédécesseurs qu'il ne l'accomplit et ne la révolutionne. »[492] Là où les autres avaient besoin de deux caractères pour établir le diagnostic clinique, Laënnec en aura besoin de trois. Avec Laënnec, il y aura « trois termes au lieu de deux : la lésion (1), les signes qui la disent (2), les symptômes qui nous en éloignent, bien que, souvent, ils la répercutent (3). Or, ce troisième terme ne peut qu'escorter le second, seul révélateur et parlant. Il ne faut pas tenter de le conserver ou de le déchiffrer. Mais le premier terme[493] (celui de Bichat) perd aussi de son importance : plus d'une fois nous l'avons signalé, Laënnec nous met en garde. Avec le cadavre, en lui, on risque de ne rien distinguer, sinon la bouillie des décompositions qui effacent les chemins de la maladie, mêlent les liquides et les tissus. C'est dans les battements du cœur, du milieu de la sourde clameur ou des innombrables bruits de la poitrine – crépitante, sifflante, gargouillante, frémissante, ronflante, craquante – ("elle imite ici le roulement d'un tambour ou le bruit d'une voiture qui roule sur le pavé"), sur le timbre de la voix ou de la toux, qu'il faut dépister les modifications. »[494]

F. Dagognet estime même, au niveau clinique, qu'en utilisant ces trois termes, Laënnec dépasse son maître, « ouvre de nouveaux horizons, crée même la médecine. »[495] Pour rendre hommage à Laënnec, F. Dagognet insiste sur ce qui distingue ce dernier de Bichat. « Bichat simplifiait : il souhaitait trop enfermer et toucher le mal, il l'identifiait à ses traces, alors qu'il convient de le lier à la vitalité, plus exactement à des mouvements déréglés ou contrariés, à de torpides évolutions, ce qui n'exclut pas, bien au contraire, la délimitation d'une zone, d'une région, siège de ces développements. Bref, Laënnec tend à substituer à l'anatomie pathologique une physiopathologie capable d'expliquer les tempêtes ou les crises (l'angine de poitrine, déjà cernée par Corvisart, l'asthme sur lequel reviendra Trousseau, l'œdème du poumon…) qu'on ne sait pas toujours raccorder à un substrat. »[496] En fait, ce qui distingue vraiment Laënnec de Bichat, c'est que le second reste rivé à l'anatomie alors que le premier, au lieu de se cantonner dans l'anatomie pathologique, évolue vers la physiopathologie.

Finalement, conclut F. Dagognet, « Laënnec nous apprendra à lire, au loin dans les bruits sourds ou au milieu de l'insignifiant, les indices de ce qui se passe dans les ténèbres tissulaires d'une vie menacée. »[497] Mais il est vrai aussi, nous précise Maurice Tubiana, que Laënnec « n'imagine pas que l'on puisse dépasser

---

[492] F. Dagognet, *Le catalogue de la vie*, op. cit., p. 209
[493] Ibid., p. 210
[494] Ibid.
[495] Ibid.
[496] Ibid., p. 211
[497] Ibid., p. 229

la méthode anatomoclinique, ni que le microscope puisse apporter des informations utiles sur des lésions invisibles à l'œil nu. »[498]

En tous les cas, ce qu'il faut bien reconnaître, c'est que le développement de l'anatomie clinique aura une incidence sur le changement de l'art du diagnostic. En effet, si l'anatomie pathologique servait à expliquer les maladies, la médecine anatomoclinique permet de dresser un tableau clinique sur le vivant établi à partir de signes visuels, auditifs et du toucher. Comme l'écrit M. D. Grmek, « le diagnostic médical est devenu hypothétique : il énonce la probabilité d'une lésion spécifique, le plus souvent non accessible à l'observation. C'est une sorte d'anatomie pathologique indirecte, faite sur le vivant et sans dissection. L'art du diagnostic devient ainsi plus difficile, mais aussi plus puissant. »[499] La confrontation et la conjugaison de l'anatomie pathologique et de l'anatomie clinique montrent, par l'efficience de leurs résultats, à quel point l'anatomie possède une force résolutive pour tout ce qui touche à la médecine.
Néanmoins, certaines réserves doivent être faites à propos de l'anatomie pathologique de la première moitié du 19e siècle puisque, comme nous l'avons vu lors de notre étude de l'anatomie élémentaire et de l'anatomie microscopique au 19e siècle, en France, l'anatomie pathologique, tout en établissant des liens privilégiés avec la clinique, s'est cantonnée dans une vision macroscopique des phénomènes pathologiques et a ainsi retardé la vision microscopique de ceux-ci.

Quand la théorie virchowienne sera enfin mieux acceptée en France, l'anatomie microscopique se développera alors et l'anatomie pathologique connaîtra un nouvel essor, dès les dernières décades du 19e siècle.

SECONDE MOITIE DU 19E SIECLE, VIRCHOW ET LE TRIOMPHE DU SOLIDISME LOCALISATEUR : LA PATHOLOGIE CELLULAIRE

Bichat avait fait triompher l'anatomie pathologique en mettant en avant la décomposition élémentaire anatomique, ce qui lui avait permis d'introduire le concept de tissu et toute son œuvre s'en est tenue à cet outil qu'il avait mis au point. Son œuvre n'a pas fait pas appel à la microscopie et d'ailleurs, Bichat s'est toujours refusé à investir le champ de l'anatomie microscopique. Il n'avait pas eu besoin d'étendre son champ de recherche puisque celui-ci était suffisamment prometteur et fécond. Mais, en 1858, quand Rudolf Virchow expose dans son livre *Die cellularpathologie* sa conception de la pathologie, le recours à l'anatomie microscopique n'est plus contesté. Malgré l'antagonisme

---

498 M. Tubiana, *Histoire de la pensée médicale, Les chemins d'Esculape*, op. cit., p. 190
499 M. D. Grmek, *Le concept de maladie*, pp. 147-167, in M. D. Grmek (sous la dir.) *Histoire de la pensée occidentale*, t. 3, *Du Romantisme à la science moderne*, op. cit., p. 151

des positions respectives de Bichat et de Virchow, par rapport à l'anatomie microscopique, il y a pourtant un point où l'esprit de Bichat et celui de Virchow ne sont pas en dissonance. En effet, d'une certaine façon, l'esprit de l'Ecole de Bichat survit dans le discours de Virchow, puisque le solidisme localisateur est toujours d'actualité. Mais, avec Virchow, au lieu de rester à l'échelle tissulaire, ce solidisme localisateur passe à l'échelle cellulaire.
Durant cette seconde moitié du 19e siècle, la médecine occidentale opte sans retenue pour la notion de maladie, développée par Virchow. Désormais, donc, ce ne sont plus les tissus qui constituent la référence de base de l'organisme et le regard des anatomistes est maintenant tourné vers une nouvelle unité élémentaire de l'organisme, c'est-à-dire la cellule. C'est la théorie de Schleiden et de Schwann qui définit ainsi la cellule. Virchow a bien compris le rôle fondamental de cette structure biologique de base. Il est donc convaincu « que les tissus, et en particulier la plupart des néoformations pathologiques, ne sont pas créées par le plasma mais dérivent de la multiplication des cellules. Selon lui, le corps humain est composé de cellules et de leurs produits, exactement comme un Etat est composé des cellules et de leurs artefacts. »[500] Pour Virchow, il n'y a pas de différence de nature entre la santé et la maladie, entre la physiologie et la pathologie, puisqu'il définit la maladie comme « la vie sous des conditions externes ou internes modifiées. » Virchow affirme aussi que « les cellules étant le siège de toutes les manifestations vitales, elles le sont aussi de toutes les maladies. »[501] A partir de cette conclusion, Virchow édifie un nouveau système d'anatomie pathologique, appelé par ses soins "pathologie cellulaire", en s'appuyant, d'une part, sur l'examen microscopique et, d'autre part, sur l'analyse histochimique. Virchow assigne à la pathologie cellulaire un certain nombre d'opérations. Elle doit décrire les modifications pathologiques, en particulier au niveau microscopique, les classer, comprendre leur évolution. Il lui faut aussi élucider le lien entre les modifications pathologiques et les troubles cliniques. M. D. Grmek rappelle que pour Virchow, « l'organisme est à peine plus qu'une simple somme de cellules qui le composent ; de même, la maladie de l'organisme est essentiellement la somme des affections cellulaires. L'atteinte primaire est toujours locale ; elle est souvent multiple mais ne concerne jamais d'emblée la totalité du corps. »[502] En défendant à la fois la localisation et le solidisme, Virchow marquera durablement l'histoire de son temps. Effectivement, pendant plusieurs dizaines d'années, il va maintenir ouvert et alimenter l'interminable débat sur « la priorité dans les couples

[500] M. D. Grmek, *Le concept de maladie*, pp. 147-167, in M. D. Grmek (sous la dir.de) *Histoire de la pensée occidentale*, t. 3, *Du Romantisme à la science moderne*, op. cit., p. 154
[501] Ibid., pp. 153-154
[502] Ibid., p. 156

antinomiques tout/partie, solide/fluide, processus/état et structure/fonction. »[503] En fait, Virchow s'inscrit historiquement dans la suite logique de l'approche anatomique de ses célèbres prédécesseurs, Morgagni, Bichat, Laënnec ; en effet, après que ceux-ci se soient intéressés aux organes et aux tissus, Virchow a particulièrement centré ses recherches sur les cellules. Finalement, Virchow ne renie pas l'anatomie qui compte beaucoup pour lui mais sa pensée n'isole pas non plus la fonction. Si bien que M. D. Grmek a raison d'écrire à son sujet : « sa méthode de recherche étant fondée plus sur l'observation que sur l'expérimentation, il préfère en pratique la description des structures à l'analyse des fonctions ; néanmoins, en théorie, c'est-à-dire dans sa conceptualisation des manifestations pathologiques, les rapports sont inversés et la fonction prime sur la structure. »[504]

SECONDE MOITIE DU 19^E SIECLE : AVEC CARL VON ROKITANSKY, LE RETOUR DES HUMEURS ET LA DELOCALISATION ANATOMIQUE DES PATHOLOGIES

Nous avons vu combien Virchow considérait la maladie comme un processus à l'image de la vie, c'est-à-dire dynamique, et optait pourtant pour un solidisme localisateur, empêchant ainsi tout retour à la théorie des humeurs. Rokitansky va, pour sa part, emprunter deux voies radicalement opposées à celles de Virchow puisqu'il se prononcera pour une délocalisation anatomique des pathologies et un certain abandon du solidisme. Il va d'abord montrer que le solidisme n'explique pas tout au niveau des pathologies puisqu'il arrive que des syndromes cliniques puissent n'avoir aucune correspondance visible dans les structures anatomiques. Rokitansky constate en particulier que les anatomo-cliniciens s'avèrent incapables d'expliquer de nombreuses fièvres. Selon lui, il faut que la définition de la maladie soit moins restrictive que celle en cours. En effet, la maladie peut être la manifestation de perturbations morbides générales se développant à partir de lésions locales mais, à l'inverse, ces lésions locales peuvent être provoquées par les perturbations morbides générales. Rokitansky ne peut se résoudre à réduire la maladie à la lésion sans élargir la notion de lésion. Il décide alors que celle-ci ne doit pas concerner que les parties solides du corps mais doit inclure les changements des parties liquides et même des principes d'ordre psychique. Pour mettre en selle cette forme d'humorisme moderne, Rokitansky s'appuie sur les travaux des cliniciens viennois et en particulier sur ceux de Joseph Skoda. Rokitansky s'applique à relever l'ordre chronologique d'apparition des différentes manifestations morbides, tout en déterminant les corrélations existantes entre les symptômes cliniques observés

---

[503] M. D. Grmek, *Le concept de maladie*, pp. 147-167, in M. D. Grmek (sous la dir.de) *Histoire de la pensée occidentale*, t. 3, *Du Romantisme à la science moderne*, op. cit., p. 156
[504] Ibid.

sur le vivant et les modifications organiques relevées lors de l'autopsie. Rokitansky ne situe pas forcément la maladie dans des organes ou dans des tissus organisés. Partant du fait que pour certaines pathologies, comme le tétanos et la septicémie, la localisation stricte des maladies n'est pas défendable, Rokitansky propose que ces maladies proviennent du plasma. De plus, comme le plasma imbibe l'organisme entier, Rokitansky soutient que « non seulement le sang serait le siège de maladies généralisées, mais ses altérations seraient à l'origine de presque toutes les lésions locales des structures solides. »[505] Puisque, selon Rokitansky, le plasma serait à l'origine de toutes les structures solides par précipitation des protéines et de la fibrine contenues dans le plasma et puisque la composition du sang déterminerait l'origine, la forme et les propriétés de chaque partie du corps, toutes les pathologies dériveraient donc des dyscrasies sanguines.

Sous les attaques de Virchow, les idées de Rokitansky ne résisteront pas et, pourtant, cette forme de retour aux humeurs, préconisée par lui, préfigurait, d'une certaine façon, tout ce qui allait être découvert plus tard en endocrinologie, en hématologie et en immunologie.

Au 19e siècle, plus particulièrement, l'anatomie pathologique a permis de gros progrès en médecine en caractérisant les ruptures de l'ordre du monde vivant, et donc la pathologie. Avec l'anatomie pathologique, il s'est ainsi mis en place en médecine une épistémologie réaliste et optimiste. Grâce à l'approche anatomique, la matière vivante est désormais vraiment considérée comme une réalité explorable, comme un objet qui se prête à une étude scientifique. L'anatomie pathologique a éclairé les anatomistes sur la texture du monde vivant et en même temps a favorisé en médecine l'essor de la clinique avec tout ce que ça implique, c'est-à-dire un remarquable essor de la connaissance et le début des avancées significatives aux niveaux diagnostique et thérapeutique.

2-4 – L'anatomie comparée aux 18e et 19e siècles

Il est toujours risqué et il n'est pas juste de considérer une discipline comme étant surgie brusquement dans l'univers de la connaissance. S. Schmitt a raison de nous rappeler que « dans son acception la plus large, l'anatomie comparée existe dans toutes les civilisations, y compris les sociétés les plus primitives : le simple fait d'appeler d'un même nom ("ventre", "patte", "tête", "nerf", etc.) des parties d'organismes différents suppose en effet un certain effort d'abstraction

[505] M. D. Grmek, *Le concept de maladie*, pp. 147-167, in M. D. Grmek (sous la dir.de) *Histoire de la pensée occidentale*, t. 3, *Du Romantisme à la science moderne*, op. cit., p. 154

que l'on peut considérer comme le début de l'approche comparative. »[506] Pour notre part, nous évoquerons quelque peu l'anatomie comparée avant les 18e et 19e siècles, mais notre intention est surtout d'axer principalement notre discours sur l'anatomie comparée des 18e et19e siècles, seule période de l'histoire au cours de laquelle l'anatomie comparée peut prétendre au statut de véritable discipline scientifique.

Rappelons néanmoins que, dès le 16e siècle, en Allemagne, un anatomiste réputé, Volcher Coiter (1534-1576), s'était déjà livré à l'examen comparatif de tous les embranchements de vertébrés et avait proclamé la nécessité de mettre la structure des animaux à l'épreuve de celle de l'homme. « Le but d'un philosophe doit être la comparaison de l'anatomie humaine avec celle des animaux », avait-il écrit.

Les anatomistes du 18e siècle vont s'écarter du chemin tracé par Vésale qui s'était opposé à « l'opinion aristétotélicienne et galénique, selon laquelle l'organisme de certains Mammifères peut servir de substitut à l'organisme humain pour une étude de morphologie interne. »[507] Opinion, nous précise G. Canguilhem, qui « était l'expression de la croyance en l'existence d'une série animale dont l'homme est l'accomplissement et donc la référence de dignité hiérarchique. » [508] En effet, quand les savants du 18e siècle vont s'adonner à l'anatomie comparée, ils vont se réapproprier l'opinion aristotélicienne et galénique en faisant d'elle « le moteur des études d'anatomie comparée qui devaient aboutir [...] à accréditer l'idée que les rapports d'analogie entre les animaux et l'homme pourraient bien exprimer des rapports de généalogie. »[509] De plus, l'anatomie comparée va mettre à l'honneur la pensée morphologique et, comme l'indique Claude Debru, elle va servir « au philosophe enthousiaste de fil conducteur pour comprendre l'échelle de êtres. »[510] Avant de débuter notre long discours sur l'anatomie comparée, il nous semble judicieux de rappeler la définition qu'en donne le médecin français Félix Vicq d'Azyr, en 1780. L'anatomie comparée, c'est la « science étudiant essentiellement des

---

[506] S. Schmitt, *Aux origines de la biologie moderne – L'anatomie comparée d'Aristote à la théorie de l'évolution*, Paris, Editions Belin, 2006, p. 27

[507] G. Canguilhem, *Etudes d'histoire et de philosophie des sciences concernant les vivants et la vie,* op. cit., p. 30

[508] Ibid.

[509] Ibid.

[510] C. Debru, *Formes anatomiques et fonctions physiologiques, de Claude Bernard à nos jours*, pp. 115-134, in J.-P. Changeux, *La vie des formes et les formes de la vie*, Paris, Editions Odile Jacob, 2012, p. 120

rapports entre des structures appartenant à des espèces différentes. »[511] Il n'est donc plus question ici de se contenter de faire de simples descriptions des organes des différents animaux mais il y a là, en plus, manifestement la volonté de rechercher la signification de leurs ressemblances et de leurs différences.

Au 19e siècle, l'anatomie comparée va non seulement enrichir l'anatomie en étendant son champ d'étude mais elle va aussi lui donner une vraie dynamique de recherche à partir de laquelle il sera possible d'ouvrir de nombreux territoires de recherche épistémologique et de répondre à des questions touchant au vivant et à la Vie.

ARISTOTE, PRECURSEUR ET CONCEPTEUR D'UNE ANATOMIE COMPAREE AVANT L'HEURE ? OBJECTIFS ET LIMITES DE "L'ANATOMIE COMPAREE D'ARISTOTE" REVUS ET CORRRIGES PAR EMILE LITTRE (1801-1881)

Avant même de se poser la question si Aristote est le précurseur et le concepteur d'une anatomie comparée avant l'heure, rappelons qu'il est le maître incontesté d'une vision globale des animaux et en même temps l'un des premiers à les ordonner. Ceci étant dit, et étant donné l'habitude d'Aristote d'étudier les animaux, la question précédente peut être abordée.
E. Littré va donc jauger la capacité d'Aristote à instrumentaliser la comparaison anatomique et lui reconnaître de réels dons pour cette faculté. Mais, E. Littré tient à souligner que si la parfaite maîtrise de cette faculté est indispensable, elle n'est pas suffisante pour assurer des bases solides à une discipline comme l'anatomie comparée.
En vérité, si Aristote ne parvient pas à édifier une véritable anatomie comparée, c'est parce qu'il lui manque, d'une part, une anatomie suffisamment complète et de qualité et, d'autre part, une absence totale d'approche de la dimension temporelle. Avant de revenir au mode de comparaison qu'avait institué Aristote, il faut avoir « touché les fondements de l'anatomie générale, qui reposent sur une certaine manière de comparer »[512], nous précise E. Littré. En fait, c'est plus à la fonction qu'à l'anatomie que s'intéresse Aristote. Il n'a pas suffisamment étudié l'anatomie de l'organe d'usage. Sans accabler Aristote — puisqu'il reconnaît la puissance de son esprit — E. Littré nous dresse un tableau objectif des raisons de son échec, malgré sa parfaite maîtrise de la comparaison. E. Littré en profite pour opposer l'approche de l'anatomie comparée des anatomistes de la fin du 18e siècle et de la première moitié du 19e siècle à celle d'Aristote et rendre un hommage appuyé aux premiers, en mettant l'accent sur les vertus de leur anatomie comparée, fortifiée par une scientificité reconnue.

[511] S. Schmitt, *Aux origines de la biologie moderne – L'anatomie comparée d'Aristote à la théorie de l'évolution*, op. cit., p. 10
[512] E. Littré, *La science au point de vue philosophique*, op. cit., p. 241

« Le procédé de comparaison employé par Aristote menait, non pas à créer l'anatomie générale, mais à voir comment un même appareil et par suite une même fonction se modifient dans la série vivante pour s'accommoder aux circonstances diverses de l'être. Ainsi, par exemple, c'est la comparaison qui nous apprendra ce que devient l'appareil respiratoire dans les mammifères, dans les oiseaux, dans les reptiles, dans les poissons ; en un mot, par elles, nous saurons toutes les conditions auxquelles l'organisation est assujettie, comment la vie se fait jour entre les nécessités imposées par les lois du monde inorganique, où elle est implantée et par la force qui lui est inhérente, comment, obligée pour durer d'absorber l'oxygène, elle transformera l'organe respiratoire, suivant que ce gaz est dans l'air ou dans l'eau. C'est la comparaison qui, de déduction en déduction, a suggéré la conception de la hiérarchie des êtres vivants ; mais, pour porter tous ses fruits, elle avait besoin d'être assise sur l'anatomie générale, qu'elle ne pouvait fournir. Aussi la tentative d'Aristote, qui, toute grande qu'elle fût, ne dépassait pas les connaissances de son temps, ne devait point avoir de suites immédiates, non plus que la doctrine qu'il établit dans son traité *De l'Âme*, et où il touche de bien près les propriétés essentielles à la matière vivante. Il ne lui manque qu'une chose pour y arriver ; mais cette chose est justement ce qui devait occuper tant de siècles et demander tant d'acquisitions préparatoires : c'est de rapporter à des éléments déterminés les propriétés qu'il entrevoit. Ne le pouvant, attendu que ces éléments n'étaient pas connus, sa conception, toute réelle qu'elle est, rentre dans ces vues avancées que la science du temps n'a aucun moyen de prouver. »[513]

Parmi les épistémologues contemporains, Bernard Balan tient à préciser qu'il ne suffit pas de s'adonner à la comparaison anatomique pour faire de l'anatomie comparée. Il rappelle que si le traité aristotélicien, *Les parties des animaux,* a été considéré par certains comme le premier traité d'anatomie comparée, « un traité ne suffit peut-être pas à constituer une science. »[514]

LES AVATARS D'UNE FASCINATION POUR LA METHODE COMPARATIVE, LES DERIVES DE L'APPROCHE ANALOGIQUE DE L'HOMME ET DE L'ANIMAL, LA PHYSIOGNOMONIE

Comme l'écrit Elisabeth de Fontenay, « la physiognomonie, qui prétend déchiffrer un être sur son apparence à partir de signes morphologiques et établir pour ce faire une typologie, remonte à l'Antiquité, aux *Physionomica*, œuvre apocryphe d'Aristote. »[515] Le fondement épistémologique de la physiognomonie antique repose sur l'interdépendance du *soma* et de la *psyché*. Cette interdépendance « s'exprime à travers trois axiomes : (1) Les dispositions mentales ne sont pas autonomes et insensibles aux mouvements du corps. (2) Le corps réciproquement est affecté par les affects de l'âme. (3) Un trait mental est corrélé à un trait physique. »[516] Ainsi, la physiognomonie décrypte « sous le vernis des attitudes, la personnalité d'un être qui ne souscrit qu'au paraître. »[517] E. de Fontenay nous explique comment la méthode comparative, l'approche

---

513 E. Littré, *La science au point de vue philosophique*, op. cit., pp. 241-242

514 B. Balan, article "*anatomie comparée*", pp. 65-71, in D. Lecourt (sous la dir. de), *Dictionnaire d'Histoire et philosophie des sciences,* Paris, Editions Quadrige/PUF, 2003, p. 65

515 E. de Fontenay, *Sans offenser le genre humain – Réflexions sur la cause animale*, Paris, Editions Albin Michel, 2008, p. 135

516 A. Zucker, *La physiognomonie antique et le langage animal du corps*, Rursus (en ligne), 1/2006, mis en ligne le 09/07/2006, p. 3

517 D. Paquet, *Miroir, mon beau miroir – une histoire de la beauté*, Paris, Editions Gallimard, 1997, p. 108

analogique, constituent les fondements de la physiognomonie. « [...] Si une analogie doit être établie entre les visages humains et les faces animales, c'est que, malgré la supériorité incomparable — mais pas incommensurable ! — de l'homme, on peut dresser une échelle qui s'élève, par passages insensibles, de l'animal le plus humble à l'homme le plus remarquable, en *une progression ascendante de l'expression physiognomonique.* C'est donc la chaîne des êtres qui, en autorisant les analogies, fonde la physiognomonie : le déchiffrement des expressions significatives, communes aux bêtes et aux hommes, peut du reste être favorisé par les observations les plus empiriques du naturaliste et du chasseur. »[518] Durant la période qui nous intéresse (du 16e siècle au 19e siècle), la physiognomonie a connu un nouvel essor en s'appuyant d'abord sur des ressemblances morphologiques entre les hommes et les animaux, avec Lebrun au 17e siècle, puis sur l'anatomie comparée, avec Lavater au 18e siècle. Mais aucun de ces deux auteurs n'a su approcher la physiognomonie en évitant de tomber dans le piège d'une interprétation caricaturale de l'idéologie qui a été à son origine. Alors, bien sûr, en donnant à la physiognomonie un cadre trop rigide, ces auteurs ont asservi l'anatomie, en général, et l'anatomie comparée, en particulier, à la physiognomonie, et ils ne sont jamais parvenus à relâcher les liens trop étroits ainsi institués. L'exploitation des données morphologiques ainsi recueillies et les discours analogiques prononcés par ces auteurs n'aboutiront à rien si ce n'est à des impasses pseudo-scientifiques. Par leurs errements, ces auteurs nous ont montré que les dérives, les fausses routes, de l'approche analogique de l'homme et de l'animal, sont possibles, et où elles peuvent mener.

LA PHYSIOGNOMONIE DE CHARLES LE BRUN (1619-1690)

Dès le 17e siècle, Charles Lebrun, peintre de Louis XIV, se lance dans une conception particulière de la physiognomonie dont la grille de lecture repose sur « une géométrie physiognomonique fortement orientée vers le haut ; le front et les yeux signalent la noblesse, alors que le nez, la bouche et les oreilles indiquent la bassesse. L'angle formé par la direction des yeux et la proéminence du front, et, à partir de là, le tracé d'un triangle, permettent de calculer le caractère et l'intelligence des animaux, les signes qui marquent leurs inclinaisons naturelles. Cette spéculation expérimentale, ces mesures chiffrées de différences qu'on tenait auparavant pour qualitatives vont permettre d'établir une comparaison systématique entre les traits du visage de l'homme et des traits identiques chez les animaux. »[519] Tout ceci n'est que pure spéculation mais C. Lebrun est un artiste qui a lu le *Traité des passions* de Descartes, le *Traité de la connaissance des animaux* et *L'art de connaître les hommes*, de Marin Cureau

---

[518] E. de Fontenay, *Sans offenser le genre humain – Réflexions sur la cause animale*, op. cit., p. 148
[519] Ibid., pp. 136-137

de la Chambre, médecin de Louis XIV. Autant dire que ces trois traités exerceront une influence sur le discours et la pratique artistique de Le Brun. Ainsi, par exemple, tout comme Cureau de la Chambre qui écrit en 1659, à propos de l'homme que « la nature […] a répandu toute son âme en dehors, et qu'il n'est point de fenêtres pour voir ses mouvements, ses inclinations et ses habitudes, puisqu'elles paraissent sur le visage, et qu'elles y sont écrites en caractères si visibles et si manifestes »[520], Le Brun limite premièrement son analyse au visage et aux signes de ses inclinations vertueuses. En outre, il n'est pas réfractaire aux sciences et il prend la précaution de mettre en avant des mesures et des données quantitatives, et d'abandonner les données qualitatives. Néanmoins, même si la démarche de Le Brun a l'allure d'une démarche scientifique, en fait elle a tout d'une démarche parascientifique, se structurant à partir d'analogies et d'oppositions souvent fictives. L'exagération du pouvoir donné à l'analogie est tel que les images obtenues constituent de véritables leurres. La vérité est loin d'être au rendez-vous, dans la mesure où ces images sont la marque d'une intention typologique qui veut articuler le physique et le moral. Le Brun respecte fidèlement les procédés de l'art "physiognomonique". Comme la peinture d'histoire ne peut se faire sans la représentation des émotions des personnages peints par les gestes et les expressions des passions, Charles le Brun, comme ses pairs, a la volonté d'élever la doctrine de l'expression des passions au rang de science auxiliaire de la peinture d'histoire. Le visage se trouve ainsi être l'élément essentiel de l'expression physique des passions. Mais la grammaire de l'expression des passions ainsi mise en place par C. le Brun s'accompagne d'un certain nombre de contraintes qui verrouillent le système de représentation et lui nuisent. En particulier, dans sa célèbre conférence de 1668, le Brun affirme son ambition de prôner un savoir théorique et technique qui annule le processus d'imagination. De plus, il met en parallèle des espèces animales et des caractères humains. Avec lui, un postulat de base s'impose : il existe une intimité physique radicale entre l'homme et l'animal. Le Brun s'inscrit ici dans un registre semblable à celui de Porta qui déjà, en 1588, dans son *De humana physiognomia*, livre très illustré, « avait dégagé […] des éléments de signification empruntés au règne animal, des "lignes d'animalité", et établi une concordance entre les traits de l'homme et ceux des animaux. »[521] La subjectivité de l'auteur l'emporte de beaucoup sur son objectivité, et le résultat est là : le spectateur a du mal à garder un regard objectif, il donne libre cours à sa subjectivité et il est ainsi pris en otage par l'artiste. E. de Fontenay le dit bien : ici, « textes et images ont la prétention d'instaurer un véritable savoir analogique fondé sur une herméneutique du

[520] M. Cureau de La Chambre, *L'art de connaître les hommes, Première partie où sont contenus les discours préliminaires qui servent d'introduction à cette science*, Paris, chez P. Rocolet, 1659, p. 71
[521] E. de Fontenay, *Sans offenser le genre humain – Réflexions sur la cause animale*, op. cit., p. 135

corps. »[522] Il s'agit bien ici d'interprétations et non de faits démontrés, prouvés, d'une vision d'artiste et non d'une étude scientifique. Rien ne vient confirmer la correspondance des signes morphologiques de l'expression singulière des animaux avec ceux de l'expression singulière des hommes pour le même type de caractère. Rien ne vient étayer scientifiquement la correspondance entre les différents types de caractère des animaux et ceux des hommes, caractère par caractère. En fait, Le Brun ne fait que transposer l'énoncé de la morale aristotélicienne dans un canon esthétique. Mais, « La subtilité du dessin et le raffinement du calcul sont tels que Le Brun peut, par exemple, peindre un groupe de sept bœufs dont chacun présente une expression singulière, et donc un caractère différent : méditatif, rancunier, agressif, observateur, curieux, indifférent, ingénu… Et c'est ainsi que, de retour de la ménagerie de Versailles, Le Brun donnait à voir des portraits d'animaux et d'hommes qu'il juxtaposait. Par un même trait du dessin et de la mesure, d'où surgissait l'inquiétante ressemblance, l'animal se trouvait humanisé et l'homme bestialisé. »[523]
D'une certaine manière, nous voyons ici s'exhiber la continuité entre l'homme et l'animal. Mais Elisabeth de Fontenay s'interroge : « ne vaudrait-il pas mieux, au demeurant, se méfier de ces représentations visuelles qui usent du pouvoir parfois trop consolant de l'analogie ? »[524] Charles Le Brun se limite à l'examen de la configuration du visage car il adhère pleinement à l'idée d'une analogie entre le microcosme et le macrocosme et, pour lui, « si l'homme est dit le raccourci du monde entier, la tête peut bien être dite le raccourci de tout le corps. »[525] Avec Le Brun, la pensée analogique de la Renaissance survit et sa conférence sur la physiognomonie, donnée les 7 et 28 mars 1671, en présence de Colbert, constitue d'une certaine façon l'ultime expression officielle de la tradition analogique établie depuis l'Antiquité.
Le Brun pose ainsi un certain nombre de principes :

- « s'il arrive qu'un homme ait quelque partie du corps semblable à celle d'une bête, il faut de cette partie tirer des conjectures de ses indications, ce que l'on appelle physionomie. »
- il existe un rapport entre les affections de l'âme et la forme du corps.
- « des signes fixes et permanents font connaître les passions de l'âme. »

Lorenzo Péricolo fait remarquer que « le défaut théorique de la physiognomonie est ailleurs : dans l'incapacité à formuler strictement et efficacement des règles

---

[522] E. de Fontenay, *Sans offenser le genre humain – Réflexions sur la cause animale*, op. cit., p. 136
[523] Ibid., p. 137
[524] Ibid., p. 138
[525] Nivelon, *Abrégé d'une conférence de Charles Le Brun, à l'Académie de peinture et de sculpture, sur la physionomie*, Paris, 1806, pp. 81-85, in G. Lavater, *L'art de connaître les hommes par la physionomie*, tome 9, Paris, Depelafol, Libraire-éditeur, 1835, p. 83

de conversion entre traits psychiques et traits somatiques »[526] et il relève ainsi les distorsions du paradigme physiognomonique.
Ce qu'il est intéressant de noter c'est que là où l'anatomie comparée a permis de faire progresser les recherches épistémologiques en anatomie, y compris en anatomie humaine, en opérant une approche analogique de l'homme et de l'animal, la physiognomonie a échoué. Et ce, parce qu'elle a utilisé à mauvais escient des observations et des mesures morphologiques choisies arbitrairement et mises au service d'idéologies, réalisées sans souci d'objectivité. Que ce soit, Lebrun, ou Lavater plus tard, chacun à sa manière s'est livré plus à une interprétation des données morphologiques auxquelles il était confronté qu'à une véritable analyse. En cela, chacun a oublié en quelque sorte les vertus analytiques de l'anatomie. Néanmoins, comme l'indique Pierre Changeux, « les dessins de Charles Le Brun anticipent ceux de Vicq d'Azyr ou de Cuvier. La tradition se fait de manière continue de la figuration du singe dans l'*Histoire naturelle* de Buffon aux aquarelles (médiocres) de Zötl. »[527]

LA PHYSIOGNOMONIE DE CAMPER (1722-1789)

Camper, pour sa part, a la prétention de déterminer le degré de l'intelligence à partir de la mesure de l'angle facial. Un ensemble de mesures seront faites qui aboutiront à l'établissement de normes. Une véritable anthropométrie verra le jour, permettant la mise en place d'une technique de mensuration du corps humain et de ses diverses parties.
Malgré les errements de Camper qui donnent à l'anthropologie une dimension idéologique, bien éloignée d'une approche scientifique, Camper fournira néanmoins aux anthropologues une grille de lecture à partir des points fixes osseux du crâne et de la face. Petrus Camper sera ainsi considéré comme le pionnier de la craniologie moderne. Ses points osseux seront d'ailleurs utilisés par les chirurgiens-dentistes dès la seconde moitié du 19e siècle et surtout au 20e siècle pour mieux définir l'anatomie du massif dento-maxillo-facial. A l'aide de ces repères anatomiques et du plan de Camper, les chirurgiens-dentistes pourront établir des diagnostics plus sûrs et évaluer le degré de gravité des dysmorphoses dento-maxillaires. Camper aura donc, de façon indirecte, participé au développement scientifique de l'art dentaire.

LA PHYSIOGNOMONIE DE LAVATER (1741-1801)

A l'instar de Camper, Johann Kaspar Lavater considère le crâne comme la base et le résumé du système osseux, et le visage comme le résumé et le résultat de la forme humaine. Lavater nous donne sa définition de la physiognomonie : « la

526 L. Péricolo, (éd. critique et introduction par), *Vie de Charles Le Brun et description détaillée de ses ouvrages/Claude Nivelon*, Genève, Editions Droz, 2004, p. 211
527 J.-P. Changeux, *Raison et plaisir*, Paris, Editions Odile Jacob, 1994, p. 144

physiognomonie est la science, la connaissance du rapport qui lie l'extérieur à l'intérieur, la surface visible à l'invisible. »[528] Avec la physiognomonie, Lavater nous exprime sa volonté de lier définitivement une personnalité à une apparence physique. A l'analyse, il y a beaucoup à dire sur la physiognomonie de Lavater. En fait, Lavater assimile la physiognomonie à l'art de découvrir le caractère en déchiffrant les traits du visage. Selon Dominique Paquet, « Lavater démontre que le caractère en mouvement d'un sujet peut être lu au travers de la morphologie et de l'expression de son visage. »[529] Lavater s'emploie à juger la créature humaine sur sa mine et sur sa silhouette parce qu'il y voit la main de Dieu. Il parle même d'alphabet divin pour apprendre à lire sur les traits du visage. En fait, c'est à chaque contour du corps humain et à plus forte raison à l'ensemble de ses contours que s'intéresse Lavater. Même si Lavater est conscient des différences zoo-anthropologiques, il ne manque pas de rapprocher les traits de l'homme de ceux de divers animaux, mais il place l'homme au-dessus des animaux. Il tient à nous prévenir et à nous mettre en garde : « les facultés de l'homme sont uniques, tout comme sa forme. »[530] Néanmoins, chez l'homme, « la forme, les proportions symétriques de l'homme, sa stature élevée et cependant si susceptible d'attitudes et de mouvements divers, tout annonce à l'observateur impartial une force supérieure et la plus étonnante mobilité ; tout lui démontre au premier coup d'œil l'excellence de la nature humaine, de cette nature physiologiquement unique. »[531] En attribuant une valeur suprême à la beauté et au bien, Lavater affirme que « plus il y a de la perfection morale, plus il y a de la beauté ; plus il y a de la corruption morale, plus il y a de la laideur. »[532] Lavater fait donc appel à une méthode d'axiologie descriptive et il s'écarte, même s'il prétend le contraire, du chemin des sciences. Selon Lavater, « le destin de l'homme, c'est son caractère » et il proclame être en mesure de déchiffrer ce caractère comme une loi naturelle. Il va ainsi emprunter le chemin de l'occultisme et du divinatoire. Elisabeth de Fontenay nous explique que sa « théorie psycho-physiologico-herméneutique abuse de l'idée si féconde par ailleurs de l'*organisation*, pour en faire la condition suffisante d'une prédestination qui n'a rien à envier à la religion la plus pessimiste quant à la liberté humaine. »[533] De même, Lavater s'égare quand, à partir de la mesure de l'angle facial, défini par ses soins (angle compris entre le segment limité par

---

[528] J. G. Lavater, *La Physiognomonie ou l'art de connaître les hommes d'après les traits de leur physionomie*, (trad. par Bacharach H.), Paris, Librairie G. Havard, 1775-1778, p. 6

[529] D. Paquet, *Miroir, mon beau miroir – Une histoire de la beauté*, op. cit., p. 62

[530] J. G. Lavater, *La Physiognomonie ou l'art de connaître les hommes d'après les traits de leur physionomie*, (trad. par Bacharach H.), op. cit., p. 4

[531] Ibid.

[532] Ibid., p. 55

[533] E. de Fontenay, *Sans offenser le genre humain – Réflexions sur la cause animale*, op. cit., p. 145

l'extrémité du nez et l'angle extérieur de l'œil, et le segment limité par l'extrémité du nez et le coin de la bouche), il fait des conclusions hâtives et erronées. Ainsi, écrit-il, « plus l'angle est aigu, plus la créature tient de l'animal. »[534] A partir de cet angle, Lavater dresse « une échelle qui s'élève du singe jusqu'au dieu de la beauté. »[535].Il pousse même plus loin ses analyses douteuses : « celui qui, au-dessous de soixante-dix degrés, se rapproche de l'angle des têtes de nègres d'Angola et des têtes de Calmouks, perd successivement toute trace de ressemblance humaine. »[536] Lavater se lance donc dans une physiognomonie des peuples, c'est-à-dire une histoire naturelle des figures nationales. Il passe en revue toutes les nationalités, des Turcs aux Anglais, aux Italiens, aux Français, aux Hollandais, aux Russes, aux Africains, etc., mais en dresse une analyse arbitraire où les a priori sont manifestes... La théorie phrénologique des dispositions, émise par Gall, découlera d'ailleurs de cette élévation du préjugé à la scientificité. Mais en dehors de cela, Lavater s'intéresse aussi particulièrement au crâne en portant son attention sur les points osseux du visage et du crâne. Il veut, par l'examen des traits fixes établis à partir des points osseux du visage d'un individu et leur déchiffrement, identifier les caractéristiques humaines fondamentales de cet individu.

Aujourd'hui, François Dagognet accorde néanmoins un certain prix à l'œuvre de Lavater puisqu'il s'emploie d'une certaine façon à réhabiliter sa physiognomonie. Et ce, même si F. Dagognet prend le chemin inverse de celui de Lavater, en considérant l'âme comme habitant le corps, et en ne voulant pas voir le corps réduit « [...] à un rassemblement d'organes, ni à un agencement de parties, ni à un système de tubes, de fibres et de filtres. »[537] Il reconnaît à Lavater sa capacité à condenser, c'est-à-dire à réduire, donc à conserver l'essentiel et à éliminer le secondaire. Mais ceci n'empêche pas F. Dagognet d'être lucide et de se rendre compte que « ce qui a perdu cette doctrine extérioriste – celle des disciples de Lavater – est venu de sa rigidité et de son incorrigible naturalisme ; elle nous a trop enfermés dans une morphologie, elle n'apercevait pas la mobilité ni la construction progressive. Nous ne sommes pas ce que nous sommes, nous sommes ce que nous devenons ; nous ne cessons de nous sculpter. Mais l'essentiel se donne à voir, même si nous ne le voyons pas

[534] J. K. Lavater, *La Physiognomonie ou l'Art de connaître les hommes d'après les traits de leur physionomie, leurs rapports avec les divers animaux, leurs penchants* (...), (tr. Fr. H. Bacharach H.) [réimpression de l'édition de 1845], Lausanne, L'Age d'Homme, coll. Delphina, 1979, p. 318

[535] E. de Fontenay, *Sans offenser le genre humain – Réflexions sur la cause animale*, op. cit., p. 147

[536] J. K. Lavater, *La physiognomonie ou l'art de connaître les hommes d'après les traits de leur physionomie, leurs rapports avec les divers animaux, leurs penchants* (...), op. cit., p. 319

[537] F. Dagognet, *Philosophie d'un retournement*, Fougères - La Versanne, Editions Encre marine, 2001, p. 61

ou mal. »[538] Ce qui séduit F. Dagognet en Lavater, c'est sa mise en valeur de l'extérieur. F. Dagognet nous encourage à ne pas continuer à disqualifier la surface et à bien analyser ce que nous livre le dehors du dedans. F. Dagognet serait même prêt à adhérer « à une certaine physiognomonie bien comprise. » Il n'écarte « pas l'idée selon laquelle le corps de l'homme se répète et se résume dans ses moindres fragments (la partie est analogue au tout) ; d'autre part, une région – le visage – le récapitule encore davantage (l'hypercondensation sémaphorique). Nous y distinguons trois étages de hauteur sensiblement égale (en principe) : a/ Celui de la bouche, du menton et des deux mâchoires ; b/ Celui du nez, des joues et des yeux ; c/ Enfin celui du front et du crâne. Chacun d'eux reprend, pour le premier, l'abdomen (donc le digestif et le sexuel, l'instinctuel), le second renvoie au respiratoire (le souffle, le regard, l'affectif, le passionnel – le troisième relève de la cérébralité (la réflexion, le calcul, les opérations mentales, l'intellection). Ce n'est là, avec cette tripartition étagée, que l'architecture ; le contenu varie selon chaque individu. »[539]
Lavater estime nécessaire de comprendre le corps autrement, « de telle façon qu'il puisse accueillir le spirituel. » F. Dagognet ne conçoit pas une anthropologie qui soit uniquement objective, il la veut à la fois objective et subjective car, pour lui, « trop d'objectivité nuit à cette discipline parce qu'elle réifie alors le psychisme. ». Mais F. Dagognet juge nécessaire de « commencer par la saisie de ce qui se loge en nous, ce que nous devons détecter ou repérer, soit qu'il nous soit offert (le dehors) soit que nous réussissions à le transférer du dedans au dehors. »[540] En effet, F. Dagognet, comme il l'indique dans sa *Philosophie d'un retournement*, accorde « du prix à la simple morphologie (la forme). »[541] Si nous citons F. Dagognet, c'est parce qu'il n'est pas question pour nous de livrer la guerre au surfacial. Nos critiques vis-à-vis de la physiognomonie ne vont pas dans ce sens, elles portent uniquement sur les dérives interprétatives de Lavater et de ses disciples. En effet, ces physiognomonistes instrumentalisent l'anatomie morphologique à un point tel qu'ils aboutissent à une caricature de la doctrine extérioriste et que leur physiognomonie confine le corps dans un réseau de signes. Il n'est question pour nous, ni de rejeter la philosophie extérioriste, ni de subir la dictature du tout perceptif.
D'une certaine façon, la physiognomonie constitue une forme de résistance à la conception moderne du corps et, explique D. Arasse, « chercher l'expression d'un tempérament dans les traits fixes du corps revient à affirmer l'indissociabilité de l'être spirituel d'un individu et de sa configuration

---

[538] F. Dagognet, *Changement de perspective – Le dedans et le dehors*, Paris, Edition La table ronde, 2002, p. 189
[539] Ibid.
[540] F. Dagognet, *Le corps*, op. cit., p. 62
[541] F. Dagognet, *Philosophie d'un retournement*, op. cit., p. 11

physique : le corps demeure un répertoire de signes spirituels à déchiffrer. »[542] Si F. Dagognet accorde du prix à l'œuvre de Lavater, c'est que « l'un des thèmes à en retenir — qu'il a puisé dans la tradition et précisé même renouvelé — a consisté à substituer au corps en son ensemble ce qui l'abrège et surtout le subtilise. »[543] De toute façon, écrit F. Dagognet, « nous voyons directement sur le visage, les prépondérances, l'équilibre possible, les forces qui composent tant le corps que le psychisme. Bref, nous sommes capable de recueillir des informations à la fois somatiques et mentales, de là, l'importance d'un tel synopsis. »[544] Dominique Paquet nous indique ce que la théorie de Lavater affirme, c'est-à-dire « [...] le lien entre le caractère et la morphologie enrichie par l'expression »[545] et elle nous précise aussi ce que postule Lavater : « le caractère peut être reconnu par les invariants (os, cartilage, tissu cellulo-graisseux), par les variants (muscles, téguments) et en déduit "l'expression parlante des surfaces". »[546] Et c'est ce qui fait que F. Dagognet, s'opposant à la disqualification de la surface et désireux de bâtir une "exologie"[547], ne peut se résoudre à renier totalement la physiognomonie, « cet art de connaître les hommes d'après les traits de leur physionomie ». Mais ceci ne l'empêche pas de dénoncer les dangers auxquels vont être confrontés ceux qui optent pour l'extériorité. Inévitablement, ils butteront sur des difficultés et subiront même des échecs. F. Dagognet nous en donne la raison : « Le corps, concrétisation du vivant, nous paraît malaisé à déchiffrer, tant il mêle l'en soi et le pour soi, l'extériorité et l'intériorité. A s'en tenir à l'un de ces deux aspects, on manque l'autre et donc on s'égare. »[548]

A l'issue de notre brève étude des physiognomonistes des 17e et 18e siècles, nous constatons combien la physiognomonie est manifestement incapable de formuler rigoureusement et efficacement des règles de conversion entre traits psychiques et traits somatiques. Elle reste, en effet, trop attachée au corps et pas assez à l'âme, donc très cartésienne, alors qu'elle revendique un enjeu de l'ordre de l'unité psycho-somatique qui est, par contre, tout à fait aristotélicien. De plus, « si la référence à l'animal est synthétique pour le niveau psychique, elle est analytique et particulière pour le niveau somatique, dans la mesure où elle établit un rapport localisé entre des parties homologues de l'homme et de l'animal. »[549] Malgré sa volonté de s'appuyer sur un système de correspondance

---

542 D. Arasse, *La chair, la grâce, le sublime,* pp. 411-477, in A. Corbin, J.-J. Courtine et G. Vigarello, *Histoire du corps,* tome 1, *De la Renaissance aux Lumières*, Paris, Editions du Seuil, 2005, p. 465

543 F. Dagognet, *Philosophie d'un retournement*, op. cit., pp. 62-63

544 Ibid., p. 63

545 D. Paquet, *Miroir, mon beau miroir – Une histoire de la beauté*, op. cit., p. 62

546 Ibid.

547 F. Dagognet, *Changement de perspective – Le dedans et le dehors*, op. cit., p. 85

548 F. Dagognet, *Le corps multiple et un*, op. cit., p. 53

549 A. Zucker, *La physiognomonie antique et le langage animal du corps*, op. cit., p. 9

scientifique, en l'occurrence l'anatomie comparée, la physiognomonie fait fausse route et s'engage dans une voie sans issue. Elle ne parvient donc pas à convaincre la communauté scientifique des 17e et 18e siècles, du bien-fondé de sa démarche.

18E SIECLE : BUFFON, L'ANATOMIE ET L'ORGANISATION DES CONNAISSANCES EN HISTOIRE NATURELLE, LES PREMICES D'UNE ANATOMIE COMPAREE

Certes, puisque la culture humaniste a fait sien l'aphorisme de Protagoras, « elle est centrée sur l'homme, "mesure de toute chose" »[550], mais, comme l'écrit aussi L. Impelluso, « elle dialogue toujours avec la nature, avec ses manifestations les plus spectaculaires et les plus prodigieuses comme avec l'émouvante beauté d'une humble fleur qui éclôt. »[551]
Et grâce à cette approche particulière du monde naturel, Georges Louis Leclerc, comte de Buffon (1707-1788), directeur du jardin des plantes, va s'intéresser à l'étude de l'ensemble du monde vivant et va donner à l'anatomie une extension considérable de son champ d'étude. Buffon va s'employer, tout au long de cette période qui s'étale de l'Ancien Régime à l'apogée de Napoléon, à dresser une classification minutieuse du monde naturel.
Buffon écrira l'œuvre de sa vie, son Histoire naturelle, quarante-quatre volumes au total, en un demi-siècle ! L'œuvre colossale de Buffon a le mérite d'embrasser toute l'histoire naturelle et d'aboutir à une réelle organisation des connaissances en ce domaine. Elle permettra aussi aux chercheurs, à partir de ce monumental catalogue du monde vivant, de s'évertuer à constituer un véritable "catalogue de la vie".
Si Bichat a bien remis à l'ordre du jour le fossé très accusé existant entre le végétatif et le sensori-moteur, Buffon l'avait précédé en le systématisant le mieux. Et ce, en particulier dans son *Discours de la nature des animaux* mais aussi dans son autre ouvrage, *De la nature de l'homme.*
Buffon, comme Bichat, « entend diviser l'animal " par grandes masses" et lui aussi propose ouvertement de décomposer sans porter atteinte à l'unité (la dialectique du tout et de ses parties reconnues). »[552]
F. Dagognet nous rappelle, en le citant, que « Buffon admet aussi, comme Bichat plus tard, que l'une des deux vies (l'animale) enrobe l'autre (la végétative). »[553] Ainsi Buffon écrit : « c'est par cette enveloppe que les animaux diffèrent entre eux : la partie inférieure qui fait le fondement de l'économie animale appartient à tous les animaux, sans aucune exception ; et elle est à peu près la même, pour la forme, dans l'homme et dans les animaux, qui ont de la

---

550 L. Impelluso, *La nature et ses symboles,* Paris, Editions Hazan, 2004, p. 9
551 Ibid.
552 F. Dagognet, *Le corps,* op. cit., p. 88
553 Ibid., p. 89

chair et du sang : mais l'enveloppe extérieure est très différente ; et c'est aux extrémités que sont les plus grandes différences. »[554] Buffon amorce une comparaison entre les animaux et entre l'homme et les animaux, les plus proches de lui, en centrant cette comparaison sur « l'axe "haut-bas", plus développé chez l'homme que chez les animaux les plus proches de lui. »[555] Buffon divise le corps en trois parties principales : le tronc, la tête et les membres. Il va établir pour chacune d'entre elles une comparaison entre l'homme et les animaux. Buffon tire alors ses conclusions : « la tête et les membres, qui sont les extrémités du corps, sont ce qu'il y a de plus différent dans l'homme et l'animal. Ensuite, en considérant les extrémités de chacune des trois parties principales, nous reconnaîtrons que la plus grande différence dans la partie du tronc se trouve à l'extrémité supérieure et inférieure de cette partie, puisque dans le corps de l'homme il y a des clavicules en haut, au lieu que ces parties manquent dans la plupart des animaux. Nous trouvons pareillement à l'extrémité inférieure du tronc un certain nombre de vertèbres extérieures qui forment une queue à l'animal et ces vertèbres extérieures manquent à cette extrémité inférieure du corps de l'homme. De même l'extrémité inférieure de la tête, les mâchoires et l'extrémité supérieure de la tête, les os du front, diffèrent prodigieusement dans l'homme et dans l'animal… »[556] Finalement, F. Dagognet considère qu'il y a chez Buffon une radicalisation de la lecture extérioriste ou quasi anatomique. « Non seulement la périphérie seule expose les oppositions mais, *grosso modo*, l'animal le plus évolué (le singe, l'orang-outang) charge toujours le bas, l'homme le haut. Il nous plaît surtout de penser avec Buffon que le "corps" se singularise par son allure, à travers sa seule morphologie et surtout que le dehors ["plus on s'éloigne de ce centre (le cœur), plus les différences deviennent considérables ! "] détient la véritable originalité. »[557]

La question de la différence zoo-anthropologique, abordée par les philosophes du 18e siècle et plus particulièrement dans l'ensemble de l'oeuvre de Diderot, est liée au développement du concept d'organisation qui « vient renforcer de ses degrés désormais analysables l'échelle du contraire. »[558] Buffon s'empare de cette question de la différence zoo-anthropologique pour mieux abaisser l'animal par rapport à l'homme, et affirmer ainsi que l'animal ne sent pas comme nous. Buffon, en effet, pose comme principe fondamental de sa théorie que l'homme dispose d'une instance supplémentaire par rapport à l'animal :

[554] *Discours sur la nature des animaux*, O.C. (par le comte de Lacépède), t.V, p. 540, cité dans F. Dagognet, *Le corps,* op. cit., p. 89

[555] F. Dagognet, *Le corps,* op. cit., p. 89

[556] *Discours sur la nature des animaux*, O.C. (par le comte de Lacépède), t.V, p. 541, cité dans F. Dagognet, *Le corps,* op. cit., p. 89

[557] F. Dagognet, *Le catalogue de la vie*, op. cit., p. 90

[558] E. de Fontenay, *Le silence des bêtes – La philosophie à l'épreuve de l'animalité*, op. cit., p. 429

l'âme. D'une certaine façon, Buffon sous-entend l'idée « d'un animal qui a transgressé l'animalité. »[559] Cette question de la différence zoo-anthropologique annonce, d'une certaine façon, l'émergence de l'anatomie comparée, en tant que discipline établie, qui aura lieu au début du 19e siècle.

CONSIDERATIONS GENERALES SUR L'EMERGENCE ET LA MISE EN FORME DE L'ANATOMIE COMPAREE AUX 18E ET 19E SIECLES

Globalement, l'anatomie et l'anatomie pathologique ont concouru d'abord à reconnaître "ce qui est", puis à se poser la question des origines. De son côté, la science de la nature, descriptive par excellence, s'est peu à peu « constitué un réseau serré où elle enferma les vivants »[560], donnant ainsi naissance à l'anatomie comparée capable d' « énoncer l'"en-deçа" qui n'est pas encore visible. »[561] Ainsi se mettent en place les premiers jalons d'une anatomie comparée spéculative, se posant d'ailleurs de plus en plus de questions autour de la filiation ou non des espèces. Linné, Buffon et Lamarck ont mis en place une classification systématique des espèces. Cet effort classificatoire était nécessaire, ainsi, bien sûr, que la recherche des ressemblances et des différences, le rangement et l'arrangement. En effet, la première ambition de ces savants est de trouver un ordre dans la chaîne des êtres vivants et, indéniablement, la taxinomie va induire l'idée de filiation et par conséquent d'évolution. Alors, comme l'écrit Gérard Chazal, « il faut relier et séparer, regrouper et diviser de manière à retrouver l'ordre supposé »[562] car, nous précise cet éminent épistémologue, « toute théorie fait primitivement le postulat d'un ordre qu'elle est censée traduire, un ordre que l'on construit et qui nous instruit, l'ordre frontière entre le sujet et son objet. Ordre frontière puisqu'il nous sépare de l'objet du savoir et nous y relie »[563] Les théories de l'évolution n'échappent pas à ce postulat d'un ordre ; ce postulat une fois établi, alors seulement elles pourront voir le jour et s'élaborer. Gérard Chazal nous explique comment « la naissance des théories de l'évolution à la fin du 18e siècle et au 19e siècle, de Lamarck à Darwin, est traversée par la recherche des opérateurs susceptibles de rendre compte des dispositions taxonomiques des êtres vivants. »[564] Gérard Chazal poursuit : « [...] Un exemple remarquable de l'articulation de la taxonomie et de la recherche concomitante d'opérateurs et de critères, articulation constituante de l'interface théorique dans les domaines qui nous occupent, nous est fourni par l'œuvre de Lamarck. Car l'organisation des êtres

[559] F. Dagognet, *L'animal selon Condillac – Etude sur le Traité des animaux,* op. cit., p. 67
[560] F. Dagognet, *Le catalogue de la vie*, op. cit., p. 229
[561] Ibid.
[562] G. Chazal, *Les médiations théoriques,* Seyssel, Editions Champ Vallon, 2004, p. 213
[563] Ibid., p. 246
[564] Ibid., p.195

suppose que le classement reprenne les opérations mêmes de la nature. La combinaison théorique se doit de retrouver la combinatoire naturelle. Etablir l'échelle des êtres vivants c'est en rechercher ou en révéler la logique. »[565] G. Chazal, après avoir décrit les étapes qui mènent à l'échelle des êtres vivants, nous rapporte le questionnement de Lamarck qui l'a conduit à effectuer ses recherches : « Comment, en effet, pouvais-je envisager la dégradation singulière qui se trouve dans la composition de l'organisation des animaux, à mesure que l'on parcourt leur série, depuis les plus parfaits, jusqu'aux plus imparfaits, sans rechercher à quoi peut tenir un fait si positif et aussi remarquable, un fait qui m'est attesté par tant de preuves ? »[566] G. Chazal expose ensuite tout le laborieux enchaînement des opérations qui ont abouti à la genèse des classifications et à l'élaboration d'une anatomie comparée raisonnée. « Ordonner les familles, les ordres et les classes animales ouvre la voie à la détermination des principes opératoires de cet arrangement. […]

Il est bon de clore ces considérations générales sur l'anatomie comparée aux 18e et 19e siècles en récapitulant ses caractéristiques. Elle est avant tout une discipline anatomique dont le programme d'étude s'étend à plusieurs espèces en même temps. Mais pour mieux la définir, il suffit de reprendre la définition qu'en donne Bernard Balan : « dissection, description, analyse et interprétation de la structure intérieure du corps animal et/ou de ses parties, considérées en raison des degrés de similitude qu'elles offrent dans leurs variations à travers l'ensemble des groupes zoologiques connus ou de l'une de leurs subdivisions. »[567] Pour atteindre son statut de Science, l'anatomie comparée devra être régie par des principes directeurs dépourvus de toute ambiguïté. En 1800, c'est Cuvier qui énoncera le premier de ces principes, celui de la corrélation fonctionnelle des organes : « c'est dans cette dépendance mutuelle des fonctions, et ce secours qu'elles se prêtent réciproquement, que sont fondées les lois qui déterminent les rapports de leurs organes, et qui sont d'une nécessité égale à celle des lois métaphysiques ou mathématiques : car il est évident que l'harmonie convenable entre les organes qui agissent les uns sur les autres est une condition nécessaire de l'existence de l'être auquel ils appartiennent, et que, si une de ses fonctions était modifiée d'une manière incompatible avec les modifications des autres, cet être ne pourrait pas exister. »[568] Ce premier principe de la corrélation des organes, Cuvier en avait déjà fait part à Pfaff dans une lettre du 17 novembre 1788. En fait, lors de la dissection d'un grimpereau,

---

[565] G. Chazal, *Les médiations théoriques*, op. cit., p. 196

[566] J.-B.-P.-A. Lamarck, *Philosophie zoologique*, T. 1, Dentu, Paris, 1809, Avertissement, p. ii

[567] B. Balan, article "*anatomie comparée*", pp. 65-71, in D. Lecourt (sous la dir. de), *Dictionnaire d'Histoire et philosophie des sciences,* op. cit., p. 65

[568] G. Cuvier, *Leçons d'anatomie comparée*, tome 1, Paris, Libraires Crochard et Cie, an VIII, p. 47

il avait réalisé « [...] que les pattes, la queue, le bec, la langue, l'estomac de cet oiseau, se répondaient et dépendaient de son mode de nourriture. »[569] Puis Cuvier introduira un second principe directeur pour l'anatomie comparée, celui de la subordination des caractères. Ce second principe se rattache au principe des conditions d'existence : « [...] rien ne peut exister s'il ne réunit les conditions qui rendent son existence possible. »[570]

Ces deux principes signifient notamment que les différents organes d'une espèce donnée ne sont pas structurés de façon indépendante, mais que leur morphologie est liée du fait des relations fonctionnelles qu'ils entretiennent : la forme d'une dent permet de supposer celle de la mâchoire, laquelle renvoie à une conformation particulière du crâne, etc. Il existe donc une certaine "logique" de l'anatomie.

L'ANATOMIE COMPAREE AUX 18^E ET 19^E SIECLES ET LA FIN D'UNE CONCEPTION IDYLLIQUE ET FINALISEE DU MONDE

Jusqu'au 18e siècle, règne une conception idyllique et finalisée du monde. Selon cette conception, formulée par John Ray (1627-1705) [571], le père de l'histoire naturelle britannique, « où se reconnaît le dessein du Créateur et sa généreuse bonté », nous explique Jean-Pierre Changeux, « les êtres vivants composent une "grande chaîne des êtres" où chaque espèce a sa place, des plus simples aux plus complexes, avec l'homme à son sommet. » [572]
Mais, à partir du 18e siècle, l'idée d'une transformation des espèces fait son chemin chez bon nombre de savants sans qu'il s'agisse de théories ou de systèmes élaborés. Parmi ces savants, figurent Benoit de Maillet (1658-1738), Maupertuis (1698-1759), Buffon (1707-1788), Erasme Darwin (1731-1802), le grand-père de Charles Darwin, J. B. R. Robinet (1735-1820), et Goethe (1749-1832). Maupertuis et Buffon seront ceux qui expriment le plus clairement une hypothèse transformiste. Buffon nous met d'emblée sur la piste à emprunter pour faire progresser la connaissance en anatomie en nous indiquant son principe de base, rappelé par F. Dagognet : « on peut d'ailleurs connaître, [...], que par comparaison »[573] Cette comparaison de l'homme avec les animaux ne

---

569 B. Balan, article "*anatomie comparée"*, pp. 65-71, in D. Lecourt (sous la dir. de), *Dictionnaire d'Histoire et philosophie des sciences,* op. cit., p. 65
570 G. Cuvier, *Le Règne animal distribué d'après son organisation, pour servir de base à l'histoire naturelle des animaux et d'introduction à l'anatomie comparée,* t. 1, Paris, Deterville Editeur, 1817, p. 6
571 J. Ray, *The Wisdom of God Manifested in the Works of the Creation*, 1691
572 J.-P. Changeux et P. Ricoeur, *Ce qui nous fait penser – La Nature et la Règle*, Paris, Editions poches Odile Jacob, 1999, p. 189
573 F. Dagognet, *L'animal selon Condillac – Etude sur le Traité des animaux,* op. cit., p. 69

peut être que bénéfique puisque « le regard sur les animaux revient toujours à traiter de l'homme [...]. »[574] Déjà, dans cette comparaison, Buffon s'inspire de Locke et, d'une manière générale, de sa défense du principe de dualité (entre l'âme et le corps). Il s'ensuit que l'homme, selon Buffon, est censé réfléchir alors que l'animal reste enfermé dans la sensualité.[575] J.- J. Kupiec nous indique ainsi qu' « à force de comparer les espèces et de les regrouper en genres, on finit par pointer les ressemblances entre les formes proches et apparaît ainsi l'idée d'une parenté et d'une descendance communes. De plus, l'existence de nombreuses variétés d'une espèce ou d'espèces à part entière, suggère des transitions entre les espèces et brouille l'idée d'espèces bien définies. »[576]

En ce 18e siècle, un des pionniers de l'anatomie comparée occupera une place particulière en ce qui concerne ses apports scientifiques à l'anatomie comparée, c'est Daubenton (1716-1800). Ce dernier s'affaire à présenter avec précision la morphologie externe, la forme et les dimensions des principaux organes et des éléments du squelette de la plupart des espèces de quadrupèdes. En plus de la qualité indépassable de ses descriptions anatomiques, toutes issues de dissections réalisées par lui-même, Stéphane Schmitt montre à quel point il fait avancer l'anatomie comparée. « [...] Si l'on examine en détail le contenu de ces travaux anatomiques, on y trouve de nombreuses réflexions d'ordre général qui, bien que peu audacieuses en apparence, ont eu un impact considérable sur l'évolution de la discipline. En particulier, Daubenton s'intéresse de très près aux questions de méthode et de style des descriptions anatomiques. Selon lui, tout doit être mis en œuvre, dans les textes anatomiques, pour faciliter la comparaison entre les espèces, qui est le but ultime de l'histoire naturelle. Il faut donc uniformiser le plan, homogénéiser le vocabulaire en choisissant des termes qui peuvent s'appliquer à toutes les espèces que l'on traite. »[577] Daubenton a réfléchi sur la notion de fonction des organes et toutes ses observations le portent à chercher à établir des rapports entre les organes communs aux divers types d'animaux. Comme le fait remarquer Stéphane Schmitt, les recommandations de Daubenton « débordent du cadre de la simple méthodologie. En effet, elles suggèrent l'existence d'une conformité d'organisation entre tous les animaux (du moins parmi les quadrupèdes), c'est-à-dire d'un type commun. L'idée n'est pas totalement neuve au milieu du 18e siècle, et on la trouve aussi chez Buffon. Ce qui est original chez Daubenton,

---

574 F. Dagognet, *L'animal selon Condillac – Etude sur le Traité des animaux,* op. cit., p. 69

575 Ibid., p. 71

576 J.-J. Kupiec, *La vie et alors ? Débats passionnés d'hier et d'aujourd'hui,* Paris, Editions Belin, 2013, p. 323

577 S. Schmitt, *Daubenton, pionnier de l'anatomie comparée*, in *Les génies de la Science*, n ° 37, novembre 2008 – janvier 2009, pp. 11-12

c'est qu'il s'en sert, en quelque sorte, comme fil directeur dans sa recherche anatomique, et cela le conduit à plusieurs découvertes. [...] Il contribua en outre à élaborer une méthode concrète de détermination des correspondances structurales entre espèces, que l'on peut rapprocher du futur "principe des connexions" de Geoffroy St Hilaire (lequel établit l'unité du plan d'organisation dans tout le règne animal). Ainsi, en comparant non seulement les os eux-mêmes, mais les positions relatives de plusieurs os voisins entre différentes espèces, il montre que le doigt qui manque au cochon par rapport à l'homme est le pouce et non l'auriculaire. »[578] S. Schmitt précise aussi que Daubenton « s'intéressa aux rapports entre les organes d'un même individu et signala qu'ils doivent être adaptés les uns aux autres. Par exemple, une mâchoire d'herbivore doit correspondre à un tube digestif bien particulier. En suivant cette piste de réflexion, Cuvier parvint, quelques décennies plus tard, à sa loi des corrélations, selon laquelle les parties d'un organisme sont corrélées pour former un ensemble fonctionnel, ce qui lui permit de reconstituer des individus entiers à partir de fragments. »[579] La science de Daubenton est rigoureuse et sans ornements inutiles. Il se distingue particulièrement en anatomie comparée, discipline où il est reconnu par tous les grands noms de l'anatomie comparée, y compris Cuvier. Selon Cuvier, cette discipline lui doit les plus grandes découvertes positives. Vicq d'Azyr estime même, que parmi les anatomistes du 18e siècle, « l'honneur d'avoir créé l'anatomie comparée proprement dite », revient à son maître et à son modèle, M. Daubenton.[580]

Dès le début du 19e siècle, en 1802, Cuvier (1769-1832) exposera son programme, c'est-à-dire l'extension de la méthode comparative entre l'homme et les animaux et entre les animaux entre eux. Et c'est bien de cette "anatomie comparée" que naîtra l'idée que tous les êtres sont apparentés, l'idée d'une évolution.

Au cours de ce 19e siècle, Etienne Geoffroy Saint Hilaire (1772-1844) et son fils Isidore (1805-1861) seront deux transformistes convaincus. Ils ont été précédés par Lamarck (1744-1829) dont la théorie du transformisme constitue la première rupture marquée avec la conception idyllique et finalisée du monde. Lamarck mettra au point sa théorie de la descendance en s'appuyant sur sa longue observation des mollusques et des poissons et l'exposera le 11 mai 1800 en prononçant son discours d'ouverture au Muséum d'Histoire naturelle. La théorie de Lamarck est la première théorie de l'évolution qui fait date. Selon cette théorie, il existe deux facteurs agissant dans l'évolution. Le premier est un processus comparable à l'exécution d'un plan qui procure aux animaux le pouvoir de composer progressivement l'organisation. Le second facteur qui

578 S. Schmitt, *Daubenton, pionnier de l'anatomie comparée*, op. cit., pp. 12-13
579 Ibid.
580 F. Vicq d'Azyr, *Discours sur l'anatomie comparée*, op. cit., p. 69

intervient dans l'évolution des êtres vivants, est représenté par des conditions de vie qui les font dévier du "plan des opérations de la nature".

AUX 18^{E} ET 19^{E} SIECLES, L'ANATOMIE COMPAREE AU SERVICE DE L'ANATOMIE HUMAINE

Au 18e siècle et même au 19e siècle, les savants vont s'intéresser plus particulièrement à la vie et s'évertuer à dresser un véritable "catalogue de la vie". Ils vont réaliser, en effet, qu'afin de mieux saisir le corps humain dans sa spécificité, il est utile d'étudier tous les vivants, des organisations les plus rudimentaires aux organismes les plus élaborés. Ils prennent conscience de l'influence du milieu sur tous ces corps puisque ceux-ci « s'adaptent surtout à lui » bien que ces corps puissent parfois aller « jusqu'à modifier leurs activités ou leur constitution pour mieux lui résister, de là, leur "consistance". »[581] Lamarck, par exemple, organise ses études en établissant une distinction entre, d'un côté, les fonctions vitales sur lesquelles le milieu n'a aucune action et, de l'autre, les caractères morphologiques et les appareils exécutant ces fonctions, qui sont, par contre, façonnés par les contraintes de l'environnement. Parmi les fonctions vitales, il compte la digestion, la respiration, la locomotion, la perception, la reproduction, etc. Il fait figurer parmi les caractères morphologiques et les appareils exécutant ces fonctions, les dents, les tentacules, les mandibules, le tube digestif pour la nutrition, les branchies, les poumons pour la respiration, les pattes, les ailes, les nageoires pour la locomotion, etc. Selon Lamarck, les modifications acquises sont transmises à la descendance.

En Angleterre, la dissection de corps humains a été beaucoup moins en vogue qu'en Italie, en France et en Hollande. Les anatomistes anglais pratiquaient donc beaucoup plus des dissections sur des animaux que sur des hommes pour étudier l'anatomie. C'est ainsi qu'au 18e siècle encore, John Hunter (1728-1793) dissèque et étudie aussi bien des corps humains que ceux d'autres espèces animales. A Londres, il s'intéresse particulièrement aux poissons. Lors de séjours en France et au Portugal, il passera de nombreuses heures à découper des animaux endémiques. L. Impelluso nous rappelle qu'Hunter s'intéresse non seulement à chaque espèce « mais aime aussi faire des comparaisons de l'une à l'autre. »[582]
Etudier ce vaste ensemble d'organismes sert à mieux appréhender l'anatomie et la physiologie de tous, en général, et de chacun d'entre eux, en particulier. D'où l'intérêt d'une anatomie comparée puisqu'elle permet d'étudier l'anatomie de chaque espèce, en particulier, et en même temps, de tous, en général. François

---

[581] F. Dagognet, *Le corps,* op. cit., p. 74
[582] P. Moore, *Les grandes idées qui ont changé notre monde,* Londres, Editions Acropole, 2003, p. 143

Dagognet insiste sur l'intérêt de l'étude anatomique de tous et du relevé de leurs caractéristiques puisque, en effet, « rien qu'à les apercevoir, on sait les identifier et déjà en inférer leurs particularités tant anatomiques que physiologiques. »[583] Cette longue expérience des corps en général aidera à mieux saisir les particularités du corps humain. Ainsi, comme l'écrit F. Dagognet, « notre corps peut se prévaloir d'une unité qui le caractérise en profondeur : aucun animal, même s'il l'annonce, ne l'atteint à ce niveau. Mais l'intégration ne peut pas signifier l'homogénéité. Il lui faut donc des différences : il les appelle dans la mesure où il ne se ramène pas à l'uniformité. On n'unit vraiment que le dissemblable, sinon, à mêler seulement le même avec le même, on retombe dans la simple addition. »[584]

L'ANATOMIE COMPAREE ET LES TROIS ADEPTES DE LA SYSTEMATIQUE ANIMALE : VICQ D'AZYR, CUVIER ET GEOFFROY SAINT HILAIRE

FELIX VICQ D'AZYR (1748-1794), UNE ANATOMIE COMPAREE ANTHROPOCENTRIQUE

A partir de la systématique animale, promue sous des formes différentes par des savants comme Vicq d'Azyr, Cuvier et Geoffroy Saint Hilaire, la biologie animale va connaître une véritable effervescence et un certain trouble. Comme l'écrit F. Dagognet, « le trouble viendra moins du nombre ou de la multitude que, à l'intérieur des faunes, des irréguliers ou des insolites. Et c'est l'arrivée de ces nouveaux venus qui brisera les grandes catégories et divisions d'Aristote. »[585]

Certes, depuis Aristote et jusqu'à Vicq d'Azyr, il a toujours existé une littérature consacrée à la comparaison anatomique mais Vicq d'Azyr sera parmi les premiers à traiter véritablement d'anatomie comparée.

F. Vicq d'Azyr a pris la mesure des sujets pas encore ou incomplètement abordés en anatomie comparée, et il s'explique sur l'ambition de son programme d'étude en anatomie comparée. « [...] Si quelqu'un se plaint de la trop grande étendue de mes descriptions, je lui répondrai que les recherches anatomiques, quoiqu'immenses, sont cependant encore incomplètes, puisque nous ignorons quel est l'usage de plusieurs viscères dont une connaissance plus approfondie doit un jour dévoiler le mécanisme ; je dirai qu'il est permis de chercher jusqu'à ce que l'on ait trouvé tout ce que l'on cherche, et que nous sommes en anatomie, bien loin d'avoir atteint ce but. »[586] Les projets de recherche de Vicq d'Azyr en anatomie comparée sont clairs. Vicq d'Azyr est conscient de la nécessité, avant de lancer quelque programme que ce soit en

---

[583] F. Dagognet, *Le corps,* op. cit., p. 74
[584] Ibid., p. 82
[585] F. Dagognet, *Le catalogue de la vie*, op. cit., p. 89
[586] F. Vicq d'Azyr, *Discours sur l'anatomie comparée*, op. cit., p. 30

anatomie comparée, de commencer par l'élaboration d'une nomenclature qui facilite la concision et la précision dans la description des observations anatomiques car « la base de tout l'édifice est la science élémentaire des mots, sans laquelle nul germe de connoissances ne peut ni s'élever, ni s'affermir. »[587]
Vicq d'Azyr propose donc une réforme de la nomenclature et il nous en trace les grandes lignes : « il faut que les noms génériques ne soient composés que d'un seul nom ; que leurs racines n'appartiennent pas à plusieurs langues ; et s'ils sont de nouvelle création, qu'ils expriment la situation, la structure ou les usages des organes auxquels ils sont attribués. »[588]
Il envisage dans son *Discours sur l'anatomie comparée*, publié en 1786, un « fond commun de structure et de composition » dont procéderaient toutes les formes d'organisation vivante. F. Vicq d'Azyr déclare ainsi : « si les parties qui diffèrent le plus en apparence se ressembloient au fond, ne pourroit-on pas en conclure avec plus de certitude qu'il n'y a qu'un ensemble, qu'une forme essentielle, et que l'on reconnoit partout cette fécondité de la nature qui semble avoir imprimé à tous les êtres deux caractères nullement contradictoires, celui de la constance dans le type et de la variété dans les modifications ? »[589] Dans son *Traité d'anatomie et de physiologie*, F. Vicq d'Azyr réitère son idée de « fond commun de structure et de composition » en écrivant : « la Nature paroît [...] suivre un type ou modèle général, non seulement dans la structure des divers animaux [...] mais encore dans celle de leurs différents organes. »[590]
Grâce à l'anatomie comparée, Vicq d'Azyr peut réaliser deux types d'opération. D'une part, il compare des individus différents et, d'autre part, des organes différents chez un même individu. Il est ainsi amené à supposer l'existence d'une unité morphologique chez les corps organisés et à envisager l'évolution de l'anatomie vers une science de l'organisation. Vicq d'Azyr juge indispensable de faire passer en premier la description de l'homme et de réserver à celle-ci la place la plus étendue. Mais il ne souhaite pas « le considérer seul » car, dans ce cas, il « ne paroît pas aussi grand » et « on ne voit pas aussi bien ce qu'il est ». De plus, Vicq d'Azyr indique que, sans lui, les animaux « semblent être éloignés de leur type, et on ne sait à quel centre les rapporter. »[591] A l'évidence, F.Vicq d'Azyr conçoit ses recherches en anatomie comparée en leur assignant deux objectifs qui démontrent le double caractère anthropocentrique de ces recherches. D'une part, l'anatomie comparée n'est que le prolongement de l'anatomie humaine qu'elle renforce et enrichit

[587] F. Vicq d'Azyr, *Traité d'anatomie et de physiologie avec des planches coloriées représentant au naturel les divers organes de l'homme et des animaux*, Paris, François Didot l'aîné, 1786, p. 47
[588] F. Vicq d'Azyr, *Discours sur l'anatomie comparée*, op. cit., p. 48
[589] F. Vicq d'Azyr, *Œuvres*, vol. 4, Paris, chez Duprat-Duverger, 1805, p. 316
[590] F. Vicq d'Azyr, *Traité d'anatomie et de physiologie avec des planches coloriées représentant au naturel les divers organes de l'homme et des animaux*, op. cit., p. 12
[591] Ibid., pp. 6-7

épistémologiquement. D'autre part, Vicq d'Azyr réserve à l'homme, au sein de la chaîne des corps organisés et vivants, une place centrale qui justifie que l'anatomie des animaux ne peut être vraiment intelligible que si l'on se réfère à l'anatomie humaine. Dans sa pensée anatomique, F. Vicq d'Azyr se prononce pour l'uniformité de l'organisation, exprimée par l'existence d'un type commun représenté par l'homme et par la correspondance des structures au sein d'un même organisme. L'homme « [...] porte à la perfection toutes les fonctions organiques, et c'est par rapport à l'être humain que tout le travail de comparaison anatomique doit s'organiser. »[592] Très attaché à la notion de série, F. Vicq d'Azyr s'évertue à essayer de construire un "tableau méthodique" du règne animal. Dans ce tableau, « [...] les groupes animaux sont rangés selon le nombre d'organes qu'ils possèdent et la perfection dans la réalisation de certaines fonctions. »[593]
Indéniablement, le programme de recherche anatomique de F. Vicq d'Azyr est très ambitieux. Il préfère ne pas lui donner de limites car il a la volonté d'édifier un champ d'étude anatomique, dont il pressent l'importance, afin d'appréhender correctement le vivant. Il s'y est préparé en faisant un état des lieux de tout ce qui lui est nécessaire pour mener à bien ses ambitions intellectuelles : le bilan des connaissances déjà explorées, en général, et celui de ses propres recherches, en particulier. Avec son goût pour les systèmes, les synthèses et les tableaux, son esprit méthodique, Vicq d'Azyr a tout pour réussir ce vaste projet mais il ne pourra pas le conduire à terme pour deux raisons. La première, c'est son renvoi de l'Ecole vétérinaire d'Alfort en 1788, ce qui l'empêchera de disposer des moyens qui lui auraient été nécessaires pour répondre à ses objectifs. La seconde raison, c'est que Vicq d'Azyr s'intéresse à bien d'autres domaines, par exemple à ce qu'on appelle aujourd'hui la santé publique, mais il est aussi membre de l'Académie française et secrétaire perpétuel de la Société royale de médecine. En conséquence, il en est réduit à consacrer moins de temps qu'il le souhaiterait au vaste espace disciplinaire de son programme anatomique.
A la fin du 18e siècle, pour Vicq d'Azyr, comme pour les deux autres adeptes de la systématique animale, une difficulté majeure va émerger, celle de « [...] tenter de s'assurer d'un index (sorte d'initiale) à partir duquel on puisse, en un clin d'œil, lire l'appartenance aux différents groupes. »[594] Comme l'indique F. Dagognet, « Vicq d'Azyr a particulièrement noté l'importance de ce signe »[595] Dans son premier discours sur l'anatomie comparée, Vicq d'Azyr nous en fait part : « celui qui peut s'élever à la connaissance des animaux doit considérer avec soin et comparer ensemble deux espèces d'organes, dont les uns sont placés à la surface et les autres dans les grandes cavités. On peut regarder les

[592] S. Schmitt, *Aux origines de la biologie moderne – L'anatomie comparée d'Aristote à la théorie de l'évolution*, op. cit., p. 171
[593] Ibid.
[594] F. Dagognet, *Le catalogue de la vie*, op. cit., p. 97
[595] Ibid.

premiers comme les instrumens immédiats de leurs mouvemens, et les seconds comme les ressorts cachés de la nutrition, de la sensibilité, de la reproduction et de la vie. Ces organes se correspondent ; ils forment en quelque sorte, les deux extrémités du système animal ; et les uns ne peuvent éprouver de grands changements ni de grandes variétés sans que les autres y participent. »[596]. F. Dagognet précise tout l'intérêt du travail de Vicq d'Azyr qui « a le premier énoncé la liaison entre la structure et la morphologie, la concordance digestive entre les extrémités (dents, mâchoires, doigts, griffes…) et les cavités. Et la vue des premières éclaire immédiatement sur le volume des secondes. »[597] Vicq d'Azyr a su « mettre en parallèle, chez les différentes espèces de carnivores, la structure des dents et celle de l'estomac, des doigts et des muscles, pour en établir les rapports et démontrer la constance de ceux-ci. »[598] F. Jacob en conclut que « ce qui importe ce n'est plus la différence en surface, mais la ressemblance en profondeur »[599] et que le résultat en est l'esquisse entre les êtres « de tout un réseau de relations nouvelles. »

Ce désir, de lire à distance la carte des vivants et la distribution cachée des familles, a été partagé par nos trois adeptes de la systématique animale. Il s'est aussi matérialisé par la possibilité de déduire, à partir d'un seul détail anatomique, l'identité de tout un individu (c'est le cas par exemple de la dent de Cuvier qui permet de deviner son appartenance à une espèce donnée). C'est ainsi que Dagognet peut proclamer qu'à « l'aide de quelques renseignements vite ramassés, il devient possible de définir le reste et de le situer. Diagnose et diagnostic. »[600]

Comme nous le verrons un peu plus loin, Etienne Geoffroy Saint Hilaire s'illustre lui aussi dans le déchiffrement à distance de la carte des êtres vivants et de la distribution cachée des familles. Son fils Isidore nous en fait part en rappelant la doctrine scientifique de son père et en résumant parfaitement, dans les quelques lignes qui suivent, tout l'esprit de son père, quand il abordait l'anatomie comparée : « Tous les anatomistes savent, d'une part, que les mêmes organes peuvent remplir des fonctions très différentes, et, de l'autre, que des organes très différents remplissent la même fonction. C'est ainsi que les appendices latéraux des Articulés se montrent, tour à tour, organes locomoteurs, masticateurs, respiratoires, et aussi organes rudimentaires et sans fonction. Par contre, la respiration, selon les espèces, s'exerce par des poumons, par des branchies, par des trachées, par la peau elle-même, modifiée de mille

[596] F. Vicq d'Azyr, *Discours sur l'anatomie comparée*, op. cit., pp. 34-35
[597] F. Dagognet, *Le catalogue de la vie*, op. cit., p. 97
[598] F Jacob, *La logique du vivant – Une histoire de l'hérédité*, Paris, Editions Gallimard, 1970, p. 97
[599] Ibid.
[600] F. Dagognet, *Le catalogue de la vie*, op. cit., p. 209

manières. »[601] François Dagognet approuve et commente ces quelques lignes de la manière suivante : « La nature effectivement, par une sorte d'économie, ne s'amuse pas à créer des dispositifs nouveaux, pour l'accomplissement de certaines tâches ; elle se sert des substrats préalables, appelés à des rôles éloignés des primitifs, ce qu'on avait déjà observé relativement aux appareils suceurs et piqueurs des insectes. »[602]

CUVIER (1769-1832), QUATRE PLANS D'ORGANISATION POUR L'ENSEMBLE DES ETRES VIVANTS ANIMAUX

Pas plus qu'à Geoffroy Saint Hilaire, la multiplicité des espèces et la diversité du vivant n'échappent à Cuvier. Mais si Geoffroy Saint Hilaire se complaît dans de vastes hypothèses, Cuvier, lui, s'en tient aux faits. De plus, même si le débat entre les deux hommes ne porte pas directement sur le transformisme, Georges Cuvier est un défenseur acharné du fixisme, ou créationnisme. Selon lui, les espèces sont fixes et ce que Dieu a créé ne s'est pas transformé pendant les temps géologiques. Le plan divin correspond à une partition en quatre embranchements autour desquels le génie divin a produit toute la diversité du règne animal. Sur ce point-ci aussi, Cuvier et Geoffroy Saint Hilaire s'opposent puisque ce dernier ramène tout le règne animal à un plan commun, sur la base de la morphologie. Tandis que Cuvier affirme le primat de la fonction sur la forme, et l'existence de "quatre plans d'organisation", ou embranchements, différents, qui correspondent aux vertébrés (leur plan d'organisation est le plus complexe), aux articulés (dont font partie les insectes), aux mollusques, aux radiés (animaux les moins complexes, assurant le lien avec le règne végétal). L'anatomie est à la base de la classification du règne animal proposée par Cuvier. Cette classification se fonde sur l'anatomie des systèmes qui assurent les fonctions proprement animales, c'est-à-dire celles de la sensation et du mouvement. Cuvier considère le règne animal, « en n'ayant égard qu'à l'organisation et à la nature des animaux, et non pas à leur grandeur, à leur utilité, au plus ou moins de connaissance que nous en avons, ni à toutes les circonstances accessoires ; on trouvera qu'il existe quatre formes principales, quatre plans généraux, si l'on peut s'exprimer ainsi, d'après lesquels tous les animaux semblent avoir été modelés, et dont les divisions ultérieures, de quelque titre que les naturalistes les aient décorées, ne sont que des

---

[601] I. Geoffroy St Hilaire, *Vie, travaux et doctrine scientifique d'Etienne Geoffroy St Hilaire, par son fils, Isidore Geoffroy St Hilaire*, Paris, chez P. Bertrand, Editeur, 1847, p. 212

[602] F. Dagognet, *Le catalogue de la vie*, op. cit., pp. 131-132

modifications assez légères, fondées sur le développement ou l'addition de quelques parties, qui ne changent rien à l'essence du plan. »[603]

C'est en pratiquant l'anatomie comparée, comme Vicq d'Azyr et Geoffroy Saint Hilaire, que Cuvier, adepte lui aussi de la systématique animale, a pu émettre cette idée de plan d'organisation. Bien entendu ceci n'aurait pas été possible s'il n'avait pas, comme ses deux confrères, disséqué des centaines d'animaux, seul moyen de se rendre compte de la diversité inouïe des animaux et en même temps de constances troublantes.[604] Ces constances sont, pour les plus simples, faciles à relever à partir de l'observation anatomique élémentaire. Il en est ainsi des quatre pattes des mammifères (ou de leurs équivalents pour les cétacés). De même, « tous les poissons ont un axe résistant disposé longitudinalement à l'intérieur du corps, et correspondant à la colonne vertébrale des oiseaux et des mammifères. Disons encore que tous les insectes ont six pattes, que toutes les araignées en ont huit, etc. »[605]

C'est ainsi, qu'à l'instar de Linné, capable de déduire de la simple vue d'une feuille ou d'un fruit l'ensemble de l'arbre ou du végétal[606], Cuvier réussit, à partir d'une dent ou d'un os, à identifier l'animal en question mais aussi ses fonctions et son mode de vie. Cuvier parvient, par là même, à mettre en évidence une "logique récapitulative des signes", une véritable sémiologie. Pour ce faire, Cuvier insiste sur l'importance d'une bonne maîtrise de l'anatomie des êtres vivants animaux : « [...] dans les corps vivans, il faut recevoir comme des données indispensables, la forme générale de l'ensemble et les moindres détails des formes des parties. »[607] A partir de très nombreuses observations sur des groupes d'animaux les plus divers, Cuvier va recueillir ces données et ensuite, il va être amené à formuler les principes anatomiques fondamentaux de la subordination des organes (toute modification dans une partie de l'organisme se répercute dans les autres) et de la corrélation des formes. S. Schmitt nous explique que « l'œuvre de Cuvier se caractérise par l'accent mis sur la notion d'économie et d'organisme conçu comme un tout : "Les machines qui font l'objet de nos recherches ne peuvent être démontées sans être détruites ; nous ne pouvons connaître ce qui résulterait de l'absence d'un ou plusieurs de leurs rouages, et par conséquent nous ne pouvons savoir quelle est la part que chacun

[603] G. Cuvier, *Le Règne animal distribué d'après son organisation, pour servir de base à l'histoire naturelle des animaux et d'introduction à l'anatomie comparée*, op. cit., pp. 55-61

[604] J. Baudet, *Penser le vivant, une histoire de la médecine et de la biologie*, op. cit., p. 169

[605] Ibid.

[606] F. Dagognet, *Le catalogue de la vie*, op. cit., p. 229

[607] G. Cuvier, *Rapport historique sur les progrès des sciences naturelles depuis 1789, et sur leur état actuel*, Paris, imprimerie impériale, 1810, p. 151

de ces rouages prend à l'effet total".[608] Cette unité de l'organisme est assurée par une coordination particulièrement harmonieuse des fonctions et constitue une loi de l'organisation. Elle est sous-tendue par une conception générale de la chimie des molécules constituant le vivant et de leur mouvement constant, le "tourbillon vital". »[609]

Cuvier ne se limite donc pas à une approche réductrice de l'anatomie comparée et son questionnement concerne aussi tout ce qui touche à la vie. Aussi écrit-il : « [...] le premier point qui nous frappe dans l'étude de la vie, c'est cette force des corps organisés pour attirer dans leur tourbillon des substances étrangères, pour les y retenir pendant quelque temps après se les être assimilées, pour distribuer enfin ces substances devenues les leurs dans toutes leurs parties, selon les fonctions qui doivent s'y exercer. »[610] Cuvier définit trois objets d'étude à partir de cette force, de ce pouvoir des corps organisés. Ainsi, il y a "la partie chimique du problème" à résoudre, en essayant de comprendre comment le résidu, résultant du bilan différentiel des entrées et des sorties des matières, formera la matière propre des corps vivants. Il y a aussi la partie anatomique du problème, celle-ci consiste à suivre les voies empruntées par ces matières "depuis leur entrée jusqu'à leur sortie". Enfin, il y a la partie dynamique, c'est-à-dire physiologique du problème ; pour la résoudre, « il faut examiner par quelles forces ces matières sont attirées, retenues, dirigées et expulsées. »[611]

En fait, comme tous ses contemporains, Cuvier s'intéresse, bien sûr, aux vivants mais aussi à la vie, et pour résoudre les problèmes qui se posent ainsi à lui, il compte y parvenir, pour sa part, à partir de l'anatomie comparée. Il faut bien admettre qu'avant l'expédition naturaliste à laquelle participera Darwin de 1831 à 1836, aucun anatomiste ne parviendra à donner à l'anatomie comparée un tel degré de perfection que celui obtenu par Cuvier. Indiscutablement, l'anatomie comparée a joué un rôle crucial dans l'évolution épistémologique de l'anatomie et de l'étude des êtres vivants, et Cuvier s'avère un artisan de marque du développement épistémologique de l'anatomie comparée. Pour s'en convaincre, il suffit de reprendre l'hommage appuyé, rendu par Jean Baudet, à l'anatomie comparée et à Cuvier : « [...] grâce à l'anatomie comparée (discipline qu'un homme comme Cuvier conduira à une espèce de perfection), on se convaincra qu'il n'est pas une plante, aussi modeste soit-elle, ou un animal, aussi minuscule

---

608 G. Cuvier, *Lettre de Cuvier à J.-C. Mertrud*, in G. Cuvier, *Leçons d'anatomie comparée*, Vol. 1, Paris, Beaudouin, 1800, p. 5, cité dans S. Schmitt, *Aux origines de la biologie moderne – L'anatomie comparée d'Aristote à la théorie de l'évolution*, op. cit., pp. 188-189

609 S. Schmitt, *Aux origines de la biologie moderne – L'anatomie comparée d'Aristote à la théorie de l'évolution*, op. cit., pp. 188-189

610 G. Cuvier, *Rapport historique sur les progrès des sciences naturelles depuis 1789, et sur leur état actuel*, op. cit., p. 90

611 Ibid., p. 91

fût-il, que l'on pourrait considérer comme isolés dans le vaste ordre des êtres. »[612] Finalement, Cuvier a particulièrement réussi à montrer ce que l'anatomie comparée pouvait apporter à la physiologie. Il est, d'une certaine façon, à l'origine de la biologie moderne, structurale et fonctionnaliste.

ETIENNE GEOFFROY ST HILAIRE (1772-1844), UN PLAN UNIQUE D'ORGANISATION DES ETRES VIVANTS POUR L'ENSEMBLE DU REGNE ANIMAL

Etienne Geoffroy Saint Hilaire est impressionné par les analogies morphologiques relevées lors de l'examen des différentes espèces du règne animal et, dans ses principaux ouvrages, *Philosophie anatomique* (1818-1822), *Principes de Philosophie zoologique* (1830), *Etudes progressives d'un naturaliste* (1835), il s'emploiera à donner une portée générale à ses travaux d'anatomie comparée et de tératologie. Il s'agit pour lui de regrouper la diversité sous l'unité, finalité caractéristique des procédures classificatoires. Avec Etienne Geoffroy Saint Hilaire, les études anatomiques révèlent l'unité de la forme et l'ensemble des transformations possibles ; l'anatomie est donc première. Mais la philosophie anatomique d'Etienne Geoffroy Saint Hilaire est originale. F. Dagognet nous dit « qu'elle consiste en un changement radical d'écriture mais qu'on ne peut pas remanier les lignes graphiques des êtres sans en proposer une refonte, ou, du moins, une autre modalité d'appréhension. »[613]
F. Dagognet saisit les grandes lignes qui caractérisent le plus cette philosophie anatomique et il met l'accent sur l'originalité de la doctrine de Geoffroy Saint Hilaire : « Effectivement Geoffroy renonce autant à la description pure et simple — la morphologie —, qu'à la physiologie, assez proche de la première : elle a seulement remplacé la "forme" par l'"usage". Geoffroy ne tablera que sur un "en-deçà" matériel, la sourde géométrie de position et de connexions organologiques. Un mammifère, n'importe quel vivant, réarrange seulement les matériaux. Doctrine si originale qu'elle continue à inspirer *aujourd'hui* encore et à guider l'anatomie comparative. Les organes et les fonctions changent, non les constantes géométriques ou positionnelles qui caractérisent les êtres dans leurs classes respectives. »[614]
Alors que Cuvier recherche les analogies en examinant les fonctions, Etienne Geoffroy Saint Hilaire s'attarde sur les variations formelles des pièces anatomiques, dont découleront les différences fonctionnelles, afin d'établir des homologies. Une vraie polémique éclate ainsi entre Cuvier et Etienne Geoffroy Saint Hilaire qui écrit : « Voir les fonctions d'abord, puis après les instruments

[612] J. Baudet, *Penser le vivant – Une histoire de la médecine et de la biologie,* op. cit., p. 10
[613] F. Dagognet, *Les outils de la réflexion (Epistémologie)*, op. cit., p. 61
[614] Ibid., pp. 61-62

qui les produisent, c'est renverser l'ordre des idées. »[615] Donc, selon Etienne Geoffroy Saint Hilaire, « la fonction change avec la forme, non l'inverse. »[616] Gérard Chazal nous explique que « là où Cuvier divise et sépare, Geoffroy Saint Hilaire cherche une continuité. »[617] Ainsi, dans les *Mémoires sur les poissons*, Geoffroy Saint Hilaire montre « comment un même os peut avoir des fonctions différentes suivant les espèces »[618] et « dans le tome I de la philosophie anatomique une planche rapproche les squelettes de l'atèle, du brochet, du pingouin et d'un échidné. »[619] La conclusion de G. Chazal s'impose alors : « une continuité s'établit par variation de forme entre les ordres eux-mêmes du règne animal. »[620]

Selon Etienne Geoffroy Saint Hilaire, « [...] les différents embranchements et les différentes espèces sont comme des moments stabilisés dans une morphologie déterminée. »[621] Ainsi, Etienne Geoffroy Saint Hilaire formule le principe central de la théorie des analogues[622] : « [...] que tous les animaux vertébrés répondent à un même modèle ou type, généralisable à tout le règne animal, compris comme l'ensemble des variations d'un seul et même animal fondamental. »[623] Finalement, en 1822, Etienne Geoffroy Saint Hilaire expose clairement les quatre lois sur lesquelles il fonde sa conception de l'anatomie comparée et sa nouvelle méthode qui s'appuie sur ces quatre "règles ou principes" : la théorie des analogues, le principe des connexions, les affinités électives des éléments organiques, et le balancement des organes.

« Cette méthode, véritable instrument de découvertes, se compose de l'intime association de quatre règles ou principes, dont j'ai concentré la définition sous les formes appellatives suivantes : *La théorie des analogues, le principe des connexions, les affinités électives des éléments organiques, et le balancement des organes.*

1° Le premier de ces principes fait la base de la doctrine d'Aristote ; mais, reposant moins sur une démonstration que sur un sentiment, il devait être et il fut le plus souvent abandonné dans la pratique. Il fallait, en effet, se renfermer bien strictement dans la considération des êtres d'une même Classe, ou plus véritablement dans celle des êtres d'un même Ordre, si l'on ne voulait point voir arriver de toutes parts de nombreuses exceptions qui détruisaient l'universalité de la règle. Sans cela, eût-on jamais songé à inventer une anatomie vétérinaire distincte de l'anatomie humaine ? Mais j'ai régénéré ce principe et je lui ai procuré une toute-puissance d'application, en démontrant que ce n'est pas toujours les organes en leur totalité, mais

---

615 E. Geoffroy Saint Hilaire, *Principes de philosophie zoologique, discutés en mars 1830 au sein de l'Académie Royale des Sciences*, Pichon et Didier, libraires, Rousseau, libraire, Paris, 1830, p. 66

616 G. Chazal, *Les médiations théoriques,* op. cit., p. 204

617 Ibid.

618 Ibid.

619 Ibid.

620 Ibid.

621 J.- J. Kupiec, *La vie et alors ? Débats passionnés d'hier et d'aujourd'hui*, op. cit., p. 250

622 L'adjectif **analogue** est employé là où aujourd'hui on parle d'homologie (voir S. Schmitt, *Aux origines de la biologie moderne – L'anatomie comparée d'Aristote à la théorie de l'évolution*, Paris, Editions Belin, 2006, p. 248)

623 B. Balan, article "*anatomie comparée*", pp. 65-71, in D. Lecourt (sous la dir. de), *Dictionnaire d'Histoire et philosophie des sciences,* op. cit., p. 66

alors les matériaux seulement dont chaque organe est composé, qui se ramènent à l'identité. C'est donc entendu de la sorte, que la pensée philosophique de l'analogie de l'organisation constitue ma première règle, dite *théorie des analogues*.

2° Mais de plus, j'ai donné à cette règle un appui nécessaire, et sans lequel, en effet, la théorie des analogues n'eût paru qu'une vue de l'esprit, c'est le *principe des connexions*. On parlait autrefois d'analogie, sans savoir quoi en particulier était analogue. On se rabattait, faute de mieux, sur la considération des formes, en ne paraissant pas s'apercevoir que la forme est fugitive d'un animal à l'autre. J'aurai donc fourni aux considérations d'analogie une base qui leur avait manqué jusqu'alors, quand je proposai de faire porter les recherches *uniquement* sur la dépendance mutuelle, nécessaire, et par conséquent invariable des parties.

3° Les matériaux de l'organisation se groupent entre eux pour former un organe, comme des maisons s'agglomèrent pour composer une cité. Mais divisez, comme on l'a fait à Paris, cette cité en plusieurs gouvernements municipaux, ce ne sera point arbitrairement, mais toujours par une nécessité de position, que les habitations, ou que nos matériaux organiques seront distribués. Cette nécessité qui astreint les éléments qui se touchent à accepter les effets d'une convenance réciproque, est ce que j'entends par *affinité élective des éléments organiques*. [...]

4° Enfin, j'appelle balancement entre le volume des masses organiques, et par contraction balancement des organes, cette loi de la nature vivante, en vertu de laquelle un organe normal ou pathologique n'acquiert jamais une prospérité extraordinaire, qu'un autre de son système ou de ses relations n'en souffre dans une même raison. Je reviens souvent à cette idée [...].

Je ne puis douter de l'utilité pratique de ces quatre règles : je les ai éprouvées jusque sur des sujets, où je croyais bien que s'arrêterait leur faculté d'investigation ; à savoir, quand je cherchais par elles à me rendre compte des faits les plus disparates de l'organisation régulière, des rapports qu'ont les insectes avec les animaux déclarés seuls en possession du système vertébral, ou quand j'en vins à étudier, dans les faits de la monstruosité, l'organisation la plus aventureuse et la plus désordonnée.

Mais ce n'était point à des succès partiels que la *nouvelle méthode* devait se borner : car, à quelque système d'organisation qu'on l'applique, et généralement sur quelque point qu'on en dirige l'action, elle donne des résultats identiques. Elle porte à reproduire comme un fait acquis *a posteriori*, l'idée *a priori*, l'idée mère et fondamentale de la philosophie de Leibniz ; idée que ce vaste génie renfermait dans cette expression, *la variété dans l'unité*.

Ce résultat général et définitif de mes déterminations d'organes, est devenu la conclusion la plus élevée de mes recherches ; haute manifestation de l'essence des choses, que j'ai exprimée et proclamée sous le nom d'*Unité de composition organique*. »[624]

Quand Isidore Geoffroy Saint Hilaire expose la pensée de son père, il précise que « la nature, [...], a formé tous les êtres vivants sur *un plan unique, essentiellement le même dans son principe, mais varié de mille manières dans toutes ses parties accessoires*. Et dans la même classe d'animaux, les formes diverses sous lesquelles elle s'est plu à faire exister chaque espèce, dérivent toutes les unes des autres ; il lui suffit de changer quelques-unes des proportions des organes pour les rendre propres à de nouvelles fonctions, pour en étendre ou en restreindre les usages. Toutes les différences viennent seulement d'un autre arrangement, d'une autre complication, d'une modification enfin de ces mêmes organes. »[625]

Les travaux d'anatomie comparée et de paléontologie d'Etienne Geoffroy Saint Hilaire sont ainsi guidés par l'idée d'un plan unique d'organisation des êtres vivants et par des principes féconds, tels que celui de balancement des organes et surtout celui des connexions anatomiques. L'unité de plan, la loi des connexions, la loi du balancement des organes et l'importance accordée aux

[624] E. Geoffroy Saint Hilaire, *Discours préliminaire*, pp. XI-XXXIV, in *Philosophie anatomique. 2. Des monstruosités humaines*, Paris, J. B. Baillière, 1822, p. XXXIV

[625] I. Geoffroy Saint Hilaire, *Vie, travaux et doctrine scientifique d'Etienne Geoffroy Saint Hilaire, par son fils, Isidore Geoffroy Saint Hilaire*, op. cit., pp. 71-72

organes rudimentaires seront les composantes de l'opérateur topologique qui constituera le passage obligé pour la classification des êtres. L'opérateur topologique lui permettra « [...] de ramener le divers sous l'unité, la multiplicité foisonnante sous une continuité intelligible. »[626] Notons que l'introduction, par Haüy, d'un opérateur géométrique, conduira, dans le domaine du vivant, à la mise en place d'un opérateur topologique. Rappelons aussi que d'une manière générale, c'est en articulant les opérateurs de classement, de regroupement et de distinction qu'il est possible de retrouver les grandes divisions objectives du passé.

Aux quatre plans d'organisation ou embranchements de Cuvier, Etienne Geoffroy Saint Hilaire oppose donc « [...] l'idée d'un plan unique pour l'ensemble du règne animal, ce qui implique des homologies de certaines structures entre espèces même très éloignées »[627] L'unité de plan, proposée par Etienne Geoffroy Saint Hilaire, « est bien une unité objective repérée au travers de l'anatomie comparée et sur laquelle joue la combinatoire des variations topologiques. »[628] Etienne Geoffroy Saint Hilaire introduit un critère, "le principe des connexions", qui permet de reconnaître les organes "analogues". Ce principe répond au rigoureux respect de l'unité de plan et à cette condition, s'accommode des hypertrophies, des atrophies, voire même des disparitions des organes, mais ceux-ci ne sont pas déplacés par rapport au modèle commun. Etienne Geoffroy Saint Hilaire précise qu'il ne faut pas prendre l'homme comme modèle mais qu'il faut « considérer chaque organe dans l'animal où celui-ci est le plus développé. »[629] Etienne Geoffroy Saint Hilaire nous explique très nettement ce qu'il entend par "connexions" : « Or il est évident que la seule généralité à appliquer dans l'espèce est donnée par la position, les relations et les dépendances des parties, c'est-à-dire, par ce que j'embrasse et ce que je désigne sous le nom de *connexions*. »[630]

Finalement, Etienne Geoffroy Saint Hilaire considère la fonction comme secondaire et pour lui, « le but de la science est de dégager les caractères d'invariance d'une forme donnée à travers ses mille variations. L'interface théorique érige l'objectivité scientifique sur un invariant structurel que la vie soumet à des opérations d'ordre topologique. »[631] En considérant l'opérateur topologique comme agent objectif dans la genèse des êtres vivants, Etienne

---

[626] G. Chazal, *Les médiations théoriques*, op. cit., p. 197

[627] J. Baudet, *Penser le vivant – Une histoire de la médecine et de la biologie,* op. cit., p. 171

[628] G. Chazal, *Les médiations théoriques,* op. cit., p. 204

[629] S. Schmitt, *Aux origines de la biologie moderne – L'anatomie comparée d'Aristote à la théorie de l'évolution,* op. cit., p. 249

[630] E. Geoffroy Saint Hilaire, *Discours préliminaire,* pp. XI-XXXIV, in *Philosophie anatomique.* 1. *Des organes respiratoires sous le rapport de la détermination et de l'identité de leurs pièces osseuses*, Paris, Mequignon-Marvis, 1818, p. XXV

[631] G. Chazal, *Les médiations théoriques,* op. cit., p. 205

Geoffroy Saint Hilaire prend non seulement en compte la forme mais aussi la morphogenèse. Mais qui dit morphogenèse, dit aussi prise en considération du temps et amène alors à s'occuper de l'embryologie.
Signalons, en passant, que d'Arcy Wentworth Thompson n'adopte pas du tout la même démarche et se borne à procéder à une radicalisation de l'opérateur topologique, en conférant à ce dernier une dimension mathématique. D'Arcy Thompson s'applique à obtenir « une formulation mathématique de la morphogenèse qui va tenir compte des formes agissantes, des contraintes de l'air, de volume, de masse et des déformations topologiques de l'espace. »[632]
Gérard Chazal fait une analyse détaillée de la volonté d'Arcy Thompson à montrer que « les formes du vivant peuvent être comprises grâce aux lois de la physique exprimées dans des structures mathématiques. »[633] Il écrit : « Pour d'Arcy Thompson, une fonction mathématique appliquée aux points définissant les contours de la surface d'un être vivant permet de la transformer continûment en la forme d'un autre vivant. Chaque être vivant est donc vu comme une surface fermée. La silhouette d'un poisson par exemple sera reportée sur une grille rectangulaire cartésienne que l'on déformera par une fonction.
A tout couple de points $(x, y) \rightarrow p(x, y), q(x, y)$ où p et q sont des polynômes de degré deux sans terme constant (c'est-à-dire de la forme $p(x, y)= k_1x^2 + k_2xy + k_3y^2 + k_4x + k_5y$). Ceci implique que 10 paramètres peuvent varier dans p et q et par là permettre toutes les variations possibles. [...] Entre les êtres s'instaure donc une filiation topologique que les mathématiques dont use d'Arcy Thompson imposent sans saut. »[634]
Etienne Geoffroy Saint Hilaire n'emprunte donc pas le même chemin que d'Arcy Thompson puisqu'il ne se limite pas à l'opérateur topologique et s'intéresse à l'embryologie. En ajoutant à l'opérateur topologique une dimension temporelle, Etienne Geoffroy Saint Hilaire prépare en quelque sorte le lit du transformisme. Néanmoins, il est avant tout un morphologiste et l'histoire des espèces n'a guère de place dans sa conception de l'anatomie comparée.
En outre, Etienne Geoffroy Saint Hilaire a mis en évidence les analogies des squelettes de tous les vertébrés et montré le rôle de l'embryogénie pour comprendre l'organisation de l'être vivant.
Enfin, Etienne Geoffroy Saint Hilaire se réclame de la philosophie de Leibniz et il conçoit l'anatomie comparée selon l'idée mère et fondamentale de cette philosophie, « idée que ce vaste génie renfermait dans cette expression, *la variété dans l'unité.* »[635] Aussi, Etienne Geoffroy Saint Hilaire peut-il affirmer : « ce résultat général et définitif de mes déterminations d'organes, est

---

[632] G. Chazal, *Les médiations théoriques,* op. cit., p. 207
[633] Ibid.
[634] Ibid., pp. 207-208
[635] E. Geoffroy Saint Hilaire, *Discours préliminaire,* pp. XI-XXXIV, *in Philosophie anatomique.* 2. *Des monstruosités humaines*, Paris, J. B. Baillière, 1822, p. XXXIV.

devenu la conclusion la plus élevée de mes recherches ; haute manifestation de l'essence des choses, que j'ai exprimée et proclamée sous le nom d'*Unité de composition organique.* »[636]

IMPORTANCE DE LA DIMENSION TEMPORELLE DANS LE DEVELOPPEMENT DE L'ANATOMIE COMPAREE

Comme le fait remarquer Bernard Balan, « depuis 1859, il est devenu impossible de récuser la dimension temporelle comme caractéristique essentielle du monde vivant. Le repérage des identités devient alors le moyen par excellence de faire ressortir les différences en vue d'en déterminer la signification et les conditions d'émergence dans le temps géologique et l'espace géographique : sans ostéologie comparée, il est évident que la paléontologie des vertébrés n'était pas possible, non seulement pour identifier et reconstituer les espèces disparues, mais aussi pour établir l'ordre des variations dans un phylum déterminé, sans pour autant rattacher cette histoire à un plan divin désormais superflu. »[637] De même, l'embryologie ne peut échapper à cette dimension temporelle puisqu'elle a pour objet d'étude les différents stades successifs de développement de l'embryon et que c'est le temps qui permet de situer le stade de développement de l'embryon en un temps donné. L'embryologie deviendra aussi un instrument de choix pour l'anatomie comparée tout entière puisque le développement met en lumière un critère complémentaire du vrai et du faux dans la détermination des homologies, c'est-à-dire de la parenté structurale. Bernard Balan explique qu' « il n'existe pas de coupure entre la forme adulte d'un animal et son développement : c'est pourquoi les traités et manuels d'anatomie comparée débutent toujours par un chapitre embryologique, ce qui s'accompagne, tacitement ou explicitement, de la question des rapports théoriques de la phylogénèse et de l'ontogénèse. »[638] En fait, c'est dès le début du 19e siècle, que l'anatomie comparée établit un lien de plus en plus étroit avec l'embryologie comparée et, de plus en plus fréquemment, on fera appel aux critères embryologiques pour reconnaître les homologies, en particulier quand il ne sera pas possible de mettre en évidence ces homologies avec certitude à partir des seules formes adultes.

Pour recouvrir le plus exhaustivement possible le champ épistémologique de l'anatomie, tout en prenant en considération la dimension temporelle, il nous faudrait bien sûr investir l'anatomie paléontologique qui permet ensuite, à son tour et en retour, de revenir à l'anatomie générale en la fertilisant. Si Cuvier est parvenu à opérer la résurrection des espèces fossiles, c'est bien sûr grâce à

---

636 E. Geoffroy Saint Hilaire, *Discours préliminaire,* pp. XI-XXXIV, *in Philosophie anatomique. 2. Des monstruosités humaines*, Paris, J. B. Baillière, 1822, p. XXXIV.
637 B. Balan, article "*Anatomie comparée"*, pp. 65-71, in D. Lecourt (sous la dir. de), *Dictionnaire d'Histoire et philosophie des sciences,* op. cit., p. 70
638 Ibid.

l'anatomie comparée. Il nous en fait part lui-même : « [...] je n'avais pas à ma disposition la trompette toute puissante ; mais les lois immuables prescrites aux êtres vivants y suppléèrent, et, à la voix de l'anatomie comparée, chaque os, chaque portion d'os reprit sa place". »[639] Ainsi, le rapport au temps des différences zoologiques est-il mis en évidence par la paléontologie anatomique quand on s'intéresse par exemple à l'histoire de la tête des vertébrés. Dans ce cas aussi, la multiplication et la diversification des disciplines, en même temps que leurs échanges — nous pensons ici à l'embryologie et à l'anatomie comparée — seront utiles à chacune de ces disciplines.

L'ANATOMIE COMPAREE ET LA THEORIE DE DARWIN SUR L'EVOLUTION

Même si l'Anglais Darwin (1809-1882) n'était pas un anatomiste et même si son ouvrage, *L'origine des espèces*, a été publié en 1859, c'est-à-dire après la fin de la première moitié du 19e siècle, donc au-delà des limites que nous nous étions fixées pour nos écrits épistémologiques sur l'anatomie, nous évoquerons tout de même : et Darwin, et son ouvrage. En effet, dans cet ouvrage, Darwin réserve tout un chapitre à des questions morphologiques et il est vrai qu'il n'affiche aucun mépris pour la systématique, la morphologie et l'embryologie. D'une certaine façon, Darwin est certes le promoteur de la théorie de l'évolution — mais la notion d'évolution existait avant lui — et si nous lui réservons une place dans nos propos sur l'anatomie comparée, c'est que son discours nous éclaire sur l'ensemble du cheminement épistémologique de l'anatomie comparée. En effet, comme l'écrit S. Schmitt, « selon lui, toutes les similitudes anatomiques et embryologiques décrites antérieurement prenaient enfin leur sens à la lumière de l'hypothèse transformiste, qu'en retour elles contribuaient à étayer. L'unité de plan n'était pas le résultat de l'ascendance commune de toutes les formes animales, l'archétype n'était autre qu'un ancêtre commun et les organes homologues les formes éventuellement modifiées des organes de cet ancêtre. On pouvait penser résoudre ainsi d'un coup tous les problèmes soulevés par les grands concepts de l'anatomie comparée. »[640]
En dépassant l'analyse de l'anatomie comparée de ses prédécesseurs, en faisant l'étude critique de leurs résultats et en réalisant ses propres recherches lors de l'expédition du *Beagle*, Darwin se pose un certain nombre de questions. Il apportera la quasi-totalité des réponses à ces questions, au retour de cette grande expédition qui a duré de 1831 à 1836, en s'appliquant à exploiter le registre très détaillé de ses observations et en pratiquant avec génie l'art de l'anatomie comparée. Quand Darwin s'adonne à l'anatomie comparée, il ne le fait pas en se

---

[639] G. Cuvier, *Recherches sur les ossemens fossiles*, tome 4, 4e édition, Paris, Edmond d'Ocagne Editeur, 1836, p. 4
[640] S. Schmitt, *Aux origines de la biologie moderne – L'anatomie comparée d'Aristote à la théorie de l'évolution*, op. cit., pp. 359-360

contentant de s'en tenir à d'éventuelles analogies, il justifie celles-ci. Darwin va savoir tirer parti du bénéfice intellectuel de sa formation de "naturaliste de plein champ", "échappé de l'Université", non asservi aux savants « de Muséum ou d'Académie dont les collections ou les bibliothèques constituaient le matériel d'études. »[641] A partir de ses nouveaux concepts de "lutte pour l'existence" et de "sélection naturelle", « Darwin ouvre des perspectives révolutionnaires. »[642] Dans son ouvrage, *L'origine des espèces au moyen de la sélection naturelle, ou la préservation des races favorisées dans la lutte pour la vie*, « on ne constate plus des affinités mais un ancêtre se charge de les soutenir ou de les garantir » et « on s'élève bien d'un degré. »[643]

Darwin opère des changements radicaux qui le démarquent de la façon de procéder des naturalistes traditionalistes. Pour « les types les plus éloignés, que la systématique opposait, il n'est pas toujours défendu de les rapprocher, dans une perspective phylogénétique. Une souche commune peut en effet relier les branches divergentes, et qui s'écartent d'autant plus, qu'elles sortent d'un même tronc. Quelle tempête sur les anciens arrangements ! On brise donc les rangs tardifs et mensongers des "taxinomies" »[644].

Il n'est donc pas question pour Darwin de s'en tenir aux classifications de ses prédécesseurs et même de ses contemporains. Darwin se charge de fixer « explicitement et durablement le cahier des charges des classifications »[645] Selon Darwin, « la classification doit refléter le plus fidèlement possible le déroulement généalogique, c'est-à-dire celui de l'évolution biologique. »[646] Il montre que ce projet, même s'il était inconscient, existait déjà chez les naturalistes : « La communauté de descendance est le lien caché que les naturalistes ont, sans en avoir conscience, toujours recherché, sous prétexte de découvrir soit quelque plan inconnu de création, soit d'énoncer des propositions générales ou de réunir des choses semblables et de séparer des choses différentes »[647]. A la classification traditionnelle, Darwin fait en quelque sorte succéder la généalogie. En s'appuyant sur ce qu'écrit Darwin dans *L'origine des espèces*, F. Dagognet explique qu' « il en résulte aussitôt des rapprochements inespérés, hostiles à tous les regroupements jusqu'alors pratiqués. »[648] Darwin nous révèle comment il s'y prend pour faire ses

[641] G. Canguilhem, *Etudes d'histoire et de philosophie des sciences, concernant les vivants et la vie*, op. cit., p. 101
[642] F. Dagognet, *Le catalogue de la vie*, op. cit., p. 230
[643] Ibid.
[644] Ibid.
[645] J.-J. Kupiec (sous la dir. de), *La vie et alors ? Débats passionnés d'hier et d'aujourd'hui*, op. cit., p. 289
[646] Ibid., p. 290
[647] C. Darwin, *L'origine des espèces*, trad. sur la 6e éd., Paris, C. Reinwald et Cie, libraires-éditeurs, 1876, p. 495
[648] F. Dagognet, *Le catalogue de la vie*, op. cit., p. 230

déductions et reconstituer peu à peu la chaîne des êtres vivants : « Lorsque deux formes extrêmes n'offrent qu'un seul caractère en commun, il suffit de l'existence d'une série continue de groupes intermédiaires, les reliant l'une à l'autre, pour nous autoriser à conclure à leur communauté d'origine et à les réunir dans une même classe. »[649] Il faut désormais emprunter un nouveau chemin qui mette les anatomistes sur les « inscriptions effacées des mouvements du passé »[650] pour « remonter la ligne du temps. »[651] Certaines interrogations sur l'évolution anatomique n'obtiendront une réponse que par l'exploitation de certains documents paléontologiques et l'exploration du champ paléontologique. L'étude même du vivant fera appel à la paléontologie. F. Dagognet nous rend compte de la façon de procéder de Darwin : « ce n'est plus en scrutant l'anatomie animale ou par des expérimentations sur les végétaux que Darwin parvenait à les illuminer du dedans et même à les déduire. Car la force du darwinisme réside là. Il peut rendre compte non seulement des parentés entre les espèces, mais il ira jusqu'à justifier leur morphologie même dans ses aspects les plus insignifiants ou ornementaux. »[652] G. Canguilhem nous explique que la biologie darwinienne reconnaît dans les petites variations individuelles, « c'est-à-dire en somme dans les singularités morphologiques ou fonctionnelles, la cause d'apparition de types organiques susceptibles, en dépit de leur nature approximative et provisoire, de supporter des relations d'homologie sans référence à quelque plan de création ou à quelque système naturel. »[653] F. Dagognet souligne la force du darwinisme qui a réussi à substituer « à la répartition logique (mêlée de théologie d'ailleurs) un étalement temporel de fait, où l'intelligence apprend à critiquer ses propres opérations et à se séparer de ses principes. »[654] Désormais, l'anatomie prend conscience qu'elle a besoin de faire appel à d'autres repères, et en particulier temporels, pour lever les voiles qui la recouvrent encore et saisir les transformations anatomiques qui ont eu lieu au fil des temps géologiques. Ainsi F. Dagognet peut-il écrire : « [...] Ce n'est même plus sur le vivant bloqué, ni au fond de ses cellules ou dans ses tissus qu'on découvrira les coordonnées de sa localisation biotaxique, ou sa propre architecture, mais bien loin de lui, avec le seul emplacement sur le sol, ou, à la limite, par la constatation de pâles indices sur les pierres. Ni scalpel, ni aiguille, ni loupe, rien que l'examen de traces et le relevé de signes effacés. »[655] En fait, l'origine et la transformation des êtres vivants au cours des temps géologiques vont constituer un rameau important des connaissances qui va « s'affirmer

[649] C. Darwin, *L'origine des espèces*, op. cit., p. 500
[650] F. Dagognet, *Le catalogue de la vie*, op. cit., p. 231
[651] Ibid.
[652] Ibid., pp. 237-238
[653] G. Canguilhem, *Etudes d'histoire et de philosophie des sciences concernant les vivants et la vie*, op. cit., p. 225
[654] F. Dagognet, *Le catalogue de la vie*, op. cit., p. 233
[655] Ibid., p. 238

progressivement, de la fin du 18e au milieu du 19e siècle, comme une partie essentielle du savoir humain. »[656] L'anatomie comparée profitera de la croissance de ce rameau et ces deux secteurs disciplinaires s'enrichiront réciproquement au niveau épistémologique.

Darwin n'est insensible ni aux théories de Lamarck, ni aux théories de Geoffroy Saint Hilaire, mais il ne suit pas le fixisme de Cuvier. Il adhère, d'une certaine façon, au transformisme, en déclarant l'évolution des espèces. Indéniablement, les idées de Lamarck, n'ont pas pu laisser Darwin indifférent. Darwin aurait même pu être l'auteur de cette déclaration de Lamarck : « tout homme observateur et instruit sait que rien n'est constamment dans le même état à la surface du globe terrestre. Tout, avec le temps, y subit des mutations diverses plus ou moins promptes, selon la nature des objets et des circonstances. »[657] Pour sa part, Darwin développe deux grandes idées ; la première est celle de la variation, idée qui érige en loi générale, la variabilité intraspécifique du vivant. Alors que la seconde idée de Darwin correspond à la "lutte pour la vie" (struggle for life) et met en avant la sélection naturelle ou l'adaptation. Non seulement Darwin aborde l'anatomie comparée différemment de ses prédécesseurs mais il appréhende aussi le vivant d'une autre façon qu'eux, à tel point que sa théorie de l'évolution est révolutionnaire. Pour mieux se faire une idée du caractère révolutionnaire de cette théorie, retenons ce qu'écrit J.-C. Kupiec à propos de Darwin et d'un concept important de sa théorie, la variation. « Lorsque Darwin pose son regard sur le vivant, il n'y voit pas d'abord de l'ordre, mais la variation généralisée qui crée des différences innombrables entre tous les êtres. Il consacre à ce point les deux premiers chapitres de *L'Origine des espèces*. Cette variation individuelle n'est pas le produit d'une action directe de l'environnement. Elle est liée au processus de reproduction et elle a pour conséquence que chaque être est irréductiblement différent des autres. »[658] J.-C. Kupiec tient à souligner ce qui différencie Darwin de Lamarck et à nous éclairer sur le principe de variation interne de Darwin. « [...] Darwin a opéré une inversion complète dans l'ordre des principes par rapport à Lamarck. Pour Lamarck, il y avait un principe d'ordre interne aux êtres vivants ("*le plan des opérations de la nature*"), qui produisait l'échelle des êtres, et des causes accidentelles externes, les circonstances environnementales, qui brouillaient cet ordre. Pour Darwin, c'est l'inverse : il y a un principe de variation interne qui produit les différences individuelles aléatoires sur lesquelles les circonstances environnementales externes exercent une sélection. L'effet de cette sélection est d'homogénéiser certains groupes d'êtres que nous appelons des espèces. Pour

---

656 C. Grimoult, *Histoire de l'histoire des sciences – Historiographie de l'évolutionnisme dans le monde francophone*, Paris, Librairie Droz, 2003, p. 7

657 J. B. Lamarck, *Système des animaux sans vertèbres ou Tableau général des classes, des ordres et des genres de ces animaux*, Paris, Déterville, Libraire, 1801, p. 409

658 J.-J. Kupiec, *La vie et alors ? Débats passionnés d'hier et d'aujourd'hui,* op. cit., p. 329

les prédécesseurs de Darwin, l'ordre était premier et il était perturbé par les interactions entre les êtres vivants et l'environnement. La révolution darwinienne a donc consisté à reconnaître que la variation est première et l'ordre le résultat relatif de processus d'interactions entre les vivants et l'environnement. »[659] Néanmoins, Merleau-Ponty affirme que Lamarck et Darwin s'accordent sur un point important : « le fonctionnement façonne l'organisme. »[660] Mais, ce qui différencie leur point de vue à ce sujet, nous rappelle M. Merleau Ponty, c'est que, pour Lamarck, « il y a adaptation de l'organe au milieu »[661], alors que pour Darwin, « il y a l'idée selon laquelle le milieu discrimine ce qui permet ou ne permet pas la survivance de l'organisme. »[662]

Parmi les théories de l'évolution, celle qui s'avèrera la plus adéquate et la plus féconde sera bien celle de Darwin. Ainsi, comme l'écrit G. Canguilhem « Darwin a le mérite d'avoir substitué à l'idée selon laquelle l'animal est une approche ou un défaut de l'homme, l'idée selon laquelle l'homme est un animal évolué, c'est-à-dire perfectionné. Ainsi l'animalité se voyait-elle reconnaître, pour l'explication de l'humanité, une valeur positive. »[663] Darwin est parvenu à mettre fin à « la déshumanisation de la représentation que l'homme se faisait de lui-même » quand, « assignant à l'homme une ascendance animale, il est venu donner un sens positif à la formule de Buffon : "sans les animaux, la nature de l'homme serait incompréhensible". »[664] D'une certaine façon, la théorie de l'évolution de Darwin permet ainsi d'enrichir l'anatomie humaine à partir de l'anatomie comparée. Elle parvient aussi à gommer quelque peu les différences zoo-anthropologiques, à aborder la biologie sans se cantonner dans une vision anthropocentrique et, par là même, à élargir considérablement tous les champs de la connaissance du vivant. C'est ainsi que Cédric Grimoult peut déclarer qu' « entre 1859 et 1890, la révolution darwiniste constitue une rupture majeure au sein de la pensée occidentale. L'assertion selon laquelle l'homme est issu d'animaux plus "primitifs" bouleversa l'idée que notre espèce se faisait de sa place et de son rôle dans l'univers. »[665] De son côté, Ernest Cassirer a su, en quelques mots, montrer tout ce que la théorie de l'évolution de Darwin apporte comme changements dans la vision de la vie, des êtres vivants et du monde vivant. : « La théorie de l'évolution avait supprimé les frontières arbitraires

---

[659] J.-J. Kupiec, *La vie et alors ? Débats passionnés d'hier et d'aujourd'hui,* op. cit., p. 331

[660] M. Merleau-Ponty, *La nature –Notes Cours du Collège de France,* op. cit., p.201

[661] Ibid.

[662] Ibid.

[663] G. Canguilhem, *Etudes d'histoire et de philosophie des sciences concernant les vivants et la vie,* op. cit., p. 125

[664] Ibid., p. 34

[665] C. Grimoult, *Histoire de l'histoire des sciences – Historiographie de l'évolutionnisme dans le monde francophone*, op. cit., p. 7

entre les différentes formes de vie organique. Il n'y a pas d'espèces séparées, seulement un courant de vie continu et ininterrompu. »[666] En outre, Darwin dépasse la dimension de l'anatomie comparée et, en introduisant le critère "temps" dans les sciences du vivant, il va obliger tous les scientifiques à considérer ce critère comme incontournable. Bernard Balan souligne d'ailleurs l'importance que prend ce critère "temps" chez Darwin et dans les lignes qui suivent, il rend un vibrant hommage à Darwin pour tout ce qu'il apporte à l'anatomie comparée et à l'histoire des vivants au 19e siècle. « Darwin est en 1859 à l'origine d'un troisième chapitre d'une histoire qui n'est plus seulement celle de l'anatomie comparée, parce que les sciences morphologiques y perdent leur splendide isolement pour devoir tenir compte des recherches qui entament leur fondement théorique. Ce chapitre est marqué par la transformation brusque des rapports de l'organisation et du temps : déjà traité comme cadre offert par la terre à la succession des vivants, comme dimension des genèses, commandées par la loi du type et du développement, et comme caractéristique des activités individuelles, limitées par l'ordre de l'Economie naturelle, le temps devient dorénavant la condition naturelle de la production des organismes, ce dont l'organisation est censée fournir le témoignage historique. »[667] Darwin peut donc se vanter d'avoir lancé une théorie qui « ouvre un nouvel horizon plus vaste » et, comme le précise Ernest Cassirer « rend compte d'une manière plus complète et plus cohérente des phénomènes de la vie organique. »[668]

SERRES (1786-1868) : DE L'ANATOMIE COMPAREE A L'ANATOMIE TRANSCENDANTE

Après l'apogée de la taxonomie, de l'anatomie, en général, et de l'anatomie comparée, en particulier, grâce à Lamarck, Cuvier, Etienne Geoffroy Saint Hilaire et bien d'autres, au cours de la seconde moitié du 19e siècle, ces disciplines connaissent un certain déclin ou, tout au moins, passent peu à peu au second plan. Serres, qui a d'abord été, en 1814, le chef des travaux anatomiques de l'amphithéâtre central, puis, en 1839, professeur d'anatomie comparée au Muséum, se charge de redorer le blason de l'anatomie en établissant « [...] à partir de leur correspondance, des relations — logiques et analogiques — entre l'embryologie, l'anatomie comparée, la taxonomie et la paléontologie. Chacune de ces disciplines se rattache ainsi aux autres, les complète et leur apporte des arguments. »[669] Mais, indéniablement, les disciplines structurales (anatomie, anatomie comparée, taxonomie) occupent moins le devant de la scène puisque ce sont les disciplines traitant du fonctionnement (physiologie, chimie

---

[666] E. Cassirer, *Essai sur l'homme*, Paris, Les Editions de minuit, 1975, p. 37

[667] B. Balan, *L'ordre et le temps – L'anatomie comparée et l'histoire des vivants au 19e siècle*, Paris, Librairie philosophique J. Vrin, 1979, p. 491

[668] E. Cassirer, *Essai sur l'homme*, op. cit., pp. 292-293

[669] A. Pichot, *Expliquer la vie – De l'âme à la molécule*, op. cit., pp. 636-637

biologique, cytologie) qui montent en puissance. C'est dans ce contexte que Serres réaffirme la place centrale de l'anatomie — en particulier celle de l'anatomie comparée — en soulignant la correspondance embryologique de ses données. Comme l'indique André Pichot, « l'anatomie (comparée) devient ainsi un élément fondamental de la connaissance du vivant, reliant et unifiant toutes sortes de disciplines ; cela lui vaut le nom d'"anatomie transcendante" (ce qu'on peut reprendre comme une reprise et une amplification de la "philosophie anatomique" de Geoffroy Saint Hilaire). »[670]

LA POSITION D'AUGUSTE COMTE VIS-A-VIS DE L'ANATOMIE GENERALE ET DE L'ANATOMIE COMPAREE

Auguste Comte n'a pas de préjugés vis-à-vis de l'anatomie générale et de l'anatomie comparée. De plus, il pense comme Bichat que les éléments anatomiques des organismes sont les tissus, mais, comme l'indique Anne Fagot-Largeault, il estime qu' « il resterait à montrer que ces tissus dérivent par des lois invariables "d'un seul tissu primitif". »[671] En ce qui concerne l'anatomie générale, F. Dagognet nous rappelle que « bien qu'adepte du vitalisme, Auguste Comte n'en inscrit pas moins l'essence de l'organisme dans ses structures, puisque, toujours selon lui, la fonction peut se lire dans la forme. »[672] A. Comte envisage la biologie positive « comme ayant pour destination générale de rattacher constamment l'un à l'autre, dans chaque cas déterminé, le point de vue anatomique et le point de vue physiologique, ou, en d'autres termes, l'état statique et l'état dynamique. »[673] A. Comte n'exclut pas l'anatomie générale de la science biologique qui comprend indissociablement anatomie, physiologie et étude des milieux (ou mésologie). A. Comte est, en effet, animé par une « volonté de synthèse du statique et du dynamique » et attaché au principe de l'inséparabilité de la structure et de la fonction.[674] Anne Fagot-Largeault précise que « la biologie selon Comte est une biologie de systèmes, ou du consensus entre organes, fonctions et cycles. »[675] Pour ce qui est de l'anatomie comparée et de ses représentants, A. Comte a choisi son camp. Il se place du côté de Cuvier et du fixisme. Il est pour la discontinuité des espèces vivantes et, nous dit A. Fagot-Largeault, « il se représente la hiérarchie organique comme une

---

670 A. Pichot, *Expliquer la vie – De l'âme à la molécule*, op. cit., p. 637

671 A. Comte, *Cours de philosophie positive*, (41e *Leçon*), cité dans A. Fagot-Largeault, *L'ordre vivant*, pp. 483-575, in D. Andler, A. Fagot-Largeault, B. Saint-Sernin, *Philosophie des sciences*, Paris, Edition Gallimard, 2002, p. 510

672 F. Dagognet, *Georges Canguilhem – Philosophe de la vie*, op. cit., p. 36

673 A. Comte, *Cours de philosophie positive*, (40e *Leçon*), Paris, Editions Hermann, 1975, pp. 683-684

674 F. Dagognet, *Le nombre et le lieu*, Paris, Edition Vrin, 1984, p. 17

675 A. Fagot-Largeault, *L'ordre vivant*, pp. 483-575, in D. Andler, A. Fagot-Largeault, B. Saint-Sernin, *Philosophie des sciences*, Paris, Edition Gallimard, 2002, p. 507

série rationnelle, base d'une classification rationnelle. »[676] Ce soutien à Cuvier n'empêche pas A. Comte d'apprécier et de comprendre la portée de l'œuvre de Lamarck même s'il n'adhère pas à l'hypothèse transformiste. A. Comte rend même un hommage appuyé à Lamarck, « pour avoir introduit en bilogie la théorie des milieux organiques. (Système de politique positive, IV, p. 665) »[677] Or, pour A. Comte, « l'objet de la biologie est l'étude des "lois vitales" (40, p. 675) »[678] et « la circulation de matière », qui a toujours préoccupé les principaux représentants de l'anatomie comparée, « est caractéristique de l'organisation vitale. Elle est le "seul phénomène rigoureusement commun à l'ensemble des êtres vivants". (40, p. 680) Elle est le premier objet d'étude de la biologie générale. »[679] D'ailleurs, A. Comte l'explique lui-même dans son cours de philosophie positive (41e *Leçon*) : « la vie, réduite à sa notion la plus simple et la plus générale, est essentiellement caractérisée par le double mouvement continu d'absorption et d'exhalation, dû à l'action réciproque de l'organisme et du milieu ambiant, et propre à maintenir, entre certaines limites de variation, pendant un temps déterminé, l'intégrité de l'organisation. »[680] Comment s'étonner qu'Auguste Comte ait des points de convergence avec les spécialistes de l'anatomie comparée quand on sait à quel point il considère la méthode comparative, si chère à ces derniers, comme « un "instrument délicat", un achèvement majeur de l'influence humaine, "l'œuvre de l'espèce entière, graduellement développée dans la longue suite des siècles". »[681] Afin de prouver à quel point cet instrument doit avoir une place de choix dans la panoplie instrumentale du chercheur, A. Comte explique que la méthode comparative « fut utilisée "spontanément" par tous les esprits curieux du monde vivant, depuis "le grand Aristote" (*Parties des animaux*) jusqu'à Geoffroy Saint Hilaire (et sa "théorie des analogues"). »[682] Mais pour montrer que la méthode

---

[676] A. Comte, *Cours de philosophie positive*, (41e *Leçon*), cité dans A. Fagot-Largeault, *L'ordre vivant*, pp. 483-575, in D. Andler, A. Fagot-Largeault, B. Saint-Sernin, *Philosophie des sciences*, op. cit., p. 511

[677] A. Fagot-Largeault, *L'ordre vivant*, pp. 483-575, in D. Andler, A. Fagot-Largeault, B. Saint-Sernin, *Philosophie des sciences*, op. cit., p. 504

[678] A. Comte, *Cours de philosophie positive*, (40e *Leçon*), cité dans A. Fagot-Largeault, *L'ordre vivant*, pp. 483-575, in D. Andler, A. Fagot-Largeault, B. Saint-Sernin, *Philosophie des sciences*, Paris, Edition Gallimard, 2002, p. 503

[679] A. Fagot-Largeault, *L'ordre vivant*, pp. 483-575, in D. Andler, A. Fagot-Largeault, B. Saint-Sernin, *Philosophie des sciences*, op. cit., p. 504

[680] A. Comte, *Cours de philosophie positive*, (41e *Leçon*), cité dans A. Fagot-Largeault, *L'ordre vivant*, pp. 483-575, in D. Andler, A. Fagot-Largeault, B. Saint-Sernin, *Philosophie des sciences*, op. cit., pp. 504-505

[681] A. Comte, *Cours de philosophie positive*, (40e *Leçon, p. 701*), cité dans A. Fagot-Largeault, *L'ordre vivant*, pp. 483-575, in D. Andler, A. Fagot-Largeault, B. Saint-Sernin, *Philosophie des sciences*, op. cit., p. 508

[682] A. Comte, *Cours de philosophie positive*, (41e *Leçon, p. 705*), cité dans A. Fagot-Largeault, *L'ordre vivant*, pp. 483-575, in D. Andler, A. Fagot-Largeault, B.

comparative a d'autres pouvoirs, il ajoute : « Elle ne se limite pas à l'anatomie comparée, ou à l'embryologie comparée. Elle vise à instituer un "parallèle rationnel entre tous les termes de la série organique". »[683] Si l'on venait à douter de l'importance accordée par A. Comte à l'anatomie comparée, il suffirait de reprendre les remarques suivantes d'Anne Fagot-Largeault. « Comte tient de Lamarck l'idée qu'il se fait de la "hiérarchie organique" : "série" ou "échelle" linéaire, allant du complexe au simple, selon une "simplification continue qui fait graduellement disparaître les caractères accessoires à mesure qu'on descend davantage dans la hiérarchie biologique, jusqu'à ce qu'on soit enfin parvenu à ce terme, plus ou moins éloigné, où subsiste seul l'attribut essentiel [...] et d'où la pensée peut procéder, en sens inverse, à la reconstruction successive de l'organe ou de l'acte". »[684] A. Comte reconnaît d'autant plus de valeur à la méthode comparative qu'elle ressemble à l'analyse mathématique puisqu' « elle possède la propriété essentielle de mettre en évidence, dans chaque suite indéfinie des cas analogues, la partie fondamentale réellement commune à tous, et qui, avant cette généralisation abstraite, était profondément enveloppée sous les spécialités secondaires de chaque cas isolé".»[685] En outre, « l'usage de la méthode comparative en biologie suppose évidemment que l'on s'appuie sur une bonne classification systématique des êtres vivants. »[686] Enfin, « dans le Système de politique positive (Introd., chap. 3 ; Vol. I, p. 653), Comte écrit que la méthode comparative, avec "la théorie des classifications qui en devient inséparable", constitue "la plus forte élaboration préparatoire que comporte la logique inductive". »[687]

DE L'ANATOMIE COMPAREE A L'ETUDE D'UNE STRUCTURE D'ORDRE SUPERIEUR, L'ORGANISATION

LA DIFFICILE NAISSANCE DU CONCEPT D'ORGANISATION AU COURS DE LA SECONDE MOITIE DU 18^E SIECLE

Au 17e siècle, il était encore trop prématuré pour que l'on puisse envisager l'organisation du vivant. A vrai dire, il y avait encore peu de concepts jouant le rôle d'opérateurs dans l'étude du monde vivant. A l'âge classique, à l'image du

---

Saint-Sernin, *Philosophie des sciences*, op. cit., p. 508

683 A. Comte, *Cours de philosophie positive*, (41e *Leçon, p. 705*), cité dans A. Fagot-Largeault, *L'ordre vivant*, pp. 483-575, in D. Andler, A. Fagot-Largeault, B. Saint-Sernin, *Philosophie des sciences*, op. cit., p. 508

684 Ibid.

685 A. Comte, *Cours de philosophie positive*, (40e *Leçon, p. 706*), cité dans A. Fagot-Largeault, *L'ordre vivant*, pp.483-575, in D. Andler, A. Fagot-Largeault, B. Saint-Sernin, *Philosophie des sciences*, op. cit., p. 509

686 A. Fagot-Largeault, *L'ordre vivant*, pp.483-575, in D. Andler, A. Fagot-Largeault, B. Saint-Sernin, *Philosophie des sciences*, op. cit., p. 509

687 Ibid.

monde cosmique, l'homme est considéré comme une machine et c'est toute la nature qui est considérée comme une machine. Les corps inertes et les corps vivants sont soumis aux mêmes lois du mouvement mais le vivant occupe une place privilégiée dans le monde. A l'âge classique et durant la première moitié du 18e siècle, l'émergence du concept d'organisation n'est donc guère concevable. François Jacob nous en donne les raisons : « jusqu'à la fin du 18e siècle, il n'y a pas de frontière bien nette entre les êtres et les choses. C'est sans faille que le vivant se prolonge dans l'inanimé. [...] Il n'y a pas encore de division bien fondamentale entre vivant et non-vivant. »[688] Certes, la physiologie s'occupe des rouages et de l'agencement des organes qui fonctionnent mais les grandes fonctions nécessaires à la vie, jusqu'à la fin de la première moitié du 18e siècle, ne sont pas encore bien définies et « l'organisation ne représente encore que la complexité de la structure visible. »[689]

MISE EN PLACE DU CONCEPT D'ORGANISATION ET ETUDE DE L'ORGANISATION

Rappelons tout d'abord que le concept d'organisation n'aurait pas pu voir le jour si la comparaison n'avait pas été élevée au rang de méthode.
Dès la seconde moitié du 18e siècle et à la plicature des 18e et 19e siècles, il sera concevable de s'intéresser aux rapports internes qui s'établissent entre les éléments qui composent les objets, et à « l'interaction des parties qui donne au tout sa signification. »[690] Pour que ceci soit rendu possible, il aura fallu deux préalables. Le premier, c'est que l'anatomie soit parvenue à la description quasi-totale de chaque partie d'un être, à analyser les éléments composant les objets et à lier l'organe à la fonction. Le second préalable, c'est que l'anatomie comparée se soit chargée de comparer le même organe chez différents animaux. F. Jacob nous signale que « les êtres vivants deviennent alors des ensembles à trois dimensions où les structures s'étagent en épaisseur, selon un ordre dicté par le fonctionnement de l'organisme pris dans sa totalité. »[691] L'anatomie s'assigne désormais une mission : l'étude d'une structure d'ordre supérieur, l'organisation. C'est ce qui lui restait à faire puisque « ce qui régit la forme, les propriétés, le comportement d'un être vivant, c'est son organisation. »[692]

En mettant en place le concept d'organisation, les spécialistes en anatomie comparée ont introduit une coupure radicale entre le vivant et le non-vivant. Ainsi, Buffon lui-même a fait appel au concept d'organisation pour décrire la composition des corps. Il écrit : « les animaux et les plantes qui peuvent se

---

688 F. Jacob, *La logique du vivant – Une histoire de l'hérédité*, op. cit., p. 42
689 Ibid., p. 43
690 Ibid., p. 87
691 Ibid.
692 Ibid.

multiplier et se reproduire par toutes leurs parties sont des corps organisés composés d'autres organiques semblables, dont les parties primitives et constituantes sont aussi organiques et semblables et dont nous ne pouvons apercevoir les parties primitives que par le raisonnement et l'analogie. »[693] Alors qu'avec Maupertuis, les unités élémentaires qui composent les êtres organisés s'appellent "particules vivantes", chez Buffon elles s'ont appelées "molécules organiques". « La réduction des organismes à un ensemble d'unités découle alors directement de la théorie corpusculaire de la matière et la complète en quelque sorte. »[694] De son côté, Lamarck affirme que ce que le concept d'organisation « fait considérer dans un être, ce n'est jamais chacune des parties prise en particulier mais le tout, "la composition de chaque organisation dans son ensemble, [...] c'est-à-dire dans sa généralité". »[695] Pour Lamarck, l'organisation et les formes sont susceptibles d'évoluer dans le temps. « On doit encore sentir que toutes les modifications qu'il éprouvera dans son organisation et dans ses formes, par suite des circonstances qui auront influé sur cet être, se propageront par la génération, et qu'après une longue suite de siècles, non seulement il aura pu se former de nouvelles espèces, de nouveaux genres et même de nouveaux ordres, mais que chaque espèce aura même varié nécessairement dans son organisation et dans ses formes. »[696]

Enfin, comme l'écrit Sébastien Janicki, « Geoffroy Saint Hilaire énonce la loi de composition organique comme loi fondamentale du vivant. »[697] S. Janicki précise que « les classifications auxquelles il aboutit notamment dans sa Philosophie anatomique témoignent d'après Dagognet d'intérêts plus prononcés dans les domaines anatomiques que fonctionnels »[698] Ces trois savants, Buffon, Lamarck et Geoffroy Saint Hilaire, cherchent à reconnaître ainsi l'ordre qui règne dans l'organisme. Et, nous indique F. Jacob, « l'agencement des pièces anatomiques renvoie à une liaison interne, à une coordination des fonctions qui articule les structures en profondeur. »[699]

---

693 Buffon, *Histoire naturelle des animaux ; Œuvres complètes*, in – 16, t. III, pp. 27-28, cité dans F Jacob, *La logique du vivant – Une histoire de l'hérédité*, Paris, Editions Gallimard, 1970, p. 89

694 F. Jacob, *La logique du vivant – Une histoire de l'hérédité*, op. cit., p. 89

695 Ibid., p. 99

696 J. B. Lamarck, *Système des animaux sans vertèbres ou Tableau général des classes, des ordres et des genres de ces animaux*, op. cit., p. 410

697 S. Janicki, *Du désordre apparent à l'ordre du réel – naissance du concept de monstre*, op. cit., p. 69

698 Ibid.

699 F. Jacob, *La logique du vivant – Une histoire de l'hérédité*, op. cit., p. 115

DU CONCEPT D'ORGANISATION A LA NAISSANCE DE LA BIOLOGIE

Avant d'envisager le lien existant entre le concept d'organisation et la biologie, peut-être serait-il judicieux de rappeler quand est apparu le terme de biologie. Le mot *biologie* est employé en 1797 par Th.-G.-A. Roose pour recouvrir le champ d'étude auquel il s'intéresse, celui de la science de la nature vivante, et plus seulement celui de l'histoire naturelle uniquement préoccupée par la description de la structure. Roose, dans son ouvrage intitulé *Grundzüge der Lehre von der Lebenskraft* (*Fondements de la doctrine de la force vitale*) y présente donc la biologie comme la science de la nature vivante. Roose affecte à cette nouvelle science un vaste programme d'analyse. Analyse de la force vitale et de l'organisation, de la santé et de la maladie, des sens et des facultés de l'âme, de la génération et de la mort. Plus tard, en 1800, le médecin K.-F. Burdach considère la biologie comme une doctrine de la vie et de l'homme. Il limite cette science à l'ensemble des circonstances représentées par la morphologie, la physiologie et la psychologie. Cette science s'adresse principalement aux médecins et il ne s'agit plus d'une description des êtres vivants. Il faudra attendre 1802 pour que Lamarck et Tréviranus octroient à la biologie un sens beaucoup plus large et peu différent de celui qui lui est réservé aujourd'hui. Tréviranus rassemble médecins et naturalistes pour la recherche en biologie puisque le titre de son livre *Biologie oder Philosophie der lebenden Natur für Naturforscher und Ärtze*[700] indique bien que la biologie est une connaissance de type philosophique qui s'adresse aux naturalistes et aux médecins. La biologie se charge d'étudier les processus qui se produisent "dans la nature vivante" et elle tente d'en étudier aussi les causes. Dans ses *Recherches sur l'organisation des corps vivants*, ouvrage publié en 1802, Lamarck définit la biologie. « Tout ce qui est généralement commun aux végétaux et aux animaux, comme toutes les facultés qui sont propres à chacun de ces êtres sans exception, doit constituer l'unique et vaste objet d'une science particulière qui n'est pas encore fondée, qui n'a même pas de nom, et à laquelle je donnerai le nom de biologie". »[701] Avec Lamarck, la biologie regroupe l'étude de « tout ce qui est en rapport avec les êtres vivants, notamment avec leur organisation, leur développement, leur composition croissante liée à l'exercice prolongé des mouvements de la vie, leur tendance à créer des organes spécifiques et à centraliser leur action en un point. »[702] La mutation épistémologique de l'histoire naturelle se fait autour de la notion d'organisation et elle aboutit donc à la biologie.

---

[700] *Biologie ou Philosophie de la nature vivante pour naturalistes et médecins*

[701] J. B. Lamarck, *Système des animaux sans vertèbres ou Tableau général des classes, des ordres et des genres de ces animaux*, op. cit., p. 49

[702] [[I. Jahn, R. Löther et K. Seenglaub (1985), 319]] cité dans E Arquiola et L Montiel, *La médecine en révolution – Sciences et philosophie de la nature au tournant du 18e et du 19e siècle,* op. cit., p. 132

En effet, à partir du concept d'organisation, se conçoit aisément le concept d'organisme et, de ce dernier, découle logiquement l'élaboration d'une nouvelle science, la biologie, qui a trait à la vie. Indéniablement, l'une des plus importantes conséquences de « l'installation du concept d'organisation au cœur du monde vivant »[703] est la mise en avant du concept d'organisme. F. Jacob nous rappelle ainsi que pour Lamarck « ce qu'il faut considérer dans un être, ce n'est jamais chacune des parties prises en particulier, mais le tout, "la composition de chaque organisation dans son ensemble, c'est-à-dire dans sa généralité"[704]. »[705]

Pour ce qui est du concept d'organisme, c'est Blumenbach (1752-1840) qui, dans ses *Premiers principes de Physiologie* (Anfangsgründe der Physiologie), sera l'un des premiers auteurs à diffuser la théorie kantienne de l'organisme. Mais en réalité, nous indique G. Canguilhem, aussi bien dans la *Disquisito de mecanismi et organismi diversitate* en 1706 que dans la *Demonstratio de mixiti et vivi corporis vera diversitate* en 1707, Stahl définit déjà « l'organisme, concept nouveau sous ses noms latin ou français, comme un composé hétérogène de corps mixtes. »[706]

En fait, sur les deux rives du Rhin, les savants s'accordent sur la teneur du concept d'organisme. Ainsi Georges Cuvier écrit : « Tout être organisé forme un ensemble, un système unique et clos, dont les parties se correspondent mutuellement, et concourent à la même action définitive par une réaction réciproque. Aucune de ces parties ne peut changer sans que les autres changent aussi ; et par conséquent chacune d'elles, prise séparément, indique et donne toutes les autres. »[707]Au début du 19e siècle, en 1819, dans le dictionnaire des sciences médicales de l'époque, l'organisme sera défini par Chaussier et Adelon comme « l'ensemble des lois qui régissent l'économie animale, le concours d'actions par lesquelles s'accomplit la vie des corps vivants [...] l'enchaînement qui existe entre les parties (qui diffèrent entre elles par la forme et surtout par les usages) d'un tout. »[708] Selon Chaussier et Adelon, « l'organisme du corps humain suppose une coopération d'action entre toutes les parties qui le composent, une subordination à des centres ou foyers

---

[703] F. Jacob, *La logique du vivant – Une histoire de l'hérédité*, op. cit., p. 99

[704] J. B. Lamarck, *Histoire Naturelle des Animaux sans Vertèbres*, Introd., Paris, 1815-1822, t. I, pp. 130-131, cité dans F. Jacob, *La logique du vivant – Une histoire de l'hérédité*, op. cit., p. 99

[705] F. Jacob, *La logique du vivant – Une histoire de l'hérédité*, op. cit., p. 99

[706] G. Canguilhem, *Etudes d'histoire et de philosophie des sciences concernant les vivants et la vie*, op. cit., p. 223

[707] G. Cuvier *Recherches sur les ossements fossiles de quadrupèdes*, Paris, chez Deterville, libraire, 1812, p. 58

[708] Adelon, Chaussier, et al. (Société de médecins et de chirurgiens), *Dictionnaire des sciences médicales*, volume 38 (ORE-OUV), Paris, Editeur C. L. F. Pankoucke, 1819, pp. 249-254

particuliers »[709] et il est caractérisé par une composition chimique particulière différente des combinaisons chimiques propres au monde inorganique et par la réunion des parties solides et liquides. Le concept d'organisme n'est plus uniquement fondé sur l'anatomie et la physiologie, il repose aussi sur la chimie. Si le concept d'organisme a été nécessaire à l'élaboration d'une nouvelle science de la vie, celui d'organisation ne lui a pas été inutile non plus.

Nous avons vu comment les principaux acteurs de l'anatomie comparée ont articulé leurs recherches autour d'un ou de plusieurs plans d'organisation. C'est par le concept d'organisation, nous explique S. Janicki, que « l'histoire naturelle – la classification des êtres – laisse place à une approche nouvelle du vivant : son organisation. »[710] A partir de là, la biologie va se constituer autour de cette notion d'organisation. Sur elle, « [...] se fonde désormais l'être vivant » et elle « ne peut se concevoir sans une fin qui s'identifie à la vie. »[711] L'anatomie comparée s'efforce de trouver l'unité du monde vivant. Selon S. Janicki, « Ce qu'il importe de repérer, derrière la diversité des formes, c'est la communauté des fonctions. Plus que la différence de structure entre une patte et une aile, compte la similitude de leurs rôles. Le poumon et la branchie peuvent bien s'opposer par leurs architectures, ce sont tous deux des appareils à respirer, que ce soit dans l'air ou dans l'eau. Les différences de morphologie entre testicules et ovaires, entre épididyme et trompe, entre pénis et clitoris ne doivent pas cacher la symétrie entre les deux séries, la similitude des rôles et des liaisons anatomiques. »[712] Cuvier fait de l'anatomie comparée en associant plus étroitement la physiologie à la fonction. Comparer les variations de structure, lui fournit l'occasion de déceler la permanence des fonctions. D'une certaine façon, il annonce un peu la position de Claude Bernard qui subordonne l'anatomie à la physiologie. En fait, avec Cuvier, l'anatomie devient un outil pour atteindre « les lois de l'organisation des animaux et les modifications que cette organisation éprouve dans les différentes espèces. »[713] Manifestement, Cuvier accorde une importance capitale à la fonction et ne réserve à l'organe qu'une place de second rôle, de simple exécuteur. Sébastien Janicki l'exprime ainsi : « Ainsi, les similitudes entre les différentes espèces, ne se posent plus en termes de forme mais en termes de fonction. Si la fonction est inséparable de la notion de vie en tant qu'elle constitue une nécessité, l'organe n'est plus que l'agent d'exécution de cette fonction. De sorte que, si pour un mammifère, il est

---

[709] Adelon, Chaussier, et al. (Société de médecins et de chirurgiens), *Dictionnaire des sciences médicales*, op. cit., pp. 249-254

[710] S. Janicki, *Du désordre apparent à l'ordre du réel – naissance du concept de monstre*, op. cit., p. 66

[711] F. Jacob, *La logique du vivant – Une histoire de l'hérédité*, op. cit., p. 102

[712] Ibid., p. 115

[713] G. Cuvier, *Le règne animal distribué d'après son organisation, pour servir de base à l'histoire naturelle des animaux et d'introduction à l'anatomie comparée*, op. cit., préface, p. IV

nécessaire de satisfaire aux fonctions nutritives, respiratoires et autres, les organes correspondant à ces fonctions peuvent subir des variations. En d'autres termes, l'exigence des fonctions peut s'accomoder de variations de formes. Par conséquent, l'idée de fonction va pouvoir se constituer comme un critère discriminant permettant de déceler ce qui change de ce qui est constant ou l'amplitude des variations morphologiques que la fonction tolère. »[714] L'anatomie comparée a toujours été à la recherche d'une unité du vivant et elle a donc, en y travaillant, fortement contribué à la naissance de la biologie, science du vivant. On voit bien ici qu'en posant l'organisation comme la première caractéristique du vivant, il est possible de comprendre, en le démêlant, l'ensemble des relations qui lient la forme de l'être vivant à ce qui est visible au niveau des organes, eux-mêmes répondant à ce qui est invisible au niveau des fonctions.

Nous avons vu, en suivant l'évolution de l'anatomie pathologique, comment Virchow, en désignant la cellule comme la nouvelle unité élémentaire de l'organisme, a donné à l'anatomie pathologique une nouvelle dimension et permis à la pathologie cellulaire de voir ainsi le jour. De la même façon, l'anatomie comparée, en s'assignant cette nouvelle mission d'étudier une structure d'ordre supérieur, l'organisation, a été amenée à approfondir son questionnement sur l'unité du monde vivant. Mais, comme « on ne peut dissocier la structure de sa signification »[715], sur ce créneau qui est celui de l'organisation, l'anatomie comparée va, à un moment donné, devoir transmettre le témoin à une nouvelle science qui naît ainsi : la biologie. Celle-ci va, comme l'indique F. Jacob, avoir « pour but, non plus la classification des êtres, mais la connaissance du vivant et pour objet l'analyse, non plus de la structure visible, mais de l'organisation. »[716] En se constituant, l'anatomie comparée a permis au concept d'espèce de devenir moins rigide et ce, en décelant les analogies fonctionnelles à partir de la comparaison d'animaux de différentes espèces. En effet, « ce qu'il importe de repérer, derrière la diversité des formes, c'est la communauté des fonctions. »[717] S'est alors posé la question de savoir si l'unité du monde vivant se cantonnait à un ensemble de fonctions communes ou s'il fallait lui faire correspondre une unité de structure, une unité de composition organique. C'est là que la théorie cellulaire de Virchow est tombée à point nommé puisque la notion de cellule a permis de donner à l'organisation le

---

[714] S. Janicki, *Du désordre apparent à l'ordre du réel – naissance du concept de monstre*, op. cit., p. 68

[715] F. Jacob, *La logique du vivant – Une histoire de l'hérédité*, op. cit., p. 102

[716] Ibid., p. 88

[717] Ibid., p. 115

maillon qui lui manquait et à la biologie de « trouver dans la cellule son véritable atome. »[718]

Mais, si les maillons sont essentiels pour la compréhension de l'organisation, il n'en est pas moins vrai que le concept d'organisme découle du concept d'organisation et en même temps le fait vivre. De là, bien sûr, la nécessité de l'existence d'une nouvelle science : la biologie.

Ceux qui ont beaucoup œuvré en anatomie comparée, ont, par delà l'enseignement de la différenciation des formes et des propriétés d'habitat des différents animaux, fait émerger, comme l'indique F. Jacob, dans l'esprit de la nouvelle génération de savants un nouvel objectif, celui de « déceler les caractères communs au vivant et de donner un contenu à ce qui, désormais, s'appelle la vie. »[719] C'est à ce moment-là seulement qu'apparaît cette science nouvelle : la biologie.

A en croire Emile Littré, le chemin conduisant à la connaissance du corps humain a été long et semé d'embûches. Il a fallu d'abord, à partir du tout, décomposer ce corps en parties, mais la dissection montra à quel point, devant le caractère infini des parties, il n'était pas possible de s'en satisfaire et il devenait nécessaire de prendre en considération une méthode plus puissante que toutes celles utilisées jusqu'alors. « Cette méthode fut la comparaison. Entre les parties ainsi disséquées et isolées, elle nota des analogies, des ressemblances qui lui permirent d'analyser le corps tout autrement que n'avait fait la simple dissection. Au lieu de le partager en organes et en fragments d'organes, elle le partagea en tissus, qui s'étendent sur des groupes d'organes, et qui partout offrent la même disposition, le même arrangement, et, je dois ajouter, les mêmes propriétés. A ce point de vue, le corps ne se présente pas comme une réunion d'organes ayant des configurations spéciales, mais il se présente comme une réunion de tissus ayant chacun sa texture. On peut dire, en se servant du langage mathématique, que la dissection simple est l'anatomie élémentaire, et que l'anatomie par comparaison est l'anatomie transcendante. C'est par cette voie que s'introduisit finalement l'abstraction ou généralisation dans l'étude de la biologie, qui, dès lors, cela est évident de soi, se trouva constituée comme science. Elle n'eut plus à craindre d'être considérée comme un cas particulier, soit de la physique, soit de la chimie, suivant que prévalaient les doctrines physiques et chimiques. L'esprit scientifique était, par ce dernier échelon, arrivé non seulement à voir, ainsi que faisaient nos devanciers, la vitalité comme attribut total du corps, attribut que tantôt, cherchant le côté positif, on confondait avec les phénomènes de chaleur, d'électricité, de chimie, et tantôt, cherchant le côté général, on adjugeait à la métaphysique ; mais encore il était arrivé, combinant le côté positif et le côté général, à distinguer certaines textures communes correspondant à certaines propriétés communes aussi.
En effet, c'est uniquement par une vue de l'esprit et pour la facilité de l'étude que l'on sépare l'anatomie de la physiologie, l'état inactif et immobile de l'état mobile et actif. Embrasser simultanément le tissu et sa propriété est ce qui distingue toute spéculation positive de toute spéculation métaphysique ou de toute spéculation physique et chimique sur la biologie. »[720]

---

[718] S. Janicki, *Du désordre apparent à l'ordre du réel – naissance du concept de monstre*, op. cit., p. 71

[719] F. Jacob, *La logique du vivant – Une histoire de l'hérédité*, op. cit., pp. 101-102

[720] E. Littré, *La science au point de vue philosophique*, op. cit., pp. 239-240

BILAN ULTIME DES APPORTS EPISTEMOLOGIQUES LIES A LA PRATIQUE DE L'ANATOMIE COMPAREE

A la fin du 19e siècle, le bilan des apports épistémologiques, liés à la pratique de l'anatomie comparée, est positif puisque l'anatomie comparée a permis, bien sûr, de faire ressortir les ressemblances entre les animaux et l'homme et d'avancer ainsi dans la connaissance. Mais, a contrario, l'anatomie comparée en a dévoilé les différences et, en particulier, nous a assuré que le corps de l'homme n'est pas qu'une mécanique animale. L'anatomie comparée montre aussi à l'évidence que « le rapport homme-animalité n'est pas un rapport hiérarchique mais un rapport latéral, un dépassement qui n'abolit pas la parenté. Même l'esprit est incroyablement pénétré de sa structure corporelle : l'œil et l'esprit. C'est à partir du visible que l'on peut comprendre l'invisible. A partir du visible que nous pouvons comprendre l'Etre, sa latence et son dévoilement. Et la réflexion comme venue à soi de l'Etre, comme Selbstung de l'Etre, sans notion de sujet. Et finalement, l'inclusion de l'Etre visible dans un Etre plus vaste[721]. »

Il se trouve ainsi qu'en approfondissant leur étude de l'anatomie comparée, les savants des 18e et 19e siècles ont peu à peu fait germer l'idée d'une phylogenèse. Le concept d'évolution aura ainsi induit un accroissement des connaissances en anatomie et offert aux anatomistes la possibilité de donner à l'anatomie un cadre plus général. De là, les savants feront des progrès en paléontologie ; c'est ainsi qu'en considérant la bipédie de l'homme, ils réaliseront qu'elle libère les mains, ce qui décharge les mâchoires de la fonction de préhension. Ceci entraîne que les muscles maxillaires qui emprisonnaient le crâne peuvent se relâcher et, du même coup, permettre, favoriser le grossissement du crâne, la diminution de la face, le rapprochement des yeux et leur capacité alors à fixer ce que prennent les mains. Il est ainsi aisé d'aborder une anatomie évolutive, de plus en plus raisonnée et s'ancrant dans l'histoire.

Mais avant que l'anatomie évolutive ait pu s'ancrer dans l'histoire, il a fallu que se fasse la conquête de la dimension temporelle. A ce propos, Gérard Chazal se pose la question : « Comment détacher le temps du vécu d'une subjectivité humaine prise dans l'espace étroit compris entre sa naissance et sa mort pour en faire une composante de l'interface théorique ? »[722] La solution est de passer de l'échelle humaine à celle des temps géologiques. Il est possible alors de détacher le temps « non seulement de l'expérience vécue immédiate mais encore de toutes sortes de considérations mythiques, religieuses, idéologiques. »[723] Les tentatives d'une histoire de la terre faciliteront l'inscription de la dimension temporelle dans l'interface théorique et rendront

721 M. Merleau-Ponty, *La nature – Notes. Cours du Collège de France*, op. cit., p. 335
722 G. Chazal, *Les médiations théoriques,* op. cit., p. 209
723 Ibid.

plus plausible l'idée d'une transformation des êtres vivants au cours du temps. Les conditions de la naissance de la phylogenèse sont alors remplies.

De plus, nous verrons plus loin, d'autres conséquences épistémologiques liées au fort développement de l'anatomie comparée. Ce sera d'abord l'émergence d'un concept fondamental dans l'évolution des connaissances : le concept d'organisation. L'anatomie comparée sera donc, d'une certaine façon, bien impliquée dans la genèse et le développement du concept d'organisation. Celui-ci sera à son tour responsable de grandes évolutions de la physiologie mais il sera surtout à l'origine d'une rupture épistémologique majeure. En effet, le concept d'organisation, en facilitant le décèlement des caractères communs aux êtres vivants, va mettre en cause, ébranler et provoquer l'effondrement de l'unité qui permettait de regrouper les êtres et les choses dans un même monde, lui-même composé de trois règnes (minéral, végétal et animal). Ce monde se "dichotomise" alors en deux mondes bien distincts : le monde de l'inerte et le monde du vivant. A partir de là, se met en place une discipline nouvelle, la biologie, qui, en englobant toutes les autres disciplines qui étudient le vivant, y compris l'anatomie, va faire perdre à celle-ci la primauté de sa place et la suprématie de son pouvoir. En somme, l'anatomie comparée nous aide aussi à prendre conscience de tout ce qu'apporte le travail anatomique. En fait, ce dernier consiste à regrouper de multiples données que l'on peut extraire de disciplines partageant un certain nombre de centres d'intérêt avec l'anatomie, comme l'embryologie et la paléontologie.

Finalement, à la fin du 19e siècle, il est aisé de constater combien, à partir de l'anatomie, puis de l'anatomie comparée et de la paléontologie, de la phylogenèse, l'extension des connaissances est impressionnante. Partie de l'exploration du visible, l'anatomie comparée a, peu à peu, et de plus en plus, investi les espèces disparues et donc contribué à étendre considérablement l'étendue épistémologique de l'anatomie.
Grâce à l'anatomie comparée, l'anatomie pourra afficher de notables progrès épistémologiques. L'anatomie comparée conduira à un certain nombre de recherches anatomiques inspirées, par exemple, par une « interrogation franchement métaphysique » : l'animal pense-t-il ?
S'il pense, écrit F. Dagognet, « [...] comme il a été défini par sa seule constitution physique — un assemblage complexe d'organes ou une anatomie — on devra donc admettre l'existence d'une "âme matérielle" et, corrélativement, on revalorisera une nature qu'on cessera de réduire à la seule spatialité. On lui accordera nécessairement des ressources et des capacités. »[724]
De même, les discussions sur la franche ségrégation entre la sensorialité animale et la sensorialité humaine seront à l'origine de nouvelles recherches. Tous ces questionnements inciteront non seulement les spécialistes en anatomie

---

[724] F. Dagognet, *L'animal selon Condillac – Etude sur le Traité des animaux,* op. cit., p. 40

comparée à faire des études pour confirmer leurs théories, mais ils activeront aussi la curiosité des anatomistes et les pousseront à initier de nouvelles recherches sur l'anatomie nerveuse au 18e siècle et au 19e siècle. Ainsi, dans l'étonnante et abondante production scientifique d'Antonio Scarpa (1752-1832) figurent les études sur les nerfs cérébro-spinaux, le plexus nerveux en général et le plexus pharyngé en particulier. Scarpa mettra en corrélation les stimulations nerveuses, l'excitation des fibres musculaires et leur contraction. De même, Leopoldo Marcantanio Caldani (1725-1813) fera des recherches sur la structure des ganglions et des plexus nerveux et il décrira ses recherches dans son impressionnant ouvrage *Icones anatomicae* (Venise, 1801-1813).

L'anatomie comparée ouvre grand les portes de la connaissance et permet d'intensifier les progrès épistémologiques. Le passage du monde animal à l'homme, comme celui de la pathologie à la norme — comme l'indiquent Christian Salomon, Pierre Trouilloud et Nicolas Cheynel — « montre avec acuité le rôle joué par une théorie cohérente lorsque l'observateur se trouve face au multiple, à la diversité offerte par le monde vivant. »[725] Mais l'anatomie comparée met aussi en évidence ce que rappellent ces auteurs, c'est-à-dire « les difficultés de l'interprétation, des observations, entre théories généralisantes et connaissances pratiques pour un exemple particulier. »[726]

2-5 – L'anatomie fonctionnelle et la physiologie aux 18e et 19e siècles

L'ANATOMIE FONCTIONNELLE ET LA PHYSIOLOGIE AU 18E SIECLE

Les premiers physiologistes suivent une méthode simple qui n'est pas basée sur le calcul. Par contre, cette méthode est surtout descriptive et ces physiologistes observent beaucoup, se mettent à construire des expériences, analysent et réalisent donc aussi des descriptions. Ils le font en s'appuyant sur une conception à la fois sensualiste, vitaliste et solidiste.

Au 18e siècle, un immense courant va entraîner le « renouveau de la physiologie, hostile elle-même aussi bien à l'iatromécanisme qu'à la chimiatrie naissante. »[727] Ainsi, nous explique F. Dagognet, le 18e siècle va s'engouffrer dans cette brèche, et « il ne cesse d'apporter des pierres au nouvel édifice, celui d'un corps baroque et critique, qui toujours se joue de l'expérimentateur, le confond et déborde le cadre de l'approche mécanique. Et avec lui, fer de lance

---

725 Ch. Salomon, P. Trouilloud, N. Cheynel, *Le corps et la médecine : parcellisation, spécialités, unicité*, pp. 269-285, in G. Chazal et Ch. Salomon (textes réunis par), *François Dagognet, médecin et philosophe*, Paris, Editions L'Harmattan, 2005, p. 270

726 Ibid.

727 F. Dagognet, *Le corps,* op. cit., p. 70

de la révolte, on va aller de surprise en surprise. »[728] Ainsi, Bordeu démontrera que la sécrétion salivaire de la parotide n'est pas le résultat d'une compression de la parotide par la mâchoire inférieure lors de la mastication. L'expérience de Bordeu montre que le seul nerf active la glande et cette stimulation provoque des mouvements péristaltiques violents de la glande qui possède une capacité irritative. Les médecins hydrauliciens, comme Chirac et Boerhaave, sont ainsi mis en échec. De même, Spallanzani imposera une interprétation non motrice de la digestion et la participation d'un suc acide à la digestion. Enfin, Haller mettra en avant deux propriétés, l'irritabilité et la sensibilité qui n'entrent pas dans le cadre de l'approche mécanique.

A la fin de la première moitié du 18e siècle, les connaissances anatomiques vont évoluer en synergie avec l'élaboration de nouvelles conceptions physiologiques. L'Encyclopédie de Diderot rend compte dans de nombreux articles de la singularisation progressive de la physiologie.

Albrecht von Haller va particulièrement s'illustrer dans la révision critique et expérimentale de tout le savoir physiologique constitué depuis l'Antiquité. Il exposera les recherches de ses travaux de laboratoire dans ses *Elementa physiologiae corporis humani*, en particulier celles se portant sur les parties irritables et sensibles du corps humain. « Haller pense que l'irritabilité est une force innée de la matière musculaire, indépendante de la force nerveuse, laquelle agit comme moyen de stimulation. La sensibilité est pour lui une propriété de la fibre nerveuse comme l'élasticité l'est de ce que nous appelons le tissu conjonctif. »[729] Haller établit un lien entre des propriétés physiologiques bien déterminées et des structures, elles aussi déterminées, des parties solides du corps animal. L'application de Haller à désigner ces structures montre à quel point l'anatomie a une place de choix dans ses approches épistémologiques. Pour Haller, si une partie du corps est sensible, ceci s'explique par sa structure et le type de fibres qui le composent. Avec Haller, il ne sera plus question d'envisager le système nerveux comme un ensemble de tuyaux véhiculant le flux des esprits animaux ou le pneuma, ni de le considérer comme un système assurant le transport d'un fluide très fin, de l'éther, du feu, de la lumière, ou de l'électricité. De même, pour Haller, les nerfs stimulés des animaux vivants ne bougent ni ne vibrent, et ne sont donc pas des cordes vibrantes. Autrement dit, et, comme le précise G. Canguilhem, en désignant l'irritabilité comme la propriété spécifique du muscle et la sensibilité comme celle du nerf, « Haller distinguait l'une et l'autre de tout effet de causes mécaniques et de toute expression d'un pouvoir psychique. Il libérait la physiologie de la tutelle où la tenait la mécanique en mettant en évidence, expérimentalement, l'existence de

[728] F. Dagognet, *Le corps,* op. cit., p. 67

[729] Renato G. Mazzolini, *Les lumières de la raison : des systèmes médicaux à l'organologie naturaliste*, pp. 93-115 in Mirko D. Grmek (sous la direction de), *Histoire de la pensée médicale en Occident*, tome 2 – *De la Renaissance aux lumières*, op. cit., p. 109

propriétés vitales sans analogues dans le domaine des corps inertes. »[730] G. Canguilhem montre alors qu'il ne reste plus à l'école de Montpellier « à étendre à toutes les fonctions organiques le pouvoir de réaction sensitive aux impressions »[731] Il explique que Bordeu se charge « de décentraliser la sensibilité pour la distribuer à tous les organes, vivants partiels dont la vie du tout est la somme »[732] et que Barthez insiste « au contraire sur les phénomènes de sympathie organique. »[733] Si Barthez opère ainsi, c'est « pour devoir attribuer la fonction spécifique de sensibilité à un principe actif vital, formule destinée à marquer la singularité ou l'originalité de la vie, relativement au corps et à l'âme, sans hypothèse sur la nature substantielle du principe. »[734] Pour apporter de vraies réponses au questionnement des physiologistes, il faudra, bien entendu, approfondir la connaissance du système cérébro-spinal, d'abord au niveau anatomique.

De son côté, Robert Whytt, opposant à la doctrine de Haller, en réalisant des recherches sur les mouvements volontaires et involontaires, inaugure, d'une certaine façon, l'ensemble des recherches qui formeront la base théorique et expérimentale des doctrines du 19e siècle concernant les réflexes. Pour en revenir à Haller, lui, l'helvète, estime que l'ordre du monde doit être cherché par l'homme, mais en se servant de l'expérience. Autant dire que la pensée hallérienne se singularise par rapport à la pensée française encore si fortement marquée par le cartésianisme et il fait acte d'allégeance à la pensée newtonienne. A l'évidence, comme Newton, Haller est à la recherche d'une cause unique des phénomènes de la vie et bien des similitudes apparaissent entre l'idée de la force d'attraction de Newton et celle de l'irritabilité. Un autre point de convergence avec Newton est le refus d'Haller d'accepter l'hypothèse a priori, d'entrer ainsi dans la logique newtonienne et de rompre avec la méthode cartésienne.

Mais comme l'écrit Florence Catherine, à l'image des savants du 18e siècle « [...] qui se débattent entre la construction des modèles théoriques, qu'ils veulent les plus cohérents possible, et les difficultés de la réalité expérimentale »[735], Haller dévoile une certaine contradiction à propos de l'usage

730 G. Canguilhem, *Etudes d'histoire et de philosophie des sciences concernant les vivants et la vie*, op. cit., p. 224

731 Ibid.

732 Ibid.

733 Ibid.

734 Ibid.

735 F. Catherine, *La pratique et les réseaux savants d'Albrecht von Haller (1708-1777), vecteurs du transfert culturel entre les espaces français et germaniques au 18e siècle*, Thèse pour doctorat d'Histoire (sous la dir. de Pr. Simone Mazauric, Université Nancy 2 (Ecole doctorale "Langages, Temps, Société"), Année 2009, p. 107

de l'induction. Ainsi, dans les remarques préliminaires à l'exposition des faits, nous pouvons relever son aveu du recours assez fréquent au raisonnement inductif : « [...] j'ai disséqué généralement tout ce qui m'est tombé sous les mains ; il y en a résulté des inductions qui m'ont guidé dans bien des doutes physiologiques. »[736] Mais, dans le même livre, quelques lignes plus loin, Florence Catherine relève le contraire : « l'auteur émet des doutes sur la qualité d'un tel raisonnement et il note que l'incompréhension de l'expérimentateur face à un fait observé ne doit pas le faire tomber dans le piège de l'induction. »[737] Albrecht von Haller déclare ainsi : « il paroît difficile de trouver la raison de cette diversité dans la structure de l'organe principal de la vue des poissons, mais il en résulte une maxime bien utile aux Physiciens ; ils doivent se mettre en garde contre les inductions. »[738]

L'ANATOMIE ANIMATA DE HALLER AU 18ᴱ SIECLE ET L'EMERGENCE DE LA PHYSIOLOGIE MODERNE AU 19ᴱ SIECLE

L'ANATOMIE ANIMATA DE HALLER AU 18ᴱ SIECLE

Pour Albrecht von Haller, il n'est pas possible de comprendre l'organisation du corps vivant sans posséder une connaissance fine des structures anatomiques. Sa physiologie se limite au début à un discours de *usu partium* qu'il semble fonder sur la déduction anatomique. Mais ceci ne l'empêche pas de reconnaître l'importance capitale des expériences sur l'animal vivant, des observations microscopiques des tissus, de l'analyse chimique des humeurs et de l'application des lois physiques lors de l'étude des mouvements du corps. Sa curiosité vis-à-vis des mouvements du corps contribuera d'ailleurs à ce qu'on désigne parfois sa physiologie comme une anatomie *animata*, qui n'est plus une étude exclusive des structures anatomiques mais bien un champ organisé du savoir, particulier. Il faut bien reconnaître que malgré son intérêt pour l'anatomie et le fait qu'Haller définisse la physiologie comme une "anatomie en mouvement", c'est lui qui confère à la physiologie son statut de recherche indépendante et d'enseignement spécialisé. Mais cette physiologie d'avant Claude Bernard « s'intéresse au fonctionnement des organes, c'est-à-dire qu'en utilisant les repères que lui fournit l'anatomie, elle essaie d'en apprécier l'activité lorsque l'organisme est vivant. Elle raisonne à partir de la structure

[736] A. von Haller, *Anatomie sur les yeux de quelques poissons*, (in *Histoire de l'Académie royale des Sciences*), HARS, Paris, chez G. Martin, J.-B. Coignard, H. L. Guérin, 1762, p. 79

[737] F. Catherine, *La pratique et les réseaux savants d'Albrecht von Haller (1708-1777), vecteurs du transfert culturel entre les espaces français et germaniques au 18ᵉ siècle*, op. cit., p. 107

[738] A. von Haller, *Anatomie sur les yeux de quelques poissons*, op. cit., p. 80

anatomique, dont elle déduit une fonction physiologique. D'où l'appellation que lui donnent les prédécesseurs de C. Bernard d'"anatomie animata". »[739]

A la fin du 18e siècle, dans le sillage de l'anatomie, une science moins simplement descriptive va se développer, ne se limitant pas à l'observation mais s'appliquant à mettre en évidence les potentialités cachées dans les fibres et les tissus, il s'agit de la physiologie. Au 19e siècle, la physiologie va reprendre les grands chapitres abordés au cours des siècles précédents en *Economie animale*, en particulier dans le cadre de l'anatomie et de la zoologie.

LES DEBUTS DE LA PHYSIOLOGIE MODERNE AU 19E SIECLE

Après la Révolution, en France, l'activité expérimentale est en plein essor et, soutenue par elle, la physiologie se développe. A partir de l'étude des effets des mutilations ou des destructions d'organes, les médecins physiologistes français vont chercher à connaître les fonctions normales de ces structures. En étroite collaboration avec les écoles vétérinaires, ils pourront pratiquer des vivisections d'animaux, bien utiles pour la connaissance. Legallois s'appliquera en particulier à étudier les répercussions des lésions de régions données du système nerveux central sur les différentes fonctions vitales. De même, Dupuytren participera activement aux débuts de la neurophysiologie expérimentale. Il a ainsi découvert que la section ou la ligature des deux nerfs de la 10ème de paire de nerfs crâniens, chez le chien ou chez le cheval entraîne une « asphyxie immédiate de nature très particulière. »[740] En 1816, la physiologie prend une autre stature avec la publication du *Précis élémentaire de physiologie* de Magendie et se trouve consacrée avec la sortie de la première revue de physiologie en 1821. Avec ses collègues, Magendie parviendra à établir la carte des nerfs crâniens.

En France, le prestige naissant de la physiologie s'accompagne d'une certaine déconsidération de l'anatomie. Le développement de l'anatomie comparée en est quelque peu responsable puisque les savants de cette branche de l'anatomie ont opté pour la subordination de la structure à la fonction. Ce faisant, la façon de tous ces savants d'appréhender la fonction, telle celle de Lamarck, par exemple, a favorisé la diffusion très rapide de l'idée que l'orthopédiste Jules Guérin (1801-1886) allait matérialiser en une formule laconique : « la fonction fait l'organe ».

---

[739] Louise L. Lambrichs, *La vérité médicale, - Claude Bernard, Louis Pasteur, Sigmund Freud : légendes et réalités de notre médecine*, Paris, Editions Robert Laffont, 1993, p. 151

[740] F. L. Holmes, *La physiologie et la médecine expérimentale*, op. cit., p. 65

Avec Claude Bernard, il n'est plus question d'anatomie animata, mais d'une physiologie qui cherche à connaître les lois du vivant. C. Bernard ne part pas de la structure pour expliquer la fonction et il ne se limite pas à la physiologie de l'espèce humaine, il étend la physiologie à tous les êtres vivants.[741] C'est pourquoi, nous dit Louise Lambrichs, « plutôt que de parler simplement de physiologie, ce qui prêterait à malentendu, il nomme la discipline qu'il enseigne la physiologie générale. »[742] Si la physiologie de C. Bernard est révolutionnaire par rapport à l'anatomie animata, c'est parce qu'il « introduit dans l'intelligence des fonctions organiques un modèle tout à fait différent du modèle technologique. C'est un modèle économique et politique. L'organisme complexe est désormais conçu comme totalité se subordonnant des éléments virtuellement autonomes. »[743] C. Bernard conçoit le fonctionnement de l'organisme en prenant pour modèle le fonctionnement de la société. Pour lui, « l'organisme, comme la société, est construit de telle façon que les conditions de la vie élémentaire ou individuelle y soient respectées. »[744] C. Bernard assimile si bien l'organisme à la société qu'il trouve « de la cellule jusqu'à l'homme » tous les degrés de complication qui se rencontrent quand on étudie une société. C'est ainsi, qu'en physiologie, on identifiera plusieurs systèmes (circulatoire, respiratoire, nerveux), chacun d'entre eux résultant de l'association de différentes entités. Si la physiologie de C. Bernard s'impose si magistralement, c'est parce qu'elle « donne la clé de la totalisation organique, clé que l'anatomie n'avait pas su fournir. »[745]

De plus, G. Canguilhem nous explique que « l'utilisation d'un modèle économique et politique a fourni aux biologistes du 19e siècle le moyen de comprendre ce que l'utilisation d'un modèle technologique n'avait pas permis auparavant. La relation des parties au tout est une relation d'intégration –et ce dernier concept a fait fortune en physiologie nerveuse– dont la fin est la partie, car la partie ce n'est plus désormais une pièce ou un instrument, c'est un individu. Dans la période où ce qui devait devenir très positivement la théorie cellulaire relevait autant de la spéculation philosophique que de l'exploration microscopique, le terme de monade a été souvent utilisé pour désigner l'élément anatomique, avant de se voir préférer généralement et définitivement le terme

---

[741] Louise L. Lambrichs, *La vérité médicale, - Claude Bernard, Louis Pasteur, Sigmund Freud : légendes et réalités de notre médecine*, op. cit., p. 151
[742] Ibid.
[743] G.Canguilhem, *Etudes d'histoire et de philosophe des sciences concernant les vivants et la vie*, op. cit., p. 330
[744] C. Bernard, *Leçons sur les phénomènes de la vie communs aux animaux et aux végétaux,* (1878) : 9e leçon du t.1, pp. 356-357
[745] G. Canguilhem, *Etudes d'histoire et de philosophe des sciences concernant les vivants et la vie*, op. cit., p. 330

de cellule. »[746] Enfin, avec l'instauration du milieu intérieur, C. Bernard pose les bases de la physiologie des régulations. En tenant compte de la morphologie cytologique dans sa vision physiologique des régulations, C. Bernard parviendra à « traiter l'organisme comme un tout, sans le contourner comme un cercle, et promouvoir une science analytique des fonctions du vivant, pourtant respectueuse du fait que le vivant est, au sens authentique du terme, une synthèse. »[747]

ANATOMIE ET PHYSIOLOGIE DANS LES ETATS GERMANIQUES AU 19^E SIECLE

Au 19e siècle, dans les états germaniques, la culture anatomique est fortement ancrée et l'approche de la physiologie ne se fait pas sur le même modèle que celui adopté en France. En particulier, les rapports entre anatomie et physiologie n'y sont pas aussi distincts. Dans les universités germaniques, ceci se traduit par le fait qu'il n'y a pas de ségrégation aussi nette entre l'une et l'autre de ces deux disciplines. La physiologie aura même du mal à se mettre en place comme discipline autonome. En effet, comme le relate F. L. Holmes, dans un premier temps, « pendant la dernière décennie du 18e siècle et les premières années du 19e siècle, la philosophie de la nature (Naturphilosophie) influença de manière décisive le développement de la physiologie par la conviction selon laquelle la description morphologique des organes offre une explication causale de leurs fonctions. »[748] Par conséquent, pour les professeurs de langue allemande, le rôle de la physiologie ne paraît pas aussi important dans la formation médicale et ils ont tendance à orienter l'enseignement de la physiologie vers l'anatomie et l'anatomie comparée. L'étude de la physiologie est couplée avec celle de l'anatomie, à tel point qu'à l'Université réformée de Berlin, la chaire de Johannes Müller se dénomme chaire "d'anatomie et de physiologie". Néanmoins, si Müller continue à maintenir des liens très étroits entre l'anatomie et la physiologie, il n'est pas d'accord avec ceux qui estiment que l'on peut inférer la fonction de la structure seule. Peu à peu, une vision de plus en plus fonctionnelle de l'anatomie s'instaure tout de même et des tensions apparaissent de plus en plus entre anatomistes. Par exemple, Purkynje se voit interdire l'accès aux installations de l'institut d'anatomie et il ne lui reste donc plus comme ressource de créer son propre laboratoire de physiologie. Plus tard, en 1839, il obtiendra même son propre institut de physiologie et cette fois-ci, au niveau universitaire, le divorce entre les deux disciplines, l'anatomie et la physiologie, est en quelque sorte consommé. De la même façon, Heinrich Weber, professeur d'anatomie et de physiologie à l'université de Leipzig depuis

---

[746] G. Canguilhem, *Etudes d'histoire et de philosophe des sciences concernant les vivants et la vie*, op. cit., pp. 330-331
[747] Ibid., p. 329
[748] F. L. Holmes, *La physiologie et la médecine expérimentale*, op. cit., p. 61

1821, s'appuiera plus sur les théories physiques et sur l'expérimentation que sur les observations anatomiques pour effectuer ses importantes recherches sur la physiologie du système circulatoire. Partout, désormais, le point de vue fonctionnel l'emporte sur le point de vue structural. Ainsi, peu à peu, en Allemagne également, la physiologie devient-elle une discipline universitairement constituée.

La théorie cellulaire de l'Ecole allemande va changer la façon d'appréhender la physiologie pour tous les physiologistes. G. Canguilhem montre que « la physiologie générale, en ramenant à l'échelle de la cellule l'étude de toutes les fonctions, rend compte du fait que la structure de l'organisme total est subordonnée aux fonctions de la partie. » G. Canguilhem précise que « fait de cellules, l'organisme est fait pour les cellules, pour des parties qui sont elles-mêmes des touts de moindre complication. »[749] La physiologie est donc envisagée en considérant à la fois le tout et les parties et chaque partie comme un tout. Ce qui oblige à considérer la relation des parties au tout sur le mode d'une relation d'intégration, comme G. Canguilhem s'en est expliqué quand il nous a donné des précisions sur le modèle économique et politique du fonctionnement de l'organisme de C. Bernard.

De plus, même si la physiologie réussit à adopter un réel esprit synthétique, elle restera fortement empreinte de l'esprit analytique de l'Ecole germanique. En effet, en considérant la cellule comme un tout, la physiologie va développer un nouveau secteur, celui de la physiologie cellulaire et la tentation sera alors grande d'aborder celle-ci avec un esprit anatomique, c'est-à-dire celui de la partition, naguère inauguré par Vésale.

2-6 – Claude Bernard et l'anatomie

Claude Bernard traite l'anatomie de « science stérile » mais il admet néanmoins son utilité puisqu'elle « peut être utile à la physiologie et à la pathologie. »[750] A d'autres moments, ceci n'empêche pas C. Bernard de s'empresser à nouveau de rabaisser l'anatomie sous toutes ses formes, puisque « jamais l'anatomie, qu'elle soit macro ou microscopique, comparative ou pathologique, ne pourra répondre à ces questions qui la débordent ni surtout les soupçonner. »[751] Il est donc bien vrai que, comme d'habitude, C. Bernard « donne son congé à la

---

[749] G. Canguilhem, *Etudes d'histoire et de philosophe des sciences concernant les vivants et la vie*, op. cit., p. 330

[750] C. Bernard, *Introduction à l'étude de la médecine expérimentale*, Paris, 2e édition, Librairie Delagrave, 1903, p. 157

[751] F. Dagognet, *Préface*, pp. 9-21, in C. Bernard, *Introduction à l'étude de la médecin expérimentale*, Paris, Editions Garnier-Flammarion, 1966, p. 15

scolastique de la localisation et de la forme. »[752] Mais, nous précise F. Dagognet, il fallait bien « fermer la perspective de l'observation et de la description pour ouvrir celle de la modification et de l'expérimentation. »[753] Si C. Bernard se refuse à souscrire à la règle « à un organe une fonction », c'est parce qu'il a constaté la double fonction du foie : la sécrétion exogène biliaire et la sécrétion endogène, c'est-à-dire la glycogénèse. Il tient ainsi l'anatomie « pour directement responsable de la non-découverte de la glycogénèse »[754] et reproche à la morphologie de dresser « un écran entre le vivant et l'observateur. »[755] La position prise par C. Bernard est donc claire : « ni la description des organes séparés, ni celle des tissus, pas davantage celle des cellules (à la façon de Müller et Virchow) ne peuvent nous renseigner sur la solidarité des éléments, leurs liaisons et leurs propriétés. »[756] Mais, nous explique F. Dagognet, « sans doute plutôt parce que le biologiste, en présence d'un monde multiple, aux aspects déroutants, se méfie systématiquement du moindre système »[757], après avoir voué l'anatomie aux gémonies, « Claude Bernard lui accorde des mérites : non seulement elle éclaire les préparatifs et matériaux de l'examen physiologique, mais elle distingue et révèle les fondements mêmes de l'analyse expérimentale. »[758] F. Dagognet poursuit en dénonçant l'invraisemblable palinodie de C. Bernard qui écrit dans son *Introduction à la méthode expérimentale* : « le physiologiste doit arriver à ramener toutes fonctions vitales d'un organisme complexe au jeu de certains organes, et l'action de ceux-ci à des propriétés de tissus ou d'éléments organiques bien définis. L'analyse expérimentale anatomo-physiologique, qui remonte à Galien, n'a pas d'autre raison et c'est toujours le même problème que poursuit encore l'histologie, en approchant de plus en plus du but. »[759] C. Bernard admet même que « l'anatomie est la base nécessaire de toutes les recherches médicales théoriques et pratiques. »[760] Il n'empêche que C. Bernard reproche à Haller d'avoir subordonné la physiologie à l'anatomie en la définissant comme une *anatomia animata.* Il avoue comprendre « facilement que le principe anatomique devait se présenter nécessairement le premier » mais il croit « que ce principe est faux en voulant être exclusif, et qu'il est devenu

[752] F. Dagognet, *Préface*, pp. 9-21, in C. Bernard, *Introduction à l'étude de la médecine expérimentale*, op. cit., p. 15
[753] Ibid.
[754] F. Dagognet, *Savoir et pouvoir en médecine,* Le Plessis Robinson, Editions Institut Synthélabo pour le progrès de la connaissance, 1998, p. 56
[755] Ibid.
[756] F. Dagognet, *Préface*, pp. 9-21, in C. Bernard, *Introduction à l'étude de la médecine expérimentale*, op. cit., pp. 14-15
[757] Ibid., p. 16
[758] Ibid., p. 15
[759] C. Bernard, *Introduction à l'étude de la médecine expérimentale*, op. cit, pp. 114-115
[760] Ibid., p. 156

aujourd'hui nuisible à la philosophie, après lui avoir rendu de très grands services. »[761] Pour C. Bernard, « l'anatomie est une science plus simple que la physiologie, et, par conséquent, elle doit lui être subordonnée, au lieu de la dominer. »[762] Selon C. Bernard, « toute explication des phénomènes de la vie basée exclusivement sur des considérations anatomiques est nécessairement incomplète. »[763] C. Bernard insiste sur le fait « que la physiologie, la plus complexe de toutes les sciences, ne peut pas être expliquée complètement par l'anatomie » et ce, d'autant plus que « l'anatomie n'est qu'une science auxiliaire de la physiologie, la plus immédiatement nécessaire, [...], mais insuffisante à elle seule. »[764] C. Bernard persiste dans son analyse défavorable de l'anatomie, en soulignant le caractère non vivant de l'anatomie. Il estime même que « l'anatomie cadavérique n'apprend rien et ne peut rien apprendre. »[765] Pour rendre compte des phénomènes de la vie, il faut s'appuyer sur le point de vue physiologique expérimental car, « pour savoir quelque chose des fonctions de la vie, il faut les étudier sur le vivant. »[766] Malgré son inconstance dans sa prise de position par rapport au statut épistémologique de l'anatomie, d'une façon générale, et le plus souvent, C. Bernard dénigre l'anatomie et dénonce son insuffisance « en dépit de ses prétentions et de son prestige. »[767]

Pour l'anatomie comparée, C. Bernard est loin d'apprécier toutes ses vertus et il l'assimile à une « zoologie intérieure qui a pour fonction de classer les appareils ou instruments de la vie. »[768] Il la limite à une approche essentiellement morphologique qui montre néanmoins « que les dispositions des instruments de la vie sont entre eux dans des rapports nécessaires et harmoniques avec l'ensemble de l'organisme. »[769] Malgré tout, C. Bernard concède à l'anatomie comparée, grâce à Cuvier, le fait d'avoir donné naissance à « une science nouvelle, la paléontologie, qui reconstruit un animal entier d'après un fragment de son squelette. »[770] Mais C. Bernard veut tourner la page de l'anatomie comparée car il veut s'engager résolument sur la voie du progrès. « [...] L'anatomie et la physiologie comparées ont donc pour objet de trouver les lois morphologiques des appareils ou des organes dont l'ensemble constitue les organismes. [...] En un mot, la déduction anatomique a donné ce qu'elle pouvait donner, et vouloir rester dans cette voie exclusive, c'est rester en arrière

[761] C. Bernard, *Introduction à l'étude de la médecine expérimentale*, op. cit., p. 158
[762] Ibid.
[763] Ibid.
[764] Ibid.
[765] Ibid., p. 159
[766] Ibid., p. 160
[767] F. Dagognet, *Savoir et pouvoir en médecine,* op. cit., p. 56
[768] C. Bernard, *Introduction à l'étude de la médecine expérimentale*, op. cit., p. 162
[769] Ibid.
[770] Ibid.

du progrès de la science, et croire qu'on peut imposer des principes scientifiques sans vérification expérimentale ; c'est, en un mot, un reste de la scolastique du moyen âge. »[771] Quand C. Bernard reconnaît un certain nombre de vertus au point de vue anatomique pour la compréhension du vivant, ce n'est que pour lui donner de nouveaux coups de bélier.

Il se moque ainsi de ceux qui ont développé l'anatomie pathologique en voulant localiser anatomiquement les maladies et de ceux qui ont voulu continuer leurs recherches en faisant des investigations au niveau microscopique. En effet, C. Bernard ne croit pas « que les cellules ou les fibres des tissus soient toujours primitivement atteintes ; une altération morbide physico-chimique du milieu organique pouvant à elle seule amener le phénomène morbide à la manière d'un symptôme toxique qui survient sans lésion primitive des tissus, et par la seule altération du milieu. »[772] Si l'anatomie pathologique a ses limites, c'est parce que « le point de vue anatomique est donc tout à fait insuffisant et les altérations que l'on constate dans les cadavres après la mort donnent bien plutôt des caractères pour reconnaître et classer les maladies que des lésions capables d'expliquer la mort. »[773]

C. Bernard n'a pas plus d'égard pour l'anatomie microscopique et là encore, il ne manque pas de redire toutes les carences du point de vue anatomique. « L'anatomie microscopique n'en apprend pas davantage, car, quand un individu meurt de tubercules, de pneumonie, de fièvre typhoïde, les lésions microscopiques qu'on trouve après la mort existaient avant et souvent depuis longtemps. »[774] En fait, ce qu'il dénonce, c'est l'anatomie microscopique effectuée à partir de prélèvements sur le cadavre. Il le dit même clairement : « la mort n'est pas expliquée par les éléments du tubercule ni par ceux des plaques intestinales, ni par ceux d'autres produits morbides ; la mort ne peut, en effet, être comprise que parce que quelque élément histologique a perdu *ses propriétés physiologiques*, ce qui a amené à sa suite la dislocation des phénomènes vitaux. »[775] Par contre, il préconise les vivisections et les expérimentations sur les animaux afin de s'approcher des conditions optimales pour envisager une meilleure connaissance des phénomènes physiologiques, pathologiques, de mieux saisir la vérité et de faire alors des recherches thérapeutiques les mieux adaptées possible. « Mais il faudrait, pour saisir les lésions physiologiques dans leur rapport avec le mécanisme de la mort, faire des autopsies de cadavres aussitôt après la mort, ce qui n'est pas possible. C'est donc pourquoi il faut pratiquer des expériences sur les animaux et placer nécessairement la médecine au point de vue expérimental, si l'on veut fonder

---

[771] C. Bernard, *Introduction à l'étude de la médecine expérimentale*, op. cit., p. 163
[772] Ibid., p. 166
[773] Ibid.
[774] Ibid., p. 167
[775] Ibid.

une médecine vraiment scientifique qui embrasse logiquement la physiologie, la pathologie et la thérapeutique. »[776]

A l'évidence, donc, C. Bernard est fortement persuadé de la nécessité de dépasser la seule statique et de se livrer à des recherches expérimentales sur le vivant. Et c'est pour cette raison qu'il s'entête à minimiser les pouvoirs de l'anatomie. Quand C. Bernard s'en prend à l'anatomie et porte aux nues la physiologie, « ses propos oscillants et même contradictoires »[777] prouvent à quel point son argumentaire est moins catégorique qu'il ne l'affirme. D'ailleurs, F. Dagognet parvient à démontrer que cette déconsidération de l'anatomie ne tient pas ; point par point, il va s'appliquer à souligner la faiblesse des arguments de C. Bernard quand ce dernier veut dissuader le savant de pratiquer la "déduction anatomique". En effet, F. Dagognet se plaît à mettre en lumière les indices fonctionnels que l'on peut relever au simple examen de la seule morphologie des dispositifs sans recourir à ce critère si cité par C. Bernard, le mouvement. Et F. Dagognet de conclure : « il faut changer les instruments "extériorisateurs" et substratiques alors que C. Bernard, [...], croit qu'il faut les abandonner tous. »[778] Pour ces raisons, F. Dagognet préfère la position d'Auguste Comte : « Ma définition de la science biologique s'écarte beaucoup, il est vrai, des habitudes actuelles, en ce qu'elle a peu d'égards à la distinction vulgaire entre l'anatomie et la physiologie, qui s'y trouvent intimement combinées. »[779] En effet, nous rappelle F. Dagognet, « toutes les anatomies — générale, comparée, tissulaire, embryologique — rentrent dans un groupe plus vaste que nous appellerons, quitte à détourner l'expression de son sens premier fixé par Geoffroy Saint Hilaire, l'"anatomie physiologique" ».[780] Mais l'attitude de C. Bernard, même si elle est quelque peu injuste vis-à-vis de l'anatomie, est-elle totalement blâmable ? Certes non, puisqu'il reste fidèle à son exigence méthodologique si bien rappelée par F. Dagognet : « conserver l'ensemble, ne pas troubler l'harmonie, cependant isoler ou bien un passage ou bien une phase. Ne pas analyser au sens ordinaire du terme, mais redéployer et désimpliquer les enchaînements. »[781] On peut d'autant mieux comprendre sa position vis-à-vis de l'anatomie qu'il n'opte pas pour un modèle technologique qui désarticule une machine pour en détailler les pièces et tenter d'en comprendre à la fois la fonction de chacune d'elles et celle de l'ensemble de la machine. Il lui préfère « un modèle économique et politique » dans lequel « l'organisme complexe est désormais conçu comme totalité se subordonnant des éléments

776 C. Bernard, *Introduction à l'étude de la médecine expérimentale*, op. cit., p. 167
777 F. Dagognet, *L'homme, maître de la vie ?*, op. cit., p. 73
778 Ibid.
779 A. Comte, *Cours de philosophie positive*, Editions Schleicher, 1908, t. III, p. 160
780 F. Dagognet, *L'homme, maître de la vie ?*, op. cit., p. 76
781 Ibid., p. 94

virtuellement autonomes. »[782] C. Bernard précise ainsi que « l'organisme, comme la société, est construit de telle façon que les conditions de la vie élémentaire ou individuelle y soient respectées. »[783]

Là où C. Bernard peut paraître de mauvaise foi dans son jugement vis-à-vis de l'anatomie, c'est quand il fait semblant d'oublier que « le vivant se signale à nous, au simple plan morphologique et même à l'examen macroscopique. »[784] D'ailleurs, nous explique F. Dagognet « sans avoir à recourir à un critère plus flagrant – le mouvement – la seule morphologie des dispositifs nous procure des indices [...] »[785] et il nous assure des vertus d'une vue panoramique car elle peut déjà nous renseigner en attendant une microanalyse qui « donnera plus et tellement mieux. »[786] Mais F. Dagognet ne manque pas de rappeler la nécessité de ne pas « trop disjoindre l'apparence et l'être, la morphologie et la physiologie » sous peine de briser l'unité. Il rend d'ailleurs un hommage appuyé aux spécialistes de l'anatomie comparée car ils ont réussi ce défi. Avec eux, « l'anatomie ne relève déjà plus des disciplines descriptives dans lesquelles on tenait à l'enfermer (pour la diminuer). Elle participe à la compréhension possible et plus large des architectures vivantes et de leur laborieuse mise en place. Elle s'intègre à la structurologie. »[787]
D'ailleurs, lorsque C. Bernard étudie des appareils, digestif, circulatoire, moteur, il « montre que des structures anatomiques accomplissent des fonctions semblables, ce qui aboutit à la notion de système digestif, de système nerveux, de système musculaire. Ces constatations renvoient à la structure tissulaire de ces organes. »[788] D'une certaine façon, C. Bernard en regroupant les organes participant à une même grande fonction en systèmes donne à l'anatomie une autre dimension, celle d'une anatomie de systèmes. Déjà au 17e siècle, « il est intéressant de noter que William Harvey, à partir de l'observation d'organes liés aux flux sanguins, est passé à la notion d'appareil circulatoire, regroupant ainsi des organes différents participant à une même fonction. »[789]

---

782 G. Canguilhem, *Etudes d'histoire et de philosophie des sciences concernant les vivants et la vie*, op. cit., p. 330
783 C. Bernard, *Leçons sur les phénomènes de la vie communs aux animaux et aux végétaux*, Paris, Librairie Baillère, tome I (9e leçon), 1878, pp. 356-357
784 F. Dagognet, *L'homme, maître de la vie ?*, op. cit., p. 65
785 Ibid., p. 69
786 Ibid., p. 65
787 Ibid., pp. 75-76
788 Ch. Salomon, P. Trouilloud, N. Cheynel, *Le corps et la médecine : parcellisation, spécialités, unicité*, pp. 269-285, in G. Chazal et Ch. Salomon (textes réunis par), *François Dagognet, médecin et philosophe*, op. cit., pp. 273-274
789 Ibid., p. 273

2-7 – Réflexions ultimes sur l'anatomie aux 18e et 19e siècles

Durant la période des 18e et 19e siècles, la neuro-anatomie se développe notablement et c'est, nous explique Michel Sakka, au niveau du système nerveux central, plus particulièrement du cerveau, que sont enregistrés les progrès les plus sensibles des connaissances en anatomie descriptive, progrès dans lesquels sont impliqués plusieurs professeurs du Jardin du Roi et du Muséum. M.Sakka nous indique les deux étapes qui seront ainsi parcourues par ces professeurs : « [...] l'une concernant la fixité des circonvolutions cérébrales, entrevues au XVIIe siècle, et l'autre concernant la localisation des fonctions intellectuelles supérieures. »[790] M. Sakka précise que « ces deux processus ne sont pas forcément liés du point de vue historique »[791] et que « la découverte de la fixité des circonvolutions n'entraîne pas nécessairement celle des localisations cérébrales. »[792] Pour ce qui est du caractère constant des circonvolutions, cérébrales, Félix Vicq d'Azyr fait partie de ceux qui sont les premiers à l'avoir observé et c'est lui qui a mis en évidence la scissure de Rolando entre le lobe frontal et le lobe pariétal du cerveau. En outre, il situe la naissance des nerfs crâniens au niveau de l'encéphale et du tronc cérébral et non pas au niveau des méninges. De son côté, T. S. Sommering (1755-1830) s'applique à décrire l'origine encéphalique ou médullaire des nerfs. J.-F. Meckel (1781-1833), en Allemagne, établira la comparaison entre les différentes phases de développement cérébral humain et les différents états adultes du cerveau animal, du plus simple au plus compliqué. Les résultats de ces observations seront à la base de la loi de récapitulation de Haeckel.[793]

Au cours de la première moitié du 18e siècle, comme au 17e siècle, au Jardin du roi, le premier médecin du roi, qui incarne le pouvoir royal, imprime la marque et la volonté de celui-ci en déterminant le contenu de l'enseignement de l'anatomie. Avec le Collège royal, l'Académie des sciences et la Faculté, le Jardin du Roi devient l'un des principaux centres d'enseignement de l'anatomie à Paris.

L'anatomie, en tant que telle, rayonne de tous ses feux et ce rayonnement est si intense qu'au cours de la seconde moitié du 18e siècle, quand il prend son poste à l'Athenaum Illustre d'Amsterdam, en 1755, Camper prononce un discours inaugural qui porte d'ailleurs sur *L'usage de l'anatomie dans toutes les sciences*.

---

790 M. Sakka, *Histoire de l'anatomie humaine*, op. cit., p. 104
791 Ibid.
792 Ibid.
793 Ibid.

Au 18e siècle, l'anatomie est une science essentiellement descriptive. De plus, elle est considérée par certains comme achevée, après les grandes découvertes de Harvey et de Pecquet au 17e siècle. En France, grâce à *L'Encyclopédie*, il y a une réelle diffusion des planches anatomiques. Onze années après la publication de l'article sur l'"*Anatomie*", en 1751, le volume de planches de *l'Encyclopédie* paraît enfin. Il autorise ainsi un large public profane à avoir accès aux trente trois planches anatomiques. Pour ce qui est de l'anatomie des animaux, elle est principalement abordée par Buffon dans *l'Histoire naturelle* (1749-1767), puis dans *l'Histoire naturelle des oiseaux* (1770-1783) et dans le *Supplément à l'Histoire naturelle* (1774-1789). A partir de la fin du 18e siècle, indéniablement on assiste au triomphe intellectuel et institutionnel de l'anatomie comparée. Durant les dernières décades du 18e siècle et la première moitié du 19e siècle, il est bon de noter combien l'anatomie comparée a occupé une position centrale au sein des sciences de la vie. L'anatomie comparée se trouve à l'origine d'un certain nombre de concepts fondamentaux. Parmi eux, celui d'homologie est d'ailleurs encore d'actualité puisque l'on parle aujourd'hui d'homologie des gènes quand l'on veut souligner la possible extrapolation à l'homme de certains résultats obtenus chez d'autres animaux comme la souris ou même la drosophile.[794] En fait, durant cette période des 18e et 19e siècles, les anatomistes ont introduit en anatomie comparée « les deux notions complémentaires d'analogie, pour désigner la ressemblance d'ordre simplement fonctionnel et d'homologie, pour décrire les similitudes d'ordre structural. »[795] En réalité, précise Stéphane Schmitt, à propos de ces concepts, il faut être prudent si l'on veut éviter les confusions. En effet, par exemple, « Etienne Geoffroy Saint Hilaire parlait ainsi d'"analogues" pour désigner ce que nous appellerions aujourd'hui des homologues, et il n'employait pas de terme spécial pour les analogues au sens moderne. »[796]

Au 18e siècle, l'anatomie prend une dimension particulière en médecine ; en effet, elle va permettre, avec Morgagni, l'émergence d'une nouvelle médecine clinique. Le nouveau paradigme qui gouverne en partie l'exercice de la médecine clinique, se caractérise par le fait que la maladie a une localisation anatomique et par la mise en relation réciproque entre les lésions et les symptômes. L'hôpital devient le lieu privilégié pour observer les malades et renforcer la systématisation de l'observation et de la surveillance des malades hospitalisés. La validité prédictive du diagnostic clinique reposera sur la dissection anatomique. Finalement, c'est l'anatomie pathologique expérimentale qui est à l'origine du progrès de l'anatomo-clinique. Cette dernière pourra alors saisir sur le malade, de son vivant, l'altération organique

---

794 S. Schmitt, *Aux origines de la biologie moderne - L'anatomie comparée d'Aristote à la théorie de l'évolution*, op. cit., p. 11
795 Ibid.
796 Ibid.

qui est la cause de sa maladie, à partir des signes physiques perçus. La collecte et l'analyse des signes perçus à partir de la percussion et de l'auscultation médiate permettront la codification des signes et seront à l'origine d'une véritable sémiologie.

La Révolution française en réorganisant les structures hospitalières, concentrera ainsi les moyens d'observation, et, au début du 19e siècle, l'anatomie pathologique et l'anatomo-clinique pourront alors prendre un essor important. A Paris, au début du 19e siècle, le triomphe de l'anatomie pathologique et de l'anatomo-clinique met en évidence le rôle majeur joué par les opérateurs conceptuels tels que l'explication causale et la déduction dans l'affinement de la connaissance et du diagnostic des maladies.

Les 18e et 19e siècles apparaissent comme une période cruciale au niveau institutionnel. C'est, en effet, le 14 décembre 1794 (14 frimaire, An III) que la Convention nationale vote une loi ordonnant la création de trois Ecoles de Santé, d'abord appelées Ecoles de Médecine en 1803, puis Facultés en 1808, à Paris, Montpellier et Strasbourg. L'hôpital public devient le laboratoire de la médecine anatomo-clinique et un lieu d'enseignement pratique pour les étudiants. Il n'était plus question de laisser en place une multitude d'écoles de médecine et de laisser se disperser les moyens de la science. Très vite, cette réorganisation, cette réduction du nombre des écoles aura des effets positifs sur le développement des connaissances et l'essor de la médecine. L'anatomie pathologique, si développée à Paris, sera aussi d'avant-garde à Strasbourg. Désormais, une réforme de taille change aussi les conditions de l'évolution de la connaissance ; il n'est plus question d'attacher trop de prix à la théorie et ce sont les études pratiques qui priment. Le statut de l'anatomie v aussi changer au cours de cette période. Alors que l'anatomie était associée à la botanique, et ce, de 1593 à 1792, à partir de 1794 elle sera jumelée avec la physiologie. Ceci prouve en tous les cas que l'on reconnaît une réelle complémentarité entre anatomie et physiologie et surtout que l'on ne se limite plus à la simple observation ; dorénavant, la compréhension des phénomènes est un souci constant. La nécessité d'une méthode scientifique se fait sentir et le goût des expériences se développe. Dorénavant, tout anatomiste se double d'un physiologiste.

Au 19e siècle, l'exploitation du champ de l'anatomie descriptive est déjà bien avancée et, comme au 18e siècle, ce sont surtout les autres branches de l'anatomie qui vont se développer et participer à l'émergence de la biologie. L'examen conjoint de l'évolution de l'anatomie pathologique et de celle de l'anatomo-clinique nous permet de souligner combien l'anatomie pathologique expérimentale constitue le socle de base du progrès de l'anatomo-clinique.

Grâce aux deux approches, celle de l'anatomie pathologique et celle de l'anatomo-clinique, le savoir médical va devenir de plus en plus opérationnel et efficace au 19e siècle. De plus, le savoir médical est rationnel dans ses fondements philosophiques et Laennec fait partie de ceux qui s'y emploient ; incontestablement, il joue un rôle-clé dans les progrès ainsi obtenus par le savoir médical. C'est vrai que Laennec permet à la médecine de faire un grand pas en avant en matière de capacité à "pré-voir" avec exactitude le siège et les causes des maladies en général, et des maladies cardio-vasculaires en particulier. Mais là encore, même si la physiologie apporte sa contribution à la compréhension des pathologies, et l'apportera de plus en plus par la suite, il faut bien reconnaître aussi que l'anatomie est la première à mettre les médecins sur le chemin du diagnostic. Laennec a le bon sens de limiter son champ d'étude et son ambition, ce qui va rendre ses recherches plus efficaces. Il le dit lui-même : « [...] je me contenterai donc de décrire les maladies des organes thoraciques. »[797] La sémiologie, mise en place par Laennec et ses disciples, au niveau cardio-vasculaire par exemple sera soumise à des critiques et à des révisions successives de son contenu ; l'amélioration de la sémiologie couplée avec celle de la connaissance anatomique des liaisons cardio-vasculaires aboutira à des performances diagnostiques de plus en plus grandes au niveau du système cardio-vasculaire. Mais, dès le 18e siècle, Giovanni Maria Lancisi (1654-1720) s'était déjà inquiété au sujet des pathologies cardio-vasculaires. C'est ce que révèle son ouvrage *De Motu Cordis et Aneurysmatibus*. Il avait déjà montré toute l'importance d'une connaissance anatomique très détaillée des anévrismes ou des lésions du cœur dans l'étude des maladies cardio-vasculaires. L'approche doit donc être d'abord anatomique, car elle est plus facile et elle doit comporter l'étude des formes des atteintes organiques (ruptures, polypes, anévrismes) mais, cela n'empêche pas Lancisi d'étudier aussi les atteintes physiologiques. A force de pratiquer des autopsies, Lancisi est en mesure de suivre les transformations anatomiques subies au fil du temps par chaque forme d'anévrisme répertoriée. En s'adonnant à la sémiologie et à l'autopsie, Lancisi explique que le médecin est alors capable de localiser *ante-mortem* ou de "pré-voir" avec exactitude le siège et les causes de la maladie. Lancisi précise que l'on y parvient « non à partir de l'expérience [...], mais en s'appuyant exclusivement sur le raisonnement anatomique et mécanique. »[798] Lancisi indique la marche à suivre pour connaître l'étiologie des maladies. Il fait la distinction entre les causes dites évidentes et les causes cachées des

[797] R. Laënnec, *Traité de l'auscultation médiate des maladies des poumons et du cœur*, Paris, chez J. A. Brosson et J. S. Chaudé libraires, 1826, 2e édition, tome 1, pp. 133-134

[798] G. M. Lancisi, *De Aneurysmatibus, Opus Postumum, Aneurysms*, Texte latin de 1745, révisé avec traduction et notes par Wilmer Cave Wright, New York, the Macmillan Company, 1952, XLVIII : 218, p. 240

maladies et il nous prévient que « l'ordre et la méthode requièrent de commencer par ce qui est plus évident et facile. »[799]

Finalement, la période des 18e et 19e siècles est très féconde au niveau des idées et il se produit une réelle interaction entre les évolutions épistémologiques des différentes branches de l'anatomie et la pensée philosophique.

[799] G. M. Lancisi, *De Aneurysmatibus, Opus Postumum, Aneurysms*, Texte latin de 1745, révisé avec traduction et notes par Wilmer Cave Wright, New York, the Macmillan Company, 1952, XLVIII : 218, p. 22

CHAPITRE III

TROIS SIECLES DE CULTURE ANATOMIQUE

3-1 – la civilisation de l'anatomie du 16e au 19e siècle

Comme nous l'avons annoncé dans l'introduction, nous envisagerons l'étude de ces trois siècles de culture anatomique en examinant successivement les rapports qui se sont établis entre l'anatomie et la connaissance de Dieu, les rapports entre l'anatomie et la civilité, les rapports entre l'anatomie et la littérature, les rapports entre l'anatomie et la philosophie et enfin les rapports entre l'anatomie et l'art. La diversité de ces rapports et l'étendue de ces rapports montrent à quel point l'anatomie a exercé une énorme influence sur les différents domaines de la connaissance et de l'art. Tous ces rapports expliquent aussi pourquoi l'on parle de civilisation de l'anatomie pour définir ces trois siècles de culture anatomique. Etant donné l'étendue inégalable et l'incomparable qualité des liens qui se sont tissés entre l'anatomie et l'art, nous avons décidé de les traiter à part bien qu'ils fassent partie intégrante de cette civilisation de l'anatomie.

CONSIDERATIONS GENERALES SUR L'INFLUENCE DE L'ANATOMIE SUR LA CULTURE DU 16^{E} AU 19^{E} SIECLE

De la dernière décade de la première moitié du 16e siècle au début de la seconde moitié du 19e siècle, la puissance de développement épistémologique de l'anatomie est telle que l'anatomie imprime une forte influence sur les esprits de quelque univers épistémologique que ce soit. L'anatomie a des implications, directes ou indirectes, sur l'histoire des idées, la médecine, la littérature, le théâtre et les arts. En bouleversant les représentations du corps, l'anatomie ne va pas manquer de marquer profondément les arts visuels et la littérature, au point de les inciter à s'approprier le modèle anatomique afin de mieux gérer leurs recherches. D'une certaine façon, l'anatomie étend son influence au-delà des domaines de l'histoire naturelle et de la médecine puisque des domaines très variés du monde culturel se sont appropriés le modèle anatomique. Nous ne pouvons donc pas trouver exagéré le discours de R. Mandressi quand il écrit : « au croisement de la médecine, de l'esthétique, de la religion, des discours les plus variés et des cadres mêmes de la pensée s'est constituée, en

Occident, une "civilisation de l'anatomie". »[800] Et ce, à tel point, qu'il se produit une forme d'universalisation du regard anatomique qui gagne tous les grands axes de la connaissance. Mais la naissance de cette civilisation de l'anatomie est l'aboutissement d'un long travail d'éveil et de développement de la science anatomique qui a débuté bien avant la Renaissance. C'est grâce à ce travail de colonisation progressive du corps, à sa fragmentation, que l'exploration du corps a pu être menée à bien. Alors seulement, à partir de la Renaissance, l'esprit anatomique s'emparera aussi d'autres domaines de connaissance. Au 17e siècle, l'anatomie du corps humain sera devenue un tel centre d'intérêt que le corps deviendra l'objet de toutes les attentions et de toutes les observations. Le regard de chacun se portera sur le corps de l'autre pour lire non plus dans sa profondeur mais au contraire à sa surface, pour l'explorer sur toutes les coutures, pour y déchiffrer les passions de l'âme. A la carte profonde, intime, interne, du corps humain, les hommes du 17e siècle veulent ajouter une carte surfacielle qui permette de connaître les passions de l'âme. Ainsi, comme l'écrit Lucie Desjardins, « au 17e siècle, le corps parle : il révèle dans la plus parfaite transparence ce qu'on appelle alors les "passions de l'âme". »[801] En fait, nous explique cet auteur, « c'est en s'appuyant sur une logique du voir et du savoir, et non en suivant les prétendus méandres de l'intériorité que les caractères, qu'il s'agisse ici de la rougeur et de la pâleur, du mouvement des yeux et de celui des sourcils, de la plus grande ouverture de la bouche, du ton de la voix, du geste, de la posture et de la démarche, deviennent signe d'une passion particulière. Or la réduction des passions en caractères corporels qui se combinent en un nombre restreint d'opérations types favorise la mise au point d'un système de représentation créant ainsi l'impression qu'il est possible d'en arriver à la constitution d'un savoir spécifique et totalisant sur la passion. »[802] Finalement, quand la passion imprime des marques sur le corps, elle n'est qu'un intermédiaire entre l'âme et le corps, mais si l'on ne s'était pas intéressé à l'anatomie et au corps humain, la curiosité vis-à vis du corps n'aurait pas été aussi éveillée et, par voie de conséquence, l'aspiration à lire les "passions de l'âme" sur le corps ne serait pas née. Mais dès que cette curiosité aura été éveillée et entretenue dans cette civilisation de l'anatomie, « l'expression des passions consistera dans la maîtrise de plusieurs formes de savoirs, d'une multiplicité de codes qui se chevauchent et s'entrecroisent pour former une sorte d'aide-mémoire portatif de la passion, facilement manipulable et susceptible de concourir à la représentation picturale, musicale ou littéraire. »[803] En conséquence, l'attrait pour l'anatomie aura conduit les hommes du 17e siècle

[800] R. Mandressi, *Le regard de l'anatomiste – Dissections et invention du corps en Occident*, op. cit., postface.
[801] L. Desjardins, *Le corps parlant : savoirs et représentation des passions au 17e siècle*, Paris, Editions l'Harmattan, 2001, postface.
[802] Ibid., p. 289
[803] Ibid., p. 290

à investir le corps parlant et à détecter sur lui les révélations qu'il serait susceptible de délivrer, dans la plus pure transparence et malgré lui, c'est-à-dire « le moindre mouvement de l'âme. » Pour y parvenir, les hommes du 17e siècle vont « recourir à une vision fondée sur un univers de ressemblances et observer les occurrences et les récurrences de ces marques ou encore en appeler à une explication plus scientifique suivant laquelle l'âme en proie à une passion provoque un mouvement de sang et des esprits animaux, qui entraîne une modification de l'apparence. »[804] Il serait donc ainsi possible, « par une étude et un travail attentifs, de reproduire artificiellement sur une toile, dans le discours, dans un air de musique ou sur soi-même, la plus infime marque des passions. »[805]

Après s'être rendue maître des cadavres, et donc des Morts, pour étudier la Vie, l'anatomie a initié une reformulation, une réinvention de notre rapport à la vie, aux êtres vivants et à nous-mêmes, en même temps qu'à ce qui nous environne. Et c'est peut-être là un point capital qui permet de comprendre à quel point l'avènement d'une civilisation de l'anatomie peut être mis en évidence. En effet, l'anatomie s'est profondément ancrée dans la culture de cette période de l'histoire qui s'étend du 16e siècle à la fin du 19e siècle. Durant cette période, l'anatomie va influencer et orienter le regard des hommes et c'est donc en cela que l'on peut parler de *civilisation de l'anatomie*. Ainsi, au cours de cette période, tout le monde a fini par saisir que pour bien comprendre la construction du corps, il fallait non seulement faire appel à l'anatomie, mais il fallait aussi que l'anatomie s'acquitte brillamment de sa mission, en ayant recours à la dissection, partie par partie, dans un certain ordre, pour éviter d'altérer les parties de l'étape suivante. Aux yeux de tous, c'est ainsi que l'anatomie a été reconnue unanimement comme un modèle d'analyse de la réalité. En outre, comme le discours anatomique est en soi polymorphe, il se prête et invite à l'appropriation et à la réadaptation de son objet.
Enfin, la pratique de l'anatomie correspond à une véritable initiation intellectuelle et elle procure une force d'esprit puisqu'il faut à la fois vaincre la répugnance pour cette intervention sur cadavre et faire face aux risques liés à ce type d'opération. Bien des domaines vont estimer la pratique anatomique comme une nécessité, en particulier l'art et la défense de la foi.
Aussi est-il permis de penser que c'est ce qui a rendu possible une certaine transposition du monde de la pensée et de la représentation anatomiques au monde de l'intuition et de la vision des artistes. Il en a résulté une certaine accommodation spirituelle de l'œil des artistes, influencée par le regard des anatomistes. C'est ainsi que les artistes ont élaboré des concepts purement structuraux et ont été conduits de l'esthétique à des problèmes tout à fait

---

[804] L. Desjardins, *Le corps parlant : savoirs et représentation des passions au 17e siècle*, op. cit., p. 289
[805] Ibid., pp. 289-290

universels de la "science des formes", domaine où, d'une certaine manière, ils entraient en communion avec les anatomistes. Les artistes ont ainsi laissé s'exprimer une certaine orientation globale, définie par les anatomistes, dans un certain nombre de facteurs formels (manière de dessiner, de tracer les lignes, etc.) qui définissent leur style. Ils se sont ainsi laissés guider par une sorte d'accommodation spirituelle de l'œil.

Entre anatomistes, hommes de lettre, philosophes et artistes de la Renaissance, il y a un point commun, une unité de tournure d'esprit, qui forme le levain de l'avènement de cette civilisation de l'anatomie. Si nous parlons de civilisation de l'anatomie, c'est aussi parce que la culture de cette époque s'est appropriée l'anatomie et, par le mouvement de tout ce monde "intersubjectif", les sujets de ce monde se sont unis dans un agir commun.

L'anatomie est contributrice ainsi à une nouvelle vision de la connaissance de la vie puisqu'elle montre, par ses liens privilégiés avec la physiologie, que celle-ci ne peut progresser qu'en portant atteinte à la vie et par là, que l'angoisse canguilhemienne d'une négativité de la connaissance se justifie.

Les conséquences des progrès en anatomie sont les prospections physiologiques et surtout l'exigence des recherches biologiques conduisant à une certaine négativité de la connaissance puisqu'elle nous incite à nous retourner contre la vie. Mais au-delà des mondes médical et vétérinaire, du monde de l'histoire naturelle, l'anatomie séduit bon nombre de savants, de philosophes, d'hommes de lettres, d'artistes, car elle met largement en oeuvre le sens de la preuve, de l'expérience, du concret. Or, comme dans toutes les disciplines ces qualités sont sollicitées, comme toutes les sciences et même les arts cherchent à conquérir cette autonomie que procure l'autopsie à l'anatomie, l'anatomie devient un véritable modèle pour tous ceux qui participent au développement culturel du monde occidental.

L'AVENEMENT, L'ESSOR, ET LE DECLIN DE LA CIVILISATION DE L'ANATOMIE

Si durant la Renaissance, l'anatomie est un sujet d'étude pour les médecins, les philosophes, les théologiens et même les artistes, elle attire aussi l'attention et la curiosité d'un public large et varié, comprenant les couches les moins alphabétisées de la société de l'Ancien Régime. L'intérêt des populations les plus démunies pour l'anatomie est d'ailleurs démontré par la prolifération des estampes anatomiques populaires publiées non seulement pendant le 16e siècle mais aussi durant le 17e siècle. Au 17e siècle, le Roi d'Angleterre, comme tous ses sujets, se passionne pour l'anatomie. William Harvey, qui a les faveurs du roi, est si sûr de cette passion anatomique qui s'étend à tout le royaume, qu'il se permet, dans la dédicace de son livre destinée au Roi, d'employer une métaphore anatomique pour qualifier la puissance du roi. Ainsi W. Harvey écrit : « ce livre qui traite des mouvements du cœur, j'oserai donc, comme c'est la coutume aujourd'hui, l'offrir à Votre Majesté : car les institutions humaines sont à l'image de l'organisme de l'homme, et le roi est à l'état ce que le cœur est à la vie humaine. Il n'est pas utile à un roi de connaître son propre cœur, car son coeur est comme un modèle divin de sa puissance, si du moins il est permis de comparer les grandes choses aux petites. Ainsi vous pourrez, sire, vous qui êtes placé au faîte des choses de ce monde, en connaissant le souverain principe du corps, admirer en lui l'image de votre pouvoir. »[806] Puisque le Roi s'intéresse à l'anatomie, il n'y a pas de raison pour que l'anatomie ne devienne pas un thème d'étude pour des intellectuels d'horizons différents. A Londres, en 1615, Helkiah Crooke rédige un ouvrage, *Microcosmographia*, qui est la compilation de travaux d'anatomistes. Il propose « l'anatomie comme une entrée à la théologie et à la philosophie, où les mots s'enquièrent du corps humain sous la forme d'une analyse de soi. »[807] Ici, le choix du sujet par Helkiah Crooke n'est pas anodin ; certes, ce dernier cède à l'effet de mode, mais il a surtout la conviction que la connaissance anatomique est fondamentale pour aborder quelque connaissance que ce soit et progresser ainsi dans l'univers de la connaissance. En d'autres circonstances, comme la philosophie est censée s'intéresser à tous les sujets, nous n'y aurions pas prêté attention et il n'y aurait rien eu de surprenant à ce que la philosophie débute son cursus d'étude par l'anatomie. En effet, comme le fait remarquer Ilana Zinguer, « la philosophie ne peut être que l'interprétation de l'expérience, qu'intelligence des phénomènes, qu'une forme séparée des savoirs »[808], et l'anatomie est bien sûr un aussi bon sujet qu'un autre pour la philosophie. Par contre, dans le contexte du 17e siècle, l'anatomie domine toutes les autres disciplines et le choix de l'anatomie comme sujet d'étude prioritaire est bien entendu délibéré.

Aux 16e et 17e siècles, l'expression "faire l'anatomie" s'impose à tous les champs de la connaissance. Le terme "anatomie" s'impose partout où il est question d'appréhender le monde sous toutes ses facettes, politique, philosophique, littéraire, artistique, etc. Dès la Renaissance, faire l'anatomie s'assimile partout au dévoilement de la vérité et toutes sortes d'anatomie voient le jour, aussi bien scientifiques, que littéraires, politiques ou théologiques. La connaissance, d'une façon générale se trouve affectée, influencée par l'anatomie et ses façons de voir et de comprendre le réel. Le mode d'investigation épistémologique de la sphère anatomique finit par inspirer tout le champ culturel, ce qui se concrétise dans tous les domaines de la connaissance par une approche analytique. Cette approche analytique se calque en quelque sorte sur la

---

[806] W. Harvey, *La circulation du sang – Des mouvements du cœur chez l'homme et chez les animaux*, trad. par Charles Richet, op. cit., *Dédicace*, pp. 39-40.

[807] I. Zinguer, *L'anatomie du désir dans la philosophie de l'amour au 16e siècle : les dialogues d'amour de Léon Lhébreu*, pp. 197-212, in I. Zinguer et I. Martin, *Théâtre de l'anatomie et corps en spectacle – Fondements d'une science de la Renaissance*, Berne, Peter Lang SA. Editions scientifiques internationales, 2006, p. 199.

[808] Ibid.

dissection anatomique et adopte ainsi les principes de fragmentation et de découpe qui caractérisent celle-ci. En Angleterre, en particulier, faire l'anatomie d'un champ donné de la connaissance devient un exercice courant qui n'épargne, mis à part Dieu, aucun thème, ni aucune institution. D'ailleurs, dans le *Novum Organum*, Francis Bacon (1561-1626) s'appuie sur le modèle anatomique pour convaincre ses contemporains de la nécessité d'assurer la promotion d'une nouvelle logique, inductive, et pour mettre sur pied un modèle "vrai" du monde.[809] Pour ce faire, Bacon préconise une « dissection et une très diligente anatomie du monde », ce qui veut dire que « dans la théorie baconienne des sciences, l'anatomie fait à la fois figure de méthode et de parangon d'une démarche empiriste. »[810] Outre-manche donc, sur la période à cheval entre les 16e et 17e siècles, des anatomies de toutes sortes sont éditées. Ainsi, le poète anglais John Donne publie en 1611 *L'Anatomie du monde*. R. Mandressi nous éclaire sur ces anatomies en tous genres. Il cite l'inventaire des seize anatomies de Hodges en lui ajoutant, entre autres, l'*anatomie politique de l'Irlande* de Sir William Petty (1623-1687), l'*anatomie de la vieillesse* de John Smith, l'*anatomie chimique des eaux minérales du Yorkshire* de William Simpson.[811] Bacon a certes promu l'anatomie au rang de méthode mais son influence ne s'est pas limitée à l'Angleterre puisque le théologien catholique allemand Kaspar Schoppe (1576-1649) rédige en 1633 une *Anatomia Societatis Jesu* qui sera d'ailleurs prohibée l'année suivante par le pape Urbain VIII. De même, Maiolino Bisaccioni (1582-1663) écrit, en 1652, l'*Histoire des guerres civiles de Naples*, ouvrage dans lequel il se livre à « une anatomie qui découvre les matières occultes dans le cadavre des choses passées, afin de soigner les maux des choses présentes et à venir : celles-là en purgeant, celles-ci en prévenant. »[812] En Espagne aussi, la métaphore anatomique est employée par le jésuite Baltasar Gracian (1601-1658) quand il propose à ses lecteurs *L'art de la prudence*, ouvrage dans lequel il est question de l'anatomie du cœur et des passions. Il y est recommandé, pour être un homme prudent, d'être doté d'un regard d'anatomiste afin de bien maîtriser la retenue, l'observation et le déchiffrement. En France, enfin, la métaphore anatomique figure dans les dictionnaires du 17e siècle. C'est vrai, en 1636, avec l'*Inventaire des deus langues françoise et latine* de Philibert Monet dans lequel « anatomiser quel que soit » signifie « en esplucher par le menu quelque chose ». R. Mandressi dresse ainsi l'inventaire de tous les dictionnaires de la langue française où apparaît la métaphore anatomique, et ce, de 1636 à 1770. Ainsi, dans le *Dictionnaire universel* de Furetière, en 1690, on donne l'exemple de l'anatomie d'un procès

[809] R. Mandressi, *Le regard de l'anatomiste – Dissections et invention du corps en Occident*, op. cit., p. 232
[810] Ibid., p. 233
[811] Ibid., p. 232
[812] M. Bisaccioni, *Histoire des guerres civiles de Naples*, cité par R. Mandressi, *Le regard de l'anatomiste – Dissections et invention du corps en Occident*, op. cit., p. 233

ou celui de l'anatomie d'un ouvrage dramatique. Dans le *dictionnaire de l'Académie française* de 1694, il est indiqué, au verbe "anatomiser", que celui-ci est employé plus au sens figuré qu'au sens propre. Quant au *Dictionnaire de la langue française* de Richelet, édité en 1732, il y figure l'adverbe "anatomiquement" « qui veut dire d'une façon anatomique, à la manière d'un anatomiste, et qui fasse voir toutes les parties d'une chose et les appelle chacune par leur nom. »[813] Enfin, en 1770, dans le *Dictionnaire des richesses de la langue française*, l'expression « anatomiser le cœur » apparaît. Finalement, durant les 17e et 18e siècles, anatomiser c'est examiner en détail toutes les parties de quelque ensemble que ce soit : les passions, la nature, l'histoire, l'âme, un discours, un poème, etc.
De plus, l'anatomie est si influente dans la société du 18e siècle qu'elle imprègne le vocabulaire des penseurs. Ainsi en est-il du discours de Diderot quand il nous dicte ce que doit être un dictionnaire universel et raisonné : « Il faut savoir dépecer artistement un ouvrage, en ménager les distributions, en présenter le plan, en faire une analyse qui forme le corps d'un article, dont les renvois indiqueront le reste de l'objet. Il ne s'agit pas de briser les jointures, mais de les relâcher ; de rompre les parties, mais de les désassembler et d'en conserver scrupuleusement ce que les artistes appellent les *repères.* »[814]
Le chemin de la connaissance anatomique — "décomposer pour mieux connaître" — devient non seulement la référence, mais aussi le passage obligé pour tous les champs épistémologiques. L'anatomie est ainsi désignée comme une branche importante de l'arbre de la connaissance et de la culture générale.
Au 18e siècle, le rayonnement culturel de l'anatomie est tel que cette civilisation de l'anatomie, née au 16e siècle, s'affirme de plus en plus. Ce phénomène est si évident que l'Encyclopédie se mêle de proclamer le caractère universel de l'utilité de l'anatomie du corps humain, ce qui en retour va fortement contribuer à l'épanouissement de cette civilisation de l'anatomie en incitant tous les lecteurs de l'Encyclopédie à s'intéresser à l'anatomie. L'Encyclopédie énonce ainsi six propositions pour démontrer le caractère universel de l'utilité des connaissances anatomiques.
Dans la première proposition, il est rappelé l'importance cruciale de l'anatomie pour le médecin. « Le corps humain est une machine sujette aux lois de la Méchanique, de la Statique, de l'Hydraulique & de l'Optique ; donc celui qui connoîtra le mieux la machine humaine, & qui ajoûtera à cette connoissance celle des lois de la Méchanique, sera plus en état de s'assûrer par la pratique et les expériences, de la maniere dont ces lois s'y exécutent, et des moyens de les

---

813 R. Mandressi, *Le regard de l'anatomiste – Dissections et invention du corps en Occident*, op. cit., p. 236

814 D. Diderot, *Encyclopédie,* présenté et annoté par J.-M. Mandosio, Paris, Editions de l'éclat, 2013, pp. 123- 124

y rétablir quand elles s'y dérangent ; donc l'*Anatomie* est absolument nécessaire au Medecin. »[815]

Dans la seconde proposition, il est mentionné le caractère indispensable de l'anatomie pour le chirurgien. « Le corps humain est une machine sujette à des dérangements qu'on ne peut quelquefois arrêter qu'en divisant le tissu, et qu'en retranchant des parties. Il n'y a presque aucun endroit où cette division ne devienne nécessaire : on ampute les pieds, les mains, les bras, les jambes, les cuisses, *&c* & dans presque toutes les opérations, il y a des parties qu'il faut ménager, & qu'on ne peut offenser, sans exposer le malade à périr. Donc l'*Anatomie* est indispensable au Chirurgien. »[816]

L'Encyclopédie s'adresse au philosophe pour sa troisième proposition. « Le corps est une partie de nous-mêmes très importante ; si cette partie languit, l'autre s'en ressent. Le corps humain est une des plus belles machines qui soient sorties des mains du Créateur. La connaissance de soi-même suppose la connoissance de son corps ; et la connoissance du corps suppose celle d'un enchaînement si prodigieux de causes et d'effets, qu'aucun ne mene plus directement à la notion d'une intelligence toute sage et toute puissante : elle est, pour ainsi-dire, le fondement de la Théologie naturelle. Galien, dans son livre de la formation du fœtus, fait un crime aux Philosophes de son tems, de s'amuser à des conjectures hasardées sur la nature & la formation du monde, tandis qu'ils ignoroient les premiers élémens de la structure des corps animés. Donc la connoissance anatomique est requise dans un Philosophe. »[817]

La quatrième proposition de l'Encyclopédie interpelle les magistrats. « Les Magistrats sont exposés tous les jours à faire ouvrir des cadavres, pour y découvrir les causes d'une mort violente ou suspecte ; c'est sur cette ouverture & les apparences qu'elle offrira, qu'ils appuieront leur jugement, & qu'ils prononceront que la personne morte a été empoisonnée, ou qu'elle est morte naturellement ; qu'un enfant étoit mort avant que de naître, ou qu'il a été étouffé après sa naissance, *&c*. Combien de contestations portées à leurs tribunaux, où l'impuissance, la stérilité, le tems de l'accouchement, l'avortement, l'accouchement simulé ou dissimulé, *&c*. se trouvent compliqués ! Ils sont obligés de s'en tenir aveuglément aux rapports des Medecins & des Chirurgiens. Ces rapports sont motivés, à la vérité : mais, qu'importe, si les motifs sont inintelligibles pour le Magistrat ? L'Anatomie ne seroit donc pas tout-à-fait inutile à un Magistrat. »[818]

La cinquième proposition de l'Encyclopédie concerne les peintres et les sculpteurs puisque, sans anatomie, il leur est difficile d'être performants dans leurs arts respectifs. « Les Peintres, les Sculpteurs, devront à l'étude plus ou

---

[815] D. Diderot et d'Alembert, *Encyclopédie ou dictionnaire raisonné des sciences, des arts et des métiers,* op. cit., pp. 410-411

[816] Ibid.

[817] Ibid.

[818] Ibid.

moins grande qu'ils auront faite de l'*Anatomie*, le plus ou moins de correction de leurs desseins. Les Raphaels, les Michel-Anges, les Rubens, *&c.* avoient particulierement l'*Anatomie*. L'étude de la partie de l'*Anatomie* qui est relative à ces arts, est donc nécessaire pour y exceller. »[819]

Enfin, dans la dernière proposition, l'Encyclopédie explique à la fois combien la connaissance anatomique de son corps renforce tout un chacun dans la croyance de l'Etre qui a conçu une telle merveille et lui apporte les moyens pour mieux gérer sa santé et ne pas être abusé par les charlatans. « Chacun a intérêt à connoître son corps ; il n'y a personne que la structure, la figure, la connexion, la communication des parties dont il est composé, ne puisse confirmer dans la croyance d'un Etre tout-puissant. A ce motif si important, il se joint un intérêt qui n'est pas à négliger, celui d'être éclairé sur les moyens de se bien porter, de prolonger sa vie, d'expliquer plus nettement le lieu, les symptomes de sa maladie, quand on se porte mal ; de discerner les charlatans ; de juger, du moins en général, des remedes ordonnés, &c. Aulu-Gelle ne peut souffrir que des hommes libres, & dont l'éducation doit être conforme à leur état, ignorent rien de ce qui a rapport à l'oeconomie du corps humain. La connoissance de l'*Anatomie* importe donc à tout homme. »[820]

En fait, l'Encyclopédie n'a pas été la première à faire ses propositions et R. Mandressi a raison de faire une mise au point à ce sujet. En effet, il précise d'abord que déjà, au début du 17e siècle, le médecin d'Henri IV avait montré combien l'Anatomie est utile « pour la cognoissance de soy mesme », « pour cognoistre Dieu », « combien est utile aux Philosophes et presque à tous artisans », « est absolument nécessaire au Médecin. » R. Mandressi tient néanmoins à montrer aussi qu'une différence de taille existe entre le texte écrit par le médecin d'Henri IV et le texte figurant dans l'Encyclopédie. Alors que Du Laurens fait un éloge conjoint de l'anatomie et de l'homme pour mettre en valeur l'intelligence du Créateur, l'Encyclopédie insiste sur l'utilité de l'anatomie et déroule un argumentaire solide pour susciter un réel engouement pour l'anatomie. A l'époque des Lumières, la mise en scène de la dissection et le développement d'un savoir encyclopédique font que l'anatomie sert, à son tour, de métaphore pour évoquer un savoir et une raison de plus en plus cloisonnés.

Mais, dès 1835, les premiers signes d'essoufflement de l'emploi de la métaphore anatomique se font sentir et la civilisation de l'anatomie est moins vigoureuse. Dans la sixième édition du Dictionnaire de l'Académie française, l'anatomie est encore définie comme « une analyse méthodique et exacte, en quelque matière que ce soit », mais il est précisé : « cette acception vieillit ». Un peu avant la fin de la première moitié du 19e siècle, s'amorce une baisse

---

819 D. Diderot et d'Alembert, *Encyclopédie ou dictionnaire raisonné des sciences, des arts et des métiers,* op. cit., pp. 410-411

820 Ibid.

significative du régime d'expansion du champ épistémologique de l'anatomie et il se produit une sensible réduction de l'influence de l'anatomie sur les autres domaines de connaissance.

Finalement, au cours de la seconde moitié du 19e siècle, fini est le temps où Fénelon déclarait que le prédicateur avait fait une anatomie des passions du cœur humain qui égalait les maximes de M. de la Rochefoucauld, révolu est le temps où Madame de Sévigné disait avoir fait une anatomie de la Bretagne. La métaphore anatomique n'est plus d'actualité, les temps ont changé. Il faut dire aussi que la biologie s'intéresse au vivant et à ce niveau, l'anatomie ne peut que difficilement rivaliser avec elle. Malgré tout, l'anatomie a laissé une si forte empreinte sur la culture occidentale que son influence n'est pas prête de s'effacer dans le monde contemporain. Parmi les traces indélébiles de la civilisation de l'anatomie encore perceptibles aujourd'hui, la méthode analytique représente à elle seule l'essentiel de cet héritage. En effet, la méthode analytique est encore aujourd'hui souveraine dans quelque territoire que ce soit, médical, scientifique, littéraire, philosophique ou artistique.

ANATOMIE ET CONNAISSANCE DE DIEU AUX 16E ET 17E SIECLES

Au 16e siècle, vénérer l'anatomie, c'est vénérer le corps humain et, à travers lui, c'est vénérer Dieu. Déjà, dans la Fabrica, Vésale compose un véritable hymne de reconnaissance envers cet opifex, c'est-à-dire cet ouvrier, cet artisan, ce Créateur. Il faut dire, comme le rappelle R. Mandressi, que ce "projet d'anatomie morale"[821] existait déjà dans l'œuvre d'Alessandro Benedetti : *De humanis corporis dignitate*. Mais avec Du Laurens, le projet semble mieux défini : connaître l'anatomie du corps humain passe d'abord par une connaissance de soi qui conduit bien sûr à une connaissance de Dieu puisque l'homme est à l'image de Dieu. D'ailleurs l'intitulé du chapitre VI du livre I de l'œuvre de Du Laurens est significatif à ce sujet puisqu'il s'intitule : *Combien l'Anatomie est utile à l'homme pour cognoistre Dieu.*[822] De plus, comme l'homme est un microcosme à l'image du macrocosme, c'est-à-dire de l'univers, dans ses quatre exposés sur "l'excellence de l'anatomie", Du Laurens montre le chemin à suivre : la dissection et l'anatomie pour la connaissance de l'ensemble homme-Univers-Dieu. « L'homme est un petit monde, et contient en soy les semences de tout ce qui est contenu dans le pourpris de ce grand univers. »[823] Du Laurens poursuit : « quiconque cognoitra bien soy mesme, cognoitra toutes choses, ayant en soy les simulachres et ressemblances de

[821] R. Mandressi, *Le regard de l'anatomiste – Dissections et invention du corps en Occident*, op. cit., p. 222

[822] T. Gelée, *Les œuvres de Mr. André Du Laurens traduites en français par Mr. Théophile Gelée*, op. cit., p. 7

[823] A. Du Laurens, *Historia anatomica humani corporis et singularum eius partium multis controversiis et observationibus novis illustrata*, Paris, Marcum Orry, 1600, p. 21

tout. »[824] Du Laurens termine alors ainsi : « comme ainsi soit que l'ame enfermee dans ce cachot du corps, ne peut exercer ses fonctions sans l'organe du corps, quiconque voudra acquerir la cognoissance de l'ame, il faut nécessairement qu'il ait la cognoissance de la structure du corps. »[825]

Au niveau de la morale, si la connaissance du corps est importante, c'est parce qu'elle « nous enseigne comment il faut régler nos mœurs », nous dicte notre ligne de conduite. Subrepticement, à partir de cette anatomie morale, Du Laurens glisse vers le gouvernement de la cité, donc vers l'anatomie politique puisque selon lui, qui sait gouverner son corps sait gouverner la cité, voire même une "chose publique". Ainsi, le "philosophe moral" « pourra aisement apprendre par les mutuels offices des parties et par la constitution de l'oeconomie naturele, comment il doit temperer les mœurs de l'ame, gouverner une Republique ou une cité, et ordonner la maison particulierement. »[826]

Du Laurens, parmi ceux qui accordent un projet moral à l'anatomie, est sans doute celui qui est le plus inspiré et le plus persuasif. Après lui, d'autres se feront les porte-drapeaux de ce projet ; ce sera le cas de Riolan le fils puis, au début du 17e siècle, de Kaspar Bartholin qui recommande "la considération de la structure du corps humain" à tous ceux « qui sont touchez du desir de la cognoissance d'eux mesmes, et de la curiosité de voir et de contempler ce merveilleux edifice que la nature a fait avec tant d'art et tant de soin pour estre le palais de l'ame »[827]

Au 16e siècle, il faut aussi citer Michel Servet (1511-1553) dont le parcours à la fois anatomique et théologique illustre l'influence que peut avoir une thèse religieuse sur la conception de l'anatomie. D'abord, il faut rappeler que Servet se charge d'interpréter ce qu'énonce la Sainte Ecriture : « l'âme est dans le sang, elle est insufflée par Dieu à travers la bouche et les narines, et va se loger dans le ventricule gauche. Donc, pour bien comprendre les pérégrinations de l'âme, il faut connaître la marche de l'air et du sang »[828]. D'où l'intérêt de Michel Servet pour la circulation du sang et son fort attachement à l'anatomie. D'ailleurs, il ne conçoit l'accès aux spéculations supérieures qu'après avoir acquis une connaissance primordiale du complexe humain, de sa constitution, de ses opérations, et de ses lois naturelles. Alors seulement, philosophie, morale et religion seront accessibles. Michel Servet le proclame ainsi dans son ouvrage

---

824 A. Du Laurens, *Historia anatomica humani corporis et singularum eius partium multis controversiis et observationibus novis illustrata*, op. cit., p. 21

825 Ibid., pp. 21-22

826 Ibid., p. 29

827 K. Bartholin, *Institutions anatomiques*, trad. fr. d'A. Du Prat, Mathurin Hénault et Iean Hénault, 1647, p. 1

828 M. Voisin, *William Harvey et la circulation sanguine*, Montpellier, Bulletin des communications de l'Académie des Sciences et des Lettres de Montpellier, Séance du 14 novembre 2011, p. 372

De Trinitate[829] : « ut verò totam anima et spiritûs rationem habeas, lector, divinam hic philosophiam adjungam, quam facilé intelliges, si in anatome fueris exercitatus. »[830] Michel Servet présente ici l'anatomie comme un moyen de rendre intelligible la divine philosophie. De plus, il ne peut se satisfaire du dogme de la trinité et il est même violemment anti-trinitaire. Dans *Trinitatis Erroribus*, édité en 1531, il explique qu' « on ne doit pas imposer comme vérité des concepts sur lesquels il existe des doutes. »[831] Par conséquent, puisqu'il estime que le concept de la trinité ne répond pas à ces conditions, il ne peut que s'opposer à lui. Dans cet ouvrage, il expose donc avec intransigeance sa position : il trouve inacceptable que l'on puisse diviser l'essence biblique. Pour Michel Servet, les différentes personnes de la trinité sont, en réalité, des "formes" ou "façons" selon lesquelles Dieu se manifeste. Mais, c'est dans un contexte plus large qui déborde la religion que Michel Servet s'oppose à la trinité. De cette façon, il veut aussi se démarquer ainsi d'Aristote et de Pythagore qui ont érigé une loi unique de la nature dont la perfection ne peut être assurée que si l'on se réfère au nombre trois. Leur loi régit à la fois le cosmos et la société mais elle explique aussi pourquoi les corps et l'espace ont trois dimensions, et pourquoi les dieux étaient adorés par groupe de trois. En outre, par là même, Michel Servet rejette aussi la triplicité physiologique de Galien ; en effet, en appliquant cette loi trinitaire à la physiologie humaine, Galien avait émis la théorie des trois systèmes d'organes. Cette théorie était donc centrée sur le foie, le cœur et le cerveau, et chacun d'entre eux était animé par son propre esprit individuel, causant le flux et le reflux d'un liquide particulier dans des vaisseaux séparés, veineux, artériels et nerveux.[832]

Au 17e siècle, les porte-parole du discours sur l'anatomie morale ne seront plus uniquement des anatomistes. En appelant à *La connoissance de Dieu et de soi-mesme*, Bossuet (1627-1704) ne fait que reprendre le projet de Du Laurens. De même, Fénelon (1651-1715) reconnaît en l'anatomie du corps humain le moyen de découvrir "l'art merveilleux" d'une main "industrieuse et puissante" et de connaître le Créateur à partir de son œuvre.

Finalement, les anatomistes reçoivent une vraie caution morale pour leurs recherches anatomiques et d'une certaine façon celles-ci enrichissent d'autres domaines que celui de la sphère médicale. R. Mandressi insiste sur le fait qu' « au-delà de celle-ci, l'anatomie aménage des horizons épistémologiques, sécrète une esthétique et irrigue des doctrines philosophiques. Elle institue une iconographie, fournit des métaphores à toute sorte de parole, devient elle-même

---

829 M. Servet, *De Trinitate*, livre V, p. 169

830 *« Pour que tu possèdes, lecteur, le plein sens de l'âme et de l'esprit, j'ajouterai ici cette divine philosophie que tu saisiras aisément, si tu es versé dans l'Anatomie. »*

831 M. Voisin, *William Harvey et la circulation sanguine*, Bulletin de l'Académie des Sciences et Lettres de Montpellier, Séance du 14 novembre 2011, p. 372

832 S. Mason, *Religious reform and the pulmonary transit of the blood*, Cambridge, Hist. Sci, vol. 41, pp. 459-471

un lieu rhétorique et s'insinue dans les idéologies. Bref, elle instaure ce que j'appelle une "civilisation de l'anatomie" : un vaste réseau de pratiques, de discours et de savoirs qui vont de la table de dissection aux domaines les plus divers de l'imaginaire, tous imprégnés par une manière spécifique de percevoir et d'appréhender la nature, l'organisation et le fonctionnement du corps humain. »[833] Autour et à partir de l'anatomie, une pratique culturelle particulière s'est édifiée. Ainsi en est-il, par exemple, des séances et démonstrations de dissections, qui ont représenté un véritable spectacle social, voire même une véritable fête scientifique auxquels participaient aussi bien des profanes que des savants. Pour s'en persuader, il suffit de relater les démonstrations de Duvernay ou de Dionis qui connaissaient un succès intarissable.
La spiritualité chrétienne du 17e siècle se plaît à penser à la vie intérieure, à ses états mais aussi à ses mouvements. S'il faut, pour la connaissance de soi, connaître son anatomie intérieure, il faut aussi connaître son âme. Comme l'âme siège à l'intérieur du corps, il faut, pour la connaître, connaître d'abord l'anatomie interne du corps. Ceci nécessite donc une connaissance de l'architecture corporelle intérieure, à partir de laquelle on peut déceler les vices de structure et les défauts de fonctionnement. Sur cette anatomie corporelle intérieure se calque, en quelque sorte, une anatomie des espaces intérieurs, c'est-à-dire une anatomie de l'âme. Il est donc fait appel à l'examen intérieur afin d'explorer tous les replis et cachettes de l'intérieur et de tenter de déceler ce qui, de l'âme, apparaît détraqué, pour mieux la remettre dans le droit chemin. Alors, seulement, la connaissance de soi est possible. Mais quand cette approche anatomique, analytique de soi, est réalisée, elle conduit plus à une connaissance d'autrui qu'à une connaissance de Dieu. Cette connaissance de l'âme conduit donc à connaître les autres, leurs sentiments dissimulés, leur vraie nature. Finalement, la connaissance de l'âme, de soi, ne permet pas seulement d'anatomiser le cœur d'autrui, elle favorise aussi, aux niveaux religieux et moral, l'amendement de soi.

ANATOMIE ET CIVILITE

L'étude anatomique du corps humain induit d'autres recherches et, en particulier, inaugure une réactualisation de la culture antique de la bienséance. Ainsi, un nouveau genre de littérature apparaît, reprenant cette tradition de l'Antiquité, d'une littérature de civilité développant les fondamentaux du savoir-vivre. La Renaissance va particulièrement s'illustrer dans cette nouvelle littérature. Si Erasme en renouvelle le genre, en publiant *La civilité puérile* (*De civilitate morum puerilium*) en 1530, c'est parce qu'il fait du corps le sujet central de son ouvrage. En même temps que se construit une nouvelle image du

[833] R. Mandressi, *Le regard de l'anatomiste – Dissections et invention du corps en Occident*, op. cit., p. 12

corps correspondant à une machine physique, le corps devient le support des relations sociales. Cette nouvelle représentation culturelle du corps, après être apparue dans les manuels de civilité, va se diffuser très rapidement grâce à la prolifération de ceux-ci. Cette nouvelle culture de la bienséance va s'installer durablement puisqu'elle durera près de trois siècles. L'ouvrage d'Erasme, dans son premier chapitre, traite "de la décence et de l'indécence du maintien" en dressant un tableau du corps civilisé, conçu à partir de l'examen du maintien civil de chaque partie du corps, de la tête au pied. Le corps civilisé offre donc « l'aspect le plus immédiat de la personnalité. »[834] Conjointement, les bonnes manières sont enseignées à partir de la maîtrise de l'attitude corporelle et celle-ci est définie à partir de préceptes définissant le comportement civil partout et à tout moment, « [...] à l'église, à table, lors d'une rencontre, au jeu et au lit [...] »[835] nous précise D. Arasse. Le statut social se trouve ainsi légitimé à partir des normes du comportement civil. Désormais, il y a d'un côté le rustre et l'animal qui ne sont qu'un corps et, de l'autre, l'homme civil capable de maîtriser l'expression civilisée de son corps. Point n'est besoin d'insister sur la coupure, instaurée par la modernité, entre "être" et "avoir" un corps. Erasme et ses successeurs vont assimiler le comportement rustique à celui d'un animal ou à celui d'un individu occupant un rang social inférieur. Il en résulte que sous la métaphore de l'opposition entre animalité et humanité, c'est un véritable clivage social qui se trouve travesti.

Finalement aux 16e et 17e siècles, les artistes s'intéresseront à cette opposition entre corps grossier et corps civilisé et créeront, développeront des images artistiques du corps "grossier", « c'est-à-dire étalant sa matérialité physique (l'embonpoint érotique devenant obésité répugnante) ou se livrant sans retenue à ses "besoins naturels" que la civilité recommande de contrôler (manger et boire) ou interdit de pratiquer en public (régurgiter, déféquer, uriner). »[836] D. Arasse s'emploie à montrer comment la Renaissance se réapproprie la culture antique de la bienséance et comment anatomie et civilité parviennent à interférer. L'introduction de la civilité dans la société de la Renaissance va très vite être admise et l'individu va alors être considéré à la fois comme un être et comme un corps. La civilité s'adresse à l'être mais elle imprime sa marque sur le corps par le maintien, le non laisser aller. Ce dialogue entre civilité et anatomie va aussi avoir des conséquences sur les comportements, les soins du corps, l'image de son corps renvoyée aux autres. Tout ceci aura bien sûr aussi un retentissement sur la médecine et les règles d'hygiène. D. Arasse nous fait part des conséquences du développement conjoint de l'anatomie et de la civilité. « En fait, le développement conjoint de l'anatomie et de la civilité correspond à

---

834 D. Arasse, *La chair, la grâce, le sublime,* pp. 411-477, in A. Corbin, J.-J. Courtine et G. Vigarello, *Histoire du corps,* tome 1, *De la Renaissance aux Lumières*, op. cit., p. 446

835 Ibid.

836 Ibid., p. 454

une articulation décisive dans la pensée de la relation entre le corps et la personne. Dans les deux cas, le corps est l'enveloppe de la personne, mais, si la possibilité même de la science anatomique suppose une distinction radicale, ontologique entre les deux, le savoir-vivre de la civilité implique au contraire la symbiose de l'un et de l'autre. Et l'anatomie comme la civilité reposent sur l'hypothèse, neuve par beaucoup d'aspects, que l'individu humain n'*est* pas un corps (auquel il serait identifiable) mais qu'il *a* un corps (dont il est physiquement dépendant et socialement responsable). Cette distinction fonde sans doute la "modernité" anthropologique du corps, mais, du XVIe au XVIIIe siècle, les images montrent à quel point cette "modernité" n'est pas acquise et comment, encore à la fin du XVIIIe siècle, la résistance à l'idée n'est pas seulement le fait d'un clivage socioculturel entre élites cultivées et culture populaire. »[837]

D'une certaine façon, l'anatomie et la civilité, science sociale du "savoir-vivre", se complètent dans leur appréhension du corps humain. La première se fixe pour objectif de « mettre au jour une intériorité physique invisible »[838] et la seconde « s'attache à établir les règles d'une rhétorique de la convenance qui porte exclusivement sur les manifestations extérieures, visibles du corps »[839], fixant ainsi « une nouvelle représentation du corps socialisé. »[840]

ANATOMIE ET PHILOSOPHIE

Pour Vésale, l'anatomie est une branche de la philosophie naturelle. Il la considère comme un savoir spéculatif et il estime qu'elle doit être étudiée sans qu'il soit besoin de se soucier des applications possibles.

Au 17e siècle, Du Laurens aussi montre les rapports étroits existant entre l'anatomie et la philosophie. Il rappelle combien la maîtrise de la connaissance anatomique est le début de la sagesse et le point de départ de toute démarche philosophique. Le titre du chapitre VII de son livre nous rappelle à qui ce chapitre s'adresse, c'est-à-dire aux Philosophes et aux artisans : *Combien l'Anatomie est utile aux Philosophes et autres artisans*[841]. En citant Platon, il exhorte chacun à bien étudier l'anatomie pour « se connoistre, d'autant qu'en cette connoissance, selon le jugement de tous les Sages, consiste la vraye et

[837] D. Arasse, *La chair, la grâce, le sublime,* pp. 411-477, in A. Corbin, J.-J. Courtine et G. Vigarello, *Histoire du corps,* tome 1, *De la Renaissance aux Lumières*, op. cit., p. 435

[838] Ibid., p. 434

[839] Ibid.

[840] Ibid.

[841] T. Gelée, *Les œuvres de Mr. André Du Laurens traduites en français par Mr. Théophile Gelée*, op. cit., p. 8

parfaite Philosophie. »[842] En même temps il affirme avec force *le connais-toi toi-même* socratique : « ces deux fruicts de l'Anatomie sont (à mon advis) communs à tous, la cognoissance de nous-mesmes, et celle de Dieu. »[843] Il souligne à quel point la connaissance de l'anatomie est le plus sûr moyen de se connaître soi-même : « Doncques l'Anatomie est comme guide fidelle qui nous conduit à cette cognoissance si excellente de nous-mesmes, c'est-à-dire de notre propre nature. »[844] La connaissance de soi-même est désignée comme le seul chemin pour avoir accès à la connaissance universelle. Du Laurens l'explique ainsi : « Comme ainsi soit donc que l'homme soit un petit monde, et qu'il contienne en soy les semences de toutes les choses qui sont contenües dans le contour spacieux de cet Univers, c'est à sçavoir des astres, des meteores, mineraux, vegetables, animaux et esprits : celuy qui se connoistra, connoistra tout : d'autant qu'il a en soy les images de toutes choses. Il connoistra premierement Dieu, parce qu'il a esté formé à l'image d'iceluy, d'où les Theologiens l'ont nommé le Saint Temple de Dieu. »[845] Du Laurens rappelle aussi que Galien estime l'Anatomie utile « [...] au Philosophe naturel, ou pour la contemplation seulement, ou pour enseigner et demonstrer l'artifice singulier de Nature en chaque partie du subject dit (Adarquatum) soit le corps naturel et que le corps humain soit la mesure et la reigle de tous les autres ; celuy qui ignore l'histoire du corps humain, ne peut ny ne doit estre vrayement appellé Philosophe. »[846] En outre, Du Laurens cite encore Socrate quand il veut expliquer que l'anatomie est aussi utile à la Philosophie morale : « elle est semblablement utile au Philosophe moral ; car il apprendra facilement par les offices mutuels des parties, et par la disposition de l'oeconomie naturelle le moyen d'attremper ses mœurs, de régir une Republique ou de gouverner une maison particuliere. »[847]

Enfin, Du Laurens désigne l'anatomie comme la science suprême puisqu'elle donne à celui qui la maîtrise bien une voie d'accès à la connaissance universelle. Si l'anatomie permet la connaissance de soi et celle de Dieu, elle permet d'offrir d'autres fruits : « elle en a d'autres, qui sont particuliers aux Philosophes, Poëtes, Peintres, et autres artisans pour la perfection de leur art. »[848]

Donc, si l'on se réfère aux philosophes, sans aucun doute, l'anatomie occupe une place de choix dans leurs réflexions philosophiques mais aussi parmi les pratiques scientifiques auxquelles ils s'essaient. Nous l'avons vu avec

---

842 T. Gelée, *Les œuvres de Mr. André Du Laurens traduites en français par Mr. Théophile Gelée*, op. cit., p. 6

843 Ibid., p. 8

844 Ibid., p. 7

845 Ibid., p. 6

846 Ibid., p. 8

847 Ibid.

848 Ibid.

Descartes, mais c'est aussi vrai de Malbranche et de Fontenelle. Il est vrai que dès qu'il est question de l'ordre du monde, l'anatomie est, avec l'astronomie, un thème qui est souvent abordé. C'était le cas avec Malebranche, ce sera aussi le cas avec Fontenelle qui écrit : « l'Astronomie et l'Anatomie sont en effet les deux sciences où sont le plus sensiblement marqués les caractères du Souverain Etre, l'une annonce son immensité par celle des Espaces Célestes, l'autre son Intelligence infinie par la Mechanique des Animaux. On peut même croire que l'Anatomie a quelque avantage, l'Intelligence prouve encore plus que l'Immensité. »[849]

Un vaste mouvement des philosophes du 18e siècle qui s'intéressent à l'anatomie du corps humain, orchestré par Diderot, va considérer le corps comme insondable et romantique. Ce mouvement réagit au cartésianisme et à sa position par rapport à l'étude du corps humain. Le corps sera ainsi placé au centre des discussions, entraînant avec lui, Dieu, le monde entier et le moi.[850] Le corps humain ne peut plus être vu uniquement sous l'angle de la réduction et son agencement est remis en question. F. Dagognet nous explique qu'en remettant en question leur compréhension du corps humain, tous ces savants du 18e siècle, et Diderot en particulier, échafaudent une représentation paradigmale du corps humain et espèrent ainsi ébranler les différentes composantes de la société du moment (le roi, la loi, la foi, le moi). Par ces nouveaux regards sur l'anatomie du corps humain, et la nouvelle représentation du corps qui en résulte, Diderot écarte la représentation centralisatrice (le roi) pour lui substituer la représentation fédérative (les assemblées), moins unitaire que réticulée (la célèbre toile d'araignée, le réseau).[851] En quelque sorte, grâce à l'anatomie et au nouveau regard qu'elle fait porter sur le corps humain, les philosophes des lumières ont pu tracer les premières pistes d'émancipation politique.

3-2 – Rapports entre l'art et l'anatomie du 16e au 19e siècle

3-2-1 – Considérations générales sur les liens entre l'art et l'anatomie

Si « l'œuvre d'art est mesure de l'espace », si « elle est forme »[852], comme l'indique Henri Focillon, et si l'anatomie est l'étude de la morphologie et de la

---

849 B. le Bouyier de Fontenelle, *Eloge de Monsieur Méry, Eloge des académiciens, avec l'histoire de l'Académie royale des sciences en M.DC.XCIX ; avec un discours préliminaire sur l'utilité des mathématiques*, tome II, La Haye, I. van der Kloot, 1740, p. 175

850 F. Dagognet, *Le corps*, op. cit., p. 60

851 Ibid., p. 64

852 H. Focillon, *Vie des formes*, Chicoutimi, Québec, Edition électronique, 2002, p. 6

structure, comment imaginer que les artistes du 16e au 19e siècle ne puissent s'intéresser à l'anatomie ? L'art et l'anatomie ayant évolué de concert durant ces trois siècles, comment ne pas croire qu'il y a plus qu'une connivence entre l'anatomie et l'art ?

Les relations entre l'anatomie et l'art sont assez ténues et pour les comprendre il est utile de rappeler qu' « il n'y a pas de science sans plaisir ni d'art sans raison. »[853] Déjà, dans la vision de la Renaissance, les historiens de l'image ont souligné la proximité extrême de l'art et de la science. Dans les œuvres de la Renaissance s'entrecroisent intimement des considérations philosophiques, esthétiques et scientifiques. Comme l'explique J. P. Changeux, « l'histoire de l'art débute avec une référence au corps de l'homme et à son développement. Le dialogue avec les sciences de la vie est engagé. Il se poursuivra pendant des siècles. A la suite des Encyclopédistes, les auteurs du XIXe siècle abandonnent la métaphore, trop simple, de l'organisme en développement et lui préfèrent une évolution des formes qui évoque l'évolution des espèces et se fonde sur des principes inspirés des lois anatomiques de Lamarck et de Cuvier, et des théories de Darwin. »[854]

Durant la période baroque, ce qui explique l'importance donnée à la représentation du corps humain, œuvre de Dieu, c'est que « dans le champ esthétique, l'art baroque naît comme éloge de la Création contre l'iconoclasme de la Réforme. »[855]

Durant toute la période de progrès de l'anatomie, s'étendant de la Renaissance au 19e siècle, anatomie et art sont intimement liés. Mais comment pourrait-il en être autrement alors que la place occupée par l'anatomie dans la culture de cette époque est telle que les artistes font de la représentation du corps humain une de leurs principales préoccupations esthétiques. Comment pourrait-on douter des liens qui unissent l'anatomie à l'art quand on lit ce qu'écrit d'Alembert, au siècle des Lumières, dans le *Discours préliminaire à l'Encyclopédie* : « Il est facile de s'apercevoir que les sciences et les arts se prêtent mutuellement des secours et qu'il y a par conséquent une chaîne qui les unit. »[856]

LA REPRESENTATION DU CORPS HUMAIN ET SA VALORISATION, VOIRE SA SURVALORISATION

Si les peintres ont institué un certain nombre de proportions dès la Renaissance pour représenter le corps humain, c'est bien grâce à l'étude morphologique du

[853] J. P. Changeux, *Raison et plaisir*, Paris, Editions Odile Jacob, 1994, p. 7

[854] Ibid., p. 31

[855] J. Russ, *Panorama des idées philosophiques – De Platon aux contemporains*, op. cit., p. 129

[856] d'Alembert, *Discours préliminaire à l'Encyclopédie, ou Dictionnaire raisonné des sciences, des arts et des métiers*, Paris, Editions Odile Jacob, 1996, p. 1

corps humain. L'anthropocentrisme du Florentin Léon Battista Alberti se révèle dans sa référence à Protagoras qui indiquait que « l'homme est la mesure et la règle de toute chose ». De cette façon, il exposait déjà à quel point le corps humain peut servir de référence au niveau de l'art et de la peinture en particulier. Alberti, déjà, concevait dans un premier temps le tracé sur la toile d'un quadrilatère qui était une fenêtre ouverte sur l'historia et la composition de cette histoire s'ordonnait de la façon suivante : « [...] les parties de l'histoire sont le corps, la partie du corps est le membre, la partie du membre est la surface. »[857] Cette métaphore corporelle va au-delà de cette dimension rhétorique, elle intéresse aussi l'espace qui est « la somme de tous les lieux occupés par le corps », et, nous indique D. Arasse, « le lieu de lui-même est cette partie d'espace dont les limites coïncident avec celles du corps qui l'occupe. »[858] D. Arasse précise : « De même que le corps humain sert de base à la mesure et à la construction du lieu figuratif de l'*historia*, celle-ci est conçue comme le corps qui occupe le lieu global que lui a assigné la fenêtre ouverte par le geste inaugural du peintre. »[859] Cette métaphore corporelle demeure une référence durant plusieurs siècles et, nous indique D. Arasse « pour l'art classique, l'unité organique du corps est le modèle de l'unité artistique de l'œuvre de peinture. »[860]

Les artistes aussi bien que les commanditaires optent désormais pour un programme dans lequel « le corps humain n'est pas seulement le support privilégié de la vérité ou de l'expression des passions : il est l'*assise*, la mesure et le modèle de l'unité de la représentation dans son ensemble. »[861] A partir de ce programme résultant de deux traditions, antique et chrétienne, il se produit une valorisation sans commune mesure du corps humain qui aboutit à ce qu'on appelle la "modernité" en art. La tradition antique revient à l'ordre du jour avec la relecture de l'œuvre de Vitruve et les artistes inscrivent le corps humain dans deux formes géométriques parfaites, le cercle et le carré. Ces artistes, nous précise Daniel Arasse, ne se contentent pas de faire des recherches pour représenter ce corps idéal, ils le désignent aussi comme « [...] le modèle de la rationalité dans la construction architecturale, depuis les proportions de la colonne assimilées à celles du corps jusqu'au dessin des escaliers intérieurs, rapproché du réseau de la circulation sanguine, et à la conception de l'organisme urbain dans son ensemble. »[862] Et ce, « qu'il s'agisse des dessins où

---

[857] Alberti, *De la peinture*, trad. de J. L. Schefer, Paris, Editions Macula Dedale, 1992, p. 153

[858] D. Arasse, *La chair, la grâce, le sublime,* pp. 411-477, in A. Corbin, J.-J. Courtine et G. Vigarello, *Histoire du corps,* tome 1, *De la Renaissance aux Lumières*, op. cit., p. 416

[859] Ibid.

[860] Ibid.

[861] Ibid., p. 417

[862] Ibid.

le plan d'une ville idéale suit la configuration du corps humain ou des dessins célèbres de la ville projetée par Léonard dont les canaux souterrains doivent permettre l'évacuation invisible des déchets. »[863] Pour sa part, Michel Ange, affirme « que les parties de l'architecture dérivent des membres de l'être humain »[864]et il juge d'une impérieuse nécessité la connaissance du corps humain et la maîtrise de l'anatomie, si l'on veut se distinguer en architecture et prétendre à la virtuosité en ce domaine.

En ce qui concerne la peinture, « la tradition chrétienne joue sur un autre registre, et rend dialectique la conception de l'harmonie et de la beauté du corps humain. Créé à l'image de Dieu, l'homme est la plus belle des créatures et, en particulier, le corps du Christ, homme-Dieu, incarne l'idée de la beauté parfaite. »[865]

A la Renaissance, les arts ont valorisé le corps humain et ils l'ont fait après avoir intégré l'influence exercée sur eux par le développement de l'anatomie humaine mais aussi par les traditions antique et chrétienne qui ont conduit à la survalorisation du corps humain. Il ne faut pas oublier d'y ajouter la représentation de l'homme - microcosme qui a continué à marquer de son influence la représentation du corps humain durant la Renaissance. Il va sans dire que cette survalorisation du corps humain va de pair avec l'exaltation de sa beauté physique. Alors, nous explique Ernest Cassirer, « le beau est vérité ; c'est un caractère fondamental de la réalité. »[866] Les philosophes, à l'instar de Nifos, médecin - philosophe de la première moitié du 16e siècle, se posent bien des questions sur le "beau" : « le beau est-il divers ou est-il un ? Est-il spirituel ou dans les choses ? Existe-t-il ou est-il utopique ? »[867] D'ailleurs, nous explique Jackie Pigeaud, il n'est pas surprenant qu'un médecin s'occupe du beau puisque « […] la définition de la forme, la méditation sur les rapports entre la beauté et la santé appartiennent à la réflexion médicale. »[868] Pour Vésale, par exemple, l'anatomie est contemplation active, il ne dissèque jamais sans admirer le corps humain, « résultat d'une fabrication et d'une technique stupéfiantes. » Vésale exprime sa volonté de montrer la beauté du corps

---

[863] D. Arasse, *La chair, la grâce, le sublime,* pp. 411-477, in A. Corbin, J.-J. Courtine et G. Vigarello, *Histoire du corps,* tome 1, *De la Renaissance aux Lumières*, op. cit., p. 417

[864] A. Gampp, *L'influence des traités anatomiques sur les ornements de Wendel Dietterlin et ses successeurs dans la deuxième moitié du XVIE siècle*, Histoire des sciences médicales, tome XLV, n°4, 2011, p. 332

[865] D. Arasse, *La chair, la grâce, le sublime,* pp. 411-477, in A. Corbin, J.-J. Courtine et G. Vigarello, *Histoire du corps,* tome 1, *De la Renaissance aux Lumières*, op. cit., p. 417-418

[866] E. Cassirer, *Essai sur l'homme*, op. cit., p. 294

[867] J. Pigeaud, *Médecine et médecins padouans*, pp. 19-36, in G. Pirolo Bettiol et al., *Les siècles d'or de la médecine – Padoue XVe – XVIIIe siècles*, op. cit., p. 22

[868] Ibid.

humain. Il « sort la beauté du texte et nous la montre : la visée de l'artiste, quel qu'il soit, sous le contrôle de Vésale, est bien de donner à voir de belles formes »[869]

Parmi les formes multiples que revêt l'exaltation de la beauté physique, deux d'entre elles méritent d'être particulièrement retenues ; il s'agit d'une part, des proportions du corps humain et, d'autre part, « la reconnaissance et l'exploitation des "effets d'affect" que la représentation de cette beauté exerce sur son spectateur à travers un phénomène social et culturel d'une importance majeure, l'érotisation du regard par la diffusion des images artistiques. »[870]

Après l'idée de norme, fixant les proportions du beau corps pour tenter d'atteindre la perfection inégalable du Créateur, il s'opère un déplacement insidieux du cosmos divin vers le monde de l'art. Le triomphe du système académique est ainsi déclaré en même temps que celui de sa conception normative de la beauté.

LA REPRESENTATION DU CORPS HUMAIN DANS LE CADRE DE LA VRAIE DIVERSITE DE LA NATURE

Mais les artistes peuvent aussi faire abstraction des canons de la beauté et peindre la vraie diversité de la nature, à la demande de certains de leurs commanditaires. C'est le cas, par exemple, de Matthaüs Schwartz qui a demandé d'être peint nu, sans complaisance. Il apparaît gros et replet mais pour Matthaüs Schwartz ce qui compte c'est sa « conscience intime du corps comme ultime vérité, morale et physique de soi. »[871]

A la Renaissance, qui croit en l'existence naturelle des monstres, il existe aussi une certaine fascination pour les anomalies et les monstres. De plus, le pouvoir du Créateur étant illimité, la pensée analogique étant très vivace chez les hommes de la Renaissance, le mélange de l'humain et de l'animal n'est pas rejeté. Il n'est donc point étonnant de voir les artistes s'intéresser aux anomalies du corps humain, aux caprices de la nature. Le beau est bien sûr une référence mais les artistes se plaisent aussi à représenter tout ce qui peut défigurer la beauté. C'est ainsi que Léonard et Dürer s'appliquent à la fois à étudier les proportions idéales et les disproportions systématiques pour tenter de représenter la laideur dans l'absolu en la répartissant selon deux registres, celui du vieillissement et celui des difformités, tous deux résultant des productions de la nature. Avec son *Traité des proportions du corps humain*, Albrecht Dürer réserve aux proportions une attention particulière. Il aurait pu se limiter et rester

---

[869] J. Pigeaud, *Médecine et médecins padouans*, pp. 19-36, in G. Pirolo Bettiol et al., *Les siècles d'or de la médecine – Padoue XVe – XVIIIe siècles*, op. cit., p. 31

[870] D. Arasse, *La chair, la grâce, le sublime,* pp. 411-477, in A. Corbin, J.-J. Courtine et G. Vigarello, *Histoire du corps,* tome 1, *De la Renaissance aux Lumières*, op. cit., p. 420

[871] Ibid., p. 450

attaché à la construction normative, à l'aide de la règle et du compas, de proportions idéales. Non, Dürer préfère utiliser une méthode descriptive basée sur un système de divisions, établissant des proportions entre les différentes parties du corps. En effet, ce système lui permet de provoquer des variations et de jouer ainsi sur les proportions. Dürer instrumentalise les proportions aussi bien pour obtenir des corps répondant aux canons de la beauté, que des corps déformés. Ses recherches font penser à celles de la physiognomonie et à celles des caricaturistes qui feront leur apparition dans les siècles suivants.
Les artistes peignent très souvent les nains de cour et les représentent souvent avec les princes, d'autant plus que leur difformité sert à mettre en valeur la beauté du prince ou sa lignée. C'est le cas, par exemple, du tableau de la famille de Philippe IV, *les Ménines*, peint par Vélasquez en 1656. Parmi les personnages figurant sur le tableau de famille, on remarque l'infante Marguerite, la naine Mari-Barbola et le nain Nicola Pertusato. Au 17e siècle encore, Ribeira a peint en 1631 la femme à barbe avec sa fille et son mari, exprimant ainsi la confusion des genres et apportant la preuve des caprices de la nature. Cet attrait pour le monstrueux n'est d'ailleurs pas l'exclusivité des artistes. Un anatomiste et barbier-chirurgien, en l'occurrence Ambroise Paré, ne manquera pas de noter l'infinie puissance de la natura naturans qui « se joue en ses œuvres ». Il publie en 1573 *Des monstres et prodiges*, ouvrage à mi-chemin entre un ouvrage de tératologie et un ouvrage de zoologie, dans lequel il nous ouvre les portes d'un fascinant cabinet de curiosités parmi lesquels figurent des monstres **λ** et **Y**[872]. Il s'intéressera aussi aux cas médicaux de malformations et en particulier aux fentes palatines de patients pour lesquels il réalisera des prothèses obturatrices.

Durant la Renaissance, artistes et anatomistes ont donc beaucoup de centres d'intérêt communs. Par l'anatomie, le corps nu s'impose donc à l'art. Ce mouvement s'inscrira dans la durée (du 16e au 19e siècle) et s'observera dans la peinture, dans la sculpture et même dans l'architecture. L'art religieux n'échappera pas à ce vaste mouvement. Des peintres allemands de la Renaissance, Dürer, Cranach, se saisiront du sujet biblique d'Adam et Eve pour montrer deux corps aux proportions à la fois justes et idéales. Plus tard, la nudité envahira véritablement la plupart des thèmes de l'art religieux. Jusque-là réservée aux scènes figurant Adam et Eve, le Christ crucifié, la représentation de la nudité s'accapare aussi bien les scènes de l'Ancien Testament (Suzanne et les vieillards, Bethsabée au bain, David et Goliath, Judith avec la tête d'Holopherne,…) que celles de martyre. La religion saura exploiter certains types de représentation en les détournant de leur intention originelle, en allant

872 **le monstre λ (lambda)** = monstre monocéphale avec deux paires de jambes
le monstre Y = monstre bicéphale avec une seule paire de jambes (ces deux types de monstres ne sont pas issus de l'imagination d'Ambroise Paré puisqu'ils font partie des anomalies tératologiques qui sont décrites en embryologie).

même jusqu'à "sexualiser" certaines images religieuses. Au 17e siècle, par exemple, pour parvenir à traduire l'extase divine, la religion s'inspirera de représentations suggérant l'extase physique, en faisant adopter aux personnages des pauses très voisines. Au cœur de la stratégie baroque de la représentation religieuse, dans les peintures et les sculptures d'extases, se trouve poussée à son paroxysme ce que D. Arasse appelle la "sexualisation" des images.[873] C'est le cas par exemple pour la *Sainte Thérèse* de Bernin quand elle se "pâme physiquement d'amour divin". D'une manière générale, le corps est instrumentalisé d'une certaine façon pour stigmatiser l'intervention surnaturelle. Au niveau de la peinture profane, le nu s'impose aussi avec Titien mais, comme l'explique D. Arasse, « Titien inaugure une mise en scène rhétorique du nu qui, à travers de multiples variations (qu'on pense seulement aux deux versions de la *Maja* de Goya, habillée/nue), constitue un leitmotiv de la présentation érotique du corps – jusqu'à devenir un objet de scandale pour le très puritain XIXe siècle. »[874]

3-2-2 – L'illustration anatomique de la Renaissance au 19e siècle

Si nous avons décidé de traiter de l'illustration anatomique, c'est quelque part parce que la pensée visuelle est très importante chez les anatomistes. En effet, cette pensée visuelle leur permet de développer leurs capacités en anatomie et le dessin anatomique constitue un outil indispensable pour servir de support à cette pensée visuelle. Il n'est donc pas ridicule de penser que les artistes ont leur place auprès des anatomistes pour concourir ensemble à la fertilisation de la pensée anatomique puisqu'en effet, « les artistes [...] sont familiers du maniement théorique et pratique des principes perceptifs. »[875] D'ailleurs, comme l'écrit P. Thuillier en rapportant les déclarations de Léonard de Vinci, « [...] le bon anatomiste ne doit pas seulement avoir le courage d'affronter l'étude des cadavres, mais il doit aussi posséder des compétences graphiques et en particulier être expert dans l'art de la perspective. »[876] Le savoir-faire graphique a une fonction si décisive dans la transmission de l'information scientifique que le rôle des artistes dans la constitution de l'anatomie moderne ne peut pas surprendre. D'une certaine façon, la constitution de l'anatomie moderne sera le fruit d'une étroite collaboration entre les anatomistes et les artistes. Ceci sera particulièrement vrai durant la

[873] D. Arasse, *La chair, la grâce, le sublime,* pp. 411-477, in A. Corbin, J.-J. Courtine et G. Vigarello, *Histoire du corps,* tome 1, *De la Renaissance aux Lumières*, op. cit., p. 427
[874] Ibid., pp. 431-432
[875] R. Arnheim, *La pensée visuelle*, Paris, Editions Flammarion, 1976, p. 324
[876] P. Thuillier, *D'Archimède à Einstein*, Paris, Librairie Arthème Faillard, 1998, p. 125

Renaissance où art et science se soutiennent, se complètent et s'enrichissent mutuellement.
Si les anatomistes se sont intéressés à l'illustration, en retour les artistes ont porté de l'intérêt pour l'anatomie. Dans l'illustration anatomique, l'art et la science cohabitent sur un même pied d'égalité et ce sera plus particulièrement vrai durant la Renaissance où Vésale se fait l'apôtre d'un véritable entremêlement entre art et anatomie. En fait, c'est principalement durant la longue période s'étendant de la Renaissance à l'époque des Lumières, que le champ de la représentation a été le lieu de la convergence de l'anatomie et des arts. Ce qui rapproche l'anatomiste et l'artiste, au cours de cette période, c'est leur volonté commune de mise à plat et de mise au jour. C'est bien sûr aussi ce que partagent, à toutes les époques, l'artiste et le scientifique, c'est-à-dire ce même rapport à la vie en tant qu'entité, et non pas en termes de détails, et ce, même si le travail de recherche de l'artiste est rarement aussi systématique que celui du scientifique.

3-2-2-1 – L'llustration anatomique à la Renaissance et à l'âge classique

Durant toute l'Antiquité et presque tout le Moyen Age, tous les écrits traitant d'anatomie ne présentaient aucune représentation iconographique. Ainsi en est-il des textes de Galien mais aussi d'*Anatomia*, ouvrage de Mondino da Luzzi, édité pour la première fois en 1319. Pourtant, au Moyen Age, l'expression langagière, qu'il s'agisse de l'écrite ou de l'orale, s'appuyait le plus souvent sur une image visuelle afin de l'illustrer ou de la signaler. Il suffit, pour s'en convaincre, de se reporter aux calligraphies figuratives, aux enluminures, aux emblèmes, aux devises, aux blasons, etc.

L'ILLUSTRATION ANATOMIQUE A LA RENAISSANCE

A la Renaissance, l'illustration anatomique verra le jour dans les ouvrages d'anatomie. Au début du 16e siècle, Jean de Ketham se contente d'illustrer les liens supposés exister entre cosmologie et médecine, en figurant le corps humain comme intégré au sein d'un système universel. Mais dans le contenu graphique de son œuvre, *Fasciculus medicinae*, le corps humain ne se trouve défini que du seul point de vue philosophique. Il n'est pas encore question de s'intéresser à la topographie des organes. Dès le début des années 1520, Berengaro da Carpi commence à préconiser une *anatomia sensibilis* et il introduit vraiment les illustrations anatomiques dans le traité d'anatomie, avec l'intention de donner, aux représentations visuelles, une place non négligeable. Pour sa part, Jean Eichmann, dit Dryander, professeur d'anatomie à Marburg, agrémente d'un certain nombre d'illustrations l'un de ses trois livres d'anatomie, celui ayant trait à la tête et publié en 1536 : *Anatomiae capitis*

humani. Il donne la première description véridique du cerveau et sa démarche est originale puisqu'à chaque plan de dissection de la boîte crânienne, il fait correspondre une image. Ainsi, Dryander, après section du volet osseux, parvient à isoler la dure-mère, à donner une vue des lobes cérébraux, des coupes des ventricules, à mettre en évidence le cervelet, à exposer la coupe du cervelet puis l'exérèse de celui-ci et enfin le dessin de la base du crâne.
Sans aucun doute, la naissance de l'imprimerie et de la gravure a joué un rôle important dans l'essor de l'illustration anatomique. Au lieu de représentations anatomiques dépouillées comme à la fin du Moyen Age, en 1543, dans le *De humani corporis fabrica* de Vésale, les illustrations sont conçues à partir d'observations et non de descriptions. Vésale réserve une place importante aux illustrations dans cet ouvrage et le but avoué des illustrations est de reproduire l'expérience cognitive de la séance de dissection. Faute d'une dissection sur un cadavre, l'auteur du livre d'anatomie illustré propose au lecteur une "autopsie" par l'image en même temps qu'une dissection du discours. C'est à ce moment privilégié de rencontre entre la Renaissance des arts et la naissance de l'âge positif dans les sciences, en général, et en anatomie, en particulier, que les illustrations, à caractère vraiment anatomique, font leur apparition. Il existe une proximité extrême de l'art et de la science, mise en évidence par les historiens de l'image ; il en est de même de l'art et de l'anatomie. Le symbolisme des gravures médiévales est enfin remplacé par la technique moderne de l'illustration. A bien regarder les illustrations anatomiques de la *Fabrica*, il est facilement discernable que « le corps anatomique s'inscrit à l'intérieur de formes et de modèles qui renvoient à un imaginaire culturel plus large et qui conjuguent la dimension corporelle et la dimension culturelle. »[877] Andrea Carlino nous explique, en effet, que « le corps, ses représentations et les savoirs dont il fait l'objet ne peuvent s'exprimer que comme partie d'un discours (textuel et / ou graphique) qui se réfère aux systèmes symboliques dans lesquels ces discours sont produits. Ce sont justement ces aspects culturels et symboliques du corps qui ont permis — et même imposé — la collaboration entre artistes et médecins pour la production d'images anatomiques qui ont marqué l'histoire de la figuration de la Renaissance jusqu'à nos jours. »[878]
Sur les planches anatomiques de la *Fabrica*, organes, muscles et os sont couchés sur le papier avec le plus de détails possible. En fin de compte, faut-il s'étonner des illustrations anatomiques de Vésale ? A l'évidence, non, puisque Vésale a délibérément décidé de mettre le témoignage de la vue au premier plan, donc de privilégier celle-ci par rapport à la doctrine. Pour lui, l'illustration n'est ni accessoire, ni suspecte. En effet, il n'a pas peur de s'opposer à bon nombre de ses contemporains en accordant la primauté aux figures. « Passion de

---

[877] A. Carlino, *Entre corps et âme, ou l'espace de l'art dans l'illustration anatomique*, in Médecine/Sciences, n°1, vol. 17, janvier 2001, p. 70
[878] Ibid.

Vésale pour l'image des corps, les planches illustrent a priori, le regard, tout médical, porté sur un homme sans spécificité, sans particularités, une sorte d'homme moyen. »[879]

D'ailleurs les illustrations vont participer grandement à la propagation de ses idées révolutionnaires. En réservant à l'anatomie une place primordiale dans l'art médical, Vésale veut bouleverser ce dernier. Avant lui, l'anatomie, celle de Galien, était englobée dans la physiologie traditionnelle, c'est-à-dire celle des humeurs et le discours anatomique ne pouvait se limiter au domaine morphologique. L'ordre galiénien est remis en question par Vésale et il n'est plus question pour lui de soumettre l'anatomie à un ordre philosophique et de la considérer dans le cadre d'une "étude des sept choses naturelles composant la nature de l'homme". Vésale est déterminé à donner une place cruciale à l'anatomie. De fait, nous explique Jacques Lambert, la restauration anatomique entraîne une redistribution des disciplines médicales et « [...] s'accompagne d'un renversement des rapports de subordination entre le corps vu et le corps lu, entre le corps analysé et le corps appris. »[880] Après avoir réussi le premier "renversement de subordination", celui de l'écrit par rapport au corps vu, Vésale instaure un second "renversement de subordination", celui du texte écrit par rapport au dessin. D'une certaine façon, en véritable visionnaire, Vésale a compris qu'il fallait remettre en question les fondements de l'art médical et que ceci passait nécessairement par une réelle révision de l'anatomie. Il a saisi aussi l'importance des illustrations anatomiques pour garder des traces durables des dissections, et pour servir de supports pédagogiques, afin de vérifier aussi la justesse des descriptions anatomiques et d'être en mesure de contester si nécessaire certains écrits anatomiques. Mais pour Vésale, les images ne demeurent que des leurres ; en aucun cas, elles ne peuvent remplacer le contact direct avec le corps mort, l'acte opératoire de la dissection. Vésale ne se sert des illustrations anatomiques que pour « contribuer à l'intelligence de la doctrine ». Sur ce point, Vésale n'adopte pas la même position que Léonard de Vinci puisque ce dernier accordait une place de choix au dessin auquel il attribuait la vertu d'accéder directement à la vérité de la nature. Vésale institue la vision du cadavre ouvert et de l'intérieur du corps humain, comme source principale de vérité scientifique, reléguant donc les textes au second plan.

Grâce aux illustrations anatomiques, pour la première fois, un livre d'anatomie peut avoir la prétention à la fois de servir de guide pour la dissection et pour l'étude de l'anatomie. Avec le dessin, le texte perd de son importance.

---

[879] C. Pieters, *L'anatomie entre art et science : autopsie d'un regard,* in : Communication et langages, N° 127, 1er trimestre 2001, p. 75

[880] J. Lambert, *François Dagognet et les néoécritures anatomiques*, pp. 93-111, in R. Damien (sous la dir. de), *François Dagognet épistémologue philosophe – une philosophie à l'œuvre,* Le Plessis Robinson, Editions Institut Synthélabo pour la connaissance, 1998, p. 101

Dorénavant, le dessin se prétend, autant que la rhétorique, source de toute connaissance.
Vésale inscrit ses squelettes et ses écorchés au sein de paysages et d'architecture à l'italienne, ce qui entraîne un rapprochement du monde de la science et de celui des arts. Georges Canguilhem précise que « les planches anatomiques de la *Fabrica*, qu'elles soient de Jean de Calcar, ou de quelque autre élève du Titien, à défaut sans doute du Titien lui-même, figurent l'individu humain sur un fond de paysage singularisé, bien différent d'un milieu anonyme. »[881] C'est ainsi, précise G. Canguilhem, qu'au début du 20e siècle, « Jackschath a fait remarquer, pour la première fois, que les paysages dessinés à l'arrière-plan des planches de la myologie forment une suite continue, et qu'Harvey Cushing a identifié ce paysage dans la région padouane. »[882] Ces paysages nous informent sur l'intention de Vésale et, quand il y fait figurer des thermes en ruine, des ponts, des tours, des clochers, des palais à l'horizon, c'est, nous explique G. Canguilhem pour composer ici « un environnement d'œuvres humaines » parce que « l'homme de Vésale vit dans un monde humanisé qui lui renvoie les marques de son activité. »[883] Grâce à cette mise en scène, on voit aussi que cet homme « est l'homme de l'énergie et du travail, l'homme de la mise en valeur et de la transformation de la nature, l'ingénieur de la Renaissance à la recherche des lois du mouvement et de l'utilisation des formes mouvantes. »[884]
Cette mise en scène artistique de l'anatomie a également pour fonction de légitimer culturellement et moralement l'anatomie et en même temps de proclamer son autonomie comme nouvelle science du corps. Vésale n'est pas le seul à associer le détail scientifique à un contexte naturel et artistique. Déjà Berengario da Carpi l'avait fait en 1521 à Bologne et Charles Estienne en avait fait de même en 1530. Dès la première illustration de son *De humani corporis fabrica*, celle du frontispice de son livre, Vésale souligne sa position en se montrant, non pas juché sur sa chaire, comme le font Ketham et Berengario, lisant un texte, mais placé au-dessus des aides, en train de disséquer lui-même et de montrer les structures tandis que l'assistant lit ou commente. Vésale n'oublie pas d'enrichir son frontispice en y portant des dessins d'animaux (singe, chien, chèvre) témoignant de l'importance de l'anatomie comparée, en faisant figurer d'une part, un squelette affirmant par sa présence le primat de l'ostéologie et, d'autre part, un personnage nu accroché à une colonne, là pour souligner l'intérêt de la connaissance anatomique pour le dessin artistique. Sur ce frontispice, Vésale n'a pas manqué non plus de représenter le théâtre anatomique avec autour de lui ses anatomistes contemporains (Colombo, Rondelet, Fallope et Ingrassia), le Titien et le maire de Padoue. Sur les gradins,

[881] G. Canguilhem, *Etudes d'histoire et de philosophie des sciences concernant les vivants et la vie*, op. cit., p. 31
[882] Ibid.
[883] Ibid.
[884] Ibid., p. 32

en arrière, Vésale a représenté l'éditeur Opirus, des médecins galénistes et hippocratiques et des imprimeurs. Les planches anatomiques de Vésale, destinées à la myologie, laissent voir des muscles souvent sectionnés et donc séparés d'un de leurs points d'insertion, révélant ainsi tout le retard de la myologie de Vésale sur celle de Léonard de Vinci et des grands peintres italiens. En fait, Vésale ignore la physiologie et la contraction musculaire. Pour P. Comar, « l'écorché de Vésale participe encore au monde visible. Même en profondeur, le corps est cerné par ses apparences. Abdomen éventré, omoplate démise, muscles en guenilles : les organes sont figurés tels qu'ils se présentent à la dissection, mais ne laissent rien deviner de leur structure ni de leur fonction. »[885]. Néanmoins, nous fait remarquer J. L. Binet, « le monde de la force devient un ballet d'ombres molles ; au graveur d'animer quatorze planches de muscles par autre chose que par les muscles eux-mêmes. Plus que le paysage qui forme un tout continu (que les érudits ont identifié comme les environs de Padoue, où surgissent cependant obélisques et pyramides), c'est par l'étrangeté de leurs positions, à genoux, accotées à un mur ou attachées à une corde, que ces figures trouvent un style. Mais le style n'est plus celui de l'anatomie : la myologie de Vésale reste enfermée dans le dessin comme celle d'Estienne est prisonnière du maniérisme de Fontainebleau. »[886] Quand Charles Estienne écrit son livre d'anatomie, *La Dissertation des parties du corps humain*, il place les illustrations au cœur de son projet, il fait appel à des procédés stylistiques et poétiques. Dans son livre, les illustrations traduisent l'oscillation entre la transcription objective du corps observé et l'idéalisation artistique de celui-ci. En fait, l'anatomiste et l'artiste adoptent la même attitude : ils contemplent l'œuvre du Créateur.

Pour ce qui est de Vésale, « malgré ou à cause de l'artiste, malgré ou à cause d'Oporinus, le dessin anatomique atteint avec la *Fabrica* une perfection qui traduit la rencontre de la perspective et de la nouvelle anatomie. L'essentiel de l'ostéologie et de la description analytique de chaque organe est définitivement et parfaitement fixé. C'est seulement par la physiologie pour les muscles et les vaisseaux, par la microscopie pour le rein et l'utérus que l'anatomie peut progresser […]. »[887] Mais explique Jacques Lambert, « L'intérêt et la signification de l'iconographie vésalienne sont ailleurs : dans l'affirmation nette et alors nouvelle de la possibilité d'abord, de la fondamentalité et de la nécessité ensuite, d'une science anatomique humaine. Des neuf éléments traditionnellement étudiés par l'anatomiste depuis Galien, parmi lesquels la substance et la "température", c'est-à-dire le dosage des qualités, jouaient le rôle primordial, on ne retiendra bientôt que la figure, la situation, la connexion. Le

[885] P. Comar, *Les images du corps*, op. cit., p. 74

[886] J.-L. Binet, *Entre le Muséum et les musées : cinq siècles de traités d'anatomie,* pp. 17-31, in J.-L. Binet, P. Descargues, *Dessins et traités d'anatomie,* Paris, Editions du chêne, 1980, p. 28

[887] Ibid.

corps vésalien s'est débarrassé du réseau symbolique, voire astrologique au centre duquel il était perçu, pensé et représenté dans des rapports de participation compliqués d'analogies secrètes et de sympathies occultes. Il n'est pas pour autant vraiment rendu à lui-même, mais plutôt à la Nature. »[888] D'ailleurs, si l'on considère les écorchés en bois ou en plâtre utilisés dans les Académies des Beaux-Arts à partir de la Renaissance, ils signifient bien, nous rappelle Andrea Carlino, la volonté d'imiter la nature.
C'est la nature « plutôt que le corps qui est au centre de l'œuvre vésalienne ; c'est elle qui est interrogée dans le corps humain. Une Nature qui n'est pas celle de Léonard et qui n'est pas non plus à proprement parler celle des médecins. L'ambivalence perçue devant l'oeuvre vésalienne trouve là un motif essentiel. »[889] Si la Fabrica est considérée aujourd'hui « comme le texte fondateur de l'anatomie moderne », ses planches anatomiques illustrées présentent des images qui n'en sont pas pour autant « de simples diagrammes anatomiques. » « Elles s'adressent au lecteur bien au-delà de la simple littéralité anatomique. »[890] Andrea Carlino nous fait remarquer que l'artiste confère à ces images un pouvoir communicatif et explicatif qui « [...] réside dans le fait qu'elles associent au discours scientifique un discours métaphorique : des récits de souffrance et de châtiment, de décadence et de corruption corporelle. »[891] C'est le cas, par exemple, de l'écorché montrant la cavité abdominale dans le livre sept de la *Fabrica.*
Par ailleurs, J. Lambert précise que « l'anatomie, en exposant un corps humain conçu comme un étalon, montre les proportions et l'harmonie qui définissent la normalité et la santé, la beauté en étant l'expression. »[892]
Il est d'autant plus facile pour les artistes de la Renaissance de répondre à cette exigence esthétique qu'ils sont eux-mêmes imprégnés de normes déjà admises dans la société de la Renaissance. En effet, dans celle-ci, les soins du corps sont entrés dans les mœurs, puisqu'ils sont censés entretenir une bonne santé, ralentir le vieillissement, et participer à l'esthétique du corps. Sujets de cette société, les artistes ne peuvent être que convaincus de la validité de ces nouvelles normes. Il n'est donc pas étonnant de voir les artistes appliquer ces normes en relayant ces messages dans l'iconographie anatomique. Cette dernière offre alors, au regard de tous, des corps qui sont majestueux et beaux. Vésale a bien compris les

888 J. Lambert, *François Dagognet et les néoécritures anatomiques*, pp. 93-111, in R. Damien (sous la dir. de), *François Dagognet épistémologue philosophe – une philosophie à l'œuvre,* op. cit., p.105
889 Ibid.
890 A. Carlino, *Entre corps et âme, ou l'espace de l'art dans l'illustration anatomique*, op. cit., p. 72
891 Ibid.
892 J. Lambert, *François Dagognet et les néoécritures anatomiques*, pp. 93-111, in R. Damien (sous la dir. de), *François Dagognet épistémologue philosophe – une philosophie à l'œuvre,* op. cit., p.105

pouvoirs de l'iconographie et J. Lambert le confirme en écrivant : « l'intérêt de la *Fabrica* est encore dans l'affirmation de la possibilité, de l'utilité, et du caractère irremplaçable de l'iconographie ; l'affirmation de ce que Gombrich a appelé le "principe du témoin oculaire" ("eye witness principle") par lequel le spectateur prend la place occupée par le dessinateur pour observer la scène. »[893]
Avec les planches anatomiques figurant dans la *Fabrica*, Vésale a une façon, qui lui est propre, de présenter l'anatomie. Il n'est pas question pour lui de considérer l'anatomie uniquement comme « la partie mécanique de l'étude complète du corps qu'est la physiologie »[894] alors qu' « il en est encore ainsi dans les manuels de médecine du XVIIIe siècle, notamment à la suite de Boerhaave. »[895] Jacques Lambert met l'accent sur le fait que « Vésale insiste sur tout ce qui peut faire de l'anatomie une science autonome, propédeutique, fondamentale. »[896] Il précise que sur ce point il a réussi et que son insistance « semble isoler la *Fabrica* de l'anatomie proprement médicale sans en faire pour autant une œuvre d'anatomie philosophique. »[897] Plus loin, Jacques Lambert nous explique que « la *Fabrica* a eu avant tout valeur d'une "défense et illustration" de l'anatomie ; les planches, plus connues que le texte, souvent seules connues, ont beaucoup contribué à la propagation de l'œuvre anatomique. »[898]
Véronèse fait lui aussi partie des artistes passionnés par l'anatomie et il sera l'illustrateur du *De re anatomica* de Realdo Colombo en 1559. Vésale l'a d'ailleurs pris lui aussi comme illustrateur. De son côté, Francesco Salviati illustrera la *Collection des chirurgiens grecs* procurée par Guido Guildi en 1544. Enfin, les planches anatomiques de Berengario da Carpi sont principalement axées non pas sur les représentations anatomiques mais sur les voies d'abord de la dissection. Ses planches illustrent surtout les temps de la dissection et la décomposition des différents mouvements de la main quand elle opère pour aboutir à l'isolement de la structure.
Au milieu du 16e siècle, à la gravure en relief sur bois, se substitue la gravure en creux mais celle-ci s'imposera seulement au début de l'âge classique. En fait, la plupart des dessins anatomiques de cette période sont obtenus à partir de la gravure sur bois. Ceci, nous explique Yves Brohard, puisqu' « elle permet de rendre toutes les finesses du dessin le plus fouillé et convient parfaitement à l'esprit classique des contemporains de Descartes, soucieux de précision et de

---

893 J. Lambert, *François Dagognet et les néoécritures anatomiques*, pp. 93-111, in R. Damien (sous la dir. de), *François Dagognet épistémologue philosophe – une philosophie à l'œuvre,* op. cit., pp. 105-106
894 Ibid., p. 106
895 Ibid.
896 Ibid.
897 Ibid.
898 Ibid.

rigueur. »[899] Même si les découvertes de Léonard de Vinci sont restées lettre morte, faute de publication, et ses dessins sont restés ignorés des savants de son temps, faute de diffusion, nous nous devons de citer ses illustrations anatomiques car elles sont celles d'un précurseur. Vinci ne se limite pas à la description des formes anatomiques, il se pose des questions sur leur signification fonctionnelle. Il parle déjà de notre corps en disant : "notre machine". Le premier, il assimile les os et les muscles à un système de leviers. Dans son dessin de la face postérieure de la tête et du muscle fichu du cou, il représente la colonne vertébrale cervicale par un mât et les faisceaux du muscle trapèze comme s'il s'agissait d'haubans convergeant vers le mât. Dépourvu de "culture littéraire", Vinci s'est senti contraint à "prendre l'expérience pour maîtresse" et c'est ce qui a fait sa force. Il a su observer toutes les structures anatomiques avec beaucoup d'acuité et, en s'aidant de la perspective, il est parvenu à élever « ses études documentaires au rang d'œuvres d'art en même temps qu'il leur a permis de traduire pour l'œil la complexité des structures vues en profondeur, c'est-à-dire telles que la dissection les fait apparaître. »[900] Pour Léonard de Vinci, le génie de la figure est premier, l'illustration dépasse de loin non seulement le texte écrit mais aussi ce que fait voir la dissection. A propos du dessin anatomique, Léonard de Vinci écrit d'ailleurs : « Toi qui juges préférable de regarder des démonstrations anatomiques que des dessins, tu aurais raison, s'il était possible d'observer tous les détails que ces dessins te montrent, en une seule figure [...] »[901] Léonard de Vinci estime que pour être un bon anatomiste, il faut non seulement pratiquer des dissections mais aussi posséder des compétences graphiques, en étant particulièrement expert dans l'art de la perspective. L'art graphique de Léonard de Vinci ne se limite pas à l'invention des techniques de représentation graphique efficaces, il s'appuie aussi sur l'observation directe quand ceci est possible. Léonard révolutionne à la fois la conception de l'anatomie et celle de l'illustration anatomique. Toutes ces données positives font que certains auteurs n'hésitent pas à situer la naissance de l'"anatomie moderne" à Milan vers 1510, quand Léonard de Vinci faisait des travaux d'anatomie aux côtés du Dr. Marcantonio della Torre.

Léonard de Vinci est un artiste décidé à rechercher les "causes profondes", à dévoiler les secrets du corps humain, à approfondir ses connaissances en anatomie. Son projet est ambitieux et pour y arriver, il met « le dessin anatomique non seulement en relation avec la peinture mais aussi avec

---

[899] Y. Brohard, *Petite histoire de l'illusration anatomique, pp. 106-113, in* A. Kahn, J-C Ameisen, P. Berche, Y. Brohard, *Une histoire de la medecine ou le souffle d'Hippocrate*, Paris, Editions de La Martinière, p. 107

[900] J.-L. Binet, *Entre le Muséum et les musées : cinq siècles de traités d'anatomie,* pp. 17-31, in J.-L. Binet, P. Descargues, *Dessins et traités d'anatomie,* op. cit., p. 23

[901] E. Maccurdy (introduction, classement et notes par), *Les carnets de Léonard de Vinci*, (traduit par L. Servicen), Paris, Editions Gallimard, tome I, 1942, réédition 1992, p. 175

l'observation scientifique. »[902] Il s'ingénie aussi à trouver des techniques pour "décrypter" certaines zones anatomiques. Ainsi, afin de connaître la forme exacte des cavités du cerveau et du cœur, il a l'idée d'y injecter de la cire liquide. Selon Léonard de Vinci, le dessin, est en compétition avec le "Créateur divin". Pour cette raison, il s'ingénie à réaliser des illustrations anatomiques de grande qualité car il a compris que par rapport à certains textes longs et fastidieux, parfois même abscons, le dessin offrait une clé de lecture beaucoup plus claire. Quand Léonard réalise des illustrations anatomiques, c'est pour "rendre visible ce qui autrement ne le serait pas". Il est convaincu et il fait tout pour que la représentation de toute pièce anatomique par le dessin en dise plus long qu'une page de discours.

Bien d'autres artistes de la Renaissance se sont intéressés à l'anatomie et ont porté leur regard sur l'anatomie du corps humain. Il faudrait encore citer Verrochio, Michel Ange, Dürer, Mantegna, Rosso Fiorentino. Par l'exactitude de leurs observations et leur exigence de précision, ils auront contribué à la Renaissance de l'anatomie et au développement de l'histoire naturelle.

Au 16e siècle, il s'est installé une réelle exigence représentative et cette révolution mentale a eu pour conséquence l'instauration d'une certaine prééminence du pouvoir graphique. Vésale a très bien compris tout le parti qu'il pouvait tirer des illustrations anatomiques dans ses ouvrages d'anatomie. Il a voulu faire bénéficier ses lecteurs d'illustrations à même de représenter ce qui se voit directement sur la table de dissection. Mais si Vésale reconnaît les vertus de la représentation graphique, c'est parce que, d'une façon générale, il privilégie la vue par rapport à la doctrine. Il pourrait presque cautionner l'affirmation de Léonard de Vinci quand celui-ci proclame « la supériorité du dessin sur le texte écrit et celle de la vision sur la mémoire. »[903] La position de Vésale est-elle si éloignée de la position extrême de Léonard qui « a insisté sur une impossibilité radicale du texte écrit comparé au génie de la figure ? »[904] En effet, « la représentation graphique sélectionne, simplifie, condense, néglige, exagère, déforme. »[905]

Les illustrations anatomiques d'Eustache méritent elles aussi d'être mentionnées car elles échappent au style et à la façon de faire de l'anatomie de Vésale. Eustache dessine ses planches anatomiques avec Pier Matteo Pini. Quand il décide de représenter les organes de la digestion, il ne le fait pas en les isolant mais au contraire ils sont présentés comme formant un tout. Aucune structure figurée ne l'est de façon autonome. Ainsi, la description des muscles

---

[902] A. Vezzosi, *Léonard de Vinci, Art et Science de l'univers*, traduit de l'italien par Françoise Lifran, Paris, Editions Gallimard, 1996, p. 70

[903] J. Lambert, *François Dagognet et les néoécritures anatomiques*, pp. 93-111, in R. Damien (sous la dir. de), *François Dagognet épistémologue philosophe – une philosophie à l'œuvre,* op. cit., p. 98

[904] Ibid., pp. 98-99

[905] Ibid., p. 100

renvoie à celle des nerfs et la myologie est mise en relation avec l'ostéologie. Le mouvement humain est donc mis en valeur par chacune des structures anatomiques qui y participent et mieux compris à partir de l'analyse des relations qui s'établissent entre elles. Ce qui est innovant avec Eustache, c'est aussi l'adjonction d'échelles graduées aux illustrations permettant, par là même, le calcul des dimensions réelles des organes. Le problème d'Eustache c'est que sur l'ensemble de ses planches anatomiques, huit seulement seront publiées à Venise en 1564 sous le titre d'*Opuscula anatomica* et ce n'est qu'en 1717 que l'intégrité de l'œuvre graphique d'Eustache sera publiée sous le titre de *Tabulae anatomicae*.

Comme en botanique, de très nombreux artistes de la Renaissance ont dessiné des planches anatomiques illustrées où ils ont transcrit le dévoilement de la réalité anatomique. Ces artistes se sont appliqués à être le plus juste possible, en attendant que des observations ultérieures viennent affiner, modifier le tableau - image de leurs transcriptions.

Nous nous devons de signaler que la représentation graphique a certes inspiré un très grand nombre d'anatomistes du 16e siècle, mais que certains anatomistes, comme Riolan par exemple, ont banni l'illustration anatomique de leurs ouvrages.

Finalement, l'iconoclasme de la Réforme n'aura guère entravé l'épanouissement de l'art baroque. Ceci se conçoit assez bien puisque l'art baroque s'affirme comme éloge de la Création. Néanmoins, il faut bien admettre que l'art baroque au 16e siècle « [...] n'éveille que peu d'écho dans la pensée philosophique de ce siècle. »[906]

L'ILLUSTRATION ANATOMIQUE AU 17E SIECLE

Au 17e siècle, Johann Rimmelin apporte peu d'innovation dans la représentation anatomique, si ce n'est "trois planches in-folio qui présentent les organes, découpés et superposés, comme dans certains ouvrages modernes". Par contre, si "l'œuvre anatomique" de Pietro Berrettini (1596-1669) apparaît classique malgré l'extrême jeunesse de son auteur, elle révèle les conceptions esthétiques de celui-ci, déjà bien empreintes de l'esprit baroque. Dans les vingt planches anatomiques réalisées par ses soins en 1618, alors qu'il n'avait pas encore acquis ses lettres de noblesse en peinture et en architecture, Berrettini exprime ses tendances artistiques qui répondent à une réaction, non pas contre la haute Renaissance dont il est assez proche, mais au contraire contre le maniérisme de la seconde partie du 20e siècle. Berrettini réussit à afficher un style qui est à la fois en continuité avec celui de la haute Renaissance et en même temps s'en distingue par le rendu spatial de ses planches anatomiques. Par exemple, en

---

[906] J. Russ, *Panorama des idées philosophiques – De Platon aux contemporains*, op. cit., p. 129

regardant la planche XIV, l'ordre baroque s'impose à nous avec sa superposition d'éléments, son empilement d'unités vertébrales, d'arcs costaux, de racines nerveuses, de troncs nerveux. Comme pour l'architecture, à laquelle il se destinera plus tard, Berrettini fait saillir le centre de son étude anatomique, en l'occurrence la chaîne cérébro-spinale. En tous les cas, cette chaîne est bien au premier plan et, à l'instar d'un édifice architectural, Berrettini présente sur cette planche l'innervation du corps humain en dessinant un réseau de lignes qui définit un ordre dans la distribution des différents rameaux nerveux. La tête et la colonne vertébrale sont les pièces maîtresses de cet "ordre anatomique". Par ses dessins anatomiques, Berrettini rend compte admirablement des dissections pratiquées sous ses yeux par le chirurgien Nicolas Larchée à l'hôpital Santo Spirito. Si, sur ses dessins anatomiques, Berrettini fait figurer généralement les muscles, les nerfs et les vaisseaux sanguins, il s'intéresse plus particulièrement aux nerfs. Parmi ses vingt planches anatomiques, une seule représente un sujet de sexe féminin, et pour les autres, Berrettini s'applique à rendre très expressives les figures masculines exposées et à leur donner des poses dramatiques, fidèles à l'esprit de la Renaissance et à l'esprit baroque. Il leur confère ainsi une allure noble et héroïque et il se plaît à les situer dans un cadre architectural antique reconnaissable à des détails architecturaux : colonnes, arches, … De plus, dans la majeure partie de ses planches anatomiques, Berrettini s'arrange pour que le personnage anatomique tienne un médaillon — médaillon censé faire office de miroir pour le personnage qui le regarde — mais, médaillon dont l'image qu'il nous renvoie est celle de l'anatomie de diverses régions de l'organisme.
Quant au peintre hollandais Gérard de Lairesse (1640-1711), il se sert de l'anatomie pour mettre en valeur la perfection des formes humaines. Dans ses illustrations anatomiques, Gérard de Lairesse expose les figures qui, à la fois, aident le spectateur à mieux examiner le résultat de l'anatomie, et à ôter le caractère barbare de celle-ci. Par leur civilité, les figures de Gérard de Lairesse forcent le spectateur à voir l'anatomie d'une autre façon ; d'une certaine manière, elles socialisent l'anatomie. D'ailleurs, Gérard de Lairesse exécutera de très nombreux lavis originaux qui seront repris par deux graveurs, Van Gust et Blooteling, pour illustrer l'*Anatomia corporis* de Bidloo, éditée en 1685. Les planches de Gérard de Lairesse ne sont plus traitées à la manière de celles de *la Fabrica* de Vésale. L'univers du traité d'anatomie scientifique y est différent ; il y est dépouillé et l'écorché n'est plus figuré avec un paysage à l'arrière-plan. Par contre, cet univers est réaliste et sur les planches anatomiques, on peut voir un drap, une corde ou une mouche, voire même des épingles assurant le maintien des préparations. Il y a, comme l'écrit Morwena Joly, « une mise en scène réaliste de l'horreur ». Morwena Joly nous dresse un tableau saisissant de la composition et de la mise en scène de ces planches anatomiques. « L'évocation du pendu cède la place à l'idée du supplice, avec la corde qui lie les mains de la femme écorchée montrant les "Plans superficiels

des muscles du dos". Quant à la "vue dorsale d'une main avec les tendons extenseurs de la main et les muscles de l'avant-bras", elle permet de véritablement théâtraliser le réalisme agressif à l'œuvre dans ces planches originellement au lavis, qui traduisent subtilement la texture de la peau. »[907]
Pour mettre fin à nos considérations sur l'illustration anatomique à la Renaissance et à l'Âge classique, force est de reconnaître le génie des artistes de cette période baroque, en même temps que leur complicité avec les anatomistes. Il y a un tel respect entre anatomistes et artistes que les artistes parviennent à traduire le message des anatomistes tout en arrivant à faire passer leur message propre. R. Mandressi nous rappelle dans quel contexte les artistes et les anatomistes travaillent ensemble et il montre à quel point les artistes savent préserver leur sens de l'esthétique et leur art de la mise en scène dans l'élaboration des illustrations anatomiques. « La participation des artistes à l'établissement de l'iconographie anatomique s'est produite sur la base de la conviction que l'illustration remplissait un rôle essentiel dans le dispositif de connaissance organisé autour de la perception visuelle. Peintres et anatomistes partagent les mêmes valeurs à propos de l'expérience sensorielle, les livres scientifiques exploitent la culture visuelle de l'époque, et celle-ci les envahit en y apportant une sensibilité spécifique. Les artistes ont mis au service du savoir anatomique une dimension esthétique, mais aussi un regard allant au-delà de l'objet mort déposé sur la table de dissection : la dramaturgie des squelettes et des écorchés n'appartient pas au scalpel mais au pinceau. C'est l'artiste qui fait danser les cadavres. »[908] L'esprit et le génie de l'artiste transparaissent dans ces illustrations anatomiques. C'est le cas du peintre Jacques Gamelin, dans son nouveau recueil d'ostéologie et de myologie dessiné d'après nature. Ainsi, nous indique D. Arasse, « le peintre Jacques Gamelin pousse particulièrement loin l'interprétation fantastique de l'illustration anatomique : son "squelette de profil droit étendu sur une dalle mortuaire" est présenté dans un éclairage tragique qui met en valeur l'épouvantable et impensable cri qui semble surgir des mâchoires béantes. Sans doute s'agit-il là d'une des premières "anatomies artistiques" destinées à un grand succès au XIXe siècle, mais on ne saurait en rapporter l'impact émotif à la seule intervention d'une mentalité d'artiste dans un domaine exclusivement scientifique. En fait, ces images attestent la difficulté de l'anatomie à se banaliser, à devenir une science "comme les autres". Après avoir tenté de "civiliser" la pratique anatomique comme science autonome, sa mise en scène figurative met au contraire en valeur ce qui peut suggérer que le corps

---

907 M. Joly, *La leçon d'anatomie*, op. cit., p. 19

908 R. Mandressi, *Dissections et anatomie,* pp. 311-333, in A. Corbin, J.–J .Courtine, G. Vigarello, *Histoire du corps*, t.1, *De la Renaissance aux Lumières*, op. cit., pp. 321-322

n'est pas un "objet scientifique" indifférent, que l'être humain est indissociable de son corps. »[909]
Finalement, l'examen des illustrations anatomiques durant les 16e et 17e siècles révèle un réel investissement des meilleurs peintres dans les traités scientifiques d'anatomie. Ils ont répondu à l'appel des médecins et tout en obéissant à ces derniers, ils ont su préserver leur sens de la création tout en créant les plus beaux chefs d'œuvre avec leurs dessins anatomiques. Ils ont rendu compte de l'état des connaissances sur la circulation sanguine, sur l'ostéologie, la neurologie, l'obstétrique et la myologie. C'est ainsi qu'un certain nombre de noms restent inscrits dans la mémoire collective et que J. L. Binet et P. Descargues peuvent écrire : « Le Brun et Casserius pour la circulation, Gérard de Lairesse et Cheselden pour la structure des tissus, Cowper et Albinus pour la myologie, Smellie pour l'obstétrique, Scarpa pour la neurologie ont réalisé, ou fait réaliser, des œuvres qui appartiennent autant à notre musée imaginaire qu'à l'histoire de la science. »[910]
A la fin du 17e siècle, le succès des planches anatomiques est tel, et si crucial aux yeux de tous, que l'absence de collaboration entre l'anatomiste et l'artiste serait considérée comme une erreur éditoriale. Lors de la conception des planches anatomiques, l'artiste ne se cantonne pas à son rôle d'illustrateur. Par sa mise en scène, il a la volonté de plaire à un public nombreux et de participer ainsi au succès des planches anatomiques.
De plus, à la fin du 17e siècle, une iconographie de la mécanique musculaire voit le jour après que Borelli ait appliqué les lois de la mécanique physique à l'analyse du mouvement humain et qu'Albert von Haller ait diffusé sa théorie sur la contractibilité, l'irritabilité et la sensibilité. La maîtrise de la qualité des planches anatomiques des 16e et 17e siècles et de la première moitié du 18e siècle, témoigne de la qualité scientifique des traités anatomiques de l'époque. Pour en avoir la preuve, il suffit d'examiner les planches anatomiques qui accompagnent l'article "Anatomie" dans l'Encyclopédie de Diderot.

3-2-2-2 – L'illustration anatomique aux 18e et 19e siècles

A la fin du 17e siècle, la dissection devient un spectacle à la mode et l'amphithéâtre rivalise avec le théâtre. C'est dire combien la mise en scène du corps humain s'impose à tous et, ce faisant, accrédite et normalise la place des artistes auprès des anatomistes, pour mieux présenter et concevoir les illustrations anatomiques dans les traités d'anatomie. En plus de leur valeur pédagogique, ces illustrations anatomiques présentent l'avantage de restituer

[909] D. Arasse, *La chair, la grâce, le sublime,* pp. 411-477, in A. Corbin, J.-J. Courtine et G. Vigarello, *Histoire du corps,* tome 1, *De la Renaissance aux Lumières,* op. cit., p. 441
[910] J.-L. Binet, P. Descargues, *Dessins et traités d'anatomie*, op. cit., p. 91

aux initiés un spectacle qui leur est déjà familier et aux non-initiés un spectacle dont tout le monde parle.

L'ILLUSTRATION ANATOMIQUE AU 18^{E} SIECLE

Au tout début du 18e siècle, Le Blon, par un nouveau procédé, va donner à l'illustration en couleurs toute sa dimension. Mais ce seront ses élèves, Ladmiral et Gautier d'Agoty qui s'en attribueront la paternité. Jacques Fabien Gautier d'Agoty (1716-1785) tentera de rendre "l'effet de la peinture à l'huile par le tirage superposé de plusieurs planches" et poussera à son paroxysme l'art d'illustrer le corps mort, au cours de la seconde moitié du 18e siècle. En peignant les muscles dorsaux d'une jeune femme qui se déploient comme des ailes, Agoty lui donne l'allure d'un "ange anatomique". Sur une image figurant une femme assise, la matrice ouverte, un fœtus sur les genoux, Agoty reprend un thème classique, celui de la Vierge et l'Enfant. Autant dire qu'Agoty n'est pas parvenu, comme ce sera pourtant progressivement le cas au 18e siècle, à débarrasser totalement le corps de ses revêtements symboliques.
Bernard Siegfried Albinus (1697-1770), professeur d'anatomie et de chirurgie hollandais, a publié à Leyde, en 1747, un recueil d'anatomie intitulé *Tabulae sceleti et musculorum corporis humani*, sans doute le plus bel ouvrage anatomique illustré du 18e siècle. C'est Wandelaar (1690-1759), élève de Gérard de Lairesse, auquel a été confiée l'illustration des quarante planches anatomiques de ce chef-d'œuvre. Yves Brohard insiste sur la « grande précision scientifique mais aussi la fantaisie hardie »[911] de ces planches. Cet atlas de tables anatomiques, par la précision inégalée et la qualité artistique de celles-ci, est une oeuvre d'exception. Ce sont ces planches anatomiques qui vont assurer le succès du traité d'Albinus. Sur ces planches, Albinus défend avec force l'idée de symétrie car il veut exprimer à la fois son sens de la beauté et son idée de la santé parfaite. Renato G. Mazzolini en explique les raisons : « respectueux d'un précepte de Boerhaave affirmant qu'une perturbation de la symétrie des parties minuscules du corps peut être à l'origine d'une maladie, Albinus insiste sur cette propriété dans ses tables où il montre le corps et ses parties en parfait état de fonctionnement. Son anatomie se rapporte en fait à un idéal, à une construction théorique. »[912]
A l'époque des Lumières, dans cet immense mouvement épistémologique que représente l'Encyclopédisme, les illustrations occuperont une place de premier plan. Il faut dire que Diderot et Goussier, illustrateur de l'Encyclopédie, considèrent l'univers comme un grand livre ouvert, parfaitement déchiffrable.

---

[911] Y. Brohard, *Petite histoire de l'illusration anatomique,* op. cit., p. 111

[912] Renato G. Mazzolini, *Les lumières de la raison : des systèmes médicaux à l'organologie naturaliste*, pp. 93-115 in Mirko D. Grmek (sous la direction de), *Histoire de la pensée médicale en Occident*, tome 2 – *De la Renaissance aux lumières*, op. cit., p. 114

D'ailleurs, dans le *Prospectus de l'Encyclopédie*, Diderot écrit qu' « un coup d'œil sur l'objet ou sur sa représentation en dit plus qu'une page de discours »[913] C'est dire combien les encyclopédistes attachent de l'importance aux illustrations et ceci explique pourquoi les anatomistes, dans un contexte culturel pareil, ne se passeront pas de l'illustration. D'ailleurs, François Moureau précise que dans l'*Encyclopédie*, « l'homme lui-même en son anatomie est pelé comme un fruit »[914] Au cours de la seconde moitié du 18e siècle, la représentation anatomique ne sera donc pas boudée par les anatomistes.

Avant d'évoquer les cas où ce sont les artistes qui assurent l'illustration des ouvrages d'anatomie, citons le cas du Néerlandais Pieter Camper qui est à la fois anatomiste et illustrateur. Tout au long de sa carrière, l'anatomie, humaine et comparée, occupe une place importante dans son œuvre. Son exploration de la sphère anatomique lui vaut une renommée européenne et une autorité incontestable dans ce domaine, à la fin du 18e siècle. Les illustrations qui accompagnent ses publications étaient d'une facture de si grande qualité qu'elles contribuèrent à sa réputation internationale. Très attaché à l'anatomie et à l'étude des formes, il n'était pas indifférent à l'art, loin de là. Il maniait le trait avec virtuosité et S. Schmitt nous en parle savamment dans les quelques lignes qui suivent : « L'idée d'unité de plan est omniprésente dans les travaux anatomiques de Camper. Il retrouvait d'ailleurs, à ce propos, un souci esthétique qu'il ressentait depuis toujours et qui l'avait un temps conduit à étudier l'art. Des générations de naturalistes furent impressionnées par la manière dont il esquissait devant leurs yeux des formes animales, les transformant ensuite à volonté en parcourant ainsi toute la diversité des espèces, au moins parmi les vertébrés. »[915]

Dans les grands ouvrages médicaux de la fin du 18e siècle, l'art d'illustrer le corps mort sera poussé à la perfection. Les artistes ne négligent aucun détail, tout est inscrit sur les planches anatomiques, les faisceaux de fibres musculaires, les aponévroses, les rinceaux de capillaires et les os. Le réalisme de ces planches est sidérant et la minutie de leur exécution est exaspérante. Du corps écorché, saisi avec une excessive précision, ces planches offrent une image d'une inquiétante étrangeté. Grâce et séduction caractérisent ce siècle qui est pourtant aussi celui de la Raison et les illustrations anatomiques portent la marque des intentions des éditeurs et des imprimeurs qui "veulent autant plaire que parler aux yeux". Néanmoins, il faut bien admettre qu'au cours du de ce 18e siècle, le spectacle anatomique, offert par les illustrations des planches anatomiques, s'épure progressivement. Les illustrations anatomiques se

---

913 Diderot, *Prospectus de l'Encyclopédie*, 1750

914 F. Moureau, *Le roman vrai de l'Encyclopédie*, Paris, Editions Gallimard, p. 99

915 S. Schmitt, *Aux origines de la biologie moderne – L'anatomie comparée d'Aristote à la théorie de l'évolution*, op. cit., p. 230

dépouillent et même renoncent peu à peu aux références symboliques traditionnelles. La période florissante de l'anatomie, s'étendant des dernières décades du 18e siècle aux premières décades du 19e siècle, se caractérise non seulement par une croissance impressionnante de l'épistémologie de l'anatomie, conséquence de l'émergence de disciplines comme l'anatomie animata, l'anatomie comparée, l'anatomie pathologique et l'anatomo-clinique, mais aussi par la "démétaphorisation" progressive de l'iconographie anatomique. Cette "démétaphorisation" est tellement sensible que l'historien de l'art Martin Kemp affirme qu'entre le 18e et le 19e siècle, « l'iconographie anatomique passe du "style" au "non-style". »[916]

L'ILLUSTRATION ANATOMIQUE AU 19E SIECLE

Mais dès le début du 19e siècle, en 1801, dans son Anatomie générale, Bichat n'insère aucune planche d'illustration. Il écrit même : « Qu'importent ces détails descriptifs exagérés ? […] Ce mode de description est étranger au progrès de la médecine. »[917] Donc, Bichat refuse toute traduction graphique du regard anatomique et pour lui, seuls les mots sont en mesure d'exprimer les images tissulaires de la vie et de la mort. De même, il n'envisagera pas d'examens au microscope. Avec Bichat, l'anatomie a congédié l'artiste mais tous les anatomistes du 19e siècle, Curveilhier en tête, ne raisonneront pas comme lui. Au 19e siècle, le dessin anatomique va même connaître un renouvellement. Celui-ci se manifestera par la place prise par la couleur dans les illustrations des planches anatomiques mais ce renouveau sera aussi lié à des changements épistémologiques comme les découvertes anatomo-pathhologiques, ou au besoin de montrer des observations microscopiques.

Curveilhier n'adoptera donc pas la même attitude que Bichat vis-à-vis des planches anatomiques illustrées puisque, dans l'*Introduction de l'anatomie pathologique du corps humain ou description avec figures lithographiques des diverses aberrations morbides dont le corps humain est susceptible*, il plaide en faveur de la réalisation de planches anatomiques pour l'anatomie pathologique. Il estime cette "traduction graphique de la maladie" d'autant plus utile qu'elle fait acte de mémoire et représente le seul moyen de comparer les cas au fil du temps et des observations. « Si l'utilité des planches appliquée à l'anatomie des organes sains a pu être contestée, il n'est personne qui puisse révoquer en doute, je ne dis pas leur utilité, mais leur nécessité en anatomie pathologique. Ici l'occasion est fugitive ; les yeux oublient aisément ce qu'ils n'ont vu qu'une fois, ce qu'ils n'ont fait souvent qu'entrevoir. Une simple description se traîne

---

[916] M. Kemp, *Style and non-style in anatomical illustrations*, in M. Kemp, M. Wallace, eds., *Know thyself, the art and science of the human body*; Berkeley and London: University of California Press, 2001.

[917] X. Bichat, *Traité d'anatomie descriptive*, tome 1, nouvelle édition, Paris, Gabon et compagnie libraires, 1823, Discours préliminaire, p. xxj

péniblement d'organe en organe. La conservation des pièces d'anatomie pathologique les altère, les dénature et ne peut d'ailleurs que profiter à un petit nombre. La pratique la plus étendue ne fournit que de loin en loin des cas analogues, des cas qui peuvent s'éclairer mutuellement. Un dessin fidèle, auquel on ne demande que ce qu'il peut donner, c'est-à-dire des formes, des couleurs, des rapports, des dimensions et même des détails de structure grossis par des instruments d'optique, un dessin fidèle est éternel comme la nature et à l'abri des vascillations des systèmes. »[918]

Afin de garder des supports durables dans le temps de ses observations les plus inhabituelles ou les plus remarquables, Curveilhier produit jusqu'à deux cents lithographies en noir et en couleurs. La plupart du temps, il rehausse celles-ci de retouches à la main à l'aquarelle ou à la gouache. Curveilhier manifeste ainsi son souci de garder des traces fidèles de ces observations anatomo-pathologiques, d'archiver et de classer ses tableaux diagnostiques, de constituer des supports pédagogiques pour l'enseignement et pour la discussion. Ce souci est en même temps le reflet de l'esprit qui anime les peintres et les écrivains de la même époque, de l'expression médicale du romantisme. Tous, médecins, peintres et écrivains sont à la recherche de la réalité. Curveilhier n'est pas le seul à s'investir dans la traduction graphique de la maladie en suivant les influences artistiques de l'époque. Il y aura aussi Delestre à Paris, Baillie, Cooper, Hopper, Bright et Ansley à Londres, Meckel à Leipzig.

D'une manière générale, l'illustration anatomique du début du 19e siècle s'aligne d'abord sur le néoclassicisme, à la mode au retour de Bonaparte de la campagne d'Egypte. En même temps que le retour à la gravure sur bois, de nouveaux procédés comme la gravure sur acier et surtout la lithographie se développent et l'estampe, souvent coloriée, jouit d'une grande considération.

Avec l'atlas anatomique de Bourgery, il va s'opérer un vrai changement dans l'iconographie anatomique. La représentation du corps va se débarrasser des scories symboliques pour mieux répondre aux nouveaux impératifs de la médecine, c'est-à-dire parvenir à objectiver le plus précisément possible la maladie et la souffrance. L'artiste va se mettre à produire des images scientifiques où le corps apparaît comme n'étant plus porteur de valeurs subjectives mais, au contraire, comme étant réduit à un objet biologique.

Dès 1832, Jean-Baptiste Bourgery se met à publier des livres d'anatomie humaine. Le premier paraît donc en 1832 et il s'agit du *Traité complet de l'anatomie de l'homme en huit volumes*. Cet ouvrage monumental est un très beau livre, illustré de 725 planches lithographiées par Nicolas Henri Jacob, élève de David ; il est vanté par la Société des beaux arts de Paris. Le second livre de J.-B. Bourgery, l'*Anatomie élémentaire en vingt planches*, est publié de 1836 à 1839 et le dernier, publié en 1866 et 1867, en collaboration avec Claude Bernard, se nomme *Traité complet de l'anatomie de l'homme comprenant*

[918] J.-L. Binet, P. Descargues, *Dessins et traités d'anatomie*, op. cit., pp. 211-212

l'anatomie chirurgicale et la médecine opératoire. Dans son introduction de 1832, Bourgery explique la nécessité d'accompagner le texte anatomique par des dessins mais pas n'importe lesquels. Selon lui, le dessin anatomique doit répondre à plusieurs exigences. « Pour qu'un ouvrage de ce genre puisse offrir toute l'utilité dont il est susceptible, il faut non seulement que la science y soit présentée dans son état le plus avancé, mais encore qu'elle y paraisse avec toutes ses applications. Aussi ne devrait-on copier un travail antécédent que si on peut lui ajouter des faits nouveaux ; mais, surtout, il est indispensable que les planches d'un pareil ouvrage, exécutées dans une intention nouvelle, soient dessinées d'après nature, en se servant toutefois comme indications des figures reconnues comme les meilleures parmi celles qui ont été publiées jusqu'à ce jour. »[919] Avec Bourgery, chaque planche anatomique devra être didactique et le reflet de l'état d'avancement de l'anatomie.
A la fin du 19e siècle, les manuels d'anatomie des étudiants ne suscitent plus aucune émotion. Tout dans la présentation des planches anatomiques est fait pour oublier ce qui caractérisait les planches anatomiques de la fin du 18e siècle, leur pouvoir de séduction sur le regard et l'impossibilité pour le spectateur de fixer son attention sur elles tant elles éblouissaient. Les planches anatomiques de la fin du 19e siècle sont au contraire sans âme, standardisées. Le corps y est présenté selon des poses répondant aux normes internationales, héritées en partie de la géométrie descriptive (face, profil, coupe) et les couleurs employées obéissent à un système de couleur conventionnel bien défini. Il faut dire que la clinique, en incitant fortement les médecins à observer directement sur le vivant, leur a donné le sens de la transparence du corps, ce qui leur fait deviner le corps profond. Il n'est plus besoin pour eux d'illustrations anatomiques qui sont moins parlantes que leur recueil de données diagnostiques. D'ailleurs, avec Roentgen en 1895, la traversée du corps par les rayons X deviendra effective et des images du corps profond seront désormais possibles sans ouvrir le corps. Jusqu'en 1895, l'illustration demeure un outil utile et son instrumentalisation facilite les échanges entre savants, entre professeurs et étudiants. L'instrumentalisation de l'illustration est néanmoins réductrice puisque « ce n'est pas le système visuel qui produit ce que nous pensons être le monde visuel, mais que c'est le produit de la conjonction de la vue et du toucher. »[920] Or, en anatomie, ceci se vérifie pleinement puisque indéniablement, la main et les yeux se complètent pour mieux appréhender l'espace anatomique.

---

[919] J.-B. M. Bourgery, *Traité complet de l'anatomie de l'homme comprenant la médecine opératoire : Anatomie descriptive ou physiologique, appareil de relation, organes de locomotion, ostéologie, syndesmologie*, Paris, Delaunay éditeur, 1er vol., 1832, p. 2

[920] M. Alberton, *Apprendre à voir : les enseignements de la Défense de la Théorie de la vision*, pp. 135-157, in D. Berlioz (sous la dir. de), *Berkeley – Langage de la perception et art de voir*, Paris, Editions PUF, 2003, p. 157

Après avoir passé en revue l'illustration des livres d'anatomie conçus par des anatomistes, illustrés par des artistes et destinés aux anatomistes, aux médecins et aux étudiants en médecine, il est bon de préciser qu'à la fin de la première moitié du 19e siècle, il existe aussi désormais des traités d'anatomie plastique réservés aux artistes. C'est un grand changement qui s'opère puisque l'anatomie n'y est plus traitée de façon médicale, mais elle y est abordée seulement sous sa forme esthétique.

3-2-3 – L'anatomie et le regard des artistes sur le corps humain

CONSIDERATIONS GENERALES

L'anatomie est avant tout affaire de regards et en cela, il est important de s'interroger sur le regard que portent les artistes sur le corps humain. Comme tout regard, celui des artistes est le premier moment de la compréhension. Mais ce qui est remarquable dans le regard des artistes, c'est que ce regard est celui d'êtres touchés par la grâce et la beauté du corps humain. De ce fait, leur regard diffère de tout regard qui se veut objectif, en ce sens qu'il s'est construit à partir d'une perception esthétique. En fait, si l'on en croit Hegel, l'art est considéré « comme manifestation de l'esprit » et « l'artiste transforme la réalité naturelle, la dépouille de sa matérialité et la spiritualise. »[921] Par conséquent, quand le peintre représente le corps anatomique, il ne peut pas le laisser tel qu'il est, il va se l'approprier en y imprimant sa marque. Néanmoins, nous devons admettre que « toute perception est [...] en même temps un acte de création de la beauté » et que « [...] cette beauté physique est toujours en réalité une beauté artistique, car elle est moins constitutive que constituée par un regard qui se recrée en la créant. »[922] N'oublions pas, non plus, que cette perception esthétique s'est transformée avec le temps et que les anatomistes de la Renaissance ont d'une certaine façon contribué à l'exacerber en lui fournissant tous les ingrédients qui l'ont amenée là où elle est aujourd'hui. Observation et fantasme se sont combinés « pour faire du corps un lieu privilégié de l'imagination. »[923]
Paradoxalement, la connaissance du corps humain a permis aux artistes de prendre de la distance avec lui et de créer ainsi une image du corps humain qui soit en adéquation avec leur espace culturel et historique. L'espace culturel et historique a autant d'influence sur les artistes que sur les anatomistes. Ainsi,

---

[921] C. Morana, E. Oudin, *Petite philosophie des grandes idées – L'art – de Platon à Deleuze*, Paris, Editions Eyrolles, 2010, p. 107
[922] C. Jaquet, *Le Corps*, Paris, Editions PUF, 2001, p. 210
[923] H. Zerner, *Le regard des artistes,* pp. 85-117, in A. Corbin, J.-J .Courtine, G. Vigarello, *Histoire du corps*, t.2, *De la Révolution à la Grande Guerre*, Paris, Editions du Seuil, 2005, p. 87

selon Fleck, « il n'est pas possible de faire d'observations sans un certain nombre de présupposés. »[924] Il résume d'ailleurs cette réflexion dans son article « schauen, sehen, wissen » : « pour voir, on doit d'abord connaître. »[925] Fleck ajoute même que « pour voir, on doit d'abord savoir ce qui est essentiel ; on doit être capable de distinguer le fond de l'image ; on doit savoir à quelle catégorie appartient l'objet. Sinon on regarde mais on ne voit pas. »[926] Comme l'explique J.-F. Braunstein, « c'est avec l'exemple des planches anatomiques que Fleck illustre le mieux cette thèse. Il n'y a jamais eu un squelette "tel qu'il est" : les représentations du corps sont toujours informées par une certaine culture, qu'il s'agisse de représentations du Moyen Âge, qui nous semblent imaginaires, ou de celles de nos contemporains, qui nous semblent plus "réelles". »[927] Depuis la nuit des temps, "le regard des artistes" a toujours été fasciné par le corps humain qui « [...] a toujours joué un rôle capital dans l'art de l'Occident. »[928]. Les artistes en ont fait un sujet d'étude récurrent.
Le regard porté sur le corps n'est pas le même selon qu'il s'agit du regard médical, du regard du philosophe ou du regard de l'Eglise. Chacun de ces regards est héritier de la culture et de l'histoire.
Le regard des artistes hérite, quant à lui, de tous ces regards qui se sont constitués au fil des siècles. Il peut aussi parfois se rapprocher beaucoup du regard médical, quand l'artiste pratique lui-même des dissections anatomiques, mais sans jamais coïncider avec lui. De plus, comme tout un chacun, l'artiste intègre aussi la vision du corps qu'il porte lui-même sur son propre corps « lorsqu'il traverse l'épreuve de la maladie »[929] et cette vision vient encore enrichir son regard. Ce qui rapproche et sépare aussi le regard des anatomistes et celui des artistes, c'est que théoriquement les anatomistes doivent porter sur le corps un regard scientifique et faire tout pour écarter les autres types de regard mais, eux non plus, ne peuvent pas échapper totalement aux influences diverses qui sont le fondement du regard de tout individu. En fait, nous explique Ernest Cassirer, « le rapport entre subjectivité et objectivité, individualité et

[924] J.-F. Braunstein, *Deux philosophes de la médecine : Canguilhem et Fleck,* pp. 63-80, in A. Fagot-Largeault, C. Debru et M. Morange, *Philosophie et médecine – en hommage à Georges Canguilhem*, Paris, Librairie philosophique J. Vrin, 2008, p. 73
[925] L. Fleck, *"Schauen, sehen, wissen"(1947)*, in *Erfahrung und Tatsache*, Frankfurt am Main, Editions Suhrkamp, 1983, p. 147
[926] Ibid., p. 148
[927] J.-F. Braunstein, *Deux philosophes de la médecine : Canguilhem et Fleck,* pp. 63-80, in A. Fagot-Largeault, C. Debru et M. Morange, *Philosophie et médecine – en hommage à Georges Canguilhem*, op. cit., p. 73
[928] H. Zerner, *Le regard des artistes,* op. cit., pp. 86-87
[929] C. Crignon-De Oliveira, M. Gaille-Nikodimov, *A qui appartient le corps humain ?*, op. cit., p. 38

universalité, n'est pas le même dans l'œuvre d'art et dans l'œuvre du savant. »[930]

LE REGARD DES ARTISTES SUR LE CORPS HUMAIN A LA RENAISSANCE

Le regard des artistes de la Renaissance sur le corps humain se construit bien sûr, en se fondant, d'une part, sur l'héritage de l'image grecque du 5e siècle avant notre ère mais aussi, d'autre part, sur des données anatomiques contemporaines recueillies au cours des dissections auxquelles les artistes ont assisté ou qu'ils ont pratiqué eux-mêmes, alimentant ainsi leur imaginaire sur le corps humain. D'où cette exceptionnelle kyrielle de tableaux ayant adopté le nu comme genre et d'artistes s'étant intéressés au corps humain. Au 16e siècle, aucun critère précis ne permet de distinguer le regard des artistes de celui des anatomistes puisqu'il n'existe pas de limite précise entre la science anatomique et l'étude des proportions. Vésale est un anatomiste à part, en ce sens que son regard a su combiner celui de l'anatomiste à celui de l'artiste.
Corinne Pieters fait l'autopsie du regard de Vésale : « le regard que Vésale nous invite à porter sur nous-mêmes dans *La Fabrique* possède ceci d'unique qu'il est, comme indifféremment, esthétique, artistique, scientifique, philosophique. Il incarne l'âge d'or d'une vision globale d'un individu perçu lui-même comme œuvre d'art. Double contemplation d'un corps humain que, désormais, chacun, anatomiste, peintre, philosophe, allait étudier et figurer, dans les siècles qui suivront, en fonction de sa spécialité, en vertu de son propre langage. Si le regard de Vésale fut si riche et spécifique, c'est qu'il fut porteur d'un projet dont l'ambition reste, à ce jour et à nos yeux inégalée. *La Fabrique du corps humain* marquera en effet l'ultime tentative de réconciliation entre le regard de l'artiste et du savant, signe et symbole d'une vision à la fois crue et nuancée, englobant dans son champ toute la complexité de la condition humaine. »[931]
Quand il convoque l'artiste chargé de réaliser ses planches anatomiques, Vésale n'a même pas besoin de lui demander de faire cohabiter les lois de la raison et les intérêts des sens. A cette époque, c'est aussi naturel pour lui que pour les artistes. Ce caractère inégalable du regard de Vésale, Corinne Pieters l'attribue à son appartenance à la Renaissance, donc à sa capacité à « [...] maîtriser la Raison, froidement objective, et l'ardente spiritualité qui pénètre le monde. »[932]

---

[930] E. Cassirer, *Essai sur l'homme*, op. cit., p. 317

[931] C. Pieters, *L'anatomie entre art et science : autopsie d'un regard*, in : *Communication et langages*, N° 127, 1er trimestre 2001, p. 76

[932] Ibid., p. 76

Tous les successeurs de Vésale n'ont pas su « réaliser aussi bien l'harmonie entre les exigences de la science et celles de l'art ou de la philosophie. »[933]

LE REGARD DES ARTISTES SUR LE CORPS HUMAIN AU 17^E SIECLE

Au 17e siècle, quand Rembrandt peint, en 1632, la leçon d'anatomie du Dr. Tulp, manifestement il s'applique à montrer que le regard de l'artiste doit être en phase avec son temps et les nouvelles représentations du corps humain par les anatomistes. Ainsi, au 17e siècle, l'univers d'Aristote et de Galien se termine, le mouvement entre en jeu et l'ère de l'anatomie descriptive est dépassée. Tout ceci se perçoit à travers ce que veut nous laisser découvrir Rembrandt. Cette leçon d'anatomie « est une véritable démonstration expérimentale d'une corrélation entre une structure anatomique et la physiologie des mouvements de la main. »[934] Dans *l'Anatomia humani corporis*, de l'anatomiste G. Bidloo, publiée en 1685 à Amsterdam, figurent des planches exécutées d'après des dessins de Gérard de Lairesse. Il y a dans cet ouvrage une véritable « distorsion entre l'objectivité scientifique réclamée par le maître d'œuvre du traité et le regard de l'artiste. »[935]

LE REGARD DES ARTISTES SUR LE CORPS HUMAIN AU 18E SIECLE

De même, au cours de la première moitié du 18e siècle, l'anatomie en images sera souvent un échec sur le plan de l'analyse médicale. Néanmoins, certains artistes sauront parfois faire transparaître dans quelques recueils anatomiques leur émotion esthétique. C'est le cas, par exemple, du peintre Jacques Gamelin (1738-1803) réalisant les grandes planches gravées du *Nouveau Recueil d'ostéologie et de myologie dessiné d'après nature*, dont certaines compositions sont éclairées à la manière de Rembrandt. Des écorchés et des squelettes s'y livrent à des gesticulations dramatiques.[936] A la fin du 18e siècle, l'anatomie descriptive macroscopique est de mieux en mieux connue et c'est vraiment son âge d'or ; les traités sont alors dotés de planches de dessins qui sont de véritables chefs-d'œuvre d'esthétique et de précision. Il faut dire que les peintres ont créé, en 1764, un cours d'anatomie car ils ont compris à quel point il y avait une impérieuse nécessité d'étudier le corps humain pour construire un modèle du beau, modèle qui sera conçu selon la doctrine néo-classique. En

---

[933] N. Laneyrie-Dagen, *L'invention du corps – La représentation de l'homme du Moyen Âge à la fin du XIXe siècle*, Paris, Editions Flammarion, 2006, p. 205
[934] A. C. Masquelet, *La leçon d'Anatomie du Docteur Tulp,* Bull. Acad. Natle Méd., 2011, 195, no 3, séance du 29 mars 2011, p. 774
[935] N. Laneyrie-Dagen, *L'invention du corps – La représentation de l'homme du Moyen Âge à la fin du XIXe siècle*, op. cit., p. 205
[936] Ibid., p. 207

reconstruisant l'aspect extérieur du corps humain à partir du squelette puis des muscles, Jean-Baptiste Houdon fait de son Ecorché un chef-d'œuvre.

LE REGARD DES ARTISTES SUR LE CORPS HUMAIN AU 19^E^ SIECLE

Le regard des artistes du 19e siècle sur le corps humain est très original. Il résulte d'une sorte de contestation vis-à-vis de la conception traditionnelle du corps qui se voulait à la fois représenter le monde en miniature, rappeler l'apparence divine et répondre aux thèmes dictés par la tradition chrétienne reposant sur deux idées principales. La première idée, celle d'incarnation « propose le corps comme signe de la temporalité, de la contingence du sujet humain et de sa décadence. »[937] La seconde idée est celle du "corps glorieux", échappant à la corruption ; elle a été produite par les théologiens, à partir du dogme de la résurrection. Au 19e siècle, il se produit une remise en question des conventions et les artistes ont tendance à laisser de côté le support jugé fastidieux de l'histoire. De nombreux artistes optent pour des compositions plus libres. Avec Manet et son Olympia, la figuration académique prend fin et c'est la vérité qui est recherchée. Il en est aussi ainsi des œuvres réalistes de Courbet. Degas se chargera de faire survivre la tradition réaliste du corps en réussissant à faire « sentir la mécanique corporelle, que ce soit la tension des mâchoires dans le bâillement ou la pression des bras des lingères appuyant sur leur fer à repasser. »[938] Par contre, le regard des artistes du 19e siècle demeure fidèle à cette constante référence au canon des proportions, déjà établie à la Renaissance, et, nous indique Claire Barbillon, « l'idée de canon resurgit avec une particulière acuité. [...] Les textes énonçant des théories des proportions, loin de concerner seulement le domaine de l'enseignement des beaux-arts, le débordent largement et se situent dans la question plus vaste de la vision du monde et de sa représentation. »[939]

Sans les œuvres des artistes, qu'elles soient picturales, graphiques, sculpturales ou architecturales, le regard des artistes n'aurait pas pu être lisible et nous renseigner sur leurs intentions, leur sensibilité, leur volonté à partager avec leurs contemporains leur intérêt vis-à-vis de l'évolution de la connaissance dans les sciences médicales fondamentales (anatomie et physiologie). C'est par exemple ce qui se dégage du tableau de peinture où l'on voit Vésale tenir le bras d'un cadavre. De toute évidence, l'artiste veut souligner que ce que donne Vésale c'est tout simplement une leçon d'anatomie descriptive. Par contre, quand il peint le Dr. Tulp, Rembrandt fait en sorte que sa mise en scène nous permette de comprendre qu'il ne s'agit pas d'une simple leçon d'anatomie descriptive

[937] H. Zerner, *Le regard des artistes,* op. cit., p. 87

[938] Ibid., p. 104

[939] C. Barbillon, *Les canons du corps humain au 19e siècle : L'art et la règle*, Paris, Editions Odile Jacob, 2004, p. 9

mais d'une démonstration d'anatomie fonctionnelle. Alors que Vésale, sur le tableau du 16e siècle, montre la structure de l'avant-bras, le Dr. Tulp, sur celui du 17e siècle, en montre la fonction. Rembrandt réussit à suggérer le mouvement qui s'impose à nous quand on regarde le Dr. Tulp ; celui-ci, en effet, par la traction du fléchisseur superficiel commun des doigts, maintenu dans sa pince, est censé entraîner une flexion des articulations proximales des doigts du cadavre. Le mouvement a bien pris le pas sur le statique et Tulp est bien « un homme du siècle du mouvement » comme l'indique Alain Masquelet. Alors, sans aucun doute, « le tableau de Rembrandt peut être considéré au-delà de la charge symbolique qu'il recèle, comme un des meilleurs témoins de l'atmosphère intellectuelle du 17e siècle, celle d'une rupture épistémologique majeure dans l'histoire de l'humanité. »[940]Autant dire que les peintres participent à la diffusion des idées et ils nous aident à nous rendre compte à quel point la place de l'anatomie est capitale dans la société contemporaine d'alors. Parmi les anatomistes du 17e siècle, c'est W. Harvey qui est à l'origine de la rupture épistémologique entre l'anatomie du 16e siècle et l'anatomie du 17e siècle, dont Rembrandt nous a informé. W. Harvey est le premier à voir, au lieu de la forme, le mouvement. Il est le premier à incarner les idées du baroque. Quand il effectue ses recherches, il ne part pas « [...] de la configuration du cœur mais du pouls et de la respiration, c'est-à-dire de deux mouvements élémentaires qui ne s'arrêtent qu'avec la mort. »[941] De même, dans son œuvre, l'artiste baroque libère partout le mouvement, ce qui donne à son œuvre plus de pittoresque et de relief. Sil existe un point commun entre les peintres et les anatomistes de la période baroque, c'est donc bien le mouvement.

CONSIDERATONS PHILOSOPHIQUES AUTOUR DES ILLUSTRATIONS ANATOMIQUES

Avant d'en finir avec l'illustration anatomique des traités d'anatomie et avec le "regard des artistes" qui a accompagné les anatomistes et permis les illustrations dans les traités d'anatomie, il n'est pas superflu de se poser des questions de nature philosophique autour de l'image et de rappeler ce qu'écrit Jean-Jacques Wunenburger à propos de la question de la mimèsis ("être à l'image de"). Ainsi J-J. Wunenburger écrit : « Etre une image, c'est être précisément "à l'image de", c'est-à-dire ne pas exister seulement par soi, mais renvoyer et ressembler à autre chose que soi-même. Autrement dit, l'image porte dans sa définition même l'idée d'une dépendance à autre chose qu'elle-même, dépendance à un modèle sur le mode d'une ressemblance morphologique. La qualité et la vérité du contenu d'une image sont donc conditionnées par une comparaison entre

[940] A. C. Masquelet, *La leçon d'Anatomie du Docteur Tulp,* op. cit., p. 782

[941] H. E. Sigerist, *Introduction à la médecine*, trad. M. Ténine, Paris, Editions Payot, 1932, pp. 40-42

l'image-copie et la forme de référence, qui permet d'établir que la copie est, d'une part, image, d'autre part, image plus ou moins ressemblante. En devenant image, une forme est appelée à exister une seconde fois, à la fois Même et Autre, car elle doit être son image ressemblante, mais aussi être suffisamment distincte de son modèle, pour qu'elle puisse apparaître comme une image et non comme l'être original lui-même. Ainsi l'image est toujours inséparable d'une compréhension en termes de filiation. Etant image de, elle renvoie inévitablement à son origine et exige donc d'être pensée à travers le paradigme généalogique. Symétriquement d'ailleurs, il n'y a d'image que si quelque réalité, idéelle ou matérielle, se reproduit c'est-à-dire sort de soi et engendre autre chose que soi. L'engendrement, la filiation et la généalogie constituent donc le champ métaphorique privilégié pour penser l'image, puisque toute reproduction tend à produire une parenté et donc la naissance d'une image.
L'image suppose donc d'abord que l'être, que le réel n'est pas unique, mais peut donner lieu à une duplication, au moins de sa forme. »[942]
En guise de conclusion, au sujet des illustrations anatomiques, nous pensons qu'il ne faut pas les considérer comme accessoires. Nous croyons en effet que l'anatomie, en tant que science, répond à ce qu'écrit J-J. Wunenburger pour la science en général, « la fécondité heuristique de la science est aussi conditionnée par un traitement des informations sous forme iconographique. En ce sens, l'image devient un médium qui permet de transformer le savoir abstrait pour aboutir à une synthèse nouvelle où le visuel sert à assurer l'intelligibilité. Les sciences ont souvent progressé par l'établissement de différents dispositifs de représentation visuelle, croquis, schémas, graphes, tables matricielles, diagrammes, où l'espace visible vient structurer le savoir et préparer des hypothèses et conclusions. »[943]

3-2-4 – Réflexions finales sur l'illustration anatomique, le regard de l'artiste et le regard de l'anatomiste

En passant en revue les illustrations anatomiques de la période baroque et des 18e et 19e siècles, nous avons constaté combien elles sont différentes suivant les siècles. Cette iconographie varie suivant les découvertes anatomiques, mais aussi suivant les artistes qui produisent ces illustrations. Bien sûr aussi, l'évolution des techniques de l'imprimerie a eu des répercussions sur l'imagerie anatomique. Gravures sur bois, sur cuivre, lithographies, tirages en grandeur humaine, tirages en couleurs, ont apporté des améliorations substantielles à la qualité iconographique des planches anatomiques. Presque toujours les auteurs des planches anatomiques ne sont pas des médecins et leur trait se laisse guider par l'auteur du texte, c'est-à-dire le médecin. Mais quand il s'agit de peintres

[942] J.-J. Wunenburger, *Philosophie des images,* Paris, Editions PUF, 1997, p. 101
[943] Ibid., pp. 236-237

célèbres, l'artiste est tellement fasciné par l'expérience scientifique de la dissection anatomique, il partage tant la passion de l'auteur du texte qu'il s'approprie presque le regard de l'anatomiste. Parfois même, le regard de l'artiste sert de garde-fou au regard de l'anatomiste quand ce dernier a son œil trop rivé sur les théories et écoute plus ses théories qu'il ne regarde ou ne peut regarder. Regard de l'artiste et regard de l'anatomiste se complètent alors. Des fois même, le regard de l'artiste est en avance sur celui de l'anatomiste. L'imaginaire de l'artiste intègre alors la science anatomique et le résultat peut alors être sublime. Dans ce cas, nous pourrions presque dire que le regard de l'anatomiste et le regard de l'artiste ne font qu'un. Il en a été ainsi pour deux artistes de la période baroque de l'histoire de l'anatomie. C'est d'abord le graveur inconnu qui a illustré la Fabrica de Vésale, c'est ensuite Gérard de Lairesse qui a composé les planches du traité anatomique du Dr. Bidloo. Gérard de Lairesse parvient à faire vivre un regard qui dépasse même dans son identité anatomique le regard de l'anatomiste et ce, par exemple en rendant le nacre des tissus bien avant que les anatomistes aient connu sa nature tissulaire. Néanmoins, même si pour ces deux cas exceptionnels, le style de l'artiste demeure, son caractère propre est le fruit de la culture de l'artiste. Celle-ci s'appuie bien sûr sur des images anatomiques mais aussi, par delà, sur un répertoire d'images religieuses, sociales, militaires, littéraires, qui s'est constitué au fil des siècles. Ce qui marque durablement les meilleures illustrations anatomiques, c'est aussi et surtout le dépassement de soi de l'artiste.

Finalement, même si le regard de l'anatomiste et celui de l'artiste ne sont pas toujours concordants, il demeure une certaine connivence entre l'artiste et l'anatomiste qui transparaît dans leurs regards respectifs, conduisant à leur enrichissement mutuel. Dans ce cas, l'œuvre de l'artiste est le résultat de la transcription d'un regard qui est la résultante de ces deux regards. Néanmoins, là où ces deux regards divergent quelque peu, c'est dans le schéma mental de fonctionnement de l'anatomiste, d'une part, et de l'artiste, d'autre part. Par sa démarche scientifique, l'anatomiste veut aboutir à une illustration anatomique très synthétique et il a donc tendance à écarter le superflu, alors que l'artiste fait vivre ses émotions et il est beaucoup moins soumis à ce type de contrainte. Il ne s'intéresse pas uniquement à l'objet, il tient beaucoup compte du sujet. Les artistes peuvent ainsi parfois précéder les anatomistes dans l'étude anatomique. En l'occurrence, quand Le Brun analyse les mouvements des muscles du visage pour étudier ses expressions, il devance Charles Bell et son étude du système nerveux de la tête. En poussant son analyse jusqu'aux analogies animales, Le Brun précède aussi tous les physiognomonistes et plus tard ceux qui s'adonneront à l'anatomie comparée.

Une certaine évolution de l'illustration anatomique a bien eu lieu du 16e au 19e siècle, mais certains types d'illustrations traverseront les siècles. Ce sera par exemple le cas d'un certain nombre de représentations bâties sur des références originelles à la souffrance, à la peur de la mort, au supplice, au martyre, etc. En effet, un certain nombre d'illustrations anatomiques du début du 17e siècle montreront encore des mains liées dans le dos du corps qui pourraient être celles de suppliciés. P. Descargues nous explique que cette « horreur macabre demeure jusque dans les lithographies du 19e siècle, alors que le propos est d'accéder à une sereine connaissance scientifique. A cette époque toutefois la pathologie commence à remplacer l'anatomie de bonne santé et à nouveau la compassion réapparaît. »[944] Même quand elles se rapprochent de la réalité, les illustrations anatomiques s'en écartent tout de même puisque lorsqu'elles comporteront des couleurs, elles répondront à un code de couleurs qui permettra de différencier les veines, les artères, le réseau lymphatique, le réseau nerveux. Mais si ce code facilite la lecture de ces illustrations, les couleurs n'en sont pas moins différentes de celles qui apparaissent sous le couteau du disséqueur. De plus, de toute façon, l'illustration ne peut donner à l'image que deux dimensions alors que le disséqueur découvre et connaît en trois dimensions. Enfin, quand on passe de l'autopsie à l'illustration anatomique, on passe de la connaissance pratique au savoir abstrait. L'image ne peut en aucun cas remplacer l'autopsie. Elle ne fait que proposer des aperçus. Néanmoins, elle met en valeur les conquêtes de la main et de l'œil et sa valeur artistique ne nuit pas à son efficacité didactique.

3-2-5 – L'anatomie et la céroplastie

Précédemment, nous avons déjà rappelé combien les images et les objets ont contribué à la propagation de l'anatomie et ce, par l'entremise de dessins, de gravures, de tableaux,... Mais nous avons aussi évoqué les limites des illustrations anatomiques en montrant que, malgré la maîtrise parfaite de la perspective par les artistes, leurs œuvres planes demeuraient en deux dimensions et, par conséquent, ne pouvaient offrir qu'une image de ce que découvrait l'anatomiste en disséquant. Il nous faut donc mentionner maintenant les modèles en cire et les préparations anatomiques naturelles car ces réalisations sont fascinantes de réalisme puisqu'elles restituent parfaitement l'image du corps en trois dimensions. Il s'agit de véritables sculptures, réalisées par des artistes ou des anatomistes-artistes, désignés comme des sculpteurs modernes dans l'article « sculpteurs » de l'Encyclopédie de Diderot.
Puisque « la forme n'est qu'une vue de l'esprit, une spéculation sur l'étendue réduite à l'intelligibilité géométrique, tant qu'elle ne vit pas dans la matière [...] »[945], dès la fin du 17e siècle, les anatomistes ont donc voulu dépasser la forme plane et se rapprocher encore plus de la réalité dans la représentation

944 P. Descargues, *Introduction*, pp. 8-15, in J.-L. Binet, P. Descargues, *Dessins et traités d'anatomie,* Paris, Editions du chêne, 1980, p. 10
945 H. Focillon, *Vie des formes*, op. cit., p. 85

anatomique. Pour ce faire, ils ont voulu s'investir, d'une part, dans la représentation anatomique artificielle (cires anatomiques), et, d'autre part, dans la représentation anatomique "naturelle".
La céroplastie anatomique est censée être née à la fin du 17e siècle en Italie. L'inventeur de cette technique est l'abbé sicilien Gaetano Giulio Zumbo (1656-1701). Cet artiste, hors du commun, parvient à créer des modèles en cire colorée, teintés directement dans la masse. Les modèles obtenus sont saisissants de vérité, presque plus vrais que nature, et assurent de belles et fidèles reproductions des corps anatomisés permettant de garder en mémoire « le moment fugace de découverte qu'est la dissection. »[946] Puisqu'il n'existe pas « de procédé efficace de conservation des cadavres, le modèle en cire moulé sur nature, puis retravaillé et coloré s'impose comme un substitut imputrescible du corps disséqué. »[947] A l'aide des cires anatomiques, il est possible à la fois de mettre en scène les cadavres et de dévoiler les structures internes de l'organisme. Lors de son séjour à Florence, chez Cosme III, Zumbo réalise quatre groupes symboliques : la *Peste*, le *Triomphe du temps*, la *Corruption des corps* et la *Syphilis*. Zumbo gagnera ensuite la célèbre Ecole d'anatomie de Bologne. Il rencontrera ensuite le chirurgien Guillaume Desnoues à Gênes avec lequel il collaborera pour réaliser des cires anatomiques, moulées sur les cadavres des hôpitaux. Zumbo confectionnera ainsi ses célèbres têtes anatomiques et parmi elles, trois seulement seront rescapées, ou, tout au moins, sont encore connues aujourd'hui. Il s'agit, pour la première de sa première œuvre, réservée à son protecteur Cosme III. La seconde tête, acquise par l'Académie des Sciences de Paris en 1701 reçut tellement de louanges des savants que Louis XIV accorda deux privilèges à Zumbo. La troisième tête anatomique échoua dans les collections dont Cuvier hérita. Suite au séjour de Zumbo à Bologne et à Florence, la pratique de la céroplastie se maintiendra dans ces deux villes. Bologne et Florence deviendront même deux centres importants de développement de la céroplastie au 18e siècle. La céroplastie y sera d'autant plus florissante que les collectionneurs d'"hommes de cire" seront de plus en plus nombreux. En fait, il faut considérer que si les cires anatomiques ont tant de succès, c'est qu'elles sont une invention scientifique du 18e siècle mais qu'en même temps, elles « sont indissociables de l'histoire artistique du corps, car leur but pédagogique est, dès l'origine, l'objet d'un investissement imaginaire et artistique, tant dans la mise en scène des pièces particulières ou des collections que dans le traitement visuel du corps dont elles sont l'occasion. »[948]

---

946 P. Comar, *Les images du corps*, op. cit., p. 83
947 Ibid.
948 D. Arasse, *La chair, la grâce, le sublime,* pp. 411-477, in A. Corbin, J.-J. Courtine et G. Vigarello, *Histoire du corps,* tome 1, *De la Renaissance aux Lumières*, op. cit., p. 469

Avec le chirurgien Giuseppe Galetti et le sculpteur livournais Giuseppe Ferrini, Felice Fontana, directeur du Musée de physique et d'histoire naturelle de Florence, médecin du grand duc de Toscane Pierre Léopold de Toscane, par la faveur de ce dernier, fonda le premier atelier de céroplastie au Palazzo Pitti d'où sont sorties de très nombreuses cires anatomiques et ce, jusqu'en 1893. En quelques lignes, D. Arasse nous montre toute la puissance des œuvres de Fontana qui ne se limitent pas à un discours philosophique ou scientifique, mais le dépassent. « Effaçant toute évocation de la salle de dissection, renonçant également à l'effet de portrait qui rendait saisissante la *Tête de vieillard anatomisé* de Gaetano Zumbo, le musée de Fontana présente l'anatomie idéale de corps parfaits où l'éclat, la variété et la beauté des couleurs exaltent ce qui se voit, où "l'œil est fasciné par d'extraordinaires minuties, par l'orfèvrerie scintillante, par l'enchevêtrement corallien des vaisseaux, par les filigranes des nerfs". »[949] Charles Dupaty (1744-1788), homme de lettres, nous donne une idée de l'importance de ce musée : « je voudrais pouvoir décrire le cabinet d'histoire naturelle, que, depuis dix ans, le grand-duc s'occupe d'enrichir, et M. Fontana d'arranger. Cinquante chambres sont déjà pleines des trésors de cette collection. [...]. Il est impossible de rendre l'élégance des appartements, l'ordre, la distribution ; non seulement tout paraît, mais tout se montre, tout vous appelle. Les armoires de ce cabinet représentent les cases de la mémoire de M. Fontana, remplie d'histoire naturelle. »[950] Pour sa part, Stendhal profite de son passage à Florence le 27 septembre 1811 pour visiter le musée de Fontana. Il ne cache pas son engouement pour ce musée et les pièces anatomiques qui s'y trouvent. « Quel plaisir d'avoir un anatomiste en entrant dans le musée ! Rien ne m'a paru plus propre, plus net, plus instructif. Ces signes sont disposés de manière à donner sans effort des idées nettes. La salle des accouchements me semble fort supérieure à celles de Bologne et de Vienne. Je me souviens avec plaisir de la visite que je fis à l'Académie Joséphine et à cette salle. Je vois avec le plaisir des yeux d'un ignorant les muscles et les nerfs, qui sont exprimés très nettement, l'anatomie de l'œil avec sa chambre obscure [...]. J'ai vu ici le premier squelette qui m'a paru beau. On sent de quel genre de beauté est susceptible un squelette : le grandiose ; mais il en a vraiment. Il est à gauche en entrant dans les salles de préparation en cire, dans une belle cage de verre. Les fosses des yeux, le nez, les mâchoires, les os des cuisses, les mains et les pieds

[949] D. Arasse, *La chair, la grâce, le sublime,* pp. 411-477, in A. Corbin, J.-J. Courtine et G. Vigarello, *Histoire du corps,* tome 1, *De la Renaissance aux Lumières*, op. cit., p. 471

[950] C. Dupaty, *Lettres sur l'Italie*, 1785, à Florence, lettre XXVI, cité dans H. Palouzié, *Felice Fontana – L'aventure des cires anatomiques de Florence à Montpellier*, Montpellier, Diffusion régionale des affaires culturelles du Languedoc-Roussillon, 2010, p. 27

sont jetés grandement. » (Journal d'Italie, Florence, Musée d'histoire naturelle, chapitre XLII, p. 340-41) [951]

D. Arasse analyse les cires qui sont exposées dans ce musée : « Peu importante d'un point de vue strictement scientifique, la *Vénus Médicis* s'adresse à un vaste public ; à la façon des planches "à l'antique" de Vésale, elle situe l'anatomie dans le contexte artistique contemporain du beau idéal. Prises isolément, les cires de Fontana correspondent à une esthétique néoclassique ; mais leur mise en scène et les surprises théâtrales que certaines réservent relèvent en revanche de la tradition (atténuée) de l'imagerie baroque – et ce singulier mélange suffit à dire combien la représentation anatomique du corps est, même au siècle des Lumières, irréductible à son seul projet éclairé, qu'il soit scientifique ou philosophique. »[952] Les cires anatomiques de Fontana sont appréciées de tous les grands d'Europe et elles exercent un attrait particulier sur la plupart des souverains d'Europe. Bonaparte, commandant de l'armée française en Italie, dès le lendemain de sa visite au musée de Florence, avait d'ailleurs envoyé une lettre au Directoire, le 1er juillet 1796, dans laquelle il faisait figurer les pièces anatomiques de Fontana parmi les chefs d'œuvre de Toscane qui étaient si convoités : « J'ai vu à Florence la célèbre Vénus qui manque à notre Muséum et une collection d'anatomies en cire qu'il ne serait pas indifférent d'avoir. Fontana, le Directeur du Cabinet du Grand Duc, accepterait de faire une copie de ces pièces anatomiques. Cela coûterait peu de chose et serait d'un grand secours pour l'instruction d'une science si essentielle à l'humanité. »[953] D'ailleurs, Fontana, dans un courrier de 1801 adressé à Redon de Belleville, commissaire général des relations commerciales de la République française, fait état de l'intérêt que Napoléon portait déjà pour les cires anatomiques du musée de Florence : « Votre lettre du 29 nivôse an IX (19 janvier 1801) m'a agréablement surpris. Elle me prouve que le vainqueur de l'Italie ne m'a pas totalement oublié, ni les commissions qu'il me donna lors de sa première arrivée à Florence ; il me demanda, à cette époque, l'exécution de deux ouvrages très utiles à l'humanité, l'un d'une collection anatomique en cire, semblable à celle que j'avais faite pour le Cabinet de Florence ; le second d'une statue décomponible en bois, formée de trois mille pièces et de quelques

---

[951] C. Dupaty, *Lettres sur l'Italie*, 1785, à Florence, lettre XXVI, cité dans H. Palouzié, *Felice Fontana – L'aventure des cires anatomiques de Florence à Montpellier*, op. cit., p. 27

[952] D. Arasse, *La chair, la grâce, le sublime,* pp. 411-477, in A. Corbin, J.-J. Courtine et G. Vigarello, *Histoire du corps,* tome 1, *De la Renaissance aux Lumières*, op. cit., p. 471

[953] H. Palouzié, *Felice Fontana – L'aventure des cires anatomiques de Florence à Montpellier*, op. cit., p. 23

millions de moins grandes, visibles et en relief, inséparables des premières. »[954] André Thouin (1747-1824), Professeur d'histoire naturelle au Muséum d'histoire naturelle à Paris, chargé par le gouvernement de recueillir les objets de science et d'art qui pouvaient servir à l'accroissement des collections nationales, parle du Muséum de Fontana en termes élogieux et dresse un tableau assez détaillé de son contenu : « La partie la plus considérable et qui tient le plus de place est l'anatomie artificielle. Toutes les figures, en cire colorée, imitent parfaitement la nature, tant dans la forme que dans la position. On voit d'abord des sujets entiers, puis ceux qui sont dépouillés de leur peau, et ceux auxquels on a enlevé la première, la seconde et la troisième couche de muscles. D'autres sujets présentent successivement le système nerveux, celui des artères, celui des veines ; enfin, celui des vaisseaux lymphatiques. Viennent ensuite des séries de pièces composant le corps humain développées dans des plus grands détails, les organes de la vue, de l'ouïe, de l'odorat, de la bouche, des viscères, du cœur, du foie, des intestins, de la génération, du cerveau, etc. Une multitude de figures représentent les diverses phases de la conception des enfants, leurs positions naturelles ou artificielles dans le sein de la mère ; en même temps, les moyens à employer dans les différents cas pour opérer les accouchements. »[955]

Par la suite, les travaux de Paolo Mascagni sur le système lymphatique furent illustrés par le sculpteur Clément Susini (1757-1814). Ce dernier se charge de la formation de Francesco Calenzuoli, puis de son fils Carlo, et de Luigi Calamei. Ces trois derniers sculpteurs se chargèrent d'étendre le champ de leur activité à la pathologie humaine et à l'anatomie comparée. Au 18e siècle, les grands des cours d'Europe, à l'instar du duc d'Orléans se mettent à collectionner des cires anatomiques et des écorchés de cire, séduits par les pièces issues du musée florentin. Il en est aussi ainsi des souverains d'Europe comme l'empereur d'Autriche Joseph II, Bonaparte, Catherine II de Russie, etc. Vers 1820, encore, les têtes en cire de Carlo Calenzuoli offrent une vision saisissante du contenu de la cavité bucco-dentaire.

Au 18e siècle, Duverney, le célèbre médecin du jardin du Roi, en réalisant de nombreuses dissections publiques, met l'anatomie à la mode et la demande de cires anatomiques pour des particuliers va se développer. La France est, elle aussi, atteinte de la fièvre de la céroplastie. En 1773, Gautier d'Agoty comprend tout l'intérêt qu'il peut en tirer et ne se prive pas d'en faire l'éloge. « Il n'est qu'un seul moyen de rendre l'anatomie intéressante et facile, c'est d'offrir les objets avec leur couleurs naturelles. »[956] La céroplastie est un moyen efficace de garder en mémoire le moment fugace de la dissection, d'autant plus qu'il

954 H. Palouzié, *Felice Fontana – L'aventure des cires anatomiques de Florence à Montpellier*, op. cit., p. 29
955 Ibid., pp. 24-26
956 P. Comar, *Les images du corps*, op. cit., p. 1

n'existe aucune technique valable pour la conservation des cadavres. Dans ces conditions, le modèle en cire constitue un substitut imputrescible du corps disséqué qui est très apprécié des anatomistes, mais aussi du grand public. En effet, comme le fait remarquer Isabelle Martin, « l'usage de la céroplastie, qui permet la représentation de la vie de façon inanimée, osons l'oxymore, donne sans aucun doute un essor supplémentaire à l'intérêt que le public manifeste pour l'anatomie, en évacuant le morbide par la beauté du sujet. »[957] L'anatomie et les cires anatomiques sont si bien intégrées dans le décor de la société française, si familières au milieu culturel du 18e siècle, qu'elles sont même évoquées dans les écrits des gens de lettres. Dans *Adèle et Théodore ou Lettres sur l'éducation* (publié en 1782), Madame de Genlis veut inciter la jeunesse à découvrir l'Anatomie et elle fait dire à la mère de ses deux personnages qu'elle s'est arrangée, afin que ses deux enfants se familiarisent avec l'anatomie, pour placer dans le corridor qu'ils traversent sans cesse, « une grande armoire vitrée à travers laquelle on voit un squelette et quelques pièces d'anatomie. »[958] Jusqu'au marquis de Sade qui, dans son Voyage en Italie (publié en 1776), ne manque pas de signaler Florence comme capitale de la céroplastie et de rendre hommage à la collection « coloriée au naturel » du chirurgien Galletti. Cette collection, nous explique Sade, expose « tous les accouchements et une jeune fille de neuf mois, en cire, qui se démonte, et sur laquelle on peut faire un cours complet d'anatomie »[959]. En outre, dans *la cinquante-deuxième passion* de son ouvrage, *Les Cent Vingt Journées de Sodome* (publié en 1785), Sade met en scène une femme « dans un cabinet rempli de cadavres en cire, très bien imités [et] percés de différentes manières. »[960]

Mais comme l'indique Pirolo Bettiol, l'anatomie "artificielle" n'est pas la seule à avoir le vent en poupe, l'anatomie "naturelle" est aussi très prisée des connaisseurs. Cette anatomie "naturelle" consiste en la préparation des cadavres, conservés au moyen de liqueurs spéciales, et séchés. Les vaisseaux de ces cadavres sont souvent injectés de cires colorées. Parmi les spécialistes de l'anatomie "naturelle", il faut citer Marie-Catherine Biheron (1719-1815) dont la qualité de ses démonstrations et de ses œuvres anatomiques faisait que de nombreux personnages célèbres du siècle des Lumières fréquentaient son cabinet.

---

[957] I. Martin, *L'anatomie animale et son spectacle au 18e siècle*, pp. 233-355, in I. Zinguer et I. Martin, *Théâtre de l'anatomie et corps en spectacle – Fondements d'une science de la Renaissance*, Berne, Peter Lang S.A. Editions scientifiques internationales, 2006, p. 241

[958] F. de Genlis, *Adèle et Théodore ou lettres sur l'éducation*, 1782, chez M. Lambert et F. J. Baudouin, libraires, p. 126

[959] D. A. F. de Sade, *Œuvres complètes*, t. XVI, 1973, pp. 147-148

[960] D. A. F. de Sade, *Les Cent Vingt Journées de Sodome*, 1975, p. 391

A la fin du 18e siècle, en France, les cabinets de curiosités sont de plus en plus nombreux et parmi les plus renommés figurent celui du duc d'Orléans et celui de Pinson (1746-1828). Ce dernier avait constitué « [...] un Cabinet de curiosités, composé de pièces naturelles et de pièces artificielles en cire, d'anatomie humaine ou animale. »[961] Pirolo Bettiol explique que la Convention nationale a marqué un moment capital pour le développement de l'anatomie artificielle en cire. En effet, par son décret du 14 frimaire an III (4 décembre 1794), elle a institué la création des Ecoles de santé de Paris, Montpellier et Strasbourg, et demandé la rénovation de l'enseignement médico-chirurgical en privilégiant les démonstrations et la pratique. Il était précisé qu'à chaque école devaient être adjoints « une bibliothèque, un cabinet d'anatomie, une suite d'instruments et d'appareils de chirurgie, une collection d'histoire naturelle médicale. »[962] Par exemple, « à l'Ecole de santé de Paris, la première mise en place – Thillaye étant confirmé dans ses fonctions de conservateur des collections le 24 frimaire – il fut décidé que le Cabinet d'anatomie comprendrait "l'anatomie humaine, comparée, artificielle, peinte, saine et morbifique, en cire, ivoire, bois et tissu", l'accent étant mis sur les "pièces d'anatomie artificielle, faites en cire, les plus utiles de toutes... »[963] Pour ce qui concerne les cires anatomiques, elles sont dorénavant considérées comme un outil pédagogique et de connaissance et la décision est prise par les autorités chargées d'organiser l'enseignement de la médecine de constituer des séries didactiques à partir des six mille pièces rassemblées et recensées. Thillaye et Vicq d'Azyr ne seront pas les derniers à insister sur l'importance de la conservation de toutes les pièces anatomiques naturelles ou artificielles. Attaché à l'Ecole de santé de Paris, comme modeleur en cire, Pinson sera l'un des acteurs de cette conservation, en y restaurant de très nombreuses œuvres. Il y travaillera jusqu'en 1822 et y créera en plus des pièces originales. A la demande de Dupuytren, Pinson va concentrer ses travaux sur tout ce qui a trait à l'anatomie pathologique, alors en plein essor. Les pièces nouvelles sont des cœurs, des reins, des poumons, des foies... L'arrivée de Cuvier à la chaire d'anatomie des animaux va permettre de donner un nouveau souffle de vie aux collections anatomiques du Muséum d'Histoire naturelle. Les premières galeries d'anatomie comparée firent leur apparition en 1806. Par la suite, de nouvelles pièces en cire illustrant l'anatomie et le développement des animaux, vinrent enrichir les séries de démonstration de Cuvier. Certaines d'entre elles furent offertes par Pinson, de son vivant, et les autres furent léguées, à sa mort, par sa veuve. Indéniablement, par les cires anatomiques, les artistes donnent à voir la puissance de l'organique et sa "beauté" propre. Il en est ainsi de Pinson dont les cires n'ont pas d'autre "sujet"

[961] G. Pirolo Bettiol et al., *Les siècles d'or de la médecine – Padoue XVe –XVIII e siècles*, op. cit., p. 158
[962] Ibid., p. 156
[963] Ibid.

que la machine du corps et sa nature organique. D'une certaine façon, certains pensent que les œuvres de Pinson sont dans l'incapacité de se proposer à une contemplation proprement artistique. Mais pourtant, nul ne peut nier combien il parvient « [...] à donner à ses figures une expression et une gestuelle vivantes, le plus souvent pathétiques »[964], comme le souligne D. Arasse. Pour s'en convaincre, il suffit de s'arrêter devant la *Femme assise représentant la Frayeur*. Cette femme est nue, le sexe masqué par un tissu ; elle est assise sur un socle et l'exposition de son visage, en même temps que le geste de ses bras, rendent parfaitement sa frayeur. Elle est vivante mais l'image de sa poitrine, totalement ouverte sur sa cage thoracique et ses intestins, suscite la crainte de la mort.

Jean-Baptiste Laumonier (1749-1818), chirurgien en chef de l'hôtel-Dieu de Rouen, était spécialisé dans l'injection des vaisseaux lymphatiques et dans l'art de modeler les préparations anatomiques en cire. Il fut appelé par la Convention nationale et nommé à la tête du Cabinet d'anatomie artificielle de l'Ecole de santé de Paris, le 19 ventôse an III (9 mars 1795). Il manifesta ses dons d'artiste et ses qualités d'anatomiste chevronné, en réalisant son œuvre majeure, exposée en 1806 : le modelage du corps d'un jeune homme, permettant de mettre en évidence le système complet des vaisseaux absorbants. Par cette œuvre, il obtint une telle notoriété que l'école de cérisculpture de Rouen, créée en 1807, fût placée sous son égide.

Honoré Fragonard (1732-1799) est l'un des premiers fondateurs de l'anatomie vétérinaire. Enseignant et en même temps premier directeur de l'Ecole vétérinaire d'Alfort, en 1766, il y a créé un Cabinet d'anatomie où il a vite connu la célébrité mais il en sera ensuite chassé. La Convention nationale mit fin à sa disgrâce en le nommant membre du Jury national des arts. H. Fragonard s'employa alors à rechercher des collections utiles à l'enseignement pour l'Ecole de santé de Paris. Il fut d'ailleurs nommé le 22 ventôse an III (12 mars 1795) chef des travaux anatomiques de cette école où il s'évertua à transférer la collection de mille cinq cent préparations anatomiques constituée par ses soins à l'Ecole vétérinaire d'Alfort. Il réalisa un nombre impressionnant de préparations anatomiques "naturelles" à caractère scientifique, en particulier les appareils circulatoires de l'homme et de l'enfant ainsi que les appareils génitaux de l'étalon et de la jument. Ses dons d'anatomiste, alliés à son génie artistique, lui permirent de réaliser aussi des pièces à portée autant scientifique qu'artistique, d'une expression saisissante, telles que le cavalier et l'homme à la mandibule, œuvres où transparaissent tout son génie et son sens de la mise en scène. D. Arasse nous précise que H. Fragonard s'ingéniera à faire de ses œuvres « [...] des pièces de démonstration idéales, capables de montrer toute la

---

[964] D. Arasse, *La chair, la grâce, le sublime,* pp. 411-477, in A. Corbin, J.-J. Courtine et G. Vigarello, *Histoire du corps,* tome 1, *De la Renaissance aux Lumières*, op. cit., p. 471

structure d'un organisme (squelette, muscles, vaisseaux sanguins et système nerveux). »[965] Mais D. Arasse nous dresse surtout un tableau saisissant de la qualité et de la puissance des œuvres réalisées par H. Fragonard. « Plus qu'il ne s'intéresse à la recherche anatomique et médicale proprement dite, il perfectionne sans cesse ses propres méthodes pour améliorer le "rendu" de ses anatomies. Il se met ainsi "dans une position d'esthète de la science". Mais, faut-il ajouter, son esthétique ne peut être que fort peu scientifique : opérant à partir de tissus naturels, le "rendu" qu'il recherche est celui d'un effet de réalité inévitablement plus troublant encore que celui de la cire par suite de l'identité entre le représentant et le représenté, et du recouvrement de l'un par l'autre. Il apparaît, du même coup, que la mise en scène et la gestuelle très décidément théâtrales de ses figures s'accordent avec l'effet du "rendu" des matières : elles leur donnent, au premier abord, une présence d'outre-tombe, de morts-vivants. »[966]

3-2-6 – L'anatomie et l'architecture

L'influence de l'anatomie sur l'architecture est, elle aussi, flagrante, et, dès la Renaissance, Léonard de Vinci tient à le rappeler en dessinant l'*homme vitruvien.* Non seulement, Vinci veut bien sûr définir un modèle de corps humain aux proportions idéales, mais il veut aussi, en se référant à Vitruve, cet architecte romain du 1er siècle de notre ère, rappeler que ce dernier avait établi les normes idéales d'un ensemble urbain. Gabriel Gandolfo nous rappelle que Vitruve y était parvenu « en concevant la ville sur le mode des proportions du corps humain, avec un *coeur*, la place centrale, des *artères* pour la circulation à cheval et, pour le passage des piétons seulement, des *veinules*, lesquelles donneront les venelles) »[967] Léonard jette donc ainsi « un pont entre l'architecture et l'anatomie. »[968] De plus, Léonard de Vinci considère le corps humain comme un "morceau d'architecture ". Il divise ainsi la face en trois étages égaux : l'étage supérieur s'étendant de la racine des cheveux à la ligne bi-sourcillière, l'étage moyen de celle-ci à la ligne bi-narinaire et l'étage inférieur de celle-ci à la ligne du menton. Dürer, comme Léonard, partage la même folie des canons de la beauté et des proportions.
L'architecture urbaine, comme la peinture et le dessin, se met au service de l'anatomie. En effet, l'anatomie a pris un tel essor au 16e siècle que de plus en plus de personnes veulent assister au spectacle de l'anatomie. Il s'ensuit

[965] D. Arasse, *La chair, la grâce, le sublime,* pp. 411-477, in A. Corbin, J.-J. Courtine et G. Vigarello, *Histoire du corps,* tome 1, *De la Renaissance aux Lumières*, op. cit., p. 474
[966] Ibid.
[967] G. Gandolfo, *Modèle et réalité : une perspective épistémologique,* http://www.unice.fr/sciences-vie/epistemo1.htm, p. 1
[968] Ibid.

l'apparition d'une nouvelle structure architecturale au sein des villes. Il s'agit du théâtre anatomique, c'est-à-dire de l'amphithéâtre. Ce monument solennel est ainsi construit dans plusieurs villes d'Europe : Padoue, Montpellier, Bâle, Bologne, Paris,... L'architecture urbaine a fini par intégrer ce nouveau monument. L'anatomie se voit reconnaître ainsi le statut d'une discipline ayant accompli de grands progrès.
Mais si l'architecture se met au service de l'anatomie, celle-ci sert aussi de référence aux parties architecturales et aux ensembles architecturaux, ce que nous avons déjà évoqué en citant Michel Ange. Et les illustrations des traités anatomiques vont avoir une influence sur les ornements architecturaux de Wendel Dietterlin (1550-1599) et ses successeurs, au cours de la seconde moitié du 16e siècle.[969] Sans conteste, dans la région rhénane, et à Strasbourg en particulier, l'influence de l'ouvrage de Vésale, puis celle de l'ouvrage anatomique de Platter (1536-1614) sur l'architecture nous sont révélées par l'ouvrage de Dietterlin, *Architectura von Ausstheilen, Symmetria und Proportion der Fünff Seulen*, dans lequel Dietterlin demeure fidèle aux cinq ordres de l'architecture définis par Vitruve. Cependant, notre intérêt pour son opus magnum d'architecture ne se trouve pas là. En fait, Dietterlin crée un nouvel univers architectural, ornemental et esthétique très original. Dietterlin a l'art et la manière « de transformer les parties du corps humain en ornements et d'en faire des éléments architecturaux. »[970] Gampp fait un relevé très détaillé des différentes planches de l'ouvrage de Dietterlin qui mettent en évidence les parties anatomiques dont Dietterlin s'inspire. Il en est ainsi d'un ornement, en forme de côtes, d'un portail figurant sur la planche n°100 du chapitre consacré par Dietterlin à l'ordre ionique. De même, sur la planche n°108, Dietterlin représente au milieu d'une hotte de cheminée un thorax ouvert. Dietterlin n'hésite pas non plus à s'inspirer d'organes internes ; par exemple, la planche n°102 nous montre un cartouche placé au-dessus d'une fenêtre sur lequel il stylise un rein sectionné par Platter. Dans ses projets d'architecture, Dietterlin réserve une place à bon nombre de cartouches et sur certains d'entre eux il prend pour motif les cartilages du larynx figurés par Platter sur sa planche anatomique n°13, c'est par exemple le cas de la planche n°39 de l'ouvrage de Dietterlin. Axel Gampp nous indique que le développement des cartouches figurant des cartilages fût tel que l'on parlait, à l'époque, de *Knorpelstil* (style cartilage) là où ce style s'était le plus manifesté, c'est-à-dire dans le nord des Alpes, au début du 17e siècle. Au terme de ce bref exposé sur le transfert de motifs de l'anatomie humaine vers l'architecture, mentionnons simplement l'influence de Dietterlin sur les livres d'ornement allemands du 17e siècle.

---

[969] A. Gampp, *L'influence des traités anatomiques sur les ornements de Wendel Dietterlin et ses successeurs dans la deuxième moitié du XVIE siècle*, Histoire des sciences médicales, tome XLV, n°4, 2011, pp. 329-340
[970] Ibid., p. 336

3-2-7 – L'anatomie et la musicologie

Pour terminer, comme la musique fait partie des arts, nous ne pouvions pas nous dispenser d'évoquer l'influence exercée par la culture de l'anatomie sur la musique. Certes, cette influence est moins évidente que pour les autres arts, mais elle se manifeste dans la méthode des musiciens, dans le vocabulaire analytique dont ils se servent pour anatomiser l'art musical, dans leur façon d'affirmer l'analogie entre le corps anatomique et le corps musical.
Ainsi, au 18e siècle, Michel Paul Guy de Chabanon (1730-1792) nous montre à quel point l'anatomie a étendu son influence sur la Musique puisque, à partir de ses expériences personnelles – lectures, connaissances pratique et théorique de la musique – il va procéder à la dissection du corps musical. D'une part, il veut déterminer, en se rapprochant le plus près possible de la vérité, la source et la nature des effets de la musique sur l'auditeur. Ses effets ne peuvent être compris que si l'on maîtrise la connaissance anatomique et la connaissance physiologique du corps humain. De plus, pour nous décrire sa méthode, Chabanon nous fait un exposé dans lequel l'allusion à la dissection transparaît par le vocabulaire utilisé. « Nous dégageons l'art (musical) de tout ce qui lui seroit qu'accessoire, nous le dépouillons de tout ornement, nous l'envisageons dans toute sa nudité, que dis-je, dans son squelette anatomisé ; et nous recherchons si les effets qu'il produit s'adressent directement à l'esprit, ou aux sens, ou bien à tous deux en même tems. »[971] D'autre part, Chabanon s'est rendu compte que tout individu, quelle que soit l'époque à laquelle il appartient, a un sentiment inné du rythme. Chabanon attribue ce sens du rythme au fait qu'en tout individu, le principe de vie se manifeste par le mouvement et opère suivant des articulations rythmiques et régulières. Ainsi, le poumon se soulève et s'abaisse uniformément, le cœur et l'artère donnent des pulsions égales. De même, Chabanon considère que le levé et le frappé de la mesure sont signes du mouvement, emblèmes de la vie dans la Musique. Alors, il ne lui reste plus qu'à déclarer que l'analogie entre le corps anatomique et le corps musical se fait dans les deux sens puisque ces emblèmes de la vie dans la Musique se retrouvent dans notre organisation animale. En fait, au cours de la seconde moitié du 18e siècle, plutôt que d'estimer la prise en compte du corps comme un élément central du renouvellement de la pensée musicale, Chabanon préfère la considérer comme une condition de ce renouvellement.

Finalement, les anatomistes, comme les artistes, ont manifesté la même envie de percer les mystères de la Création. Il en est résulté un même attachement à la connaissance anatomique, un projet commun d'illustration anatomique pour les ouvrages anatomiques mais aussi une confrontation en même temps qu'un

[971] M. P. G. de Chabanon, *De la musique considérée en elle-même et dans ses rapports avec la parole, les langues, la poésie et le théâtre*, Paris, chez Pissot, 1785, p. 2

échange des idées. Les artistes ont développé un engouement exceptionnel pour l'anatomie, engouement qui est d'ailleurs à l'image de celui qu'éprouve la société tout entière. A partir du 17e siècle, la connaissance anatomique chez les artistes devient un sujet de discussion prioritaire et de vives polémiques éclatent entre eux et soulignent avec force la place prise par l'anatomie dans les arts. Sans conteste, les Arts ont occupé une place première dans le grand mouvement culturel qui anime les trois siècles d'or de l'anatomie. Les arts ont bien représenté l'une des composantes majeures, à l'origine de ce que l'on a appelé la civilisation de l'anatomie.

3-3 – Polémiques dans le monde de l'art autour de l'étude anatomique du 16e au 19e siècle

Depuis la Renaissance, il y a toujours eu une réelle duplicité entre l'art et l'anatomie et le duo entre eux est indéniable. Au 19e siècle, Michelet souligne encore l'importance de l'anatomie pour les peintres : « celui qui se contente de voir l'extérieur, de peindre la forme, ne saura pas même la voir : pour la voir avec justesse, pour la traduire fidèlement, il faut savoir ce qu'elle couvre ; nulle peinture sans anatomie. »[972]

Durant la période baroque et la période des 18e et 19e siècles, l'étude anatomique occupe une place importante dans l'histoire de l'art occidental. Au cours des études anatomiques, artistes et anatomistes vivent une certaine proximité de recherche et partagent le même spectacle du corps et le même fantasme anatomique qui « repose sur l'assurance que le savoir résiderait à l'intérieur, qu'il y aurait un intérieur et un extérieur et non un tout. »[973] L'étude anatomique, après avoir été un thème d'étude italien durant toute la Renaissance et la première moitié du 17e siècle, devient, à partir de la seconde moitié du 17e siècle, un thème d'étude français autour duquel de vraies polémiques vont naître sur le rôle et la nécessité des études anatomiques. Certains artistes considèrent que l'artiste de génie n'a pas à se soumettre de manière absolue à la science anatomique sous peine de perdre son sens de l'esthétique ou tout au moins de l'émousser. D'autres artistes sont, par contre, très attachés à l'étude anatomique, et de vives discussions s'engagent ainsi entre les uns et les autres. Mais, d'une manière générale, la question anatomique sera le plus souvent examinée de façon nuancée et sera subordonnée aux évolutions esthétiques. Les artistes se préoccuperont plus du beau que de l'exactitude anatomique.

---

[972] J. Michelet, *Le Peuple*, Paris, Editions Flammarion, 1974, p. 63

[973] L. Massaert, *Un corps de peintre*, pp. 61-74, in C. Matossian (sous la dir. de), *Art, anatomie, trois siècles d'évolution des représentations du corps*, Bruxelles, Presses de l'Académie royale des Beaux-Arts de Bruxelles, 2007, p. 63

3-3-1 –Polémiques dans le monde de l'art autour de l'étude anatomique, durant la période baroque

Peu de temps après que Vésale ait écrit *la Fabrica*, l'Académie de dessin de Florence prône déjà l'étude anatomique comme l'un des axes principaux de son programme d'enseignement. Durant la période baroque, l'étude anatomique se trouve ainsi liée aux artistes les plus célèbres de la Renaissance italienne : Léonard de Vinci, Michel-Ange et Raphaël. A partir de la fin de la première moitié du 17e siècle, l'étude anatomique à partir de certains modèles italiens, de Michel-Ange en particulier, soulève des discussions autour des vertus ou non des études anatomiques. Des questions fondamentales sur la nécessité ou non des études anatomiques sont ainsi posées durant près de trois siècles et des polémiques éclatent sans que le problème soit vraiment tranché.

Indéniablement, La Grèce antique a exercé une réelle fascination sur les artistes de la Renaissance et manifestement le modèle antique a constitué une source d'inspiration pour ces artistes. Quand les artistes de la Renaissance ont abordé les thèmes religieux du christianisme, ils ont identifié Adam à Apollon et Eve à Vénus. Le corps d'Adam et celui d'Eve sont représentés nus et presque côte à côte ; ce sont les incarnations de la beauté originelle qui se trouvent ainsi réunies. L'étude anatomique étant l'outil de prédilection pour mieux connaître le corps humain et mieux appréhender sa beauté artistique, tout naturellement, les peintres et les dessinateurs de la Renaissance ont fait appel à l'anatomie pour figurer Adam et Eve, ainsi que d'autres personnages bibliques.

Bien que l'anatomie soit une référence obligée pour les artistes de la Renaissance, les artistes parviennent à se jouer d'elle, parfois, en se servant de la perspective. Philippe Comar explique, en effet, qu'« à partir de la Renaissance, la maîtrise de la perspective fait du raccourci l'instrument clé de toutes les métamorphoses baroques. En vue plongeante comme en contre-plongée, la mesure est prise de court. L'arcade sourcilière jouxte le nombril. L'épaule s'embusque derrière les oreilles. Les formes qui se télescopent sans ménagement offrent au regard un jeu inattendu de découvertes et d'esquives. La droite — symbole de l'art classique — se mue en hélice, les torsions en contorsions, et les tours de force en tours de reins. Les poses impossibles et les points de vue aberrants font le délice des peintres qui veulent éviter les œuvres sans défauts auxquelles l'exactitude ravit toute grâce. Aussi les corps se vrillent et font entorse à la règle. [...] La critique vise moins la rotation forcée que le rapprochement imprévu qui fait apparaître au-devant de l'homme ses fondements. En redonnant au corps son enthousiasme et sa turbulence, l'esprit baroque ne rompt pas seulement avec la sérénité classique, il met en valeur la part qui échappe au calcul et à la raison humaine. Au corps longtemps médité, il oppose le corps surpris, et souligne le caractère brutal, souvent éphémère, de sa révélation. »[974]

Au début du 17e siècle, comme l'organe sexuel fait l'objet d'une certaine pudeur, les artistes vont se rabattre subtilement sur un certain nombre de critères discriminatoires relevés au niveau de l'anatomie des deux genres pour souligner l'opposition des deux sexes. Ainsi, Rubens et Jordaens parviendront à rendre cette opposition des deux sexes en caricaturant certaines caractéristiques anatomiques. Ils seront amenés à glorifier les muscles chez les hommes et à faire triompher la graisse chez les femmes. Plus particulièrement, Rubens mettra en relief toutes les masses musculaires des hommes pour traduire la force virile alors qu'il enrobera le corps des femmes d'une adiposité généreuse. Chez les femmes, il fera en sorte que les chairs gorgées de graisse montrent des plis au niveau abdominal tandis que sur leurs dos capitonnés, des fossettes se creusent. L'esprit baroque se manifeste ici par des lignes douces, sinueuses et voluptueuses, qui font oublier les lignes de construction anatomiques dans ces masses de chair. Mais malgré ceci, comme l'indique Philippe Comar, « le canon de proportions de la Vénus de Praxitèle pourrait sans dommage s'appliquer aux Grâces de Rubens, au moins à leur squelette. L'embonpoint des surfaces n'altère pas l'idéal en profondeur. »[975] Durant la première moitié du 17e siècle, comme durant la Renaissance, dès que l'artiste veut représenter le corps humain, il ne conçoit pas cette représentation sans s'appuyer sur de réelles études anatomiques. L'anatomie aura la faveur du milieu artistique jusqu'à la fin de la première moitié du 17e siècle. Mais, à partir de la seconde moitié du 17e siècle, il n'en est plus ainsi ; alors un art trop proche de l'anatomie, trop asservi à elle, n'a plus forcément toujours la faveur du milieu artistique. En l'occurrence, les nus de Michel-Ange, très prisés au 16e siècle et au cours de la première moitié du 17e siècle, le seront beaucoup moins. A partir de la seconde moitié du 17e siècle, l'anatomie sera alors au centre des querelles esthétiques. Les dessins de nus de Michel-Ange pourront même être taxés de « figures hideuses à force d'être savantes »[976], alors qu'il s'était appliqué à souligner tout ce que la connaissance en anatomie, et plus précisément en myologie, pouvait apporter de positif lors de la réalisation d'œuvres ayant trait au corps humain. Contrairement à Léonard de Vinci, le but premier de Michel-Ange, quand il disséquait les cadavres, n'était pas de satisfaire sa curiosité intellectuelle et de faire des recherches sur les fonctions du corps humain. Ses investigations étaient purement anatomiques à des fins esthétiques : il souhaitait seulement « acquérir une notion parfaite de toutes les parties du corps qui intéressent la représentation de la surface. »[977] Pour les arts, il considérait, en

[974] P. Comar, *Les images du corps*, op. cit., pp. 48-49
[975] Ibid., p. 48
[976] M. A. Laugier, *Manière de bien juger des ouvrages de peinture*, 1771, pp. 75-76
[977] N. Laneyrie-Dagen, *L'invention du corps*, Paris, Editions Flammarion, 2006, p. 110

effet, d'une impérieuse nécessité la connaissance de l'anatomie et des proportions du corps humain. Il en avait fait la démonstration avec une étude d'homme nu accompagnée d'annotations sur les proportions à respecter pour les différentes parties de ce corps. Michel-Ange était d'ailleurs cité à chaque allusion relative à l'investigation anatomique. Il est vrai que ses œuvres témoignent de l'importance de ses connaissances en anatomie et que ses dessins, tous très éloquents en matière d'anatomie, ont représenté et pourraient encore représenter aujourd'hui de très bons supports pédagogiques, et ce, tout en s'inscrivant dans une véritable démarche artistique. Mais il est vrai aussi, comme l'indique Nadeije Laneirie-Dagen, que les dessins anatomiques qui sont attribués à Michel-Ange, « dédaignent les viscères et les plans profonds cachés au regard pour ne traiter que de la position et de la forme des muscles et des tendons [...]. C'est dire que l'anatomie de Michel-Ange est plus que jamais celle des écorchés, et qu'elle ne veut être que cela. »[978]

Malgré son génie, Michel-Ange ne connaîtra donc une gloire incontestée que jusqu'au milieu du 17e siècle. En fait, le temps de la disgrâce de Michel-Ange intervient, en France, avec la parution en 1662 de l'*Idée de la perfection de la peinture*, ouvrage du théoricien d'art Roland Fréart de Chambray et coïncide pratiquement avec la mort du cardinal Mazarin l'année précédente. En effet, Roland Fréart de Chambray ne ménage pas Michel Ange et il lui reproche « une certaine dureté affectée dans sa manière de dessiner, musculeuse et cochée dans les contours de ses figures, et par les extravagantes contorsions qu'il leur fait faire indiscrètement partout, sans leur donner même aucune variété de proportions. »[979] A l'évidence, Roland Fréart de Chambray n'apprécie ni le goût de Michel Ange et des maniéristes qui l'ont suivi, ni le goût des coloristes. Il trouve que ces deux courants de la peinture négligent trop la démarche intellectuelle et il est donc plus naturellement attiré par les œuvres de Poussin et de Raphaël. Roland Fréart de Chambray est soucieux de soustraire la peinture à toute approche subjective.

Au cours des années 1667-1690, l'anatomie demeure le thème central de nombreuses discussions et de nombreux débats qui ont lieu dans le milieu artistique. Le corps est l'objet d'une attention particulière et il en sera ainsi jusqu'à la première moitié du 18e siècle. Des naturalistes, entre autres, Philippe de Champaigne (1602-1674) et Le Brun (1619-1690), argumentent leurs critiques envers ceux qui préconisent le modèle antique en soulignant l'exagération de « ces grosseurs affectées dans les emboîtements des bras et des cuisses. »[980]. L'intérêt que porte Le Brun pour l'anatomie est notoire, et elle lui sert pour illustrer ses études physiognomoniques. Il s'inscrit pleinement dans

---

[978] N. Laneyrie-Dagen, *L'invention du corps*, op. cit., p. 111

[979] R. Fréart de Chambray, *Idée de la perfection de la peinture*, 1662, p. 66

[980] A. Mérot (éd.), *Les conférences de l'Académie royale de peinture et de sculpture au XVIIE siècle*, Ecole nationale supérieure des Beaux Arts, collection beaux arts histoire, 1996, pp. 323-324

l'une des recherches majeures de la peinture française de son siècle : l'expression des passions. Dans sa *Conférence sur l'expression des passions* (1668), Le Brun insiste sur l'intérêt de suivre le progrès des connaissances en anatomie et de posséder des notions sur les lois mécaniques, indispensables pour comprendre les actions des nerfs et des muscles. En s'intéressant aux muscles et aux nerfs, il est possible de mieux maîtriser la décomposition des mimiques pour mieux transcrire sur le dessin le jeu des émotions sur le visage et même l'expression des passions de l'âme. Le Brun s'applique à étudier les mimiques d'expression des émotions sur le visage, à observer les différents éléments anatomiques sollicités en fonction des émotions exprimées. Il va particulièrement étudier les muscles, les vaisseaux et les nerfs. Il indique, par exemple, que la frayeur s'accompagne d'un gonflement des muscles des joues. Au niveau de l'étude des muscles du corps, lors d'un effort donné, il s'efforce de bien désigner et de dessiner les muscles en cause et d'illustrer leur contraction sur ses dessins. C'est ainsi le cas sur son tableau représentant *le martyre de Saint Jean l'Evangéliste à la porte latine.* Sur ce tableau, le personnage qui soulève le corps de Saint Jean l'Evangéliste est en plein effort et Le Brun parvient à le montrer en accentuant le trait des muscles au niveau du bras gauche, des muscles jumeaux du mollet de la jambe droite et des muscles de la partie haute du dos et du cou, muscles qui paraissent ainsi plus saillants.
Le Brun a une telle influence qu'il fournit des modèles non seulement pour les peintres de la cour, mais aussi pour les sculpteurs, les ornemanistes ou les lissiers. Par conséquent, les arts issus des commandes royales se caractérisent par une grande homogénéité thématique et stylistique qui définit ce que l'on appelle le classicisme louis-quatorzien. Ici, c'est la méthode italienne d'apprentissage du dessin qui est visée, celle qui invite à la "manière". La réponse donnée à tous les reproches des détracteurs du modèle antique sera consensuelle puisqu'elle recommandera de lier l'étude anatomique et celle de l'antique, ménageant ainsi à la fois les tenants des défenseurs du modèle antique et ceux du modèle naturaliste. L'expression des passions, mise en avant par Lebrun, va atténuer les polémiques existantes. Néanmoins, les textes mettant en garde contre une recherche trop exacte de l'anatomie se multiplient. La conviction de ceux qui défendent le modèle antique se fonde sur la parfaite maîtrise de l'anatomie par les artistes grecs de l'Antiquité. A l'évidence, le modèle antique a déjà intégré les données anatomiques. C'est ainsi qu'en 1692, La Teulière, le nouveau directeur de l'Académie romaine souligne « qu'il n'y a point de statue de marbre de quelque nom parmi les grecques particulièrement, sur laquelle on ne puisse faire une anatomie fort exacte. »[981]

---

[981] La Teulière, *Lettre de La Teulière à Villacerf*, 29 juillet 1692, pp. 304-305, in *Correspondance des directeurs de l'Académie de France à Rome*, Paris, Société de l'histoire de l'art français, t. I, 1887

De son côté, Antoine Coypel (1661-1722) mettra en garde lui aussi les artistes contre les excès inspirés par Michel-Ange. En effet, ce dernier se laisse aller à l'affectation de faire également ressortir tous les muscles et, à cette époque, les critiques de Michel-Ange comparent ses muscles à des petits pains. Au lieu de s'appesantir sur la myologie, Coypel préfère insister sur l'étude de l'ostéologie, charpente du corps humain. Au cours de cette seconde moitié du 17e siècle, les dessins de Michel-Ange et plus particulièrement ses dessins anatomiques sont jugés sans clémence et les artistes, qui dénigrent Michel-Ange, considèrent que ceux qui se réfèrent à ses dessins, s'égarent totalement. Il est reproché à Michel-Ange d'avoir oublié de "faire sentir la peau" ; d'être trop préoccupé de s'appuyer sur ses études anatomiques et de ne pas copier assez la nature. Néanmoins, dans son *Cours de peinture par principes* (1706), Robert de Piles admet que les exagérations anatomiques de Michel-Ange sont souvent "agréables".
Il faut dire que Michel-Ange maîtrisait parfaitement le dessin, l'anatomie, l'architecture et la sculpture ; sa virtuosité se manifestait par son aptitude à tordre les corps, et à se mettre au service de la ligne. En fait, bien que considéré comme appartenant au courant maniériste par les artistes de la fin du 17e siècle, Michel-Ange a su initier le sens du mouvement et de l'élan, si propre à la période baroque.

3-3-2 –Polémiques autour de l'étude anatomique durant les 18e et 19e siècles

Durant la première moitié du 18e siècle, la référence aux modèles de Michel-Ange et à ceux d'autres artistes de la Renaissance, empreints d'une influence exagérée de l'esprit des études anatomiques, n'est plus de mise. En 1720, Antoine Coypel explique aux jeunes peintres le rôle de l'expression des passions, véritable médium permettant la communication entre deux âmes. Les artistes français veulent partager les émotions et les passions de leurs personnages avec le public. Pour cela, ils doivent faire en sorte que ces émotions et la communication entre les personnages représentés soient lisibles sur leurs visages. Ils se tournent donc résolument vers l'expression des passions. De plus, les artistes français n'ont pas envie d'œuvres trop marquées par les études anatomiques au point de faire ressembler les corps des modèles plus à des écorchés qu'à des êtres vivants. Seul, le sculpteur Edme Bouchardon, pour ce qui est de la représentation animale, osera encore inclure dans son *Anatomie nécessaire à l'usage du dessin*, publiée en 1741, une iconographie fondée sur l'écorché de Cigoli (1559-1613), artiste florentin de la Renaissance. En 1748, chargé d'exécuter la statue équestre de Louis XV, Bouchardon sera obnubilé par l'anatomie du cheval et l'écorché de Cigoli.

A partir de la seconde moitié du 18e siècle, les partisans de l'antique vont les premiers vouloir tirer parti des progrès de l'étude anatomique mais les réactions des partisans du *Beau* réel ne vont pas se faire attendre. En Angleterre, la première réaction théorique est celle de William Hogarth qui adhère à la philosophie empirique et va attacher autant d'importance à la matérialité de l'existence (objets et détails concrets) qu'à la variété des formes du vivant. W. Hogarth lie l'étude anatomique à celle du modèle vivant et en même temps, fait l'éloge de la ligne serpentine et des formes anatomiques. Il considère le savoir anatomique comme un outil qui lui sert à étayer sa « conception de l'art qui place le réel et son observation au cœur de la démarche esthétique. »[982] Ainsi, à la recherche de la *line of beauty*, Hogarth représente un fémur et un humérus aux lignes courbées pour mieux argumenter le bien-fondé de sa théorie de la ligne serpentine en forme de S, comme modèle de ligne esthétique. Même si chez lui, en Angleterre, W. Hogarth ne rencontre pas d'écho pour sa conception de l'art, il préfigure d'une certaine façon les débats qui vont avoir lieu en France sur la place de l'anatomie dans l'art et d'une façon plus générale les débats animés qui naîtront entre partisans du *Beau* idéal et partisans du *Beau* réel. Progressivement, la question de la place de l'étude anatomique dans la recherche du *Beau* va s'imposer et les défenseurs du *Beau* réel ne pourront éviter cette question, mais les défenseurs du *Beau* idéal ne pourront pas y échapper non plus. En effet, l'étude anatomique est tellement ancrée dans les habitudes de tous les artistes qu'il leur est difficile de la renier, quel que soit le camp auquel ils appartiennent. De plus, l'anatomie est d'une part un fondement de l'étude de la nature, et d'autre part un enjeu théorique depuis qu'elle a été annexée par les partisans du *Beau* idéal. En France, donc, personne ne renonce à l'étude anatomique, mais l'instrumentalisation des progrès de l'anatomie par les artistes ne va pas forcément faire l'unanimité parmi eux et des résistances vont tout de même voir le jour. Néanmoins, ces résistances sont le plus souvent modérées ; parmi elles, celles qui sont exposées dans l'ouvrage publié en 1755 par le libraire Charles Antoine Jombert (1712-1784), *Méthode pour apprendre le dessein*, et illustré par Charles Nicolas Cochin (1715-1790). Ce dernier n'hésite pas tout de même à se référer aussi bien aux statues antiques qu'à l'anatomie. Il est aisé de s'en rendre compte en lisant la description que fait Morwena Joly de cette méthode. « Elle offre ainsi une centaine de planches : quantité d'académies dessinées par Cochin, de têtes d'expression et de diverses parties du corps empruntées le plus souvent à Raphaël. A ces choix traditionnels s'ajoutent d'une part les six planches reprises de Vésale choisies pour l'*Abrégé d'anatomie*, et d'autre part, les planches de Gérard Audran sur les proportions des statues antiques. Ces choix sont tous prudemment modérés. »[983] En fait, Charles Nicolas Cochin, nommé en 1755, secrétaire de l'Académie et faisant en

---

[982] M. Joly, *La leçon d'Anatomie*, Paris, Editions Hazan, 2008, p. 113
[983] Ibid., p. 114

même temps fonction de Premier Peintre chargé du détail des arts, n'arrive pas à se résoudre à trop délaisser l'étude anatomique. Parmi les difficultés que l'artiste peut rencontrer en dessinant le corps humain, il y a celle à laquelle l'artiste s'expose quant il réalise le dessin des "contours extérieurs". Le problème de ces contours peut être résolu grâce à la connaissance des muscles. La myologie doit surtout permettre d'apprécier la variété du réel et de distinguer les nuances des diverses surfaces qui composent sa superficie. Au cours de cette seconde moitié du 18e siècle un certain nombre d'artistes vont se prononcer plus franchement pour la science anatomique et la considérer non seulement comme un moyen pratique mais surtout comme une fin en soi. Selon eux, la formation artistique, pour être complète, doit passer par la dissection. Mais pour bon nombre d'artistes, l'intérêt pour l'anatomie doit être subordonné à l'étude du modèle vivant. Charles Nicolas Cochin qui, par sa position, exerce une influence considérable sur l'Académie, va finir par se rallier aux théories du sculpteur Etienne Maurice Falconet dont l'inclination pour le *Beau* réel est forte. Falconet n'est pas tendre à l'égard des partisans du *Beau* idéal qui se réfèrent au modèle antique. Pour entretenir ses discussions, Cochin se fixe sur l'Hercule du palais Farnèse à Florence. Il souligne l'usage erroné des connaissances anatomiques au niveau de cet Hercule. D'une certaine façon, Cochin, comme Falconet, préconisent donc de ne se fier que modérément au modèle antique. Partisans du *Beau* réel, Falconet et Cochin adoptent une théorie du *Beau* réel se fondant sur l'anatomie, mais sans excès. En fait, les partisans du *Beau* réel et ceux du *Beau* idéal n'écartent pas l'usage des connaissances anatomiques et ce qui les sépare, c'est plutôt l'usage qu'ils font de l'anatomie. Pour sa part, Falconet considère l'anatomie comme un moyen pour accéder au *Beau* et en 1760, peu de temps avant sa nomination à l'Académie comme professeur en 1761, il fait lecture aux académiciens de sa définition de la beauté, figurant dans ses *Réflexions sur la sculpture*. « Le beau, celui même qu'on appelle idéal, en sculpture comme en peinture, doit être un résumé du beau réel de la nature. »[984] Falconet pose les bases nécessaires à l'étude du sculpteur, partisan du *Beau* réel. Selon lui, parmi ces bases, figurent « la connaissance des os, de l'anatomie extérieure, et l'imitation assidue de toutes les parties et de tous les mouvements du corps humain. »[985] Falconet prône le juste milieu ; la connaissance est certes indispensable mais elle n'est pas suffisante. Dans l'article "sculpture", rédigé par ses soins, figurant dans l'Encyclopédie de Diderot, Falconet fixe les bases du débat esthétique dont M. Joly nous rappelle les termes : « la recherche du beau ne peut désormais échapper aux notions de beau réel et de beau idéal, et l'étude anatomique est

[984] E. Falconet, *Œuvres complètes*, 1808, tome III, p. 5
[985] Ibid., p. 20

pour l'instant tiraillée entre l'étude des proportions, des os, de l'antique et l'expression des chairs. »[986]

Houdon (1741-1828) participe grandement aux débats sur la place que doit avoir l'anatomie dans les arts et son premier *Ecorché*, sculpté en 1767, constitue, d'une certaine manière, la meilleure façon de s'en expliquer. Cette sculpture est une véritable œuvre d'art et le résultat d'une réflexion esthétique. Personne ne s'y trompe d'ailleurs et Diderot en fait la promotion auprès de Catherine II. Dès le premier coup d'œil, cet écorché nous révèle combien le sculpteur est sensible à la beauté idéale. M. Joly nous explique que « la figure de Houdon est bien plus qu'une étude anatomique, comme il l'explique lui-même dans une lettre à Ernst II de Saxe Gotha en 1772 : si le chirurgien "doit étudier la nature, telle défectueuse qu'elle puisse se rencontrer", l'artiste doit rechercher "la nature dans toute sa noblesse, sa parfaite santé [...]. Sinon, nous sommes de chétifs imitateurs". »[987]
Finalement, Houdon n'adopte ni la voie des formes réelles, ni celle des formes idéales, et il se décide pour un compromis entre l'une et l'autre, une voie médiane où il donne libre cours à son imagination tout en sachant raison garder.

Dans le dernier quart du 18e siècle, l'étude anatomique réapparaît dans les discussions des cercles d'artistes. Par exemple, Anton Raphaël Mengs (1728-1779) écrit une lettre à Falconet, en 1776, dans laquelle il argumente en faveur de la connaissance anatomique. Si les Grecs de l'Antiquité ont pu parvenir au *Beau* idéal, explique-t-il, c'est parce qu'ils possédaient de solides connaissances en myologie et en ostéologie. Ainsi, ajoute-t-il, ils ont pu maîtriser les proportions et développer une vision de l'anatomie rationnelle au service de la beauté idéale.

Pour sa part, dans sa *Dissertation sur les variétés naturelles qui caractérisent la physionomie des hommes* (1791), Camper applique la méthode géométrique à la mesure des qualités et des capacités des hommes. Avec lui, nous confie Morwena Joly, « l'anatomie, conjuguée à la géométrie, permet d'expliciter les proportions idéales de la statuaire grecque. »[988] Mais, ajoute M. Joly, « si les écrits de Mengs comme ceux de Camper ont permis de prolonger la liaison entre anatomie et antique, les partisans d'une théorie esthétique tout opposée, celle du beau réel, ne tardent pas à s'apercevoir des faiblesse théoriques dans l'argumentation des tenants du beau idéal. »[989]

---

[986] M. Joly, *La leçon d'Anatomie*, op. cit., pp. 116-117
[987] Ibid., p. 203
[988] Ibid., p. 111
[989] Ibid.

Au cours de l'avant-dernière décade du 18e siècle, les détracteurs d'un usage immodéré de l'anatomie dans la représentation du corps humain déplorent l'exposition, par le peintre Nicolas Bernard Lépicié (1735-1784), de figures trop "anatomisées", lors du Salon de 1773. Les critiques d'art lui reprochent non pas de gonfler les muscles comme Michel-Ange, mais de les "ciseler". Tout en reconnaissant néanmoins que l'imaginaire de Lépicié transparaît dans ses figures, le critique Bachaumont estime qu'il les écorche. En fait, on assiste, en ce dernier quart du 18e siècle, à un mouvement qui répondrait plutôt à la consigne de l'imitation de la "belle nature". Il s'agit d'un véritable mouvement de concorde qui rassemble à la fois les partisans du *Beau* réel et ceux du *Beau* idéal. Les critiques dénoncent justement Lépicié car, pour eux, il n'adhère pas à ce mouvement et, par ses études anatomiques, il manifeste son ancrage dans le seul réel.

A la fin du 18e siècle, les partisans de l'antique remettent l'étude anatomique au goût du jour. C'est le cas de Louis David, de Canova et de John Flaxman (1755-1826). Dans leurs œuvres, ils réussissent la synthèse des réflexions entre force idéalisante et détail réaliste. Ceci est particulièrement perceptible dans les tableaux de David et les sculptures de Canova. L'un et l'autre possèdent de solides connaissances en anatomie et ils vont les exploiter pour parvenir ainsi « à simplifier les masses sans nuire à la vérité du mouvement des muscles, ni à celle des chairs. »[990] David déclare s'attacher à rendre les détails anatomiques mais, en fait, il simplifie les masses musculaires sans porter atteinte à la vérité du mouvement des muscles, ni à celui des chairs. Il cherche à créer un équilibre entre idéal et réel, ce qui donne cet aspect si particulier du style néoclassique. Mais David se fait plus discret que Canova et chez lui, on ne fait que deviner son attachement à l'étude anatomique. Certes, ses corps peuvent paraître écorchés mais leurs contours sont fermes et ils correspondent plutôt à des corps athlétiques dont la masse musculaire a été lissée. C'est le cas, par exemple, pour les personnages figurant sur le tableau du *Serment du jeu de paume*. David s'écarte ainsi du réel en conférant à ces corps un aspect quelque peu artificiel. Il s'emploie aussi à entretenir la confusion entre le "dessus" et le "dessous". Ceci est particulièrement visible par exemple quand il fait son dessin d'une jambe et d'un genou et il accentue les traits morphologiques de l'articulation. La volonté de David, de ne pas s'acharner à réaliser une représentation trop scrupuleuse du réel, ressort de tous ses tableaux. En fait, comme l'écrit M. Joly, « chez David, à la différence des dessins anatomiques systématiques de Canova, rien ne vient en somme alimenter son attachement à l'étude anatomique. » Mais, nous explique M. Joly, pour ce qui est de Canova, ce qui frappe particulièrement dans ses dessins anatomiques à Rome, réalisés vers 1779-1780, c'est « […] le réalisme de ces feuilles, où le sculpteur utilise la sanguine pour modeler un muscle "à

990 M. Joly, *La leçon d'Anatomie*, op. cit., p. 129

vif", comme s'il était fraîchement disséqué. »[991] Ceci n'empêche pas Canova de procéder, comme David, à des simplifications du modelé des muscles. M. Joly nous en fait part en rapportant des commentaires de l'époque et les siens propres. « Pourtant, en dépit de l'objectivité anatomique, les muscles des jambes sont contractés uniformément, de manière à simplifier leur modelé. Comme le souligne Quatremère de Quincy, son plus célèbre biographe, tout l'art de Canova est de concilier dans le corps humain, "force, énergie, caractère et pureté des formes, sans cesser de paraître composé de chair sous l'enveloppe de laquelle devait se manifester, d'une manière plus ou moins ressentie, le jeu des masses musculaires"[992]. C'est pour cette raison qu'à Rome le sculpteur ne passe pas pour un imitateur de l'antique, tant son "traitement des chairs"[993] est illusionniste. Canova, comme David, joue de la tension entre le détail réaliste et l'idéalisation, expression de la vie et sévérité des formes du corps. »[994] Sans conteste, en valorisant une morphologie athlétique, donc en atténuant les effets d'une représentation trop scrupuleuse du réel, mais aussi en rigidifiant ainsi la méthode anatomique, David et le néoclassicisme ont fini par figer l'expression anatomique du corps. Alors, il ne reste plus à certains élèves de David, comme Girodet, par exemple, de revendiquer leur libération de ce système esthétique verrouillé et de s'évertuer à obéir à leur inspiration propre.

Au début du 19e siècle, las de l'asservissement au modèle antique du néoclassicisme qui avait totalement écarté Michel-Ange comme référence du dessin anatomique, Girodet va revenir « aux sources du dessin anatomique » mais en sachant en atténuer les marques, ouvrant ainsi les portes au courant romantique de l'art. Là où Girodet imprime le plus sa volonté d'être le moins tributaire possible de l'étude anatomique, c'est sans doute dans son tableau *Apollon du Belvédère*. Son Apollon semble, en effet, touché par la grâce divine et il n'y a ni veine ni tendon qui réchauffent ou animent son corps. Ses muscles sont à peine perceptibles et ne sont devinés que dans un second temps. Tout semble fait pour que le corps ne s'impose pas à la vue du spectateur et que ce soit, au contraire, l'âme juvénile d'Apollon qui transparaisse et fasse oublier ainsi les diverses parties du corps.

La fin de l'idéal classique coïncide avec la chute de l'Empire et la référence mythique à un âge d'or grec n'est plus d'actualité. Désormais, à mi-chemin de cette seconde décade du 19e siècle, le discours théorique des artistes n'est plus centré sur l'anatomie. L'année 1817 représente l'année de rupture avec le classicisme et les *Fragments anatomiques* peints par Géricault en sont la démonstration. Ces fragments, en effet, ne dénotent ni une recherche du beau, ni une recherche du laid. Ils nous laissent deviner une certaine imitation de la

---

991 M. Joly, *La leçon d'Anatomie*, op. cit., p. 131
992 A. C. Quatremère de Quincy, *Canova et ses ouvrages*, 1834, p. 312
993 Ibid., p. 287
994 M. Joly, *La leçon d'Anatomie*, op. cit., p. 131

nature où transparaissent tout de même des connaissances anatomiques. Avec Géricault (1791-1824), puis Delacroix (1798-1863), le dessin anatomique d'après nature est à nouveau considéré comme un moyen infaillible d'approcher le réel. Géricault commence par dessiner les corps d'après des images de Monnet ou de Gamelin, mais ce n'est qu'une étape et ce n'est pas pour apprendre, comme l'explique Morwena Joly. C'est pour « donner une nouvelle interprétation de ces images, en accentuant une ombre, en redessinant un muscle, en dramatisant une pose. »[995] Au lieu des modèles italiens, ce sont désormais les modèles français qui s'intègrent dans l'imaginaire des artistes français. Mais Géricault donne à ces modèles un nouveau sens en les retravaillant et en s'adonnant, pour ce faire, à la dissection anatomique. Durant l'hiver (1818-1819), Géricault exécute d'ailleurs un grand nombre d'études, dessinées ou peintes, de membres humains coupés. Sa série de tableaux de *Fragments anatomiques* s'inscrit dans la tradition de l'étude d'anatomie dans les arts, lancée depuis Léonard de Vinci. Le modelé sculptural de ces morceaux anatomiques est accentué par un clair-obscur caravagesque qui souligne leur réalisme tragique. Le goût pour le "fragment", caractéristique de l'école romantique, est poussé ici jusqu'aux confins de l'horreur. Contrairement à l'école de David, Géricault ne procède pas à des simplifications par rapport à ce qu'il observe, en particulier au niveau des masses musculaires. Dans son registre artistique, Géricault s'intéresse aussi aux animaux. Habitué des champs de courses, il n'est pas insensible aux chevaux et c'est avec l'anatomie du cheval qu'il passera de la copie à la pratique de l'anatomie équine. M. Joly nous fait remarquer combien « le dessin anatomique d'après nature s'impose avec Théodore Géricault, mais il reste tout à faire sur le terrain de l'anatomie humaine. »[996]

Delacroix n'abandonne pas non plus les modèles et il a même une prédilection pour les grands modèles. Il ne délaisse pas l'*Ecorché* de Michel-Ange mais il se tourne aussi du côté de celui de Houdon. Les planches du *Nouveau recueil d'ostéologie et de myologie* de Gamelin, publié en 1847, lui serviront aussi de source d'inspiration. Mais, mis à part ses premiers dessins qui « relèvent d'une pratique académique de l'étude anatomique », avec « les muscles tracés en rouge sur la figure nue, selon une méthode qui devait être enseignée »[997], M. Joly note que les autres dessins de Delacroix, « concernant tant l'anatomie de l'homme que celle du cheval, ou même d'autres animaux, sont faits d'après nature, c'est-à-dire d'après dissection. »[998]

[995] M. Joly, *La leçon d'Anatomie*, op. cit., p. 184
[996] Ibid., p. 187
[997] Ibid.
[998] Ibid.

A eux deux, Géricault et Delacroix sont parvenus à libérer la représentation du corps humain du carcan dans lequel David et son école l'avaient emprisonnée. La volonté esthétique de ces deux peintres est venue à bout de l'espace clos où David avait peu à peu enfermé la création artistique. Ils ont enfin mis un terme « au culte de la reproduction », à « la généalogie d'habitudes »[999] instaurés par David et son Ecole. Ils ont pris conscience, en effet, que « l'habitude est emprisonnement du présent par le passé. »[1000] Géricault et Delacroix ont, en outre, réussi à faire « basculer l'anatomie du côté de la recherche d'exactitude » et à ancrer la représentation anatomique du côté du savoir.[1001] D'une certaine façon, Géricault et Delacroix parviennent à démontrer que l'étude anatomique favorise davantage la variété que la norme dans la figuration du corps.

Après l'examen minutieux des courants artistiques de la période baroque et des 18e et 19e siècles, l'anatomie apparaît souvent être au cœur du discours artistique et elle représente un thème de discussions plus ou moins fécond suivant le moment de l'histoire considéré. Quel que soit le courant artistique concerné, que l'on soit du côté des partisans du *Beau* idéal ou de celui des partisans du *Beau* réel, que l'on soit attaché au modèle antique ou sensible et fidèle à la nature, le débat sur le rôle des connaissances anatomiques dans la représentation du corps ne s'est jamais vraiment interrompu et il lui aura fallu tout le 18e siècle pour envahir le discours esthétique. Finalement, au 18e siècle, l'étude anatomique a fini par devenir un thème majeur de l'art français. Dès le début du 19e siècle, l'anatomie est surtout mise en avant comme un symbole du savoir de l'artiste. De plus, au 19e siècle, avec Géricault et Delacroix, le décalage entre les discours théoriques et les images produites est de plus en plus sensible. Il n'est plus question d'accepter un système unique, désormais la pluralité des systèmes est admise.

---

[999] M. Onfray, *La sculpture de soi – La morale esthétique*, Paris, Editions Grasset et Fasquelle, 1993, p. 111

[1000] Ibid., p. 141

[1001] M. Joly, *La leçon d'Anatomie*, op. cit., p. 211

CONCLUSION

Au terme de nos écrits épistémologiques sur l'anatomie, les images de déconsidération, dont certains ont voulu affubler l'anatomie, apparaissent clairement injustes et sans fondement. Non, l'anatomie ne se résume pas à la nécropsie ; non, l'anatomie ne se limite pas à de simples contours, à l'étude de pièces détachées, de rouages, d'agrégats, de l'emboîtement. Elle peut aussi s'attacher à l'étude de grands ensembles anatomiques systémiques et donc parvenir à mettre en relation les parties entre elles. En outre, elle est en mesure de concilier une vision de partition avec une vision du tout. Nous nous rendons compte aussi que les recherches anatomiques et les découvertes anatomiques n'ont été possibles que par la conjugaison d'un *engagement hypothético-déductif* et d'un exercice socio-historique, autrement dit par l'union d'une épistémologie individuelle (internaliste) et d'une épistémologie sociale (externaliste).

L'anatomie est si intimement liée au sens de la vue, que les anatomistes auraient pu se contenter de procéder à l'effeuillage du corps humain et se limiter à cette forme d'avidité de la découverte anatomique qui les a animés, mais il n'en a rien été. Les anatomistes ont su aller au-delà de l'observation et pousser leurs recherches jusqu'à des contrées épistémologiques de plus en plus sophistiquées qui leur ont permis de faire progresser la médecine mais aussi bien d'autres disciplines et d'en faire émerger d'autres.

Puisque l'anatomie s'attache à étudier la forme et que « la forme, c'est précisément la libre diversité »[1002], on pourrait douter de l'aptitude de l'anatomie à gérer cette diversité et à généraliser. Or, nos écrits épistémologiques balaient tout doute à ce sujet ; l'anatomie se singularise par sa capacité à abstraire, à éliminer les détails superflus pour faciliter la lecture anatomique, à organiser les données anatomiques. L'anatomie brille par son sens de l'essentiel, du découpage et de la reconnaissance des formes, ses taxinomies, ses ouvertures vers de nouvelles disciplines. Ainsi, l'anatomie a inspiré puis entretenu un sens si aigu du comparatisme matériel chez les savants que ceux-ci ont pu donner le jour à des disciplines totalement nouvelles comme l'anatomie comparée, l'embryologie, la tératologie, la paléontologie, etc. Et ces nouvelles disciplines ont elles-mêmes, en retour, contribué à l'enrichissement et à l'évolution de l'anatomie "traditionnelle", ou anatomie descriptive. Sans conteste, l'anatomie a aussi réussi à se faire remarquer par la supériorité de son structuralisme qui lui a permis de relativiser l'empire des formes et d'annoncer l'avenir.

[1002] G. Bachelard, *Le pluralisme cohérent de la chimie moderne*, Paris, Librairie philosophique J. Vrin, 1973, p. 14

Au fil des siècles, l'anatomie a su gérer admirablement "le problème des problèmes", c'est-à-dire celui de la connaissance. Ce problème a été le plus souvent abordé avec pertinence par les anatomistes et les philosophes de la période baroque et de la période des 18e et 19e siècles. Au cours de ces deux périodes, à l'examen de l'évolution épistémologique de l'anatomie et de ses différentes branches, nous avons relevé un certain nombre d'avancées épistémologiques significatives en anatomie et nous avons repéré un certain nombre de généralisations. Si donc il est une généralisation qui peut être particulièrement retenue, c'est bien la façon dont s'est bâtie la connaissance en anatomie. Celle-ci s'est édifiée en répondant au principe de l'explication du supérieur par l'inférieur. Ceci s'est vérifié déjà au niveau de l'anatomie descriptive où, pour mieux comprendre les structures les plus importantes, il a été procédé à la réduction des parties. De même, à un moment donné, les anatomistes sont passés de l'anatomie macroscopique à l'anatomie microscopique pour tenter, à partir du microscopique, de définir le macroscopique. Enfin, au niveau de l'anatomie comparée, il a été possible de s'intéresser aux êtres occupant une place inférieure dans la chaîne des êtres pour passer ensuite aux êtres occupant une place supérieure dans cette chaîne.
Tout au long de nos écrits épistémologiques sur l'anatomie, deux problèmes sont particulièrement ressortis : celui de la structure et celui de la causalité. Ils ont animé les discussions et les réflexions de tous ceux qui ont fait des recherches anatomiques, ont édifié la pensée médicale, ont évolué dans le monde de l'art ou dans les mondes de la philosophie et de la religion. Il en ressort que ces deux problèmes, comme l'indique Ernest Cassirer, nous montrent bien « que nous ne devons pas confondre le problème de la structure avec le problème de la causalité, ni ramener l'un à l'autre. Tous deux ont leur raison d'être respective, tous deux sont indispensables et nécessaires. Mais aucun des deux ne peut remplacer l'autre. »[1003] De même, pour l'anatomie et la physiologie, il est stérile de vouloir affirmer la suprématie de l'une sur l'autre. En effet, à l'image du concept de structure que porte sur son blason l'anatomie et du concept de causalité arboré par la physiologie, nous pouvons affirmer pour ces deux disciplines, ce que Cassirer explique pour ces deux concepts, en le paraphrasant : « l'alliance entre les deux ne peut être fructueuse que si chacune d'entre elles peut affirmer sa propre raison d'être et son autonomie. »[1004]

A partir de l'examen de l'évolution épistémologique de l'anatomie du 16e au 19e siècle, trois autres généralisations peuvent être mises en évidence. La première, c'est l'absence presque totale de retentissement, dans la médecine des humeurs, de la connaissance anatomique des parties internes du corps, sur le

[1003] E. Cassirer, *Logique des structures de la culture*, Paris, Les éditions du Cerf, 1991, p. 192
[1004] Ibid.

diagnostic, le pronostic et la thérapeutique, durant « l'Ancien Régime anatomique », c'est-à-dire durant les 16e, 17e, et 18e siècles.

La seconde généralisation, qui peut être relevée, concerne l'antinomie conceptuelle corps-âme. Après une lecture subtile de l'ensemble de l'évolution épistémologique de l'anatomie, dans le cadre chronologique de notre étude, il ressort que l'antinomie conceptuelle corps-âme, fondée par le cartésianisme, n'est pas affirmée de façon aussi catégorique par les anatomistes. Ceci se confirme après la lecture de l'histoire de l'anatomie et de l'iconographie anatomique à partir de la seconde moitié du 17e siècle. Que les anatomistes le veuillent ou non, cette lecture laisse transparaître quelque peu dans leur discours une conception anti-dualiste du corps, même si son expression est très nuancée. Dans ce discours, il se dévoile un univers symbolique complexe de significations et de valeurs greffées sur le corps. L'étroite collaboration entre les anatomistes et les artistes nous révèle l'entremêlement des données objectives anatomiques et des produits de l'imaginaire culturel sur le corps. D'une certaine façon, le corps y apparaît comme un lieu d'expression du sujet, de sa cosmologie et de son identité.

Comme troisième généralisation, nous avons noté l'orientation préférentielle de l'anatomie vers le solide plutôt que vers le liquide. Or, si nous suivions l'évolution de la médecine aux 19e et 20e siècles, nous serions amené à constater les répercussions de cette orientation sur la médecine. Le choix de cette orientation a été déterminant sur l'évolution épistémologique de la médecine. Il a eu pour conséquence un réel retentissement sur la façon dont les médecins ont identifié les pathologies à partir du microcosme anatomique. En se détournant du milieu liquidien, et en se concentrant sur les tissus et les cellules qui les constituent, les anatomistes ont indirectement retardé l'émergence de l'endocrinologie et de l'immunologie.

Enfin, il est une dernière leçon générale que l'on peut tirer de nos écrits épistémologiques sur l'anatomie. Ces écrits nous ont permis de constater combien la structure, envisagée du point de vue de la recherche épistémologique en anatomie, se trouve très proche de la structure, définie du point de vue épistémologique par Angèle Kremer-Marietti, dans le cadre de la philosophie des sciences de la nature. En effet, A. Kremer-Marietti écrit : « du point de vue épistémologique, la structure est un ensemble dont on ne spécifie pas la nature des éléments et sur lequel se définissent par voie axiomatique des relations, des transformations ou des opérations. »[1005] Autrement dit, s'il a déjà été dit que la connaissance de la vie et la connaissance en général, d'un point de vue épistémologique, se rejoignent par leur mode d'édification, de même, pour la connaissance en anatomie en particulier et la connaissance en général, la

[1005] A. Kremer-Marietti, *Philosophie des sciences de la nature*, Paris, Editions L'Harmattan, 2007, p. 16

structure demeure un centre duquel peuvent irradier de nombreux axes de recherche et de développement épistémologique. Nous avons ainsi vu qu'une "croissance cognitive" n'avait été possible en anatomie que parce que l'anatomie se structure elle-même, comme les sciences, « dans les oscillations incessantes du processus historique. »[1006] De même, l'anatomie, en s'appuyant sur le « double mouvement de la généralisation et de la singularisation »[1007], en « procédant par établissement de différences, d'altérités ou d'oppositions d'une part et de ressemblances, d'analogies et de correspondances d'autre part »[1008], a favorisé la spécialisation et la création de disciplines, comme l'embryologie, la tératologie, la paléontologie, etc. Nous avons aussi pu mettre en évidence comment, en étudiant le "mort", l'anatomie a ouvert un questionnement sur le vivant qui a abouti ensuite à l'émergence de la biologie.

A l'issue de nos écrits épistémologiques sur l'anatomie, la période baroque et la période des 18e et 19e siècles, périodes choisies par nos soins pour délimiter ces écrits, apparaissent bien comme les plus essentielles de l'histoire de l'anatomie. Ce jugement est incontestable si nous nous référons à la diversité et au caractère foisonnant des connaissances qui ont été mises à jour en anatomie descriptive et dans toutes les autres branches de l'anatomie, au cours ce ces deux périodes. En fait, ces deux périodes constituent l'âge d'or de l'anatomie. Ce qui ressort aussi de nos écrits épistémologiques sur l'anatomie du 16e au 19e siècle, c'est que les anatomistes de ces trois siècles, Vésale, Riolan, Harvey, Morgagni, Haller, Curveilhier, Bourgery, …, ne considèrent pas le corps de la même façon quand ils anatomisent. En fait, ils ont des styles de pensée différents, influencés par le contexte culturel qui les environne, d'où des questions différentes pour un même corps et une façon propre à chacun d'appréhender l'anatomie dans son ensemble.

Dès le début de notre histoire, la publication de la *Fabrica* de Vésale inaugure brillamment la première des deux périodes fastes de l'anatomie. Cette publication de la *Fabrica* a été l'évènement majeur qui a déclenché et conditionné le développement épistémologique ultérieur de l'anatomie. Certes, dès le 14e siècle, puis au 15e siècle et durant la première moitié du 16e siècle, il y avait déjà eu quelques moments importants annonciateurs du renouveau anatomique. En particulier, plusieurs anatomistes avaient déjà signalé des contradictions révélées lors de la confrontation de leurs observations, relevées durant les dissections, avec les écrits de Galien. Mais, c'est dans la *Fabrica* que la rupture épistémologique avec l'Antiquité et le Moyen Âge est vraiment prononcée. Et ce, même si Vésale n'échappe pas au système symbolique de la Renaissance, puisqu'il continue à considérer le corps anatomique comme « une

1006 A. Kremer-Marietti, *Philosophie des sciences de la nature*, op. cit, p. 17
1007 Ibid., p. 21
1008 Ibid.

réalité perméable au monde qui l'entoure. »[1009]. Vésale expose dans la *Fabrica* tout ce qui alimente sa Révolution anatomique, c'est-à-dire : sa démarche scientifique fondée sur une méfiance affichée vis-à-vis des connaissances des Anciens et de ses prédécesseurs, une observation directe du cadavre, et la possibilité de reproduire les mêmes observations à chaque dissection. Jamais, avant Vésale, l'anatomie n'avait couvert un champ d'étude aussi complet, jamais l'anatomie n'avait été étudiée avec autant de minutie et d'application, et n'avait été si remarquablement figurée. Si la révolution vésalienne représente un vrai tournant dans l'histoire de l'anatomie, c'est aussi parce que Vésale a eu le génie de cristalliser sur lui l'attention de tous les anatomistes et mis en place une méthode incomparable, permettant de mieux appréhender la connaissance en anatomie. Par cette méthode, qui associe les deux organes mobiles, l'œil et la main, et constitue un langage essentiel, Vésale a su attribuer à la perception sa juste place et rendre compte de ce que Merleau Ponty appelle « la relative positivité du perçu, [...], d'autant que c'est sur elle que repose la positivité de l'invisible. »[1010] Sans aucun doute, Vésale a délivré une nouvelle impulsion au mouvement de révision épistémologique de l'anatomie. Ce mouvement se caractérise par l'établissement de liens très étroits entre théorie et pratique, et par une double préoccupation, celle de l'élément et celle de la synthèse. Ce mouvement étant lancé, les anatomistes n'admettront plus aucun arrière-plan mystérieux et les images anatomiques accèderont à un caractère rationnel en dérivant à la fois des arts et de l'observation. En cela, l'anatomie du milieu du 16e siècle a bien représenté le début d'une époque nouvelle et elle a occupé une place centrale dans l'ébauche de la science moderne. A la suite de Vésale et au cours des siècles qui ont suivi, les anatomistes n'ont eu de cesse de consolider les bases de l'édifice épistémologique de l'anatomie et de ses différents rameaux et de continuer son érection. Au cours de son édification, chaque siècle a joué une partition "anatomique" qui lui a été particulière.

Ainsi, au 17e siècle, l'anatomie, de par l'intensification de la pratique de la dissection, a vu la fragmentation s'imposer à elle comme un modèle, très tôt assimilé au modèle de la machine. Alors, les réflexions sur le vivant, difficilement résolues à partir du cadavre disséqué, ont poussé les anatomistes à accepter l'image horlogère de l'organisme, permettant ainsi d'introduire le mouvement et, d'une certaine façon, le vivant en anatomie. L'anatomie animata a pu ainsi voir le jour. Indéniablement, Descartes a été à l'origine d'une épistémologie "machinique". Celle-ci a renforcé son assise au 18e siècle et cette épistémologie des structures et des systèmes a pu ainsi donner une autre dimension à l'anatomie.

[1009] P. Pacifici, *Le corps : anatomie d'un symbole*, Protée, Volume 36, N°1, printemps 2008, p. 35, http://id.erudit.org/iderudit/018803ar
[1010] M. Merleau Ponty, *Le visible et l'invisible*, Paris, Editions Gallimard, 1964, p. 263

Au 18e siècle, le contexte culturel a été très favorable à l'essor des dissections et donc au développement épistémologique de l'anatomie. Ceci n'a rien d'étonnant puisque, « du point de vue de la théorie de la connaissance, les matérialistes répètent inlassablement, comme tout le siècle, qu'il faut s'en tenir à l'axiome, venant dit-on d'Aristote, selon lequel "il n'y a rien dans l'entendement qui n'ait d'abord été dans les sens". »[1011] A l'évidence, ici, la pensée anatomique de Vésale, s'appuyant sur les sens de la vision et du toucher, s'est trouvée revigorée. En effet, Helvetius considérera que l'axiome d'Aristote sert à la fois d'explication à la formation des idées en général « [...] et de canon de la vérité, puisque toute idée vraie devra montrer qu'elle est réductible à un fait. »[1012] Au 18e siècle, si l'anatomie a pu se faire une bonne place parmi les disciplines biomédicales, c'est parce qu'elle a très bien mis en évidence le rapport de l'homme à la nature et à sa condition.

Au 19e siècle, l'anatomie descriptive a continué son développement mais l'émergence de la biologie a fait que tous les regards se sont détournés peu à peu de l'anatomie descriptive et se sont tournés vers la biologie. Au cours de la seconde moitié du 19e siècle, s'est alors amorcé le déclin de l'anatomie descriptive. Néanmoins, les rameaux de l'anatomie comparée, de l'anatomie pathologique et de l'anatomie microscopique, ont redoré quelque peu le blason de l'anatomie, mais il faudra attendre les 20e et 21e siècles pour que l'anatomie soit à nouveau une discipline de premier plan et ce, grâce à l'imagerie médicale. Au 19e siècle, C. Bernard a particulièrement nui à l'image de l'anatomie quand il s'est permis d'écrire que l'anatomie ne soulève que des "questions oiseuses". Mais le croyait-il vraiment ? Nous n'en sommes pas sûr puisque, comme nous l'avons montré, C. Bernard a été capable, dans le même temps, de reconnaître à l'anatomie un rôle bien nécessaire dans le développement des sciences médicales. Il a même estimé que l'anatomie sert d'éclaireur pour la préparation de l'examen physiologique. De plus, C. Bernard a aussi considéré l'anatomie comme la révélatrice des « fondements mêmes de l'analyse expérimentale. »[1013] Le jugement porté par C. Bernard sur le rapport entre anatomie et physiologie, se taxe donc d'une certaine ambiguïté mais, dans son ensemble, il a été interprété de façon péjorative, ce qui n'a pas empêché Claude Bernard d'avoir pourtant collaboré à l'un des traités d'anatomie de Bourgery.

A l'issue de notre étude anatomique, force est de constater combien derrière toute entreprise anatomique, il existe une arrière-pensée fonctionnelle ou physiologique car, si le but premier de l'anatomie est la connaissance du corps

[1011] J.-C. Bourdin (présenté par), *Les matérialistes au XVIIIe siècle*, Paris, Editions Payot et Rivages, 1996, p. 20

[1012] Ibid.

[1013] F. Dagognet, *Préface*, pp. 9-21, in C. Bernard, *Introduction à l'étude de la médecine expérimentale*, op. cit., p. 16

de l'homme au niveau de sa morphologie et de sa composition, le dessein plus subtile de l'anatomie, sous-jacent, est bien sûr celui de la compréhension de son fonctionnement. Autant dire qu'Auguste Comte a fait preuve d'une grande sagacité quand il a proclamé le principe de l'inséparabilité de la structure et de la fonction. En fait, face à l'infinie diversité des formes vivantes, la grande variété des objets anatomiques et la pluralité des systèmes anatomiques, comme l'écrit François Duchesneau, « l'acte méthodologiquement et historiquement premier a consisté à décrire et à classer. Mais bien sûr l'analyse anatomique n'a pas pu se limiter à une pure méthodologie descriptive, elle a dû être accompagnée de considérations théoriques qui ont conditionné l'analyse descriptive de l'anatomie. »[1014] De plus, depuis le 17e siècle, les anatomistes s'étaient bien rendu compte d'un certain nombre de corrélations : « point de morphologie sans doctrine physiologique ; point de classification sans schème d'analyse structurale et fonctionnelle. »[1015] Finalement, ce que nous souhaitons retenir de nos écrits épistémologiques sur l'anatomie, c'est que face au bilan épistémologique très positif de l'anatomie, il vaut mieux oublier quelque peu les prises de position de Claude Bernard vis-à-vis de l'anatomie et il n'y a pas lieu de s'arrêter aux polémiques qui sont nées autour de l'anatomie au cours de la seconde moitié du 19e siècle. Et ce, d'autant plus, que si nous nous permettons de faire une incursion dans notre monde contemporain, nous constatons combien l'anatomie est de moins en moins reléguée au second plan et à quel point des changements s'opèrent. Odile Plaisant nous le fait d'ailleurs remarquer : « toutefois, actuellement, l'"anatomie fonctionnelle" tend à établir les corrélations entre la forme et la fonction. »[1016] En effet, avec les nouvelles technologies, et les techniques modernes d'imagerie en particulier, de nouvelles perspectives s'ouvrent à l'anatomie. Ainsi, des grilles de lecture conjointes, numériques par exemple, entre l'anatomie et la physiologie, deviennent possibles. Anatomie et physiologie se trouvent ainsi réunies, et l'anatomie se réapproprie un espace épistémologique d'importance. Si elle n'est au premier plan, elle est au moins au même niveau que les autres disciplines médicales.
Néanmoins, sans vouloir déborder le cadre historique dans lequel nous avons inscrit nos écrits épistémologiques, nous tenons à préciser que la question de l'importance relative de l'anatomie et de la physiologie, celle de la suprématie de l'une sur l'autre, n'ont pas cessé d'être d'actualité au 20e siècle et en ce début de 21e siècle. En effet, au 20e siècle, il a été débattu du rapport entre anatomie et physiologie et ce type de débat persiste encore au 21e siècle. Par exemple, au 20e siècle, Merleau-Ponty a montré que l'une ne va pas sans l'autre et que « la

---

[1014] F. Duchesneau, *Philosophie de la biologie*, Paris, Editions PUF, 1997, p. 1
[1015] Ibid.
[1016] O. Plaisant, *Anatomie et Psychiatrie, ces deux disciplines sont-elles antinomiques ?*, pp. 151-168, in G. Chazal et C. Salomon, *François Dagognet, Médecin et Philosophe*, op. cit., p. 155

fonction n'est jamais indifférente au substrat par lequel elle se réalise. »[1017] Au 21e siècle, F. Dagognet estime que « l'anatomie est un texte pour la physiologie mais qu'elle porte aussi en elle l'ambition d'enfermer, impliquée dans les formes qu'elle déplie, tout le savoir sur le fonctionnement du corps. »[1018] De plus, faut-il le rappeler, sans conteste, dès que le champ biologique s'est ouvert au 19e siècle, le concept aristotélicien de forme a participé à l'expansion de ce champ et y a revêtu une très grande importance pour les recherches biomédicales.

Ces écrits épistémologiques sur l'anatomie nous ont aussi montré la place capitale de la méthode dans le processus d'élaboration architecturale de l'édifice épistémologique de l'anatomie.
Ainsi, dès que l'anatomie a mis en place sa méthode, celle-ci est devenue un vrai modèle qui a incité tous les chercheurs à développer leur sens de l'analyse. La méthode analytique, si caractéristique de l'anatomie descriptive, a aussi été adoptée par les savants ayant participé à l'émergence et au développement des différents rameaux de l'anatomie. La dynamique d'analyse, instaurée par ces savants, s'est ainsi généralisée et elle a favorisé la mise en place, à partir de ces différents rameaux, de nouvelles disciplines et de nouvelles normes qui préfiguraient déjà la civilisation technoscientifique du 20e siècle. La méthode analytique développée par l'anatomie a été si performante qu'elle n'a pas manqué d'inspirer les scientifiques des autres secteurs disciplinaires, aussi bien de la médecine que des sciences en général.
Sans aucun doute, la méthode anatomique, méthode analytique par excellence, a été un instrument très utile pour le développement épistémologique de la médecine. Rappelons notamment les efforts de Pinel (1745-1826) pour appliquer la méthode analytique à l'étude de la maladie et à la nosologie. Il a opté pour une « application exacte de la méthode analytique au système général de la science médicale, [pour] remonter aux maladies primitives qui par, leurs complications diverses, en forment une foule d'autres, et [pour les] distribuer suivant l'ordre de leurs affinités, prises du caractère particulier de leurs symptômes ou de la structure organique des parties affectées. »[1019] Pinel a affirmé avec force sa fidélité au sensualisme et à la méthode analytique, sur lesquels il a fondé sa quête de la vérité. Il présente ainsi sa façon d'y parvenir : « il faut, dans l'exposition comme dans la recherche de la vérité, commencer

[1017] M. Merleau-Ponty, *La structure du comportement*, Paris, Editions PUF, 2013, p. 105

[1018] J. Lambert, *François Dagognet et les néoécritures anatomiques*, pp. 93-111, in R. Damien (sous la dir. de), *François Dagognet épistémologue philosophe – une philosophie à l'œuvre,* op. cit., p. 110

[1019] [[Ph. Pinel, II, 344, [*Nosographie philosophique*, 1810, I, CVII]]], cité dans E. Arquiola et L. Montiel, *La médecine en révolution – Sciences et philosophie de la nature au tournant du 18e et du 19e siècle,* op. cit., p. 184

par les idées les plus faciles, qui viennent immédiatement des sens, et s'élever ensuite par degrés aux idées les plus simples et les plus composées. »[1020] Néanmoins, à partir de la seconde moitié du 19e siècle, nous sommes bien obligés d'admettre le net recul du rayonnement anatomique car les savants ont compris l'insuffisance de l'approche anatomique. Les médecins ont réalisé très rapidement que la méthode analytique et l'anatomie n'étaient pas suffisantes pour maîtriser et améliorer significativement le sens diagnostique et parvenir à l'élaboration de thérapeutiques plus efficaces. D'autres outils, entre autres, comme la chimie et la physique, leur sont apparus nécessaires pour tenir compte de l'exubérance du vivant. Mais, d'une façon générale, la démarche analytique, si caractéristique de l'anatomie, a été adoptée dans des domaines très divers et très nombreux et elle a tissé son hégémonie sur la biologie du 19e siècle. La démarche analytique a laissé entrevoir une coalescence progressive entre science et technologie, en même temps que l'esquisse d'une métamorphose se traduisant par une transformation du regard des médecins et des biologistes sur le monde vivant et sur l'homme. Ce dernier a été de plus en plus perçu comme une "machine vivante".
Quand nous avons passé en revue l'anatomie sous toutes ses formes, aux 18e et 19e siècles, nous avons aussi constaté ce sur quoi G. Canguilhem nous avait brillamment éclairé : l'analyse anatomique et physiologique a des répercussions au niveau du raisonnement clinique, dans la mesure où « elle dissocie l'organisme en organes et en fonctions élémentaires. »[1021] En effet, G. Canguilhem montre que l'analyse anatomique et physiologique « tend à situer la maladie au niveau des conditions anatomiques et physiologiques partielles de la structure totale ou du comportement d'ensemble. »[1022] Successivement dans le temps et « selon les progrès de la finesse dans l'analyse », G. Canguilhem nous explique que si « historiquement, logiquement et histologiquement », on est parti de l'organisme parce que « la pensée, sinon le regard, était toujours tournée vers lui », la localisation de la maladie est passée de l'organe, avec Morgagni, au tissu, avec Bichat, puis à la cellule, avec Virchow.[1023] Nous pensons avoir bien montré, dans nos écrits épistémologiques sur l'anatomie, la puissance de la méthode anatomique et, en particulier, ce passage progressif de l'anatomie macroscopique à l'anatomie microscopique. En même temps, nous nous sommes efforcé de souligner combien la place réservée à l'infiniment petit, en anatomie, devenait de plus en plus grande. Nous nous sommes donc bien penché sur l'anatomie élémentaire et sur l'anatomie microscopique, sans

---

[1020] [[Ph. Pinel, II, 344, [*Nosographie philosophique*, 1810, I, CVII]]], cité dans E. Arquiola et L. Montiel, *La médecine en révolution – Sciences et philosophie de la nature au tournant du 18e et du 19e siècle,* op. cit., p. 184

[1021] G. Canguilhem, *Le normal et le pathologique*, op. cit., p. 151

[1022] Ibid.

[1023] Ibid.

lesquelles nous ne serions pas parvenu à mettre en valeur la puissance heuristique et discriminatoire de la méthode analytique.
Toujours est-il que la méthode analytique s'est avérée aussi très féconde en anatomie pathologique. Même si cette méthode a montré son impuissance à étudier, dans la maladie, ce qui est du domaine de la réaction vitale, elle est parfaitement parvenue à s'imposer pour détecter et identifier ce qui dans la maladie affecte la structure et se traduit par une altération anatomique. Nous avons vu comment Bichat a su maîtriser avec une grande virtuosité cette méthode analytique et amener ainsi l'anatomie pathologique à son firmament.
Si la vision analytique, promue par l'anatomie, a bien souvent servi l'invention épistémologique, il n'empêche que la tare de cette vision réside principalement dans le fait qu'elle instaure une réelle ségrégation entre le tout et les parties. L'orientation anatomique des recherches médicales a eu pour conséquence de localiser la maladie au niveau d'une partie de l'organisme. Il s'en est suivi alors une tendance à situer le siège de la maladie au niveau d'entités de plus en plus petites, de mieux en mieux délimitées. D'une certaine façon, ceci a donc induit une vision compartimentée du corps humain et a donc eu une répercussion négative sur la vision globale et en particulier contextuelle de la pathologie. Ce sont les gros reproches qui seront adressés aux cliniciens du 20e siècle. M. D. Grmek, par exemple, nous explique que « même si l'on peut légitimement dire que la maladie a son siège propre là où l'on repère un processus pathologique, elle est toujours en fait un désordre relationnel. » La dialectique "partie-tout" est essentielle, elle est à considérer aussi bien entre un organe et un organisme, que dans le rapport entre individu et milieu. M. D. Grmek affirme qu'il n'y a pas d'organes malades ; « c'est le rapport de l'organe avec l'organisme qui détermine la maladie au sens propre et véritable. »[1024]
N'empêche que si la démarche analytique a étendu sa souveraineté sur bien des domaines, c'est parce que les savants ont su ne pas se cantonner dans une vision monolithique, purement anatomique des choses, et emprunter d'autres chemins. C'est le cas, par exemple, de Baumes qui a considéré que les corps animaux sont composés de parties solides et de parties fluides et a souligné alors la nécessité de tenir compte de la composition chimique de ces parties, qu'elles soient simples ou primitives. L'organisation de ces corps, considérés sous ce point de vue, pourra varier, ce qui entraînera alors des variations des propriétés de ces corps. Ce recours à la chimie, de certains savants, s'explique aussi par l'impossible coïncidence de la structure et de la fonction. Par contre, au 20e siècle, en biochimie, la structure de la molécule biochimique renseignera les savants sur la fonction et la nature de la fonction leur permettra de déduire la structure. En biologie moléculaire, le problème de la primauté explicative des formes ou des fonctions, les unes par rapport aux autres, se pose donc à

[1024] M. D. Grmek ; *La vie, les maladies et l'histoire* ; Paris, Editions du Seuil, 2001, p. 39

nouveau. Quoiqu'il en soit, ce qui est sûr, quelles que soient les oscillations de la pensée biologique, c'est que l'esprit d'analyse, si caractéristique de l'anatomie, constituera un héritage pérenne pour les biologistes et les biochimistes.

Néanmoins, pour bien maîtriser la connaissance des phénomènes, il faut être à même d'apprécier les limites de la méthode analytique. Par exemple, l'analyse n'est jamais en mesure de rendre compte d'une formation, et la vision holistique d'une forme vivante est en contradiction avec sa vision analytique. En effet, les formes vivantes « peuvent être saisies dans une vision, jamais dans une division. »[1025] En physiologie, par exemple, l'analyse est nécessaire mais celle-ci ne lui offre, comme l'explique C. Bernard, qu'une connaissance des propriétés des parties organisées élémentaires isolées, ce qui ne conduit qu'à une synthèse idéale très incomplète. C. Bernard montre d'ailleurs qu' « il faut donc toujours procéder expérimentalement dans la synthèse vitale parce que des phénomènes tout à fait spéciaux peuvent être le résultat de l'union ou de l'association de plus en plus complexe de phénomènes organisés ».[1026] En outre, l'anatomie et la méthode analytique présentent un danger majeur, celui du compartimentage. Avec la fragmentation, la tentation est grande, aussi bien au niveau macroscopique que microscopique, de croire que les propriétés du tout sont égales à la somme des propriétés des parties, alors que ce n'est pas le cas. Mais comme « le tout n'est pas uniquement le résultat de l'assemblage des parties », F. Dagognet met en garde contre le danger représenté par l'anatomie, « celui de l'introduction en biologie, d'une conception hautement réductrice. » Or, il faut éviter tout enfermement dans la réduction qui mènerait bien sûr aux déboires ci-dessus évoqués à propos de la fragmentation alors qu' « il faut s'en tenir à une philosophie holiste qui souligne les multiples relations entre les éléments, ce qui relativise l'importance de ceux-ci. »[1027] L'idéal est, bien sûr, de savoir conjuguer subtilement approche analytique et approche synthétique, mais ceci est d'autant plus difficile en biologie, qu'entre elles, il existe une antinomie. En effet, plus l'analyse s'affine et s'approfondit, plus il faut accorder d'importance aux mécanismes d'intégration. Par conséquent, à côté de la dualité de la partie et du tout, il faut aussi prendre en considération celle du simple et du complexe.

Au-delà de tout ce que nous a apporté l'anatomie descriptive, nous nous sommes aussi attaché à explorer en détail tous les rameaux anatomiques nés à partir du tronc de l'anatomie descriptive. A l'évidence, tous ces rameaux ont abouti à de nouvelles conquêtes épistémologiques qui ont élargi significativement le champ épistémologique de l'anatomie en général.

[1025] G. Canguilhem, *La connaissance de la vie*, op. cit., p. 14

[1026] C. Bernard, *Introduction à la médecine expérimentale,* IIe partie, chap. 12, cité dans G. Canguilhem, *La connaissance de la vie*, op. cit., p. 15

[1027] F. Dagognet, *Georges Canguilhem, Philosophe de la vie*, op. cit., p. 73

L'anatomie fonctionnelle, l'anatomie microscopique, l'anatomie pathologique et l'anatomie comparée, ont participé d'une manière ou d'une autre à l'histoire des origines de la biologie. Grâce à tous ces rameaux, l'anatomie apparaît donc comme une discipline majeure pour les sciences de la vie. Pour ce qui concerne l'anatomie comparée, elle est, bien sûr, elle aussi, une des dignes filles de l'anatomie descriptive mais elle s'en distingue au moins par l'importance de la place qui est réservée à la morphologie et par la façon dont il est fait appel à la morphologie. Claude Debru montre que dans la controverse qui oppose Cuvier à Geoffroy Saint Hilaire, « la morphologie joue indubitablement un rôle constant dans les argumentations des protagonistes. »[1028] Les spécialistes en anatomie comparée ont montré à quel point l'anatomie pouvait être un moteur de découverte et d'invention en dépassant les simples contemplateurs qui ont tendance à confondre analogie et homologie. Grâce à l'anatomie et à l'analyse des agencements, il a été possible d'établir une syntaxe efficiente de la forme mais, pour ce faire, il faut être en mesure de relever les lignes maîtresses du dehors pour parvenir à surprendre le dedans dans le dehors. En anatomie comparée, les différents protagonistes sont unanimes pour attribuer un rôle incontestable et constant à la morphologie, mais, pour chacun d'entre eux, la place de la morphologie n'est pas forcément la même. De plus, il est indéniable que chacun d'entre eux renvoie aussi à d'autres plans de la connaissance. Par exemple, alors que Cuvier subordonne d'une certaine façon l'anatomie aux fonctions ou plus précisément « place la fonction avant la structure et infère de la fonction ce que sera l'organe »[1029], Geoffroy Saint Hilaire se focalise sur les invariants structuraux, sur l'unité de plan des organismes et défend sa théorie des types morphologiques en se faisant le promoteur d'une science morphologique. Partant de cette unité de plan, Geoffroy Saint Hilaire sera amené à réfléchir sur la morphogenèse et à s'intéresser à l'embryologie dont il tirera de précieux arguments. Par conséquent, même si des divergences bien tranchées existent entre Cuvier et Geoffroy Saint Hilaire au sujet des formes vivantes, il se trouve que de l'anatomie comparée émerge la vision d'unité. Mais, comme l'explique Claude Debru, cette vision « n'épuise pas l'explication, elle débouche nécessairement sur d'autres considérations, qu'il s'agisse des

[1028] C. Debru, *Formes anatomiques et fonctions physiologiques, de Claude Bernard à nos jours*, pp. 115-134, in J.-P. Changeux, *La vie des formes et les formes de la vie*, op. cit., p. 122

[1029] E. S. Russell, *Form and Function, A Contribution to the History of Animal Morphology*, Londres, John Murray, 1916, p. 32, cité dans C. Debru, *Formes anatomiques et fonctions physiologiques, de Claude Bernard à nos jours*, pp. 115-134, in J. -P. Changeux, *La vie des formes et les formes de la vie*, Paris, Editions Odile Jacob, 2012, p. 121

fonctions ou de l'épigenèse, et bientôt de l'évolution. »[1030] Des données anatomiques ont été ainsi à même de favoriser la naissance, puis le développement, de nouveaux territoires de connaissance ; il en a été ainsi le cas, par exemple, pour l'embryologie, la tératologie, la paléontologie, etc. De plus, si nous avons remarqué la place prise par l'organisation dans le développement de l'anatomie comparée mais aussi son implication dans l'émergence de la biologie, ce concept d'organisation a aussi eu une incidence sur le couple stucture-fonction. Cette incidence est rappelée par E. Arquiola et L. Montiel : « au cours du 19e siècle, ce caractère essentiel de l'organisation passe du domaine de ce que les sens peuvent percevoir à celui de ce qui n'est pas directement observable ; de la structure à la fonction. »[1031]

Sans que l'intérêt de tous ces rameaux de l'anatomie paraisse vraiment évident aux hommes de la médecine de l'époque, chacun de ces rameaux a grandement participé à la constitution d'une nouvelle médecine, celle du 19e siècle. Chacun de ces rameaux a alimenté la réflexion de cette médecine et lui a fourni des moyens pour évoluer. En fait, ces différents rameaux de l'anatomie nous ont prouvé que les différentes voies ainsi empruntées pour étudier la nature pouvaient se rejoindre et ainsi étendre à la fois le champ des sciences de la nature et celui de la médecine. Au milieu de ces sciences, à caractère anatomique, la médecine sera parvenue à se frayer un chemin et les savants de ces différents rameaux auront fait en sorte que la médecine devienne la « science de l'homme » et même la « couronne des sciences naturelles ». Les différents rameaux de l'anatomie auront permis à l'objet biologique d'être interrogé de différentes façons et d'aborder ainsi tout un éventail de réflexions qui ont dépassé le cadre strict des réflexions émises dans chacun de ces rameaux. C'est ainsi que de ces échanges réflexifs entre les différents rameaux de l'anatomie ont pu émerger des réflexions qui peuvent relever « de l'histoire de la biologie, de l'épistémologie de la biologie, de la philosophie de la biologie et de la philosophie de la vie elle-même. » L'anatomie et ses différents rameaux peuvent se vanter ainsi d'avoir levé de nombreuses interrogations vis-à-vis du monde vivant et d'avoir participé, de multiples façons, à la connaissance du vivant.

Nos écrits épistémologiques sur l'anatomie montrent aussi à quel point durant ces trois siècles de son histoire, l'anatomie a non seulement conquis l'intérêt des médecins mais aussi celui de scientifiques d'autres domaines et celui des philosophes. Indubitablement, l'anatomie a participé à l'émulation et à

[1030] C. Debru, *Formes anatomiques et fonctions physiologiques, de Claude Bernard à nos jours*, pp. 115-134, in J.-P. Changeux, *La vie des formes et les formes de la vie*, op. cit., p. 123

[1031] E. Arquiola et L. Montiel, *La médecine en révolution – Sciences et philosophie de la nature au tournant du 18e et du 19e siècle,* op. cit, p. 134

l'émancipation des esprits, à l'évolution des mentalités et au progrès des connaissances. En outre, l'anatomie et ses "disciplines satellites" ont montré à quel point elles ont su développer une connaissance exigeante et rationnelle, diversifié leurs angles d'approche du monde réel et inspiré bon nombre de nouveaux axes de réflexion philosophique et scientifique.
L'esprit anatomique a fini par gagner aussi les hommes de territoires de nature autre que ceux de la science ou de la philosophie. Des territoires comme ceux de la morale, de l'art, du théâtre, de la religion, de la mondanité, ont importé le regard anatomique et les maîtres de ces territoires se sont livrés à l'anatomie de l'âme, des passions, d'un discours, d'un texte, d'une poésie, même de la messe ou du missel. Manifestement, ces écrits épistémologiques sur l'anatomie mettent en évidence cette véritable civilisation de l'anatomie qui s'est mise en place avec Vésale et a commencé à décliner à partir des dernières décennies de la première moitié du 19e siècle mais surtout, au cours de la seconde moitié du 19e siècle.
Deux raisons nous ont conduit à nous entretenir de l'illustration anatomique. La première, c'est que l'illustration anatomique, dont la véritable naissance peut être située au 16e siècle, a eu des effets épistémologiques positifs sur l'anatomie. La seconde raison, c'est que l'illustration anatomique n'a pas seulement bénéficié à l'anatomie. Elle a aussi ouvert la voie à la représentation graphique en général, mettant ainsi en valeur un outil de réflexion magistral en même temps qu'un instrument majeur de la compréhension qui s'est introduit dans toutes les disciplines médicales. D'une certaine façon, l'illustration anatomique a fait entrer la médecine dans une sorte de renoncement à l'iconoclastie culturelle et lui a fait accepter d'être un peu moins orientée sur des conceptions analytico-abstraites. L'illustration anatomique a permis aux médecins d'entrevoir un autre monde, celui de l'image et donc de la contraction. En quelque sorte, l'illustration anatomique a permis à l'image de s'imposer, en apportant avec elle « son pouvoir, tant informatif que récapitulatif et aussi heuristique. »[1032] A partir du 20e siècle, grâce à cette culture de l'illustration, instituée par l'anatomie, la médecine s'emparera à son tour des images qui lui permettront de renouveler l'approche du réel, et la science de l'image deviendra indispensable à la médecine. Nous avons aussi constaté combien l'étude anatomique avait été au centre de grands débats chez les artistes, notamment celui sur le rôle des connaissances anatomiques dans la représentation du corps.

Finalement, incontestablement, l'anatomie a su mettre en place un certain nombre d'outils épistémologiques de réflexion qui ont eu un rôle moteur indéniable dans la dynamique de son développement épistémologique et au-

[1032] F. Dagognet, *Les outils de la réflexion (Epistémologie)*, op. cit., p. 98

delà, d'une façon générale, pour l'ensemble de la connaissance et même pour les arts.

Aujourd'hui, face à la complexité de la connaissance, en général, l'utilité de ces outils de réflexion, offerts par l'anatomie, est à nouveau reconnue. Si nos contemporains réservent à nouveau une place importante à l'anatomie, c'est parce qu'ils sont bien conscients que la connaissance anatomique « allie la dimension scientifique (c'est-à-dire la vérification des données, l'esprit d'hypothèse et l'acceptation de la réfutabilité) aux dimensions épistémologique et réflexive (philosophiques) »[1033] et apporte donc avec elle ses incomparables vertus épistémologiques.

[1033] E. Morin, *La méthode – 5 L'humanité de l'humanité – L'identité humaine*, Paris, Editions du Seuil, 2001, p. 12

BIBLIOGRAPHIE

- ADELON, CHAUSSIER, et al. (Société de médecins et de chirurgiens), *Dictionnaire des sciences médicales*, volume 38 (ORE-OUV), Paris, Editeur C. L. F. Pankoucke, 1819.
- AIME-MARTIN L. (chef de publication), *Œuvres philosophiques de Descartes, publiées d'après les textes originaux*, Paris, Auguste Desrez, éditeur, 1838, 765 p.
- ALBERTON M., *Apprendre à voir : les enseignements de la Défense de la Théorie de la vision*, pp. 135-157, in BERLIOZ D. (sous la dir. de), *Berkeley – Langage de la perception et art de voir*, Paris, Editions PUF, 2003, 213p.
- ALBERTI L. B., *De la peinture*, trad. de J. L. Schefer, Paris, Editions Macula Dedale, 1992, 269 p.
- d'ALEMBERT, *Discours préliminaire à l'Encyclopédie, ou Dictionnaire raisonné des sciences, des arts et des métiers*, Paris, Editions Odile Jacob, 1996, 62 p.
- AMZALLAG G-N., *La raison malmenée, De l'origine des idées reçues en biologie moderne*, Paris, CNRS éditions, 2002, 264 p.
- ANDLER D., FAGOT-LARGEAULT A., SAINT-SERNIN B., *Philosophie des sciences*, Paris, Edition Gallimard, 2002, 665 p.
- ANGOULVENT A. L., *L'esprit baroque*, Paris, Editions PUF, 1994, 126 p.
- ARASSE D., *La chair, la grâce, le sublime,* pp. 411-477, in CORBIN A., COURTINE J.-J. et VIGARELLO G., *Histoire du corps,* tome 1, *De la Renaissance aux Lumières*, Paris, Editions du Seuil, 2005, 573 p.
- ARNHEIM R., *La pensée visuelle*, Paris, Editions Flammarion, 1976, 350 p.
- ARQUIOLA E., MONTIEL L., *La médecine en révolution – Sciences et philosophie de la nature au tournant du 18e et du 19e siècle,* Paris, Editions Hermann, 2012, 287 p.
- AZOUVI F., *Maine de Biran – La science de l'homme*, Paris, Librairie philosophique J.Vrin, 1995, 482 p.
- BACHELARD G., *Le pluralisme cohérent de la chimie moderne*, Paris, Librairie J.Vrin, 1973, 235 p.

- **BACON F.,** *Nouvel organum – Essai de Morale et de Politique – De la Sagesse des Anciens*, trad. M. F. Riaux, Paris, Charpentier Libraire-Editeur, 1843, 501 p.

  BACON F., *Novum Organum*, traduction Malherbe et Pousseur, Paris, Editions PUF, 1986, 350 p.

- BAGROS P., *Le corps en médecine*, pp. 79-130, in P. Bagros, B. de Toffol, *Introduction aux sciences humaines en médecine*, Paris, Editions Ellipses, 2001, 269 p.

- BALAN B., article "*Anatomie comparée*", pp. 65-71, in D. Lecourt (sous la dir. de), *Dictionnaire d'Histoire et philosophie des sciences,* Paris, Editions Quadrige/PUF, 2003, 1032 p.

  BALAN B., *L'ordre et le temps – L'anatomie comparée et l'histoire des vivants au 19e siècle*, Paris, Librairie philosophique J. Vrin, 1979, 611 p.

- BARBILLON C., *Les canons du corps humain au 19e siècle : L'art et la règle*, Paris, Editions Odile Jacob, 2004, 387 p.

- K. BARTHOLIN, *Institutions anatomiques*, trad. fr. d'A. Du Prat, Mathurin Hénault et Jean Hénault, 1647.

- BAUDART A., *La Renaissance*, pp. 105-148, in J. RUSS (sous la dir. de), *Histoire de la Philosophie – 2 – L'invention du monde moderne*, Paris, Masson et Armand Colin éditeurs, 1997, 319 p.

- BAUDET J., *Penser le vivant, Une histoire de la médecine et de la biologie*, Paris, Editions Vuibert, 2005, 396 p.

- BERCHE P., *La découverte du corps humain,* pp. 16-113, in KAHN A., AMEISEN J.-C., BERCHE P. et BROHARD Y., *Une histoire de la médecine ou le souffle d'Hippocrate*, Paris, Editions La Martinière, 2011, 223 p.

- BERLIOZ D. (coordonné par), *Berkeley, Langage de la perception et art de voir*, Paris, P.U.F., 2003, 213 p.

- BERNARD C., *Introduction à la médecine expérimentale,* Paris, Editions Garnier-Flammarion, 1966, 318 p.

  BERNARD C., *Leçons sur les phénomènes de la vie communs aux animaux et aux végétaux*, Paris, Librairie Baillère, 1878, 2vols, 404 p. et 564 p.

- BERTHO-LAVENIR C. (sous la dir. de), *Le livre monde*, Paris, Editions Flammarion/Bibliothèque nationale, 1992, 233 p.

- BICHAT F. X., Anatomie générale, appliquée à la physiologie et à la médecine, Paris, J. A. Brosson et J.-S. Chaudé, libraires, 1821, 586 p.

BICHAT F. X., *Recherches physiologiques sur la vie et la mort*, Paris, Brosson libraire, 3e édition, 1805, 347 p.

BICHAT F. X., *Traité d'anatomie descriptive*, tome 1, nouvelle édition, Paris, Gabon et compagnie libraires, 1823, 464 p.

BICHAT F. X., *Traité d'anatomie générale*, Paris, Adolphe Delahays, Libraire, 1855, 626 p.

BICHAT F. X., *Traité des membranes en général, et de diverses membranes en particulier*, Paris, Mequignon-Marvis éditeur, 3e éd., 1816, 317 p.

- BINET J.-L., *Entre le Muséum et les musées : cinq siècles de traités d'anatomie,* pp. 17-31, in J.-L. Binet, P. Descargues, *Dessins et traités d'anatomie,* Paris, Editions du chêne, 1980, 247 p.
- BINET J.-L., DESCARGUES P., *Dessins et traités d'anatomie,* Paris, Editions du chêne, 1980, 247 p.
- BLAY M., *Pour une philosophie des sciences à l'écoute de l'histoire des sciences*, pp. 98-101, in M. Prigent (dir. de la publication), *A quoi sert la philosophie ?*, Revue trimestrielle, Collège international de philosophie, Rue Descartes, n°41, Editions PUF, 127 p.
- BOISSIER DE SAUVAGES DE LACROIX F., *Nosologie méthodique*, Paris, Hérissant le fils, 1771, 10 volumes.
- BONNET C., *Palingénésie philosophique*, IX, 1 ; Œuvres, t. XV, Genève, chez Jean-Marie Bruyset libraire, 1770, 448 p.
- DE BORDEU TH., DE BORDEU F., DE BORDEU A, *Recherches sur les maladies chroniques, leurs rapports avec les maladies aigües, leurs périodes, leur nature, et sur la manière dont on les traite aux Eaux minérales de Bareges et des autres sources de l'Aquitaine* (tome 1er, contenant la Théorie générale des Maladies, et l'Analyse du sang), Paris, Librairie Ruault, 1775, 592 p.
- BOURDIN J. -C., *Les matérialistes au 18e siècle*, Paris, Editions Payot et Rivages, 1996, 353 p.
- BOURGERY J. B. M., *Traité complet de l'anatomie de l'homme comprenant la médecine opératoire : Anatomie descriptive ou physiologique, appareil de relation, organes de locomotion, ostéologie, syndesmologie*, Paris, Delaunay éditeur, 1er vol., 1832, 192 p.
- BRAUNSTEIN J.-F., *Deux philosophes de la médecine : Canguilhem et Fleck*, pp. 63-80, in FAGOT-LARGEAULT A., DEBRU C. et MORANGE M., *Philosophie et médecine – en hommage à Georges Canguilhem*, Paris, Librairie philosophique J. Vrin, 2008, 240 p.

- BROHARD Y., *Petite histoire de l'illustration anatomique,* pp 106-113, in KAHN A., AMEISEN J.-C., BERCHE P., BROHARD Y., *Une histoire de la médecine ou le souffle d'Hippocrate*, Paris, Editions de la Martinière, 223 p.
- BUCUR D., *La question du membre fantôme*, pp. 53-76, in MAIRE P. (sous la dir.de), *NOCEBO, la toxicité symbolique,* Lyon, Jacques André Editeur, 2010, 231 p.
- CABANIS P. J. G., *Œuvres complètes de Cabanis*, Paris, Librairie Bossange frères, 1723, t. I, 531 p.
- CANGUILHEM G., *Etudes d'histoire et de philosophie des sciences, concernant les vivants et la vie*, Paris, Editions Librairie philosophique J. Vrin, 1994, 430 p.

  CANGUILHEM G., *La connaissance de la vie*, Paris, Editions Librairie philosophique J. Vrin, 2003, 255 p.

  CANGUILHEM G., *Le normal et le pathologique*, Paris, Editions Quadrige/PUF, 2003, 224 p.
- CAPRA F., *Léonard de Vinci – homme de sciences*, Paris, Editions Acte sud, 2010, 278 p.

  CAPRA F., *Le temps du changement*, Monaco, Editions du rocher, 1990, 406 p.
- CARLINO A., *Entre corps et âme, ou l'espace de l'art dans l'illustration anatomique*, in Médecine / Sciences, n°1, vol. 17, janvier 2001.
- CASSIRER E., *Logique des structures de la culture*, Paris, Les éditions du Cerf, 1991, 232 p.

  CASSIRER E., *Essai sur l'homme*, *Le sens commun*, Paris, Les éditions de minuit, 1975, 336 p.
- CATHERINE F., *La pratique et les réseaux savants d'Albrecht von Haller (1708-1777), vecteurs du transfert culturel entre les espaces français et germaniques au 18e siècle*, Thèse pour doctorat d'Histoire (sous la dir. du Pr. Simone Mazauric), Université Nancy 2 (Ecole doctorale "*Langages, Temps, Société*"), Année 2009, 634 p.
- CEARD J., *De la curiosité aux curiosités*, Camenae n° 15, Mai 2013, 7 p.
- CHANGEUX J. -P., *La vie des formes et les formes de la vie ?,* Paris, Editions Odile Jacob, 2012, 310 p.

  CHANGEUX J. -P., *Raison et plaisir*, Paris, Editions Odile Jacob, 1994, 220 p.

CHANGEUX J. -P., RICOEUR P., *Ce qui nous fait penser, La nature et la règle*, Paris, Editions Odile Jacob, 2000, 336 p.

- CHARTIER R., *Le XVIIe siècle*, pp. 62-65, in C. Bertho-Lavenir (sous la dir. de), *Le livre monde*, Paris, Editions Flammarion/Bibliothèque nationale, 1992, 233 p.
- CHASTEL A., KLEIN R., *L'humanisme – l'Europe de la Renaissance*, Genève, Editions d'art Albert Skira, 1995, 227 p.
- CHASTEL C., *Médecine*, pp. 419-502, in BARTHELEMY G., *Histoire des Sciences*, Paris, Editions Ellipses, 2009, 745 p.
- CHAZAL G., *Les médiations théoriques*, Seyssel, Editions Champ Vallon, 2004, 257 p.

  CHAZAL G. et SALOMON CH. (textes réunis par), *François Dagognet, Médecin et Philosophe*, Paris, Editions L'Harmattan, 2005, 289 p.
- CHERLONNEIX L., *Après Nietzsche et Canguilhem*, pp. 35-47, in FAGOT-LARGEAULT A., DEBRU C., MORANGE M. (sous la dir. de), *Philosophie et médecine - en hommage à Georges Canguilhem*, Paris, librairie philosophique J. Vrin, 2008, 240 p.
- CHOMEL A.-F., *Eléments de pathologie générale*, Paris, édité chez Crochard, 1817, 638 p.
- COMAR P., *Les images du corps*, Paris, Editions Gallimard, 1993, 160 p.
- COMTE A., *Cours de philosophie positive – La philosophie chimique et la philosophie biologique*, Paris, Bachelier Imprimeur-Libraire, 1838, tome III, 845 p.

  COMTE A., *Cours de philosophie positive*, (40e *Leçon*), Paris, Editions Hermann, 1975, 730 p.
- CONDILLAC E., *Essai sur l'origine des connaissances humaines*, Paris, chez Levrault libraire, 1798, 521 p.
- CORBIN A., COURTINE J.-J., VIGARELLO G., *Histoire du corps*, tome 1, *De la Renaissance aux Lumières*, Paris, Editions du Seuil, 2005, 573 p.
- CORVISART J.-N., *Essai sur les maladies et les lésions organiques du cœur et des gros vaisseaux*, Paris, chez H. Nicolle, 1811, 478 p.
- COUSIN V. (responsable de la publication), *Œuvres de Descartes*, tome quatrième, Paris, chez F. G. Levrault, libraire, 1824, 526 p.

- CRIGNON-DE OLIVEIRA C., GAILLE-NIKODIMOV, *A qui appartient le corps humain ?*, Paris, Editions Les belles lettres, 2008, 295 p.
- CUREAU DE LA CHAMBRE M., *L'art de connaître les hommes, Première partie où sont contenus les discours préliminaires qui servent d'introduction à cette science*, Paris, chez Pierre Rocolet, 1659, 471 p.
- CUVIER G., *Leçons d'anatomie comparée*, tome 1, Paris, Libraires Crochard et Cie, an VIII, 521 p.

  CUVIER G., *Le Règne animal distribué d'après son organisation, pour servir de base à l'histoire naturelle des animaux et d'introduction à l'anatomie comparée*, tome 1, Paris, Deterville et Crochard Editeur, 1817, 540 p.

  CUVIER G., *Rapport historique sur les progrès des sciences naturelles depuis 1789, et sur leur état actuel*, Paris, imprimerie impériale, 1810, 394 p.

  CUVIER G., *Recherches sur les ossemens fossiles*, tome 4, 4e édition, Paris, Edmond d'Ocagne Editeur, 1836, 691 p.

  CUVIER G., *Recherches sur les ossements fossiles de quadrupèdes*, Paris, chez Deterville, libraire, 1812, 278 p.
- DACHEZ R., *Histoire de la médecine de l'Antiquité au 20e siècle*, Paris, Editions Tallandier, 2004, 634 p.
- DAGOGNET F., *Changement de perspective – Le dedans et le dehors*, Paris, Edition La table ronde, 2002, 190 p.

  DAGOGNET F, *Georges Canguilhem, philosophe de la vie,* Le Plessis Robinson, Editions Institut Synthélabo pour le progrès de la connaissance, 1997, 201 p.

  DAGOGNET F., *L'animal selon Condillac*, Paris, Librairie philosophique J. Vrin, 2004, 157 p.

  DAGOGNET F., *L'homme maître de la vie,* Paris, Editions Bordas, 2003, 236 p.

  DAGOGNET F., *Le catalogue de la vie*, Paris, P.U.F., 1970, 243 p.

  DAGOGNET F., *Le corps,* Paris, Editions P.U.F., 2008, 179 p.

  DAGOGNET F., *Le corps multiple et un*, Le Plessis Robinson, Les empêcheurs de penser en rond, 1992, 232 p.

  DAGOGNET F., *Le nombre et le lieu,* Paris, Editions J. Vrin, 1984, 216 p.

DAGOGNET F., *Le vivant,* Paris, Editions Bordas, 1988, 191 p.

DAGOGNET F., *Les outils de la réflexion (Epistémologie)*, Le Plessis Robinson, Editions Institut Synthélabo pour le progrès de la connaissance, 1999, 430 p.

DAGOGNET F., *Penser le vivant, L'homme, maître de la vie ?* Paris, Bordas, 2003, 239 p.

DAGOGNET F., *Philosophie d'un retournement*, Fougères La Versanne, Editions Encre marine, 2001, 117 p.

DAGOGNET F., *Préface*, pp. 9-21, in Bernard C., *Introduction à l'étude expérimentale,* Paris, Editions Garnier-Flammarion, 1966, 318 p.

DAGOGNET F., *Savoir et pouvoir en médecine*, Le Plessis Robinson, Editions Institut synthélabo pour le progrès de la connaissance, 1998, 288 p.

- DAMIEN R. (sous la dir. de), *François Dagognet médecin épistémologue philosophe – une philosophie à l'œuvre,* Le Plessis Robinson, Editions Institut Synthélabo pour la connaissance, 1998, 303 p.
- DAREMBERG C., *La médecine, histoire et doctrines*, Paris, Didier et Cie, libraires –éditeurs, et chez J.-B. Baillière et fils, 1865, 488 p.
- DARWIN C., *L'origine des espèces*, trad. sur la 6e éd., Paris, C. Reinwald et Cie, libraires-éditeurs, 1876, 612 p.
- DEBRU C., *Formes anatomiques et fonctions physiologiques, de Claude Bernard à nos jours*, pp. 115-134, in J-P. Changeux, *La vie des formes et les formes de la vie*, Paris, Editions Odile Jacob, 2012, 310 p.
- DE CHABANON M. P. G., *De la musique considérée en elle-même et dans ses rapports avec la parole, les langues, la poésie et le théâtre*, Paris, chez Pissot, 1785, 459 p.
- DE FONTENAY E., *Le silence des bêtes, la Philosophie à l'épreuve de l'animalité*, Paris, Editions Fayard, 1998, 784 p.

DE FONTENAY E., *Sans offenser le genre humain – Réflexions sur la cause animale,* Paris, Editions Albin Michel, 2008, 236 p.

- DE GENLIS F., *Adèle et Théodore ou Lettres sur l'éducation*, 1782, chez M. Lambert et F. J. Baudouin, libraires, 460 p.
- DE LA COTARDIERE P. (sous la dir. de), *Histoire des Sciences*, Paris, Editions Tallandier, 2e édition, 2012, 659 p.
- DE SADE D. A. F., *Les Cent Vingt Journées de Sodome*, Neuilly sur Seine, Editions Famot-De Saint Clair, 1975, 246 p.

DE SADE D. A. F., *Œuvres complètes*, t. XVI, 1973.

- DE SAINT GERMAIN C.-E., *Raison et Système chez Hegel – De la phénoménologie de l'Esprit à l'Encyclopédie des Sciences Philosophiques*, Paris, Edition L'Harmattan, 2004, 525 p.

- DESCARGUES P., *Introduction*, pp. 8 – 15, in BINET J.-L., DESCARGUES P., *Dessins et traités d'anatomie,* Paris, Editions du chêne, 1980, 247 p.

- DESCARTES R., *Discours de la méthode, Introduction, dossier et notes par Denis Moreau*, Paris, Librairie générale de France, 2000, 251 p.

DESCARTES R., *L'Homme*, pp. 333-428, in COUSIN V. (responsable de la publication), *Œuvres de Descartes*, tome quatrième, Paris, chez F. G. Levrault, libraire, 1824, 526 p.

DESCARTES R, *Méditations métaphysiques*, VI ème Méditation, in L. Aimé-Martin (chef de publication), *Œuvres philosophiques de Descartes, publiées d'après les textes originaux*, Paris, Auguste Desrez, éditeur, 1838, 765 p.

DESCARTES R., *Principes de Philosophie*, IVe partie, article 203, 1643.

DESCARTES R., *Règles pour la direction de l'esprit*, éd. Vrin, Paris, 1997, 160 p.

DESCARTES R, *Traité de l'Homme*, AT XI Œuvres et lettres, Paris, Gallimard, La Pléiade, 1953, 1423 p.

DESCARTES R, *Traité de l'Homme,* Paris, chez Charles Angot, libraire juré, 1664, 448 p.

- DESJARDINS L., *Le corps parlant : savoirs et représentation des passions au 17e siècle*, Paris, Editions L'Harattan, 2001, 320 p.

- DIAS N., *La mesure des sens*, *Les anthropologues et le corps humain au 19e siècle*, Paris, Editions Flammarion, département Aubier, 2004, 357 p.

DIAS N., *Le corps en vitrine. Eléments d'une recherche sur les collections médicales*, Terrain, n° 18, 1992, pp. 72-79.

- DIDEROT D., *Encyclopédie,* présenté et annoté par MANDOSIO J.-M., Paris, Editions de l'éclat, 2013, 156 p.

DIDEROT D., d'ALEMBERT J., *L'Encyclopédie*, (article "*Anatomie*"), tome 1, Paris, Editeurs Diderot et d'Alembert, 1751, pp. 409-437.

- DUCHESNEAU F., *Les modèles du vivant de Descartes à Leibniz*, Paris, Librairie philosophique Jean Vrin, 1998, 402 p.

DUCHESNEAU F., *La structure normale et pathologique du vivant,* pp. 29-57, in GRMEK M. D. (sous la dir. de), *Histoire de la pensée médicale en Occident*, tome 3, *Du romantisme à la science moderne*, Paris, Editions du seuil, 1999, 422 p.

DUCHESNEAU F., *Physiologie de la biologie*, Paris, Editions PUF, 1997, 437 p.

- DU LAURENS A., *Historia anatomica humani corporis et singularum eius partium multis controversiis et observationibus novis illustrata*, Paris, Marcum Orry, 1600, 152 p.
- DUMAS C. L., *Système méthodique de nomenclature et de classification des muscles du corps humain avec des tableaux descriptifs propres à rappeler leurs noms anciens, leurs noms nouveaux*, Imprimerie de Bonnariq, Avignon et Migueyron, 1797, 195 p.
- DUPATY C., *Lettres sur l'Italie*, 1785, à Florence, lettre XXVI, cité dans H. Palouzié, *Felice Fontana – L'aventure des cires anatomiques de Florence à Montpellier*, Montpellier, Diffusion régionale des affaires culturelles du Languedoc-Roussillon, 2010, 45 p.
- DUVERNEY M., *L'art de disséquer méthodiquement les muscles du corps humain*, Paris, chez P. Alex Le Prieur imprimeur du Roi et de l'Académie royale de chirurgie, 1769, 216 p.
- ESTIENNE C., *La dissection des parties du corps humain divisée en trois livres faictz par Charles Estienne, docteur en Medecine, avec les figures et déclaration des incisions, composées par Estienne de la Riviere, Chirurgien*, Paris, Simon de Colines, libraire, 1546, 406 p.
- FALCONET E., *Œuvres complètes*, tome III, Paris, Dentu imprimeur-libraire, 1808, 486 p.
- FAGOT-LARGEAULT A, *L'ordre vivant*, pp. 483-575, in ANDLER D., FAGOT-LARGEAULT A., SAINT-SERNIN B., *Philosophie des sciences*, Paris, Edition Gallimard, 2002, 665 p.
- FAURE O., *Le regard des médecins,* pp. 15-50, in CORBIN A., COURTINE J.-J. et VIGARELLO G., *Histoire du corps,* tome 2, *De la Révolution à la grande guerre*, Paris, Editions du Seuil, 2005, 442 p.
- FERNEL J., *Universa medicina,* Paris, Andreas Wechel, 1554, 576 p.
- FLECK L., *Erfahrung und Tatsache*, Frankfurt am Main, Editions Suhrkamp, 1983, 194 p.

- FOCILLON H., *Vie des formes*, Paris, Editions P.U.F, Alcan, 1939, 175 p.
- FOUCAULT M., *Naissance de la clinique*, Paris, Editions Quadrige/PUF, 2003, 214 p.
- FREARD DE CHAMBRAY R., *Idée de la perfection de la peinture*, Le Mans, J. Ysambart, 1662, 280 p.
- GANDOLFO G., *Modèle et réalité : une perspective épistémologique*, http://www.unice.fr/sciences-vie/epistemo1.htm, 8 p.
- GAUDILLIERE J. P., *La médecine et les sciences, XIX*e*- XX*e *siècles*, Paris, Editions La Découverte, 2006, 128 p.
- GELEE T., *Les œuvres de Mr. André Du Laurens traduites en français par Mr. Théophile Gelée*, Paris, Raphaël du petit val libraire, 1621, 384 p.
- GEOFFROY ST HILAIRE E., *Discours préliminaire*, in *Philosophie anatomique. 1. Des organes respiratoires sous le rapport de la détermination et de l'identité de leurs pièces osseuses*, Paris, Mequignon-Marvis, 1818, 527 p.

  GEOFFROY ST HILAIRE E., *Discours préliminaire*, in *Philosophie anatomique. 2. Des monstruosités humaines*, Paris, J. B. Baillière, 1822, 550 p.

  GEOFFROY SAINT HILAIRE E., *Principes de philosophie zoologique, discutés en mars 1830 au sein de l'Académie Royale des Sciences*, Pichon et Didier, libraires, Rousseau, libraire, Paris, 1830, 226 p.
- GEOFFROY SAINT HILAIRE I., *Vie, travaux et doctrine scientifique d'Etienne Geoffroy Saint Hilaire, par son fils, Isidore Geoffroy Saint Hilaire*, Paris, chez P. Bertrand, éditeur, 1847, 479 p.
- GODIN C., *François Dagognet : un nouveau positivisme pour la médecine, pp. 49-58,* in CHAZAL G. et SALOMON C., *François Dagognet, Médecin et Philosophe*, Paris, Editions L'Harmattan, 2005, 289 p.
- GONSETH F., *Le problème de la connaissance en philosophie ouverte*, Lausanne, Editions l'Age d'Homme, 1990, 235 p.
- GRIMOULT C., *Histoire de l'histoire des sciences – Historiographie de l'évolutionnisme dans le monde francophone*, Paris, Librairie Droz, 2003, 311 p.

- GRMEK M. D. (sous la dir. de), *Histoire de la pensée médicale en Occident*, tome 2, *De la Renaissance aux Lumières*, Paris, Editions du Seuil, 1997, 376 p.

  GRMEK M.D. (sous la dir.de) *Histoire de la pensée occidentale*, t. 3, *Du Romantisme à la science moderne*, Paris, Editions du Seuil, 1999, 422 p.

  GRMEK M.D., *Le concept de maladie*, pp. 147-167, in GRMEK M.D. (sous la dir.de) *Histoire de la pensée occidentale*, t. 3, *Du Romantisme à la science moderne*, Paris, Editions du Seuil, 1999, 422 p.

  GRMEK M.D., *La notion de fibre vivante chez les médecins de l'école iatrophysique*, Clio Medica, 5 (1970), pp. 297-318

  GRMEK M.D., *La vie, les maladies et l'histoire* ; Paris, Editions du Seuil, 2001, 286 p.

  GRMEK M. D. et BERNABEO R., *La machine du corps,* pp. 7-36, in GRMEK M. D. (sous la dir. de), *Histoire de la pensée médicale en Occident*, tome 2, *De la Renaissance aux Lumières*, Paris, Editions du Seuil, 1997, 376 p.

- GROS Frédéric, *Michel Foucault*, Paris, P.U.F., coll « Que sais-je ? », seconde éd., 1998, 127 p.

- GROULT M., *L'Encyclopédie ou la création des disciplines*, Paris, CNRS Editions, 2003, 344 p.

- GUENANCIA P., *Descartes, Bien conduire sa raison*, Paris, Editions Gallimard, 1996, 128 p.

- HACKING J., *Est-ce qu'on voit à travers un microscope ?*, trad. KIRSCH M., pp. 238-274, in LAUGIER S., WAGNER P., *Philosophie des sciences, naturalismes et réalismes*, Paris, Librairie philosophique J. Vrin, 2004, 424 p.

- HALLER (VON) A., *Eléments de physiologie*, 1ère partie, chapitre I, X, trad. française, Amsterdam, Paris, Guylin, Edition française T. Bordenave, 1769.

  HALLER (VON) A., *Anatomie sur les yeux de quelques poissons*, (in *Histoire de l'Académie royale des Sciences*), HARS, Paris, chez G. Martin, J.-B. Coignard, H. L. Guérin, 1762, pp.76-95.

- HARVEY W., *La circulation du sang – Des mouvements du cœur chez l'homme et chez les animaux,* trad. par Charles Richet, Paris, Librairie de l'Académie de médecine, 1879, 287 p.

- HOLMES F.L., *La Physiologie et la Médecine experimentale*, pp. 59-96, in GRMEK M.D. (sous la dir.), *Histoire de la pensée en Occident*, t. 3,

Du Romantisme à la Science moderne, Paris, Editions du Seuil, 1999, 422 p.

- HUBINOIS P., *Petite philosophie de la chirurgie*, Paris, Edition Michalon, 2006, 306 p.
- IMPELLUSO, *La nature et ses symboles,* Paris, Editions Hazan, 2004, 384 p.
- JACOB F., *La logique du vivant - une histoire de l'hérédité*, Paris, Editions Gallimard, 1970, 354 p.
- JANICKI S., *Du désordre apparent à l'ordre du réel – naissance du concept de monstre*, Lyon, Editions Jacques André, 2009, 129 p.

  JANICKI S., *La mécanique du remède. Pour une épistémologie de la pharmacologie du 17e siècle à nos jours,* Paris, Editions l'Harmattan, 2008, 334 p.
- JAQUET C., *Le corps*, Paris, P.U.F., 2001, 356 p.
- JEANNIERE A., *Les présocratiques,* Paris, Editions du Seuil, 1996, 219 p.
- JOLY M., *La leçon d'anatomie*, Paris, Editions Hazan, 2008, 238 p.
- KAHN A., AMEISEN J.-C., BERCHE P.et BROHARD Y., *Une histoire de la médecine ou le souffle d'Hippocrate*, Paris, Editions La Martinière, 2011, 223 p.
- KEMP M., *Style and non-style in anatomical illustrations*, in KEMP M., WALLACE M., eds., *Know thyself, the art and science of the human body*; Berkeley and London: University of California Press, 2001.
- KERSZBERG P. (sous la dir. de), *Penser la vie*, Revue philosophique Kairos 23, Toulouse, Presses universitaires du Mirail, 2004, 254 p.
- KREMER-MARIETTI A., *Philosophie des sciences de la nature*, Paris, Editions L'Harmattan, 2007, 282 p.
- KUPIEC J. J., *La vie et alors ? Débats passionnés d'hier et d'aujourd'hui*, Paris, Editions Belin, 2013, 415 p.
- LAËNNEC R. T.H., *Traité de l'auscultation médiate des maladies des poumons et du cœur*, Paris, chez J. A. Brosson et J. S. Chaudé libraires, 1819, 513 p.
- LAGREE J., *Le médecin, le malade et le philosophe*, Paris, Editions Bayard, 2002, 219 p.

- LAMARCK J. B., *Philosophie zoologique*, T. 1, Dentu, Paris, 1809, 451 p.

  LAMARCK J. B., *Système des animaux sans vertèbres ou Tableau général des classes, des ordres et des genres de ces animaux*, Paris, Déterville, Libraire, 1801, 432 p.

- LAMBERT J., *François Dagognet et les néoécritures anatomiques,* pp. 93-111, in DAMIEN R. (sous la dir. de), *François Dagognet médecin épistémologue philosophe – une philosophie à l'œuvre,* Le Plessis Robinson, Editions Institut Synthélabo pour la connaissance, 1998, 303 p.

- LAMBRICHS L. -L., *La vérité médicale, Claude Bernard, Louis Pasteur, Sigmund Freud : légendes et réalités de notre médecine*, Paris, Editions Robert Laffont, 1993, 468 p.

- LANCISI G. M., *De Aneurysmatibus, Opus Postumum, Aneurysms*, Texte latin de 1745, révisé avec traduction et notes par Wilmer Cave Wright, New York, the MacMillan Company, 1952, XLVIII : 218.

- LANEYRIE-DAGEN N., *L'invention du corps – La représentation de l'homme du Moyen Âge à la fin du XIXe siècle*, Paris, Editions Flammarion, 2006, 287 p.

- LAQUEUR T., *La fabrique du sexe, Essai sur le corps et le genre en Occident*, (trad. de l'anglais par Michel Gautier), Paris, Editions Gallimard, 1992, 348 p.

- LA TEULIERE, *Lettre de La Teulière à Villacerf*, 29 juillet 1692, pp. 304-305, in *Correspondance des directeurs de l'Académie de France à Rome*, Paris, Société de l'histoire de l'art français, t. I, 1887.

- LAUGIER M. A., *Manière de bien juger des ouvrages de peinture*, Paris, chez Claude-Antoine Jombert, 1771, 274 p.

- LAUGIER S. et WAGNER P. (sous la dir. de), *Philosophie des sciences, naturalismes et réalismes*, Paris, Librairie philosophique J. Vrin, 2004, 424 p.

- LAVATER J. G., *La Physiognomonie ou l'art de connaître les hommes d'après les traits de leur physionomie*, (trad. par Bacharach H.), Paris, Librairie G. Havard, 1775-1778, 320 p.

  LAVATER J. G., *L'art de connaître les hommes par la physionomie*, tome 9, Paris, Depelafol, Libraire-éditeur, 1835, 315 p.

LAVATER J. K., *La Physiognomonie ou l'Art de connaître les hommes d'après les traits de leur physionomie, leurs rapports avec les divers animaux, leurs penchants* (...) [1775-1778], tr. Fr. H. Bacharach [réimpression de l'édition de 1845], Lausanne, L'Age d'Homme, coll. Delphina, 1979, 320 p.

- LE BOUYIER DE FONTENELLE B., *Eloge de Monsieur Méry, Eloge des académiciens, avec l'histoire de l'Académie royale des sciences en M.DC.XCIX ; avec un discours préliminaire sur l'utilité des mathématiques*, tome II, La Haye, I. van der Kloot, 1740.
- LE BRETON D., *L'Adieu au corps*, Paris, Editions Métailié, 1999, 250 p.
- LECOURT D. (sous la dir. de), *Dictionnaire d'Histoire et philosophie des sciences,* Paris, Editions Quadrige/PUF, 2003, 1032 p.

LECOURT D. (sous la dir. de), *Dictionnaire de la pensée médicale,* Paris, Editions Quadrige/PUF, 2004, 1270 p.

- LIEUTAUD J., *Essais anatomiquess contenant l'histoire exacte de toutes les parties qui composent le corps de l'homme, avec la manière de disséquer*, Paris, chez Pierre-Michel Huart, 1742, 724 p.

LIEUTAUD J., *Historia anatomica*, Paris, chez Vincent, 1767

- LITTRE E., *La science au point de vue philosophique*, *Corpus des œuvres philosophiques en langue française*, Paris, Librairie Arthème Fayard, 1997, 584 p.

LITTRE E., ROBIN CH., *Dictionnaire de médecine, de chirurgie, de pharmacie, de l'art vétérinaire et des sciences qui s'y rapportent*, Paris, Editions J.-B. Baillière et fils, 1873, 1836 p.

- LOMBARD J., *Aristote et la médecine*, *Le fait et la cause*, Paris, Editions L'Harmattan, 2004, 158 p.
- MACCURDY E. (introduction, classement et notes par), *Les carnets de Léonard de Vinci*, (traduit par L. Servicen), Paris, Editions Gallimard, tome I, 1942, réédition 1992, 672 p.
- MALEBRANCHE N., *Recherche de la vérite*, I, V, § 1 (des erreurs de la vue à l'égard de l'étendue de soi), tome 1, Paris, chez Michel David, 1712, 1872 p.
- MALPIGHI M., *De pulmonibus seguito dalla Risposta apologetica*, Editions S. Baglioni, Rome 1944, 128 p.
- MANDRESSI R., *Le regard de l'anatomiste - Dissections et invention du corps en Occident*, Paris, Editions du Seuil, 2003, 338 p.

MANDRESSI R., *Anatomie et objectivation du corps,* pp. 85-99, in D. Sicard, G. Vigarello (sous la dir. de), *Aux origines de la médecine*, Paris, Editions Fayard, 2011, 474 p.

MANDRESSI R., *Dissections et anatomie,* pp. 311-333, in CORBIN A., COURTINE J. –J., VIGARELLO G., *Histoire du corps*, tome 1, *De la Renaissance aux Lumières*, Paris, Editions du Seuil, 2005, 573 p.

- MARQUIOLA E. et MONTIEIL L., *La médecine en révolution, Sciences et philosophie de la nature au tournant du XVIIIe et du XIXe siècle,* Paris, Editions Hermann, 2012, 287 p.
- MARTIN I., *L'anatomie animale et son spectacle au 18e siècle*, pp. 233-355, in ZINGUER I. et MARTIN I., *Théâtre de l'anatomie et corps en spectacle – Fondements d'une science de la Renaissance*, Berne, Peter Lang S.A. Editions scientifiques internationales, 2006, 355 p.
- MASON S., *Religious reform and the pulmonary transit of the blood*, Cambridge, Hist. Sci, 2003, vol. 41, pp. 459-471.
- MASQUELET A. C., *La leçon d'Anatomie du Docteur Tulp, Bull. Acad. Natle Méd.*, 2011, *195*, no 3, séance du 29 mars 2011, pp. 773-783.
- MASSAERT L., *Un corps de peintre*, pp. 61-74, in MATOSSIAN C. (sous la dir. de), *Art, anatomie, trois siècles d'évolution des représentations du corps*, Bruxelles, Presses de l'Académie royale des Beaux-Arts de Bruxelles, 2007, 173 p.
- MATOSSIAN C. (sous la dir. de), *Art, anatomie, trois siècles d'évolution des représentations du corps*, Bruxelles, Presses de l'Académie royale des Beaux-Arts de Bruxelles, 2007, 173 p.
- MAULITZ R., *Anatomie et anatomoclinique*, pp. 47-51, in LECOURT D. (sous la dir. de), *Dictionnaire de la pensée médicale*, Paris, Editions Quadrige / PUF, 2004, 1270 p.
- MAUPERTUIS P. L. M., *Vénus physique* (VP) (1745), suivie de la *Lettre sur le progrès des sciences*, Paris, Edition P. Tort, Aubier, 1980, 171 p.
- MAZLIAK P., *Descartes, De la science universelle à la biologie*, Paris, Editions Vuibert/Adapt, 2005, 213 p.
- MAZZOLINI R. G., *Les lumières de la raison : des systèmes médicaux à l'organologie naturaliste*, pp. 93-115 in GRMEK M. D. (sous la direction de), *Histoire de la pensée médicale en Occident*, tome 2 – *De la Renaissance aux lumières*, Paris, Editions du Seuil, 1997, 376 p.
- MERLEAU-PONTY M., *Le visible et l'invisible*, Paris, Editions Gallimard, 1964, 359 p.

MERLEAU-PONTY M., *La structure du comportement*, Paris, Editions PUF, 2013, 350 p.

MERLEAU-PONTY M., *La nature –Notes - Cours du Collège deFrance*, établi et annoté par Dominique Séglard, Paris, Editions du Seuil, 1994, 381 p.

- MEROT A. (éd.), *Les conférences de l'Académie royale de peinture et de sculpture au XVIIE siècle*, Ecole nationale supérieure des Beaux Arts, collection beaux arts histoire, 1996, 533 p.
- MEYER P., *Leçons sur la vie, la mort et la maladie*, Paris, Editions Hachette littérature, 1998, 214 p.
- MICHELET J., *Le Peuple*, Paris, Editions Flammarion, 1974, 246 p.
- MOORE P., *Les grandes idées qui ont changé le monde*, Paris, Editions acropole, 2003, 192 p.
- MORANA C., OUDIN E., *Petite philosophie des grandes idées – L'art – de Platon à Deleuze*, Paris, Editions Eyrolles, 2010, 184 p.
- MOREAU (DE LA SARTHE) J. L., *Œuvres de Vicq d'Azyr – Sciences physiologiques et médicales*, Paris, L. Duprat-Duverger libraire, 1805, tome IV, 410 p.
- MORIN E., *La méthode – 5 L'humanité de l'humanité – L'identité humaine*, Paris, Editions du Seuil, 2001, 288 p.
- MOUREAU F., *Le roman vrai de l'Encyclopédie,* Paris, Editions Gallimard, 2001, 224 p.
- NIVELON C., *Abrégé d'une conférence de Charles Le Brun, à l'Académie de peinture et de sculpture, sur la physionomie*, Paris, 1806.
- NULAND S-B., *Les héros de la médecine*, trad. AUTHIER D., LAHANA J., Paris, Presses de la Renaissance, 1989, 461 p.
- ONFRAY M., *La sculpture de soi – La morale esthétique*, Paris, Editions Grasset et Fasquelle, 1993, 219 p.
- PACIFICI P., *Le corps : anatomie d'un symbole*, Protée, Volume 36, n°1, printemps 2008, pp. 29-38, http://id.erudit.org/iderudit/018803ar
- PALOUZIE H., *Felice Fontana – L'aventure des cires anatomiques de Florence à Montpellier*, Montpellier, Diffusion régionale des affaires culturelles du Languedoc-Roussillon, 2010, 45 p.
- PAQUET, *Miroir, mon beau miroir – Une histoire de la beauté*, Paris, Editions Gallimard, 1997, 128 p.

- PARROCHIA D., *Classification et complexité chez François Dagognet*, pp. 271-289, in DAMIEN R. (sous la dir. de), *François Dagognet médecin épistémologue philosophe – une philosophie à l'œuvre*, Le Plessis Robinson, Institut Synthélabo pour le progrès de la connaissance, 1988, 303 p.

- PERICOLO L. (éd. critique et introduction par), *Vie de Charles Le Brun et description détaillée de ses ouvrages/Claude Nivelon*, Genève, Editions Droz, 2004, 600 p.

- PERRU O., *Le vivant – Approches pour aujourd'hui*, Paris, Les éditions du Cerf, 2005, 228 p.

- PICHOT A., *Expliquer la vie – de l'âme à la molécule,* Versailles, Editions QUAE, 2011, 1213 p.

- PIETERS C., *L'anatomie entre art et science : autopsie d'un regard*, in : Communication et langages, N° 127, 1er trimestre 2001, pp. 61-77.

- PIGEAUD J., *Médecine et médecins padouans,* pp. 19-36, in PIROLO BETTIOL G. et al., *Les siècles d'or de la médecine – Padoue XVe –XVIIIe siècles*, Milan, Edition Electa, 1989, 243 p.

- PIROLO BETTIOL G. et al., *Les siècles d'or de la médecine – Padoue XVe –XVIIIe siècles*, Milan, Edition Electa, 1989, 243 p.

- PLAISANT O., *Anatomie et Psychiatrie, ces deux disciplines sont-elles antinomiques ?, pp. 151-168,* in CHAZAL G. et SALOMON C., *François Dagognet, Médecin et Philosophe*, Paris, Editions L'Harmattan, 2005, 289 p.

- POPPER K. R., *Des sources de la connaissance et de l'ignorance*, Paris, Editions Payot et Rivages, 1998, 156 p.

- PORTAL A., *Histoire de l'anatomie et de la chirurgie*, Paris, P. F. Didot le jeune, 1770, Préface, 1er volume, 658 p.

  PORTAL A., *Histoire de l'anatomie et de la chirurgie*, Paris, P. Fr. Didot le jeune, 1752, t. IV, 731 p.

- PORTER R.., VIGARELLO G., *Corps, santé et maladies,* pp. 335-372, in CORBIN A., COURTINE J.-J., VIGARELLO G., *Histoire du corps*, tome 1, Paris, Editions du Seuil, 2005, 573 p.

- PRIGENT M. (dir. de la publication), *A quoi sert la philosophie ?*, Revue trimestrielle, Collège international de philosophie, Rue Descartes, n°41, Editions PUF, 2003, 127 p.

- QUATREMERE A. C., *Canova et ses ouvrages*, Paris, A. Le Clere et cie, 1834, 420 p.
- RAY J., *The Wisdom of God Manifested in the Works of the Creation*, Londres, S. Smith éditeur, 1691, 249 p.
- RISSE G. B., *La synthese entre l'anatomie et la clinique*, pp. 177-197, in MIRKO D. GRMEK (sous la dir de), *Histoire de la pensée médicale en Occident*, tome 2, *De la Renaissance aux lumières*, Paris, Editions du Seuil, 1997, 376 p.
- RUINI C., *Dell'Anatomia, et dell'infirmita del cavallo*, Bologne, G. Rossi, 1598, 111 p.
- RUSS J. (sous la dir. de), *Histoire de la philosophie, 2 L'invention du monde moderne*, Paris, Masson et Armand Colin éditeurs, 1997, 319 p.

  RUSS J., *Panorama des idées philosophiques, De Platon aux contemporains*, Paris, Librairie Armand Colin, 2013, 293 p.
- RUSSEL E. S., *Form and Function, A Contribution to the History of Animal Morphology*, Londres, John Murray, 1916, 383 p.
- SAKKA M., *Histoire de l'anatomie humaine*, Paris, Editions P.U.F, collection Que sais-je ?, 1997, 127 p.
- SALOMON CH., TROUILLOUD P, CHEYNEL N., *Le corps et la médecine : parcellisation, spécialités, unicité*, pp. 269-285, in CHAZAL G. et SALOMON CH. (textes réunis par), *François Dagognet, Médecin et Philosophe*, Paris, Editions L'Harmattan, 2005, 289 p.
- SANTORIO S., *Methodi vitandorum errorum omnium qui in arte medica contingunt*, libri XV, Venise, Brogellius éditeur, 1602, 605 p.
- SCHMITT S., *Daubenton, pionnier de l'Anatomie comparee, pp. 10-13,* in *Les génies de la science,* n ° 37, novembre 2008 – janvier 2009.

  SCHMITT S., *Aux origines de la biologie moderne – L'anatomie comparée d'Aristote à la théorie de l'évolution*, Paris, Editions Belin, 2006, 463 p.
- SERVET M., *Christianismi Restitutio*, Vienne, (texte originel en latin), 1553.
- SERVET M., *De Trinitate*, livre IV, (texte originel en latin), 1531, 734 p.
- SHAPIN S., *La révolution scientifique*, Paris, Editions Flammarion, 1998, 260 p.

- SICARD D., VIGARELLO G. (sous la dir. de), *Aux origines de la médecine*, Paris, Editions Fayard, 2011, 474 p.
- SIGERIST H. E., *Introduction à la médecine*, trad. M. Ténine, Paris, Editions Payot, 1932, 362 p.
- THUILLIER P., *D'Archimède à Einstein, Les faces cachées de l'invention scientifique*, Paris, Editions Fayard, 1988, 414 p.
- TINLAND F., *Du mode d'existence de l'être vivant : provocation et éclairages*, pp. 125-178, in KERSZBERG P., *Penser la vie*, Toulouse, Kairos revue n° 23, 2004, 251 p.
- TUBIANA M., *Histoire de la pensée médicale, Les chemins d'Esculape*, Paris, Editions Flammarion, 1995, 714 p.
- VEZZOSI A., *Léonard de Vinci – Art et science de l'univers*, Paris, Editions Gallimard, 1996, 160 p.
- VICQ D'AZYR F., *Discours sur l'anatomie comparée*, Paris, chez Duprat-Duverger, 1786, 227 p.

  VICQ D'AZYR F., *Œuvres*, vol. 4, Paris, chez Duprat-Duverger, 1805, 409 p.

  VICQ D'AZYR F., *Traité d'anatomie et de physiologie avec des planches coloriées représentant au naturel les divers organes de l'homme et des animaux*, Paris, François Didot l'aîné, 1786, 236 p.
- VIGARELLO G., *Les modèles du corps : imaginaire et médecine"ancienne"*, pp. 90-91, in SICARD D., VIGARELLO G. (sous la dir. de), *Aux origines de la médecine*, Paris, Editions Fayard, 2011, 474 p.

  VIGARELLO G., Introduction, pp. 13-15, in CORBIN A., COURTINE J. -J. et VIGARELLO G., *Histoire du corps*, tome 1, *De la Renaissance aux Lumières*, Paris, Editions du Seuil, 2005, 573 p.
- VOISIN M., *William Harvey et la circulation sanguine*, Bulletin des communications de l'Académie des Sciences et Lettres de Montpellier du 14/11/2011, pp. 367-379.
- WHITEHEAD A. N., *Modes de pensée*, Paris, Librairie philosophique J. Vrin, 2004, 200 p.
- WUNENBURGER J.-J., *Philosophie des images*, Paris, Editions PUF, 1997, 322 p.

- ZERNER H., *Le regard des artistes,* pp. 85-117, in CORBIN A.,.COURTINE J –J, VIGARELLO G., *Histoire du corps*, t. 2, *De la Révolution à la Grande Guerre*, Paris, Editions du Seuil, 2005, 442 p.
- ZINGUER I, *L'anatomie du désir dans la philosophie de l'amour au 16e siècle : les dialogues d'amour de Léon Lhébreu*, pp. 197-212, in ZINGUER I. et MARTIN I., *Théâtre de l'anatomie et corps en spectacle – Fondements d'une science de la Renaissance*, Berne, Peter Lang S.A. Editions scientifiques internationales, 2006, 355 p.

  ZINGUER I. et MARTIN I., *Théâtre de l'anatomie et corps en spectacle – Fondements d'une science de la Renaissance*, Berne, Peter Lang S.A. Editions scientifiques internationales, 2006, 355 p.
- ZUCKER A., *La physiognomonie antique et le langage animal du corps*, Rursus (en ligne), 1/2006, mis en ligne le 09/07/2006, 21 p.

TABLE DES MATIERES

L'HARMATTAN ITALIA
Via Degli Artisti 15; 10124 Torino

L'HARMATTAN HONGRIE
Könyvesbolt ; Kossuth L. u. 14-16
1053 Budapest

L'HARMATTAN KINSHASA
185, avenue Nyangwe
Commune de Lingwala
Kinshasa, R.D. Congo
(00243) 998697603 ou (00243) 999229662

L'HARMATTAN CONGO
67, av. E. P. Lumumba
Bât. – Congo Pharmacie (Bib. Nat.)
BP2874 Brazzaville
harmattan.congo@yahoo.fr

L'HARMATTAN GUINÉE
Almamya Rue KA 028, en face du restaurant Le Cèdre
OKB agency BP 3470 Conakry
(00224) 60 20 85 08
harmattanguinee@yahoo.fr

L'HARMATTAN CAMEROUN
BP 11486
Face à la SNI, immeuble Don Bosco
Yaoundé
(00237) 99 76 61 66
harmattancam@yahoo.fr

L'HARMATTAN CÔTE D'IVOIRE
Résidence Karl / cité des arts
Abidjan-Cocody 03 BP 1588 Abidjan 03
(00225) 05 77 87 31
etien_nda@yahoo.fr

L'HARMATTAN MAURITANIE
Espace El Kettab du livre francophone
N° 472 avenue du Palais des Congrès
BP 316 Nouakchott
(00222) 63 25 980

L'HARMATTAN SÉNÉGAL
10 VDN en face Mermoz, après le pont de Fann
BP 45034 Dakar Fann
33 825 98 58 / 33 860 9858
senharmattan@gmail.com / senlibraire@gmail.com
www.harmattansenegal.com

L'HARMATTAN BÉNIN
ISOR-BENIN
01 BP 359 COTONOU-RP
Quartier Gbèdjromèdé,
Rue Agbélenco, Lot 1247 I
Tél : 00 229 21 32 53 79
christian_dablaka123@yahoo.fr

621449 - Septembre 2015
Achevé d'imprimer par

1livre.com
du rêve à la réalité !

www.ingramcontent.com/pod-product-compliance
Lightning Source LLC
LaVergne TN
LVHW011436061026
849535LV00004BA/837